W0262064

Bochmann · Zakrevskij · Posthoff

Boolesche Gleichungen

Boolesche Gleichungen

Herausgegeben von

Prof. Dr. sc. techn. D. Bochmann
Prof. Dr. t. n. A. D. Zakrevskij
Korrespondierendes Mitglied
der Akademie der Wissenschaften der BSSR

Prof. Dr. sc. techn. Dr. rer. nat. Ch. Posthoff

VEB VERLAG TECHNIK BERLIN

Distributed by Springer-Verlag Wien New York

Die fremdsprachigen Beiträge wurden übersetzt von
Dr.-Ing. Wolfram Dötzel, Karl-Marx-Stadt,
und überarbeitet von
Prof. Dr. sc. techn., Dr. rer. nat. Ch. Posthoff

Autoren

Agibalov, G.P.; Dr.-Ing., Tomsk
Albrecht, A.; Dr. rer. nat., Berlin
Bachmann, L.; Dipl.-Phys., Karl-Marx-Stadt
Bochmann, D.; Prof. Dr. sc. techn., Karl-Marx-Stadt
Čebotarev, A.N.; Dr.-Ing., Kiev
Enin, S.V.; Dr.-Ing., Minsk
Fehmel, J.; Dipl.-Ing., Karl-Marx-Stadt
Gerber, S.; Doz. Dr. sc. techn., Leipzig
Haubold, K.; Dr. rer. nat., Leipzig
Lipskij, V.B.; Dr.-Ing., Tomsk
Posthoff, Ch.; Prof. Dr. sc. techn., Dr. rer. nat., Karl-Marx-Stadt
Reiß, J.; Dipl.-Ing., Karl-Marx-Stadt
Sagalovič, J.L.; Dr.-Ing., Moskau
Šestakov, E.A.; Dr.-Ing., Minsk
Simon, F.-U.; Dr.-Ing., Dresden
Steinbach, B.; Dr.-Ing., Karl-Marx-Stadt
Thayse, A.; Dr. rer. nat., Brüssel
Utkin, A.A.; Dr.-Ing., Minsk
Voigt, E.; Dipl.-Ing., Karl-Marx-Stadt
Zakrevskij, A.D.; Prof. Dr. sc. techn., Korr. Mitglied der Belorussischen
    Akademie der Wissenschaften, Minsk

ISBN-13: 978-3-7091-9508-6   e-ISBN-13: 978-3-7091-9507-9
DOI: 10.1007/978-3-7091-9507-9

1. Auflage
© VEB Verlag Technik, Berlin, 1984
Softcover reprint of the hardcover 1st edition 1984
Lizenz 201 · 370/70/84
DK 517.11:512.3 · LSV 3505 · VT 3/5651-1
Lektor: Doris Netz
Schreibsatz: VEB Verlag Technik, Berlin
Offsetdruck und buchbinderische Verarbeitung:
Druckerei „Thomas Müntzer", 5820 Bad Langensalza

Vorwort

Boolesche Gleichungen stellen ein interessantes und wichtiges Gebiet dar. Sie sind wichtig
für den Praktiker der verschiedensten Fachrichtungen, für die stellvertretend der Entwurf
digitaler Schaltungen und Systeme, die Verarbeitung diskreter Informationen, die Analyse
und Synthese von Steuerungen und Recheneinrichtungen, die rechentechnische Behandlung
von Graphen sowie die diskrete Optimierung genannt sein sollen. Sie sind wichtig für den
Theoretiker, weil sie ein vergleichsweise einfaches, aber trotzdem reichhaltiges und über-
schaubares Werkzeug liefern, einen nicht zu komplizierten Zugang zu algebraischen Denk-
methoden ermöglichen und (mit noch zu nennenden Einschränkungen) effektiv gelöst werden
können.

Der vorliegende Sammelband, der Arbeiten von Autoren aus der DDR, der UdSSR und einen
Beitrag aus Belgien enthält, entstand innerhalb wissenschaftlicher Schulen, die gerade für
die genannten Zielstellungen in den verschiedenen Ländern repräsentativ sind. In allen Fällen
arbeiten die Autoren an der fruchtbaren Schnittstelle zwischen Grundlagenforschung und Anwendungen. Aus allen drei Schulen sind viele eigenständige Arbeiten zur Förderung von
Theorie und Praxis bekannt geworden, die natürlich nur teilweise in diesem Sammelband
Widerspiegelung finden können.

Wir stellen uns das Ziel, in einem repräsentativen Querschnitt die heute gültigen zentralen Probleme auf dem Gebiet der Booleschen Gleichungen erkennbar werden zu lassen. Die
Dreiteilung „Theorie, Anwendung, Algorithmen'' gilt nicht für jede Einzelarbeit, aber sie
soll insgesamt zutreffend sein. Zu den vorrangig theoretischen Themenstellungen zählen die
Arbeiten von Posthoff/Bochmann, Zakrevskij, Simon, Albrecht und Posthoff/Steinbach, in
denen neben Grundfragen der Terminologie und Begriffsbildung die mathematisch wichtige
Grapheninterpretation, Komplexitätsprobleme und der relativ junge Gegenstand der Booleschen Differentialgleichungen behandelt werden. Einen gleitenden Übergang zu praktischen
Aufgabenstellungen vermittelten die Arbeiten von Gerber/Haubold und Enin/Šestakov, in
denen die Struktur von Automatensystemen, zum einen vorrangig von der sprachlich-struk-
turellen Seite, zum anderen unter Einbeziehung von Dekompositionsalgorithmen, untersucht
wird. Der Anwendung Boolescher Gleichungen für die Analyse und Synthese digitaler Systeme
sind die Arbeiten von Bachmann, Agibalov, Čebotarev, Thayse und Sagalovič gewidmet. Untersuchungen zu rechentechnischen Wegen, insbesondere auf der Grundlage eigener umfang-
reicher Erfahrungen, sind in den Arbeiten von Steinbach/Voigt/Fehmel/Reiß und Utkin nieder-
gelegt.

Die Breite der Darstellung charakterisiert die Universalität des verwendeten Werkzeugs.
Zu jedem hier nur genannten Problemkreis existiert eine umfangreiche Spezialliteratur,
existieren aber auch verstreute Aussagen in Arbeiten z.B. zur Schaltungs- und Automatentheorie, technischen Diagnostik, Zeichenerkennung, Bildverarbeitung, Kodierungstheorie,
Aussagen- und Prädikatenlogik, Graphen- und Netzwerktheorie, Planungs- und Entschei-
dungstheorie, Operationsforschung und vielen anderen. Für die mit Booleschen Gleichungen
zu behandelnden Probleme dieser Gebiete lassen sich folgende Gemeinsamkeiten erkennen:

– Die Gleichungen lassen sich stets in der expliziten Form

$$\underline{y} = f(\underline{x}) \tag{a}$$

oder in der impliziten Form

$$g(\underline{x}, \underline{y}) = 0 \tag{b}$$

problemangepaßt als Anweisungssystem (a) oder als Restriktionssystem (b) notieren und
weisen dadurch einen hohen Grad algorithmischer Einheitlichkeit auf.

– Zur rechentechnischen Behandlung sind für praktisch interessante Fälle meist Durchmusterungsmethoden mit einem hohen Komplexitätsgrad erforderlich. Trotz vorhandener leistungsfähiger Algorithmen (meist auf Ternärmatrizen beruhend) sind der monolithischen Behandlung enge Grenzen gesetzt und deshalb dekomponierende Zugänge erforderlich.
– Die analytische Behandlung von Problemstellungen (z.B. mit Hilfe des Booleschen Differentialkalküls) steht z.Z. auch dort noch im Hintergrund, wo effektive Lösungen bekannt sind.

Die Herausgeber sahen es als ihre Aufgabe an, zur weiteren Verbreitung der Methoden Boolescher Gleichungen beizutragen. Sie danken allen Autoren und den durch sie vertretenen Institutionen, insbesondere aber der Technischen Hochschule Karl-Marx-Stadt und dem Institut für Technische Kybernetik der Belorussischen Akademie der Wissenschaften. Besonderer Dank gilt Herrn Dr.-Ing. Wolfram Dötzel, der die sowjetischen Arbeiten mit hoher Sachkenntnis übersetzte. Dem VEB Verlag Technik, insbesondere Frau Netz als verantwortlicher Lektorin, sei für die verständnisvolle und geduldige Zusammenarbeit gedankt.

Karl-Marx-Stadt, September 1982   Die Herausgeber

Inhaltsverzeichnis

1. Boolesche Gleichungen — mathematische Grundbegriffe

D. Bochmann, Ch. Posthoff

1.1. Einführung

Der Begriff der Booleschen Gleichung läßt sich - bereits der Name weist darauf hin - auf
G. BOOLE (1815-1864) zurückführen, ungeachtet von vorhandenen Vorarbeiten. Mindestens
LEIBNIZ, die Gebrüder BERNOULLI, aber auch ARISTOTELES wären hier noch zu er-
wähnen; jedoch beginnt erst mit BOOLES Arbeit [1] eine große Menge von erfolgreichen Untersuchungen, die zu einer Vielzahl neuer Begriffe, Theorien und Zweige der Mathematik
führten und auch das Gebiet der „Booleschen Algebren" als algebraische Struktur hervor-
brachten. In diesem allgemeinen Sinne, als axiomatisch bestimmtes Teilgebiet der Algebra,
wird die Theorie sehr umfangreich in [2] und [3] dargestellt; dabei wird vor allem auf in-
nermathematische Zusammenhänge orientiert.

Seit dem Ende der 30er Jahre bildete sich aber noch ein zweites, „außermathematisches"
Anwendungsgebiet heraus, die Digitaltechnik. Unabhängig von technischen Realisierungen
digitaler Systeme - seien es Relais, Röhren, Transistoren oder mikroelektronische Schaltkreise - bilden Boolesche Strukturen ein wesentliches Hilfsmittel für den logischen Entwurf
digitaler Systeme. Dabei ist charakteristisch, daß auf eine relativ einfache Form Boolescher
Strukturen, nämlich auf endliche Mengen, zurückgegangen werden konnte und viele (z. T. in
der Mathematik bereits vorhandene) Ergebnisse noch einmal gewonnen wurden, was zu einer
großen Vielfalt von Ausdrucks- und Sprechweisen führte, die z. T. völlig unabhängig voneinander für die gleichen Sachverhalte verwendet werden.

Aufgabe dieser Arbeit ist es, den Problemkreis darzustellen und grundlegende Zusammenhänge und Begriffe einzuführen, damit der Leser die verschiedenen Terminologien kennen-
lernt und einordnen kann. Eine umfassende und vollständige Aufbereitung des Gesamtspek-
trums, das von binären Funktionen und Gleichungen überdeckt wird, steht noch aus.

1.2. Der Raum B^n

Gegeben sei eine zweielementige Menge $B = \{0, 1\}$; $0 \neq 1$, in der die Operationen der <u>Konjunk-
tion</u> ($\wedge$), <u>Disjunktion</u> ($\vee$), <u>Antivalenz</u> ($\not\sim$), <u>Äquivalenz</u> ($\sim$) und <u>Negation</u> ($^-$) in folgender Weise
definiert werden:

$\wedge$	0	1		$\vee$	0	1		$\not\sim$	0	1		$\sim$	0	1		$^-$
0	0	0		0	0	1		0	0	1		0	1	0		0	1
1	0	1		1	1	1		1	1	0		1	0	1		1	0

Konjunktion   Disjunktion   Antivalenz   Äquivalenz   Negation.

Die Negation ist eine einstellige Operation, während alle anderen Operationen zwei Werte
miteinander verknüpfen.

In B läßt sich außerdem eine einfache Relation $\leq$ definieren durch

$$0 \leq 0, \quad 0 \leq 1, \quad 1 \leq 1 \, .$$

Diese Relation $\leq$ besitzt die Eigenschaften der <u>Reflexivität</u>, <u>Transitivität</u>, <u>Antisymmetrie</u>
und <u>Linearität</u> und ist somit eine Ordnungsrelation in B.

Unter $B^n = B \times B \times \ldots \times B$ verstehen wir das n-fache Kreuzprodukt der Menge B mit sich
selbst, d. h. die Menge aller n-stelligen Binärvektoren:

$$B^n = \left\{ \underline{x} \,\middle|\, \underline{x} = (x_1, \ldots, x_n); \quad x_i \in \{0, 1\}; \quad i = 1, \ldots, n \right\}$$

Sind $\underline{x} = (x_1, \ldots, x_n)$ und $\underline{y} = (y_1, \ldots, y_n)$ zwei $\underline{\text{Binärvektoren}}$ des $\underline{\text{Booleschen Raumes}}$ B^n, so überträgt man die oben für B definierten Operationen auf diese Vektoren, indem man sie komponentenweise ausführt:

$$\underline{x} \wedge \underline{y} = (x_1 \wedge y_1, \ldots, x_n \wedge y_n)$$

$$\underline{x} \vee \underline{y} = (x_1 \vee y_1, \ldots, x_n \vee y_n)$$

$$\underline{x} \not\sim \underline{y} = (x_1 \not\sim y_1, \ldots, x_n \not\sim y_n)$$

$$\underline{x} \sim \underline{y} = (x_1 \sim y_1, \ldots, x_n \sim y_n)$$

$$\overline{x} = (\overline{x}_1, \ldots, \overline{x}_n) \, .$$

Die Relation $\leqq$ stellt sich in B^n wie folgt dar:

$$\underline{x} \underset{B^n}{\leqq} \underline{y} \iff x_i \underset{B}{\leqq} y_i \qquad \text{für alle } i = 1, \ldots, n \, .$$

Die Beziehung $\underline{x} \leqq \underline{y}$ gilt für diese beiden Vektoren in B^n genau dann, wenn für jede Komponente die in B definierte Relation $x_i \leqq y_i$ gilt. Die Eigenschaften der Reflexivität, Transitivität und Antisymmetrie bleiben erhalten:

1. $\underline{x} \leqq \underline{x}$ für alle $x \in B^n$ (Reflexivität)
2. $(\underline{x} \leqq \underline{y}$ und $\underline{y} \leqq \underline{x}) \Rightarrow \underline{x} = \underline{y}$ für beliebige $\underline{x}, \underline{y} \in B^n$ (Antisymmetrie)
3. $(\underline{x} \leqq \underline{y}$ und $\underline{y} \leqq \underline{z}) \Rightarrow \underline{x} \leqq \underline{z}$ für beliebige $\underline{x}, \underline{y}, \underline{z} \in B^n$ (Transitivität).

Die Eigenschaft der Linearität ($\underline{x} \leqq \underline{y}$ oder $\underline{y} \leqq \underline{x}$ für beliebige $\underline{x}, \underline{y} \in B^n$) geht verloren; es existieren $\underline{\text{unvergleichbare}}$ Elemente, d.h., es existieren Vektoren $\underline{x}, \underline{y} \in B^n$, für die weder $\underline{x} \leqq \underline{y}$ noch $\underline{y} \leqq \underline{x}$ gilt (z.B. (0100) und (1000) in B^4). Damit ist die Relation $\leqq$ in B^n „nur" eine $\underline{\text{Halbordnung}}$.

Der Zusammenhang zwischen Booleschen Räumen B^n und endlichen Mengen wird über den Begriff der $\underline{\text{charakteristischen}}$ Funktion hergestellt.

Es sei $E = \{e_1, \ldots, e_n\}$ eine Menge mit n Elementen; $n = 1$. A und B seien Teilmengen von E: A, $B \subseteqq E$. Die charakteristische Funktion f_A von A bezüglich E wird in folgender Weise definiert:

$$f_A(e_i) = \begin{cases} 0, & \text{falls } e_i \notin A \\ 1, & \text{falls } e_i \in A \, . \end{cases}$$

f_A ist also eine über E definierte Funktion, die jedem Element $e_i \in E$ ein „zweiwertiges Maß" seiner Zugehörigkeit zu A zuordnet: e_i gehört zu $A(f_A = 1)$, oder e_i gehört nicht zu $A(f_A = 0)$. Verläßt man diese Zweiwertigkeit der Zugehörigkeit, so gelangt man zur Theorie der $\underline{\text{unscharfen Systeme}}$.

Betrachtet man die Mengenoperationen $\underline{\text{Durchschnitt}}$ $(A \cap B)$, $\underline{\text{Vereinigung}}$ $(A \cup B)$, $\underline{\text{sym-}}$ $\underline{\text{metrische Differenz}}$ $(A \triangle B)$, $\underline{\text{Komplement der symmetrischen Differenz}}$ $(A \overline{\triangle} B)$ und $\underline{\text{Kom-}}$ $\underline{\text{plement}}$ $(\overline{A})$, so gilt für die entsprechenden charakteristischen Funktionen:

$$f_{A \cap B} = f_A \wedge f_B$$

$$f_{A \cup B} = f_A \vee f_B$$

$$f_{A \triangle B} = f_A \not\sim f_B$$

$$f_{A \overline{\triangle} B} = f_A \sim f_B$$

$$f_{\overline{A}} = \overline{f_A} \, .$$

Das bedeutet, mathematisch gesprochen, daß die $\underline{\text{Potenzmenge}}$ (die Menge aller Teilmengen) einer endlichen Menge mit n Elementen mit den Operationen $\cap$, $\cup$, $\triangle$, $\overline{\triangle}$, $^{-}$ und der Raum B^n der n-stelligen Binärvektoren mit den Operationen $\wedge$, $\vee$, $\not\sim$, $\sim$, $^{-}$ zueinander $\underline{\text{isomorph}}$ sind. Diese Isomorphiebeziehung läßt sich auch ausdehnen auf die $\subseteqq$-Relation für Mengen und die $\leqq$-Relation in B^n:

$$A \subseteqq B \iff f_A \leqq f_B \, .$$

Betrachten wir nunmehr wichtige Eigenschaften der definierten Operationen (die für beliebige $\underline{x}$, $\underline{y}$, $\underline{z} \in B^n$ erfüllt sind):

V0. $\qquad \underline{x} \leq \underline{y} \iff \underline{x} \wedge \underline{y} = \underline{x} \iff \underline{x} \vee \underline{y} = \underline{y}$

V1. $\qquad \underline{x} \wedge \underline{x} = \underline{x} \qquad\qquad\qquad \underline{x} \vee \underline{x} = \underline{x}$ $\qquad\qquad\qquad$ (Idempotenz)

V2. $\qquad \underline{x} \wedge \underline{y} = \underline{y} \wedge \underline{x} \qquad\qquad \underline{x} \vee \underline{y} = \underline{y} \ \ \underline{x}$ $\qquad\qquad\qquad$ (Kommutativität)

V3. $\qquad \underline{x} \wedge (\underline{y} \wedge \underline{z}) = (\underline{x} \wedge \underline{y}) \wedge \underline{z} \qquad \underline{x} \vee (\underline{y} \vee \underline{z}) = (\underline{x} \vee \underline{y}) \vee \underline{z}$ $\qquad$ (Assoziativität)

V4. $\qquad \underline{x} \wedge (\underline{x} \vee \underline{y}) = \underline{x} \qquad\qquad \underline{x} \vee (\underline{x} \wedge \underline{y}) = \underline{x}$ $\qquad\qquad$ (Absorption)

Damit sind die Axiome für die algebraische Struktur eines <u>Verbandes</u> erfüllt.

V5. $\qquad \underline{x} \wedge (\underline{y} \vee \underline{z}) = (\underline{x} \wedge \underline{y}) \vee (\underline{x} \wedge \underline{z})$

$\qquad\qquad \underline{x} \vee (\underline{y} \wedge \underline{z}) = (\underline{x} \vee \underline{y}) \wedge (\underline{x} \vee \underline{z})$ $\qquad\qquad$ (Distributivität)

$(B^n, \wedge, \vee)$ bzw. $(B^n, \vee, \wedge)$ sind also <u>distributive Verbände</u>.

Sind $\underline{0} = (0, \ldots, 0)$ und $\underline{1} = (1, \ldots, 1)$, so existiert zu jedem Vektor $\underline{x}$ ein Vektor $\overline{\underline{x}}$, für den gilt:

V6. $\qquad \underline{x} \wedge \overline{\underline{x}} = \underline{0} \qquad\qquad\qquad \underline{x} \vee \overline{\underline{x}} = \underline{1}$.

Damit sind alle Axiome für einen <u>Booleschen Verband</u> erfüllt: $(B^n, \wedge, \vee, {}^-, \underline{0}, \underline{1})$ und $(B^n, \vee, \wedge, {}^-, \underline{1}, \underline{0})$ sind zwei zueinander <u>duale</u> Boolesche Verbände.

Für das Rechnen in Booleschen Verbänden sind die folgenden Regeln wichtig:

$$\left. \begin{aligned} \overline{\underline{x} \wedge \underline{y}} &= \overline{\underline{x}} \vee \overline{\underline{y}} \\[4pt] \overline{\underline{x} \vee \underline{y}} &= \overline{\underline{x}} \wedge \overline{\underline{y}} \end{aligned} \right\} \qquad \text{Gesetze von } \mathbf{DE\ MORGAN}$$

$$\underline{x} \leq \underline{y} \iff \underline{x} \wedge \overline{\underline{y}} = \underline{0} \iff \overline{\underline{x}} \vee \underline{y} = \underline{1}$$

$$\underline{x} \vee \underline{1} = \underline{1} \qquad\qquad\qquad \underline{x} \wedge \underline{1} = \underline{x}$$

$$\underline{x} \vee \underline{0} = \underline{x} \qquad\qquad\qquad \underline{x} \wedge \underline{0} = \underline{0}$$

$$\underline{x} \wedge (\overline{\underline{x}} \vee \underline{y}) = \underline{x} \wedge \underline{y} \qquad\qquad \underline{x} \vee (\overline{\underline{x}} \wedge \underline{y}) = \underline{x} \vee \underline{y}$$

$$\overline{\overline{\underline{x}}} = \underline{x}$$

$$\underline{x} \leq \underline{y} \implies \overline{\underline{y}} \leq \overline{\underline{x}}$$

$$\overline{\underline{x}} \leq \overline{\underline{y}} \implies \underline{y} \leq \underline{x} \ .$$

Ein bisher weniger beachteter Zugang zu endlichen Booleschen Strukturen geschieht über den der Arithmetik nahestehenden Begriff des <u>Ringes</u>. Diese Vorgehensweise wurde von G. BOOLE selbst gewählt und dann für lange Zeit aus den Augen verloren, bis sie schließlich von I. I. ŽEGALKIN (1927) für die Antivalenz und von J. HERLRAND (1930) für die Äquivalenz neu formuliert wurde.

Zur Definition eines Booleschen Ringes benötigt man eine „Addition" $+$ und eine „Multiplikation" $\cdot$ sowie ein Nullelement 0 und ein Einselement 1, die folgende Axiome erfüllen müssen:

1. $(a + b) + c = a + (b + c)$
2. $a + b \qquad = b + a$
3. $a + 0 \qquad = a$
4. $a + a \qquad = 0$
5. $a \cdot (b \cdot c) = (a \cdot b) \cdot c$ $\qquad\qquad$ (a, b, c beliebige Ringelemente)
6. $a \cdot (b + c) = (a \cdot b) + (a \cdot c)$
7. $a \cdot b \qquad = b \cdot a$
8. $a \cdot 1 \qquad = a$
9. $a \cdot a \qquad = a$.

Man prüft leicht nach, daß diese Axiome erfüllt sind, wenn folgende Zuordnungen vorgenommen werden:

	1. Variante	2. Variante
$+$	$\not\sim$	$\sim$
$\cdot$	$\sim$	$\vee$
0	$\underline{0}$	$\underline{1}$
1	$\underline{1}$	$\underline{0}$

Diese beiden Booleschen Ringe lassen sich den beiden Booleschen Verbänden in gewisser Weise zuordnen; ist $V = (B^n, \wedge, \vee)$ gegeben, so kann man zu $R = (B^n, +, \cdot)$ übergehen durch

$$a + b = (a \wedge \overline{b}) \vee (\overline{a} \wedge b)$$
$$a \cdot b = a \wedge b\,;$$

die umgekehrte Richtung wird definiert durch

$$a \vee b = a + b + (a \cdot b)$$
$$a \wedge b = a \cdot b\,.$$

Das ergibt für $(B^n, \wedge, \vee)$ den Zusammenhang

$$a \not\sim b = (a \wedge \overline{b}) \vee (\overline{a} \wedge b)$$
$$a \cdot b = a \wedge b\,,$$

während für $(B^n, \vee, \wedge)$ die Beziehungen

$$a \sim b = (a \vee \overline{b}) \wedge (\overline{a} \vee b) \quad \text{und} \quad a \cdot b = a \vee b$$

verwendet werden müssen.

Man kann also, anschaulich gesprochen, wahlweise die Konjunktion bzw. Disjunktion als Ringmultiplikation verwenden und erhält dann entsprechend die Antivalenz oder Äquivalenz als zugehörige Addition.

In der Praxis werden diese vier Strukturen häufig nicht klar voneinander getrennt; alle Operationen werden gleichberechtigt nebeneinander verwendet. Die späteren Betrachtungen werden zeigen, daß dies ungünstig ist, weil es einerseits unnötige Verwirrung stiftet und andererseits die Leistungsfähigkeit des mathematischen Apparats nicht voll ausschöpft. Abschließend hierzu noch einige günstig zu verwendende Identitäten:

$$a \not\sim 0 = a \qquad\qquad a \sim 0 = \overline{a}$$
$$a \not\sim 1 = \overline{a} \qquad\qquad a \sim 1 = a$$
$$a \wedge (b \not\sim c) = (a \wedge b) \not\sim (a \wedge c) \qquad a \vee (b \sim c) = (a \vee b) \sim (a \vee c)$$
$$a \vee b = a \not\sim b \not\sim (a \wedge b) \qquad a \wedge b = a \sim b \sim (a \vee b)\,.$$

1.3. Boolesche Funktionen

Boolesche Funktionen werden in üblicher Weise auf mengentheoretischer Grundlage definiert:

Eine <u>Boolesche (binäre) Funktion</u> von n Variablen ist eine eindeutige Abbildung von B^n in B.

Das bedeutet, daß jedem n-stelligen Binärvektor entweder der Funktionswert 0 oder der Funktionswert 1 zugeordnet wird. Dies läßt sich beispielsweise in der Funktionstabelle darstellen:

x_1 x_2 x_3	$f(x_1, x_2, x_3)$
0 0 0	0
0 0 1	1
0 1 0	1
0 1 1	0
1 0 0	0
1 0 1	0
1 1 0	1
1 1 1	0

Legt man für die Elemente von B^n eine bestimmte Reihenfolge fest, so kann man eine Funktion von n Variablen stets als Vektor mit 2^n Komponenten darstellen; das bedeutet aber, daß man in jedem Raum B^{2^n}, $n = 1, 2, \ldots$, den Raum aller Funktionen von n Variablen vor sich hat. Damit kann man sofort alle für B^n definierten Operationen sowie entsprechende Eigenschaften und Begriffe auf Boolesche Funktionen übertragen.

Das häufigste Mittel zur Beschreibung Boolescher Funktionen sind <u>Boolesche Ausdrücke</u>, die man mit Hilfe der folgenden induktiven Definition erhält:

1. Konstanten (0, 1) und Einzelvariable (x_1, x_2, ...) sind Boolesche Ausdrücke.
2. Ist f ein Boolescher Ausdruck, dann auch $\bar{f}$.
3. Mit Booleschen Ausdrücken f und g sind auch $f \wedge g$, $f \vee g$, $f \not\sim g$, $f \sim g$ Boolesche Ausdrücke.
4. Jeder Boolesche Ausdruck läßt sich durch endlich oftes Anwenden dieser Regeln 1 bis 3 herstellen.
   (Klammern werden häufig zur Sicherung der Eindeutigkeit verwendet; das Konjunktionszeichen wird meist der Einfachheit halber weggelassen.)

Die dem Booleschen Ausdruck zugeordnete Boolesche Funktion erhält man prinzipiell, indem man jede Belegung $\underline{x} \in B^n$ in den Ausdruck einsetzt und den Funktionswert für diese Belegung entsprechend den oben angegebenen Operationstabellen ausrechnet.

Während der Weg vom Ausdruck zur Funktion vollständig eindeutig ist, ist dies umgekehrt nicht der Fall. Die gleiche Funktion kann durch eine Vielzahl von Ausdrücken beschrieben werden. Ein häufig anzutreffendes Problem beim Umgang mit Booleschen Funktionen besteht gerade darin, für eine gegebene Funktion einen bezüglich eines Kriteriums optimalen Ausdruck zu finden. Häufig benutzte Optimierungskriterien sind z.B. ein Minimum an auftretenden Variablen, Operationen, vorgeschriebene Ausdrucksstrukturen u.a.

Im folgenden seien D_j gewisse Disjunktionen, K_j bestimmte Konjunktionen, in denen Variable nichtnegiert oder negiert vorkommen können (was durch $\sim$ bezeichnet werden soll):

$$D_j = \widetilde{x}_{j_1} \vee \ldots \vee \widetilde{x}_{j_k}, \qquad K_j = \widetilde{x}_{j_1} \wedge \ldots \wedge \widetilde{x}_{j_l}.$$

Mit ihrer Hilfe lassen sich spezielle Ausdrucksformen definieren:

a) <u>disjunktive Form</u> $\qquad f = K_1 \vee \ldots \vee K_{n_1} = \bigvee_{i=1}^{n_1} K_i$

b) <u>konjunktive Form</u> $\qquad f = D_1 \wedge \ldots \wedge D_{n_2} = \bigwedge_{i=1}^{n_2} D_i$

c) <u>Antivalenzform</u> $\qquad f = K_1 \not\sim \ldots \not\sim K_{n_3} = \sum_{i=1}^{n_3} K_i$

d) <u>Äquivalenzform</u> $\qquad f = D_1 \sim \ldots \sim D_{n_4} = \prod_{i=1}^{n_4} D_i.$

Enthält jede der auftretenden Konjunktionen bzw. Disjunktionen <u>alle</u> in einem bestimmten Zusammenhang zu betrachtenden Variablen, so handelt es sich um (eindeutig bestimmte) <u>Normalformen</u>.

Mit Hilfe der Normalformen kann man jeder Booleschen Funktion f einen Booleschen Ausdruck zuordnen.

Der Ausdruck

$$K_{\underline{c}} = (x_1 \not\sim \bar{c}_1) \; \ldots \; (x_n \not\sim \bar{c}_n)$$

nimmt genau für $x_1 = c_1, \ldots, x_n = c_n$, also für $\underline{x} = \underline{c}$, den Wert 1 an; für alle anderen $\underline{c}^* \neq \underline{c}$ ist $K_{\underline{c}} = 0$. Ordnet man also jedem $\underline{c} \in B^n$ mit $f(\underline{c}) = 1$ die entsprechende Elementarkonjunk-

tion K_c zu und verknüpft alle diese Elementarkonjunktionen disjunktiv, so erhält man die
disjunktive Normalform der Funktion f.
   Der Ausdruck

$$D_{\underline{c}} = (x_1 \sim c_1) \vee \ldots \vee (x_n \sim c_n)$$

nimmt genau für $\underline{x} = \underline{c}$ den Wert 0, für alle anderen Belegungen den Wert 1 an. Ordnet man
jedem $\underline{c} \in B^n$ mit $f(\underline{c}) = 0$ die entsprechende Elementardisjunktion D_c zu und verknüpft alle
diese Disjunktionen konjunktiv, so erhält man die konjunktive Normalform der Funktion f.

   Aus der disjunktiven (konjunktiven) Normalform erhält man die Antivalenz-(Äquivalenz-)
Normalform, indem alle $\vee$-($\wedge$-)Zeichen durch $\dotplus$-($\sim$-)Zeichen ersetzt werden, unter Ausnutzung der Regeln

$$K_1 \vee K_2 = K_1 \dotplus K_2 \dotplus K_1 K_2 \qquad K_1 K_2 = 0, \qquad K_1 \dotplus 0 = K_1$$

bzw.

$$K_1 \wedge K_2 = K_1 \sim K_2 \sim (K_1 \vee K_2) \qquad K_1 \vee K_2 = 1, \qquad K_1 \sim 1 = K_1 \, .$$

Beispiel. Eine Funktion $f(\underline{x})$ nehme für die Belegungen (001), (010), (011), (101) von
(x_1, x_2, x_3) den Wert 1 an. Dann erhält man die folgenden vier Normalformen:

1. disjunktive Normalform

$$f(\underline{x}) = \bar{x}_1 \bar{x}_2 x_3 \vee \bar{x}_1 x_2 \bar{x}_3 \vee \bar{x}_1 x_2 x_3 \vee x_1 \bar{x}_2 x_3$$

2. konjunktive Normalform

$$f(\underline{x}) = (x_1 \vee x_2 \vee x_3)(\bar{x}_1 \vee x_2 \vee x_3)(\bar{x}_1 \vee \bar{x}_2 \vee x_3)(\bar{x}_1 \vee \bar{x}_2 \vee \bar{x}_3)$$

3. Antivalenznormalform

$$f(\underline{x}) = \bar{x}_1 \bar{x}_2 x_3 \dotplus \bar{x}_1 x_2 \bar{x}_3 \dotplus x_1 x_2 x_3 \dotplus x_1 \bar{x}_2 x_3$$

4. Äquivalenznormalform

$$f(\underline{x}) = (x_1 \vee x_2 \vee x_3) \sim (\bar{x}_1 \vee x_2 \vee x_3) \sim (\bar{x}_1 \vee \bar{x}_2 \vee x_3) \sim (\bar{x}_1 \vee \bar{x}_2 \vee \bar{x}_3) \, .$$

Einfachere Ausdrücke erhält man, wie bereits erwähnt, durch Minimierung; die entsprechenden Konjunktionen bzw. Disjunktionen müssen nicht mehr alle Variablen enthalten; die
bei den Normalformen vorhandene Eindeutigkeit der Darstellung geht verloren. Man überzeuge sich, daß die folgenden Darstellungen wiederum die gleiche Funktion beschreiben:

1. disjunktive Form $\qquad f(\underline{x}) = \bar{x}_1 x_2 \vee \bar{x}_2 x_3$

2. konjunktive Form $\qquad f(\underline{x}) = (x_2 \vee x_3)(\bar{x}_1 \vee \bar{x}_2)$

3. Antivalenzform $\qquad f(\underline{x}) = \bar{x}_2 x_3 \dotplus \bar{x}_1 x_2$

4. Äquivalenzform $\qquad f(\underline{x}) = (\bar{x}_1 \vee \bar{x}_2) \sim (x_2 \vee x_3) \, .$

Beseitigt man in 3. die Negation von Variablen durch Anwendung der Identität $\bar{x}_2 = 1 \dotplus x_2$ und
anschließendes Auflösen der Klammern, so erhält man eine weitere (Normal-)Form, das

5. ŽEGALKIN-Polynom $\qquad f(\underline{x}) = x_2 \dotplus x_3 \dotplus x_2 x_3 \dotplus x_1 x_2 \, .$

Analog ergibt sich schließlich $(\bar{x}_1 = x_1 \sim 0)$ das

6. Äquivalenzpolynom $\qquad f(\underline{x}) = 0 \sim x_1 \sim x_2 \sim (x_1 \vee x_2) \sim (x_2 \vee x_3) \, .$

Für algorithmische und rechentechnische Zwecke ist es vorteilhaft, diese Formen durch
Ternärmatrizen (Ternärvektorlisten) darzustellen.

In einer gegebenen Konjunktion (Disjunktion) ist für jede Variable x_i, $i = 1, \ldots, n$, genau einer der drei folgenden Fälle möglich:

a) x_i tritt nichtnegiert auf.
b) x_i tritt negiert auf.
c) x_i tritt nicht auf.

Jeder Konjunktion (Disjunktion) wird ein Vektor zugeordnet, dessen i-te Komponente

im Fall a den Wert 1
im Fall b den Wert 0
im Fall c den Wert −

annimmt.

Um die Funktion $f(\underline{x})$ darzustellen, führt man diese Kodierung für jede auftretende konjunktion (Disjunktion) durch, schreibt diese Vektoren untereinander und erhält eine der jeweiligen Form (dem jeweiligen Ausdruck) zugeordnete Matrix.

Für die letzten sechs Formen erhält man

$$D(f) = \begin{bmatrix} \overset{x_1}{0} & \overset{x_2}{1} & \overset{x_3}{-} \\ - & 0 & 1 \end{bmatrix} \qquad K(f) = \begin{bmatrix} \overset{x_1}{-} & \overset{x_2}{1} & \overset{x_3}{1} \\ 0 & 0 & - \end{bmatrix} \qquad A(f) = \begin{bmatrix} \overset{x_1}{-} & \overset{x_2}{0} & \overset{x_3}{1} \\ 0 & 1 & - \end{bmatrix}$$

$$E(f) = \begin{bmatrix} \overset{x_1}{0} & \overset{x_2}{0} & \overset{x_3}{-} \\ - & 1 & 1 \end{bmatrix} \qquad Z(f) = \begin{bmatrix} \overset{x_1}{-} & \overset{x_2}{1} & \overset{x_3}{-} \\ - & - & 1 \\ - & 1 & 1 \\ 1 & 1 & - \end{bmatrix} \qquad H(f) = \begin{bmatrix} \overset{x_1}{-} & \overset{x_2}{-} & \overset{x_3}{-} \\ 1 & - & - \\ - & 1 & - \\ 1 & 1 & - \\ - & 1 & 1 \end{bmatrix}$$

Neben vielen anderen Interpretationen und Anwendungen ist es häufig angebracht, einen Ternärvektor als Repräsentant einer Menge von Elementen des Raumes B^n anzusehen; diese Menge erhält man, wenn man alle Strichelemente im Ternärvektor durch 0 bzw. 1 ersetzt:

$$(01-) \implies \left\{ (010), (011) \right\}$$
$$(--1) \implies \left\{ (001), (011), (101), (111) \right\}.$$

1.4. Boolesche Gleichungen

Sind $f(\underline{x})$ und $g(\underline{x})$ zwei Boolesche Funktionen, so können wir stets annehmen, daß sie von den gleichen Variablen abhängen: Ist nämlich $f(\underline{x})$ eine Funktion der Variablen $x_1, \ldots, x_{n-1}$, so können wir zu

$$f^*(x_1, \ldots, x_n) = f(x_1, \ldots, x_{n-1}) (x_n \vee \overline{x}_n)$$

übergehen und alle weiteren Überlegungen mit $f^*(\underline{x})$ durchführen.

Für gegebene Funktionen $f(\underline{x})$ und $g(\underline{x})$ und entsprechende zugehörige Ausdrücke ist

$$f(\underline{x}) = g(\underline{x})$$

eine <u>Boolesche Gleichung</u>,

$$f(\underline{x}) \leqq g(\underline{x})$$

eine <u>Boolesche Ungleichung</u>.

Lösung einer Booleschen Gleichung ist jedes $\underline{c} \in B^n$ mit $f(\underline{c}) = g(\underline{c}) = 0$ bzw. $f(\underline{c}) = g(\underline{c}) = 1$;
Lösung einer Booleschen Ungleichung sind alle $\underline{c} \in B^n$ mit

$$f(\underline{c}) = 0, \quad g(\underline{c}) = 0 \quad \text{oder}$$
$$f(\underline{c}) = 0, \quad g(\underline{c}) = 1 \quad \text{oder}$$
$$f(\underline{c}) = 1, \quad g(\underline{c}) = 1 .$$

Damit zerlegt jede Boolesche Gleichung (Ungleichung) den Raum B^n in die <u>Menge der Lösungen</u> und die <u>Menge der „Nichtlösungen"</u>. Jede Gleichung bzw. Ungleichung läßt sich in eine <u>homogene Form</u> (rechte Seite gleich 0 oder 1) überführen:

$$f(\underline{x}) = g(\underline{x}), \qquad f(\underline{x}) \mathbin{\overline{\vee}} g(\underline{x}) = 0 \quad \text{und} \quad f(\underline{x}) \sim g(\underline{x}) = 1 \qquad \text{sowie}$$
$$f(\underline{x}) \leqq g(\underline{x}), \qquad f(\underline{x}) \, \overline{g(\underline{x})} = 0 \quad \text{und} \quad \overline{f(\underline{x})} \vee g(\underline{x}) = 1$$

besitzen die gleichen Lösungsmengen.

Hat man ein Gleichungssystem

$$f_1(\underline{x}) = 0, \ \ldots, \ f_m(\underline{x}) = 0$$

zu lösen, so läßt sich dieses System in eine einzige Gleichung

$$f_1(\underline{x}) \vee \ldots \vee f_m(\underline{x}) = 0$$

umwandeln; dem Gleichungssystem

$$f_1(\underline{x}) = 1, \ \ldots, \ f_m(\underline{x}) = 1$$

ist die Gleichung

$$f_1(\underline{x}) \ \ldots \ f_m(\underline{x}) = 1$$

äquivalent.

Also kann man alle Untersuchungen bei Booleschen Gleichungs- und Ungleichungssystemen prinzipiell auf die Betrachtung <u>einer homogenen</u> Gleichung reduzieren:

1. Umwandlung aller Ungleichungen in homogene Gleichungen
2. Umwandlung aller Gleichungen in homogene Gleichungen
3. Umwandlung aller homogenen Gleichungen in eine einzige äquivalente Gleichung.

Diese Tatsache ist aber für praktische Zwecke nicht allzu bedeutungsvoll - im Gegenteil. Man zerlegt häufig größere Gleichungen in Gleichungssysteme, löst diese einzeln und gewinnt dann die Gesamtlösung als Durchschnitt der Teillösungen. Auf dieser Grundlage wird es dem Leser nicht schwerfallen, die einzelnen Arbeiten im Sammelband einzuordnen und sich auch in den unterschiedlichen Bezeichnungs- und Denkweisen zurechtzufinden.

2. Boolesche Differentialgleichungen

Ch. Posthoff, B. Steinbach

2.1. Einführung

Der Boolesche Differentialkalkül, der sich in den letzten 20 Jahren zu einer eigenständigen
Theorie entwickelt hat, ist ein möglicher und leistungsfähiger Zugang zur Beschreibung und
Behandlung dynamischer Sachverhalte in Schaltnetzwerken und allgemeineren binären Systemen. Dabei wird es zunehmend erforderlich, bestimmte dynamische Eigenschaften nicht
erst in einem relativ fortgeschrittenen Arbeitsstadium beim Entwurf eines Systems zu be-
rücksichtigen, sondern direkt und von Anfang an als Forderung in den Entwurf einzubringen.
Im einfachsten Fall bedeutet das, solche binären Funktionen zu ermitteln, die gewisse, durch
Operationen des Differentialkalküls beschreibbare, dynamische Eigenschaften besitzen. Damit gelangt man zwangsläufig zum Begriff der „Booleschen Differentialgleichung" und deren
Lösung.

Dieser Begriff ergibt sich auch mühelos, wenn man die in Veröffentlichungen zum Booleschen Differentialkalkül häufig strapazierte Analogie zur Analysis (d.h. zur üblichen Diffe-
rentialrechnung für Funktionen reeller Veränderlicher) konsequent weiterführt und damit
zur Frage der Integration von Booleschen Ableitungsoperationen und zu Booleschen Differentialgleichungen allgemeiner Art gelangt [1].

In der vorliegenden Arbeit wird gezeigt, daß sich das Umkehrproblem geschlossen lösen
läßt, wobei notwendige und hinreichende Bedingungen für die Existenz von Lösungen angegeben werden können. Die Lösung allgemeiner Boolescher Differentialgleichungen wird algo-
rithmisch-konstruktiv vorgenommen. Als für praktische Anwendungen wichtig erweist sich
besonders, daß man die dynamischen Fragestellungen nunmehr <u>tatsächlich konstruktiv</u> in
Angriff nehmen kann, wobei das „Nebenergebnis", daß sich Mengen binärer Funktionen stets
durch Boolesche Differentialgleichungen beschreiben lassen, in seiner Tragweite sicher noch
viel weiter reicht und insbesondere der Optimierung über Mengen binärer Funktionen neue
Impulse verleiht.

Nähere Betrachtungen zu rechentechnischen Implementationen und dabei auftretenden Problemen werden in dieser Arbeit nicht dargestellt; alle Lösungsmethoden und Algorithmen
liegen aber programmiert vor und sind beispielsweise in [2] und [3] dargestellt. Eine umfangreiche Erläuterung aller mit der Lösung von Differentialgleichungen zusammenhängen-
den Fragen ist in [4] zu finden.

2.2. Grundbegriffe

Es sei $B = \{0, 1\}$, B^n die Menge aller n-stelligen Binärvektoren; <u>binäre Variable</u> sollen nur
Werte aus B annehmen, <u>binäre Funktionen</u> sind eindeutige Abbildungen von B^n in B.

Im weiteren wird vorausgesetzt, daß der Leser mit den bekannten Booleschen Operationen
<u>Negation</u> ($\neg$), <u>Konjunktion</u> ($\wedge$), <u>Disjunktion</u> ($\vee$), <u>Antivalenz</u> ($\not\sim$) und Äquivalenz ($\sim$) vertraut
ist. Desgleichen wird der Umgang mit binären Funktionen, insbesondere deren Darstellung
durch <u>Boolesche Ausdrücke</u> und (konjunktive, disjunktive, Antivalenz- und Äquivalenz-)
<u>Normalformen</u> als bekannt vorausgesetzt.

Für die Anschauung und das Verständnis prinzipieller Zusammenhänge wesentlich ist die
Tatsache, daß sich jede Funktion $f(x_1, \ldots, x_n)$ bei fester Reihenfolge der Belegungen des
Vektors $x = (x_1, \ldots, x_n)$ als Binärvektor der Länge 2^n darstellen läßt und somit jeder binäre
Raum B^{2^n} die Menge aller Funktionen von n Variablen darstellt. Ist $\underline{x} = (x_1, \ldots, x_n)$ ein Vek-
tor binärer Variabler, so soll eine disjunkte Zerlegung in die Vektoren $\underline{x}_1 = (x_1, \ldots, x_k)$
und $\underline{x}_2 = (x_{k+1}, \ldots, x_n)$ einfach durch $(\underline{x}_1, \underline{x}_2)$ dargestellt werden.

Alle oben angegebenen Booleschen Operationen lassen sich auf Vektoren ausdehnen, indem
sie komponentenweise ausgeführt werden; beispielsweise gilt also

$$\underline{x} \wedge \underline{y} = (x_1 \wedge y_1, \ldots, x_n \wedge y_n) \quad \text{oder} \quad \overline{\underline{x}} = (\overline{x}_1, \ldots, \overline{x}_n) \quad \text{usw.}$$

In [1] werden die folgenden (Booleschen) Ableitungsoperationen definiert und ausführlich
untersucht:

$$\frac{\partial f(\underline{x})}{\partial x_i} = f(x_i) \oplus f(\overline{x}_i) \qquad \text{(einfache Ableitung)}$$

$$\overline{\frac{\partial f(\underline{x})}{\partial x_i}} = f(x_i) \sim f(\overline{x}_i) \qquad \text{(negierte einfache Ableitung)}$$

$$\min_{x_i} f(\underline{x}) = f(x_i) \wedge f(\overline{x}_i) \qquad \text{(einfaches Minimum)}$$

$$\max_{x_i} f(\underline{x}) = f(x_i) \vee f(\overline{x}_i) \qquad \text{(einfaches Maximum)} .$$

Ersetzt man in diesen Definitionen an allen Stellen die Variable x_i durch einen Vektor $\underline{x}_l$
– simultane Änderung (Negation) aller Variablen des Vektors $\underline{x}_l$ –, so erhält man die entsprechenden <u>vektoriellen</u> Ableitungsoperationen

$$\frac{\partial f}{\partial \underline{x}_l}, \qquad \overline{\frac{\partial f}{\partial \underline{x}_l}}, \qquad \min_{\underline{x}_l} f(\underline{x}), \qquad \max_{\underline{x}_l} f(\underline{x}) .$$

Die k-fache Hintereinanderausführung der gleichen einfachen Ableitungsoperationen nach
mehreren unterschiedlichen Variablen führt zu den k-fachen Ableitungen

$$\frac{\partial^k f(\underline{x})}{\partial \underline{x}_l}, \qquad \overline{\frac{\partial^k f(\underline{x})}{\partial \underline{x}_l}}, \qquad \min_{\underline{x}_l}^k f(\underline{x}), \qquad \max_{\underline{x}_l}^k f(\underline{x}) .$$

Darüber hinaus sind auch alle Mischungen dieser Operationen möglich. Schließlich benötigt
man noch die Deltaoperationen

$$\mathop{\Delta}_{\underline{x}_l} f(\underline{x}) = \min_{\underline{x}_l}^k f(\underline{x}) \oplus \max_{\underline{x}_l}^k f(\underline{x})$$

und

$$\overline{\mathop{\Delta}_{\underline{x}_l}} f(\underline{x}) = \min_{\underline{x}_l}^k f(\underline{x}) \sim \max_{\underline{x}_l}^k f(\underline{x}) .$$

Wichtig ist, daß jede dieser Operationen eine binäre Funktion wieder in eine binäre Funktion
überführt (man verdeutliche sich das mit Hilfe der Definitionen am Funktionswertevektor)
und damit die Verknüpfung von Ableitungen von Funktionen und von Funktionen selbst durch
Boolesche Operationen möglich und sinnvoll ist.

Im folgenden wollen wir uns auf Differentialgleichungen beschränken, die nur von einer
Funktion $f(\underline{x})$ abhängen – dies ist immer möglich, da man zu zwei Funktionen $f_1(\underline{x})$, $f_2(\underline{x})$
stets die Funktion $f(\underline{x}) = \overline{x}_{n+1}\, f_1(\underline{x}) \vee x_{n+1}\, f_2(\underline{x})$ betrachten und $f_1(\underline{x}) = f(\underline{x}, 0)$, $f_2(\underline{x}) = f(\underline{x}, 1)$
substituieren kann. Ebenso kann man bei binären Funktionen stets annehmen und erreichen,
daß sie von den gleichen Variablen abhängen.

Somit betrachten wir also jetzt <u>Boolesche Differentialgleichungen</u>, in denen neben den
Konstanten 0 und 1 sowie den Variablen $x_1, \ldots, x_n$ eine unbekannte Funktion $f(\underline{x})$ und deren
Ableitungen auftreten (können).

<u>Beispiel.</u> $\dfrac{\partial f}{\partial x_2} \oplus \dfrac{\overline{\partial f}}{\partial x_1} \dfrac{\partial f}{\partial (x_1, x_2)} \oplus f \dfrac{\overline{\partial f}}{\partial x_2} \dfrac{\overline{\partial f}}{\partial (x_1, x_2)} = \overline{f} \dfrac{\overline{\partial f}}{\partial x_1} \oplus f \dfrac{\partial f}{\partial x_1} \dfrac{\partial f}{\partial x_2} \dfrac{\partial f}{\partial (x_1, x_2)} .$

Gesucht seien alle Funktionen $f(x_1, x_2)$, die diese Gleichung erfüllen.

Man überzeuge sich durch Einsetzen, daß mindestens die Funktionen

$$f_1 = x_1 x_2, \quad f_2 = \bar{x}_1 x_2, \quad f_3 = x_1 \bar{x}_2, \quad f_4 = \bar{x}_1 \bar{x}_2, \quad f_5 = \bar{x}_1, \quad f_6 = x_1$$

Lösungsfunktionen sind.

Wie bei Booleschen Gleichungen ist es auch hier möglich, sich auf homogene Differentialgleichungen zu beschränken; so ist etwa obige Gleichung äquivalent zur Gleichung

$$\frac{\partial f}{\partial x_2} + \frac{\overline{\partial f}}{\partial x_1} \frac{\partial f}{\partial (x_1, x_2)} + f \frac{\overline{\partial f}}{\partial x_2} \frac{\overline{\partial f}}{\partial (x_1, x_2)} + \bar{f} \frac{\overline{\partial f}}{\partial x_1} + f \frac{\partial f}{\partial x_1} \frac{\partial f}{\partial x_2} \frac{\partial f}{\partial (x_1, x_2)} = 0(\underline{x}) \,,$$

d.h., diese Gleichungen besitzen die gleichen Lösungsmengen.

Man beachte aber hier genau den begrifflichen Unterschied zu Booleschen Gleichungen.

Bei einer Booleschen Gleichung

$$f(\underline{x}) = 0$$

ist die Menge der Belegungen $\underline{x} = \underline{c}$ zu finden, für die $f(\underline{c}) = 0$ gilt. Bei einer Booleschen Differentialgleichung

$$F(f, 0_1 f, 0_2 f, \dots) = 0(\underline{x})$$

ist aber die Menge aller Funktionen zu finden, deren Einsetzung in die Differentialgleichung die Nullfunktion ergibt ($0_1, 0_2, \dots$ seien gewisse Ableitungsoperationen).

Die Lösungsmengen der beiden Gleichungen

$$f(\underline{x}) = 0 \quad \text{und} \quad f(\underline{x}) = 1$$

sind zueinander komplementär (bezüglich B^n), was auf die beiden Differentialgleichungen

$$F(f, 0_1 f, \dots) = 0(\underline{x}) \quad \text{und} \quad F(f, 0_1 f, \dots) = 1(\underline{x})$$

in keiner Weise zutrifft.

Beispielsweise beschreibt die Gleichung $\partial f / \partial x_1 = 0(\underline{x})$ alle von x_1 unabhängigen Funktionen, während $\partial f / \partial x_1 = 1(\underline{x})$ alle in x_1 linearen Funktionen beschreibt [1].

Komplementär sind hier die Funktionenmengen, die den Bedingungen

$$\frac{\partial f}{\partial x_1} = 0(\underline{x}) \quad \text{und} \quad \frac{\partial f}{\partial x_1} \neq 0(\underline{x})$$

genügen.

Auf diese Weise beschreibt jede Boolesche Differentialgleichung einen <u>globalen</u> Sachverhalt; setzt man nämlich in der Funktion $f(\underline{x})$ und in allen (auftretenden) Ableitungen von $f(\underline{x})$ eine Belegung $\underline{x} = \underline{c}$ ein, so entsteht eine Boolesche Gleichung. Auf Grund der 2^n für $\underline{x}$ möglichen Belegungen ist damit eine Boolesche Differentialgleichung stellvertretend für ein System von 2^n (gleichartigen) Booleschen Gleichungen zu sehen.

Beispiel. Für $f(\underline{x}) = f(x_1, x_2)$ und $f(x_1, x_2) \dfrac{\partial f(x_1, x_2)}{\partial x_1} = 0(\underline{x})$ steht das Gleichungssystem

$$f(x_1, x_2) \left. \frac{\partial f}{\partial x_1} \right|_{\substack{x_1 = 0 \\ x_2 = 0}} = 0 \,, \qquad f(x_1, x_2) \left. \frac{\partial f}{\partial x_1} \right|_{\substack{x_1 = 1 \\ x_2 = 0}} = 0 \,,$$

$$f(x_1, x_2) \left. \frac{\partial f}{\partial x_1} \right|_{\substack{x_1 = 0 \\ x_2 = 1}} = 0 \,, \qquad f(x_1, x_2) \left. \frac{\partial f}{\partial x_1} \right|_{\substack{x_1 = 1 \\ x_2 = 1}} = 0 \,,$$

das sich auf Grund der Definition der Ableitung in das Gleichungssystem

$$f(0,0)\,[f(0,0) \dotplus f(1,0)] = 0$$
$$f(1,0)\,[f(1,0) \dotplus f(0,0)] = 0$$
$$f(0,1)\,[f(0,1) \dotplus f(1,1)] = 0$$
$$f(1,1)\,[f(1,1) \dotplus f(0,1)] = 0$$

und weiter in die Gleichung

$$[f(0,0) \dotplus f(1,0)] \vee [f(0,1) \dotplus f(1,1)] = 0$$

umformen läßt. Deren sämtliche Lösungen ergeben gleichzeitig – durch Einsetzen in den Ansatz $f(x_1,x_2) = \bar{x}_1\bar{x}_2\,f(0,0) \dotplus \bar{x}_1 x_2\,f(0,1) \dotplus x_1\bar{x}_2\,f(1,0) \dotplus x_1 x_2\,f(1,1)$ – alle Lösungen der gegebenen Differentialgleichung:

$f(0,0)$	$f(0,1)$	$f(1,0)$	$f(1,1)$	$f(x_1,x_2)$
0	0	0	0	$0(x_1,x_2)$
0	1	0	1	x_2
1	0	1	0	$\bar{x}_2$
1	1	1	1	$1(x_1,x_2)$

Damit sind für das Problemverständnis die notwendigen Grundlagen vorhanden. Bezüglich weiterer Einzelheiten sei auf [1] und [4] verwiesen.

2.3. Integration von Ableitungsoperationen

Eine sehr naheliegende Aufgabenstellung ist die Umkehrung von Ableitungsoperationen:

Gegeben seien eine Funktion $g(\underline{x})$ und eine Ableitungsoperation 0_1. Gibt es eine Funktion $f(\underline{x})$, so daß $0_1\,f(\underline{x}) = g(\underline{x})$ ist?

Wenn ja, so bestimme man alle derartigen Funktionen. Welche Bedingungen muß $g(\underline{x})$ erfüllen, damit derartige Funktionen $f(\underline{x})$ existieren?

Diese Frage läßt sich vollständig lösen. Die Ergebnisse sind in Tafel 2.1 zusammengestellt. Dabei ist zu beachten, daß $g(x_1, \ldots, x_n)$ stets als Funktion von n Variablen angesehen wird; v ist die Zahl der Belegungen, für die $g = 1$ gilt, $\mu = 2^n - v$ die Zahl der Belegungen mit $g = 0$; $h(\underline{x})$, $h_1(\underline{x})$, $h_2(\underline{x})$ sind Parameterfunktionen, die völlig beliebig gewählt werden können und nur der entsprechenden (in der Tafel angegebenen) Bedingung genügen müssen.

Faßt man diese Bedingungen, also etwa $\partial h(\underline{x})/\partial x_i = 0$, wiederum als Differentialgleichung auf, so erhält man die allgemeine Lösung der <u>inhomogenen</u> Gleichung $\partial f(\underline{x})/\partial x_i = g(\underline{x})$, wenn man eine Lösung der inhomogenen Gleichung $(f(\underline{x}) = x_i\,g(\underline{x})$ ist eine solche Lösung) mit der allgemeinen Lösung der homogenen Gleichung $\partial h(\underline{x})/\partial x_i = 0$ verknüpft.

Diese Aussage hat wesentlichen Einfluß auf die Lösungsstrategie bei der Integration von Ableitungsoperationen. Für das Ermitteln einiger Lösungsfunktionen können leicht Funktionen $h(\underline{x})$ bestimmt werden, die die homogene Differentialgleichung erfüllen und zu Lösungsfunktionen $f(\underline{x})$ führen. Sind dagegen alle Lösungen einer inhomogenen Differentialgleichung einer Ableitungsoperation gesucht, so ist man auf die allgemeine Lösung der entsprechenden homogenen Gleichung angewiesen. Hierfür können spezielle Algorithmen verwendet werden, mit denen man sich diese Lösungen einmal verschafft und dann katalogartig verwendet; diese Algorithmen sind ebenfalls in dem implementierten Programmsystem enthalten (s. [2] und [3]).

Tafel 2.1. Umkehrung der Ableitungsoperationen

	Lösungs-zahl	Integrabi-litäts-bedingung	Lösungsfunktionen
I. Einfache Ableitungen			
0_1 $\quad \dfrac{\partial f(\underline{x})}{\partial x_i} = g(\underline{x})$	$2^{2^{n-1}}$		$f(\underline{x}) = x_i\, g(\underline{x}) \curlywedge h(\underline{x}) \quad \text{mit} \quad \dfrac{\partial h(\underline{x})}{\partial x_i} = 0$
0_2 $\quad \dfrac{\overline{\partial f(\underline{x})}}{\partial x_i} = g(\underline{x})$	$2^{2^{n-1}}$	$\dfrac{\partial g(\underline{x})}{\partial x_i} = 0$	$f(\underline{x}) = \left[x_i \vee g(\underline{x}) \right] \sim h(\underline{x}) \quad \text{mit} \quad \dfrac{\overline{\partial h(\underline{x})}}{\partial x_i} = 1$
0_3 $\quad \min\limits_{x_i} f(\underline{x}) = g(\underline{x})$	$3^{\frac{\mu}{2}}$		$f(\underline{x}) = g(\underline{x}) \vee h(\underline{x}) \quad \text{mit} \quad \min\limits_{x_i} h(\underline{x}) = 0$
0_4 $\quad \max\limits_{x_i} f(\underline{x}) = g(\underline{x})$	$3^{\frac{\nu}{2}}$		$f(\underline{x}) = g(\underline{x})\, h(\underline{x}) \quad \text{mit} \quad \max\limits_{x_i} h(\underline{x}) = 1$
II. Vektorielle Ableitungen			
0_5 $\quad \dfrac{\partial f(\underline{x})}{\partial \underline{x}_1} = g(\underline{x})$	$2^{2^{n-1}}$		$f(\underline{x}) = x_i\, g(\underline{x}) \curlywedge h(\underline{x}) \quad \text{mit} \quad \dfrac{\partial h(\underline{x})}{\partial \underline{x}_1} = 0, \ x_i \in \underline{x}_1$
0_6 $\quad \dfrac{\overline{\partial f(\underline{x})}}{\partial \underline{x}_1} = g(\underline{x})$	$2^{2^{n-1}}$	$\dfrac{\partial g(\underline{x})}{\partial \underline{x}_1} = 0$	$f(\underline{x}) = \left[x_i \vee g(\underline{x}) \right] \sim h(\underline{x}) \quad \text{mit} \quad \dfrac{\overline{\partial h(\underline{x})}}{\partial \underline{x}_1} = 1, \ x_i \in \underline{x}_1$
0_7 $\quad \min\limits_{\underline{x}_1} f(\underline{x}) = g(\underline{x})$	$3^{\frac{\mu}{2}}$		$f(\underline{x}) = g(\underline{x}) \vee h(\underline{x}) \quad \text{mit} \quad \min\limits_{\underline{x}_1} h(\underline{x}) = 0$
0_8 $\quad \max\limits_{\underline{x}_1} f(\underline{x}) = g(\underline{x})$	$3^{\frac{\nu}{2}}$		$f(\underline{x}) = g(\underline{x})\, h(\underline{x}) \quad \text{mit} \quad \max\limits_{\underline{x}_1} h(\underline{x}) = 1$

Tafel 2.1 (Fortsetzung)

		Lösungs-zahl	Integra-litäts-bedingung	Lösungsfunktionen
III. k-fache Ableitungen				
0_9	$\dfrac{\partial^k f(\underline{x})}{\partial\, \underline{x}_1} = g(\underline{x})$	$2^{(2^k-1)\,2^{n-k}}$		$f(\underline{x}) = x_1 x_2 \ldots x_k\, g(\underline{x}) \dotplus h(\underline{x}) \quad \text{mit} \quad \dfrac{\partial^k h(\underline{x})}{\partial\, \underline{x}_1} = 0$
0_{10}	$\dfrac{\overline{\partial^k f(\underline{x})}}{\partial\, \underline{x}_1} = g(\underline{x})$	$2^{(2^k-1)\,2^{n-k}}$	$\underset{\underline{x}_1}{\Delta}\, g(\underline{x}) = 0$	$f(\underline{x}) = \left[x_1 \vee x_2 \vee \ldots \vee x_k \vee g(\underline{x})\right] \sim h(\underline{x}) \quad \text{mit} \quad \dfrac{\overline{\partial^k h(\underline{x})}}{\partial\, \underline{x}_1} = 1$
0_{11}	$\underset{\underline{x}_i}{\min}{}^k\, f(\underline{x}) = g(\underline{x})$	$\left(2^{2^k} - 1\right)\mu\cdot 2^{-k}$		$f(\underline{x}) = g(\underline{x}) \vee h(\underline{x}) \quad \text{mit} \quad \underset{\underline{x}_1}{\min}{}^k\, h(\underline{x}) = 0$
0_{12}	$\underset{\underline{x}_1}{\max}{}^k\, f(\underline{x}) = g(\underline{x})$	$\left(2^{2^k} - 1\right)\nu\cdot 2^{-k}$		$f(\underline{x}) = g(\underline{x})\, h(\underline{x}) \quad \text{mit} \quad \underset{\underline{x}_1}{\max}{}^k\, h(\underline{x}) = 1$
0_{13}	$\underset{\underline{x}_1}{\Delta}\, f(\underline{x}) = g(\underline{x})$	$\left(2^{2^k} - 2\right)\nu\cdot 2^{-k} \cdot 2^{\mu\cdot 2^{-k}}$	$\underset{\underline{x}_1}{\Delta}\, g(\underline{x}) = 0$	$f(\underline{x}) = g(\underline{x})\, h_1(\underline{x}) \vee \overline{g(\underline{x})}\, h_2(\underline{x})$ mit $\underset{\underline{x}_1}{\Delta}\, h_1(\underline{x}) = 1 \quad$ und
0_{14}	$\dfrac{\overline{\underset{\underline{x}_1}{\Delta}\, f(\underline{x})}}{} = g(\underline{x})$	$\left(2^{2^k} - 2\right)\mu\cdot 2^{-k} \cdot 2^{\nu\cdot 2^{-k}}$		$f(\underline{x}) = g(\underline{x})\, h_2(\underline{x}) \vee \overline{g(\underline{x})}\, h_1(\underline{x}) \qquad \underset{\underline{x}_1}{\Delta}\, h_2(\underline{x}) = 0$

Beispiel. Zu lösen sei die inhomogene Differentialgleichung $\partial f/\partial(x_1,x_2) = x_1 \not\vee x_2$. Die Integrabilitätsbedingung $\partial(x_1 \not\vee x_2)/\partial(x_1,x_2) = 0$ ist erfüllt, so daß man wie folgt verfahren kann:

partikuläre Lösung $\qquad\qquad f(\underline{x}) = x_1\,(x_1 \not\vee x_2) = x_1\bar{x}_2$

homogene Gleichung $\qquad\qquad \partial h(\underline{x})/\partial(x_1,x_2) = 0$

allgemeine Lösung der
homogenen Gleichung $\qquad h_1(\underline{x}) = 0\,, \quad h_2(\underline{x}) = x_1 \not\vee x_2\,, \quad h_3(\underline{x}) = \bar{x}_1 \not\vee x_2\,, \quad h_4(\underline{x}) = 1$

allgemeine Lösung der
inhomogenen Gleichung $\quad f_1(\underline{x}) = x_1\bar{x}_2\,, \quad f_2(\underline{x}) = \bar{x}_1 x_2\,, \quad f_3(\underline{x}) = x_1 \vee \bar{x}_2\,, \quad f_4(\underline{x}) = \bar{x}_1 \vee x_2\,.$

2.4. Integration beliebiger Differentialgleichungen

Nachdem die Umkehrung aller Ableitungsoperationen vorgenommen wurde, soll nunmehr die Integration beliebiger Differentialgleichungen in Angriff genommen werden, in denen also neben einer unbekannten Funktion $f(\underline{x})$ auch alle Ableitungen $0_1, \ldots, 0_{14}$ vorkommen können. Wir wollen aus Umfangsgründen nur prinzipielle Wege aufzeigen; detaillierte Untersuchungen sind in [2] und [3] zu finden.

Vorteilhaft ausnutzen läßt sich die Tatsache, daß die Ableitungsoperationen redundant sind, da sie z.T. aus Gründen der Bequemlichkeit, der Anschaulichkeit und der Vollständigkeit definiert wurden; dies macht diese Operationen etwa auch zum Kern einer <u>problemorientierten</u> Ausdrucksweise für dynamische Sachverhalte, ist aber mathematisch-algorithmisch nicht günstig und nicht notwendig. Die folgende, in B^2 dargestellte und induktiv auf B^n übertragbare Aufstellung zeigt, daß man alle Ableitungen der Funktion $f(\underline{x})$ durch $f(\underline{x})$ selbst und vektorielle Ableitungen von $f(\underline{x})$ darstellen kann; somit besteht der erste Schritt bei der Lösung allgemeiner Differentialgleichungen in der Elimination dieser Ableitungen. Es gilt also:

$$\bullet \quad \underset{(x_1,x_2)}{\varDelta f} = \frac{\partial f}{\partial x_1} \vee \frac{\partial f}{\partial x_2} \vee \frac{\partial f}{\partial(x_1,x_2)}$$

$$\bullet \quad \frac{\partial^2 f}{\partial x_1 \partial x_2} = \frac{\partial f}{\partial x_1} \not\vee \frac{\partial f}{\partial x_2} \not\vee \frac{\partial f}{\partial(x_1,x_2)}$$

$$\bullet \quad \underset{(x_1,x_2)}{\min^2 f} = f\,\overline{\frac{\partial f}{\partial x_1}}\,\overline{\frac{\partial f}{\partial x_2}}\,\overline{\frac{\partial f}{\partial(x_1,x_2)}}$$

$$\bullet \quad \underset{(x_1,x_2)}{\max^2 f} = f \vee \frac{\partial f}{\partial x_1} \vee \frac{\partial f}{\partial x_2} \vee \frac{\partial f}{\partial(x_1,x_2)}$$

$$\bullet \quad \underset{x_1}{\min f} = f\,\overline{\frac{\partial f}{\partial x_1}}$$

$$\bullet \quad \underset{(x_1,x_2)}{\min f} = f\,\overline{\frac{\partial f}{\partial(x_1,x_2)}}$$

$$\bullet \quad \underset{x_1}{\max f} = f \vee \frac{\partial f}{\partial x_1}$$

$$\bullet \quad \underset{(x_1,x_2)}{\max f} = f \vee \frac{\partial f}{\partial(x_1,x_2)}\,.$$

Also kann man sich auf Differentialgleichungen folgender Art beschränken:

$$D\left(f(\underline{x}),\ \frac{\partial f(\underline{x})}{\partial x_1},\ \ldots,\ \frac{\partial f(\underline{x})}{\partial(x_1,\ldots,x_n)}\right) = 0 \ . \tag{2.1.}$$

Es versteht sich von selbst, daß man zur Lösung dieser Gleichung ein umfangreiches Instrumentarium an Zusammenhängen und Lösungsmöglichkeiten erarbeiten kann. Bezüglich der Anwendung von Ansatzmethoden, Gleichsetzungs- und Substitutionsmethoden, Überlagerungseigenschaften von Lösungen u.a. sei erneut auf [4] verwiesen. Hier soll nur der direkte Zugang zu einer allgemeingültigen algorithmischen Vorgehensweise dargestellt werden.

Folgende Bezeichnungen und Begriffe werden verwendet:

a) $\mathrm{Gradv}\ f(\underline{x}) = \left(f,\ \frac{\partial f}{\partial x_1},\ \frac{\partial f}{\partial x_2},\ \ldots,\ \frac{\partial f}{\partial(x_1,\ldots,x_n)}\right).$

b) Ist $g(\underline{x})$ eine Lösungsfunktion von (2.1), so ist $\mathrm{Gradv}\ g(\underline{x})\big|_{\underline{x}=\underline{c}}$ eine <u>lokale Lösung</u> im Punkt $\underline{x} = \underline{c}$.

c) $D(\underline{u}) = D(u_0, u_1, \ldots, u_{2^n-1}) = 0$

heißt die der Differentialgleichung (2.1) <u>zugeordnete Gleichung</u> mit der Lösungsmenge LL.

Grundlegend für die Lösung des Problems ist der folgende <u>Hauptsatz</u>:

1. Eine Funktion $f(\underline{x})$ ist genau dann eine Lösung von (2.1), falls gilt

$$\mathrm{Gradv}\ f(\underline{x})\big|_{\underline{x}=\underline{c}} \in \mathrm{LL} \qquad \text{für alle } \underline{c} \in B^n .$$

2. Ist $f(\underline{x})$ eine Lösung von (2.1), so ist auch jede Funktion $f^*(\underline{x})$ mit

$$f^*(\underline{x}) = f(\underline{x}\dotplus\underline{c}),\ \underline{c} \in B^n \text{ eine Lösung.}$$

Der erste Teil des Satzes besagt, daß jeder Vektor $(u_0, \ldots, u_{2^n-1})$, den man aus $\mathrm{Gradv}\ f(\underline{x})$ durch Einsetzen einer Belegung $\underline{x} = \underline{c}$ erhält, Lösung der zugeordneten Gleichung sein muß. Damit erhält man die Möglichkeit, gewisse Funktionen $f(\underline{x})$ als eventuelle Lösung zu eliminieren, nämlich dann, wenn für irgendein $\underline{c}$ diese Forderung nicht erfüllt ist. Der zweite Teil des Satzes stellt fest, daß man mit einer bestimmten Lösungsfunktion $f(\underline{x})$ über eine ganze Menge von Lösungsfunktionen verfügt.

Definiert man eine Relation R über der Menge der Funktionen $f(\underline{x})$ durch

$$f_1(\underline{x})\ R\ f_2(\underline{x}) \iff f_1(\underline{x}) = f_2(\underline{x}\dotplus\underline{c})$$

für ein bestimmtes $\underline{c} \in B^n$, so stellt man fest:

1. R ist eine Äquivalenzrelation.
2. Die Menge aller Funktionen $f(\underline{x})$ wird in Äquivalenzklassen zerlegt; die Menge der Lösungsfunktionen von (2.1) besteht aus k Äquivalenzklassen, $k \geqq 0$.
3. Zur Beschreibung der Menge der Lösungsfunktionen reicht es aus, je Äquivalenzklasse einen Repräsentanten anzugeben.

Bezeichnet man mit $\underline{u}^0$ den Vektor $\mathrm{Gradv}\ f(\underline{x})\big|_{\underline{x}=\underline{0}}$, so erhält man die Möglichkeit, $f(\underline{x})$ als Taylor-Reihe im Entwicklungspunkt $\underline{0}$ anzugeben (s. [1]):

$$f(\underline{x}) = u_0^0 \dotplus x_1\overline{x}_2\ldots\overline{x}_n u_1^0 \dotplus \ldots \dotplus x_1\ldots x_n u_{2^n-1}^0 \ . \tag{2.2}$$

Damit sind alle Voraussetzungen vorhanden, die Differentialgleichung (2.1) durch <u>Generierung von Klassen von Lösungsfunktionen</u> zu lösen.

<u>Algorithmus „Klassengenerierung"</u>

(1) Bestimme die Lösungsmenge LL der zugeordneten Gleichung.
(2) Wähle einen Vektor $\underline{u} \in \mathrm{LL}$.
(3) Bilde die potentielle Lösungsfunktion $f(\underline{x})$ gemäß (2.2).

(4) Erzeuge daraus die Menge der potentiellen Lösungsfunktionen

$$F^* = \left\{ f^*(\underline{x}) \,\middle|\, f^*(\underline{x}) = f(\underline{x} \oplus \underline{c}), \ \underline{c} \in B^n \right\}.$$

(5) $LL^* = \left\{ \text{Gradv } f^*(\underline{x}) \,\middle|\, \underline{x} = \underline{c}, \ c \in B^n \right\}.$

(6) Ist $LL^* \subseteq LL$, so ist F^* eine Klasse von Lösungsfunktionen mit dem Repräsentanten $f(\underline{x})$.

(7) LL^* wird aus LL entfernt: $LL = LL \backslash LL^*$.

(8) Ist $LL = \emptyset$, so sind alle Lösungsfunktionen ermittelt. Für $LL \neq \emptyset$ wird bei (2) fortgesetzt.

Die Grundidee des Algorithmus ist also, nach Lösung einer Booleschen Gleichung potentielle Lösungsfunktionen zu bilden und zu prüfen, ob die zugehörigen Funktionenklassen vollständig in LL repräsentiert sind. Der Vorteil des Verfahrens besteht darin, daß nur mit Funktionenmengen operiert wird, für die wenigstens ein $\underline{u} \in LL$ ist, und nicht alle Funktionen $f(\underline{x})$ über B^n durchmustert werden müssen. Durch das Repräsentantensystem ist somit eine aufwandsminimale Darstellung der Lösungsmenge gegeben.

Betrachten wir dazu noch ein Beispiel. Zu bestimmen seien die Lösungen der Differentialgleichung

$$\frac{\partial f}{\partial x_2} \oplus \frac{\overline{\partial f}}{\partial x_1} \, \frac{\partial f}{\partial(x_1,x_2)} \oplus f \frac{\overline{\partial f}}{\partial x_2} \, \frac{\overline{\partial f}}{\partial(x_1,x_2)} \oplus \bar{f} \, \frac{\overline{\partial f}}{\partial x_1} \oplus f \frac{\partial f}{\partial x_1} \, \frac{\partial f}{\partial x_2} \, \frac{\partial f}{\partial(x_1,x_2)} = 0 \; .$$

Mit $u_0 = f$, $u_1 = \partial f/\partial x_1$, $u_2 = \partial f/\partial x_2$, $u_3 = \partial f/\partial(x_1,x_2)$ wird hieraus die Gleichung

$$u_2 \oplus \bar{u}_1 u_3 \oplus u_0 \bar{u}_2 \bar{u}_3 \oplus \bar{u}_0 \bar{u}_1 \oplus u_0 u_1 u_2 u_3 = 0 \, ,$$

die folgende Lösungen besitzt:

$$LL = \begin{array}{c} \begin{matrix} u_0 & u_1 & u_2 & u_3 \end{matrix} \\ \left[\begin{matrix} 0 & 1 & 0 & - \\ 1 & 1 & 0 & 1 \\ 1 & - & 1 & 1 \\ 0 & 0 & 1 & 0 \\ 0 & 0 & 0 & 1 \end{matrix} \right] \end{array} \qquad \text{(Schritt (1))}.$$

Für $\underline{u} = (0001)$ entsteht über den Ansatz (2.2) die potentielle Lösung $f(\underline{x}) = x_1 x_2$ und die zugehörige Lösungsklasse $F^* = \{ x_1 x_2, \ \bar{x}_1 x_2, \ x_1 \bar{x}_2, \ \bar{x}_1 \bar{x}_2 \}$ (Schritte (2), (3) und (4)). Für LL^* erhält man damit die vier Vektoren (0001), (0010), (0100) und (1111), die sämtlich in LL enthalten sind. Damit ist eine erste Lösungsklasse gefunden, wobei $f(\underline{x}) = x_1 x_2$ als Repräsentant gewählt wurde. Durch Entfernung dieser Vektoren aus LL erhält man

$$LL = \left[\begin{matrix} 0 & 1 & 0 & 1 \\ 1 & 1 & 0 & 1 \\ 1 & 0 & 1 & 1 \end{matrix} \right].$$

Wählt man jetzt $\underline{u} = (1011)$, so erhält man die Klasse $F^* = \{ x_2, \ \bar{x}_2 \}$ und $LL^* = \{ (1011), \ (0011) \}$. Da man den Vektor (0011) nicht in LL vorfindet, entsteht keine Lösungsklasse, und man kann mit

$$LL = \begin{array}{c} \begin{matrix} u_0 & u_1 & u_2 & u_3 \end{matrix} \\ \left[\begin{matrix} 0 & 1 & 0 & 1 \\ 1 & 1 & 0 & 1 \end{matrix} \right] \end{array}$$

fortsetzen. Eine erneute Anwendung des Algorithmus führt zur Lösungsklasse $\{ x_1, \bar{x}_1 \}$ und zur völligen Ausschöpfung der Matrix LL, womit alle Lösungen bestimmt sind.

Besitzt eine Differentialgleichung eine große Anzahl von Vektoren $\underline{u} \in LL$, die zu keiner Klasse von Lösungsfunktionen führen, so steigt der Aufwand für diesen Algorithmus stark an.

Einen gewissen Ausweg aus dieser Situation bietet das folgende Separationsverfahren, das auf der Idee beruht, in LL alle Vektoren zu eliminieren, die keine Lösungen zur Folge haben, und das hier als Beispiel für B^2 dargestellt werden soll.

Ausgangspunkt der Überlegungen ist die Taylor-Entwicklung einer Booleschen Funktion [1, S. 133 ff.], die mit der Zuordnung

$$\underline{u} = (u_0, u_1, u_2, u_3) = \left(f(\underline{x}), \; \frac{\partial f(\underline{x})}{\partial x_1}, \; \frac{\partial f(\underline{x})}{\partial x_2}, \; \frac{\partial f(\underline{x})}{\partial (x_1, x_2)} \right) \Big|_{\underline{x} = \underline{c}}$$

im Entwicklungspunkt $\underline{x} = \underline{c}$ zu folgender Darstellung führt:

$$f(\underline{x}) = u_0 \dotplus (c_1 \dotplus x_1)(c_2 \dotplus \bar{x}_2) u_1 \dotplus (c_1 \dotplus \bar{x}_1)(c_2 \dotplus x_2) u_2 \dotplus (c_1 \dotplus x_1)(c_2 \dotplus x_2) u_3 \; .$$

Die Gleichmäßigkeit der Entwicklung wird durch u_0 gestört, weshalb man zu folgender Darstellung (durch identische Umformung) übergeht:

$$f(\underline{x}) = (c_1 \dotplus \bar{x}_1)(c_2 \dotplus \bar{x}_2) l_0 \dotplus (c_1 \dotplus x_1)(c_2 \dotplus \bar{x}_2) l_1 \dotplus (c_1 \dotplus \bar{x}_1)(c_2 \dotplus x_2) l_2 \dotplus (c_1 \dotplus x_1)(c_2 \dotplus x_2) l_3 \qquad (2.3)$$

mit $l_0 = u_0$, $l_1 = u_0 \dotplus u_1$, $l_2 = u_0 \dotplus u_2$, $l_3 = u_0 \dotplus u_3$.

Damit lassen sich diese neuen Koeffizienten l_i auch anschaulich deuten: l_0 ist der Funktionswert im Entwicklungspunkt $\underline{c}$, und die übrigen l_i repräsentieren Funktionswerte in Punkten, die man vom Entwicklungspunkt $\underline{c}$ aus durch Änderung der nichtnegierten x-Variablen der entsprechenden Konjunktion erhält. Da eine vollständige Klasse von Lösungsfunktionen gemäß obrigem Hauptsatz gegenüber einer Transformation vom Unterraum $c_i = 0$ in den Unterraum $c_i = 1$ (und umgekehrt) invariant sein muß, betrachten wir (2.3) für $c_1 = 1$ und $c_1 = 0$:

$$^1f(\underline{x}) = x_1(c_2 \dotplus \bar{x}_2) l_0 \dotplus \bar{x}_1(c_2 \dotplus \bar{x}_2) l_1 \dotplus x_1(c_2 \dotplus x_2) l_2 \dotplus \bar{x}_1(c_2 \dotplus x_2) l_3$$

$$^0f(\underline{x}) = \bar{x}_1(c_2 \dotplus \bar{x}_2) l_0 \dotplus x_1(c_2 \dotplus \bar{x}_2) l_1 \dotplus \bar{x}_1(c_2 \dotplus x_2) l_2 \dotplus x_1(c_2 \dotplus x_2) l_3 \; .$$

$^1f(\underline{x})$ wird zu $^0f(\underline{x})$ (und umgekehrt), wenn man l_0 mit l_1 und l_2 mit l_3 vertauscht.

Bezeichnet man mit LL' die auf die l_i umgerechnete Lösungsmenge LL (nach 2.3) und mit LLT^1 die durch obige Spaltenpermutation hervorgegangene Lösungsmenge, so kommen für eine Lösung nur solche Vektoren in Frage, die in beiden Mengen, also in $LL' \cap LLT^1$, liegen.

Die Umrechnung von $c_2 = 0$ auf $c_2 = 1$ wird durch einen Austausch von l_0 und l_2 sowie von l_1 und l_3 in $LL' \cap LLT^1$ bewerkstelligt; die entstandene Menge LLT^2 wird mit $LL' \cap LLT^1$ erneut zum Durchschnitt gebracht und liefert (in B^2) alle Klassen von Lösungsfunktionen, die noch möglich sind. Damit ergibt sich der Algorithmus „Klassenseparation" auf ganz natürliche Art und Weise.

(1) Bestimmung der Lösungsmenge LL der zugeordneten Gleichung.

(2) Führe für alle $\underline{u} \in LL$ die Umrechnung $\underline{u} \longrightarrow \underline{l}$

$$(l_0 = u_0, \; l_i = u_i \dotplus u_0, \; i = 1, \ldots, 2^{n-1})$$

durch; es ergibt sich die Menge LL'.

(3) $j = 1$.

(4) Ermittle LLT^j aus LL' durch Koeffiziententausch

$$l_{m + 2k \cdot 2^{j-1}} \longleftrightarrow l_{m + (2k+1) 2^{j-1}}$$

für $j = 1, \ldots, n$, alle $m = 0, 1, \ldots, 2^{j-1} - 1$ und alle $k = 0, 1, \ldots, 2^{n-j} - 1$ (s. auch Tafel 2.2).

(5) $LL' := LL' \cap LLT^j$.

(6) Für $j \neq n$ wird $j := j + 1$, und es folgt erneut Schritt (4).

(7) Für $j = n$ beschreibt jeder noch in LL' enthaltene Vektor eine Lösungsfunktion $f(\underline{x})$:

$$f(\underline{x}) = \bar{x}_1 \bar{x}_2 \ldots \bar{x}_n \, l_0 \dotplus \ldots \dotplus x_1 x_2 \ldots x_n \, l_{2^n - 1} \; .$$

Tafel 2.2. Tauschschema für B^1 bis B^5

	c_1 [1)	c_2 [1)	c_3 [1)	c_4 [1)	c_5 [1)
B^1	0 - 1	0 - 2	0 - 4	0 - 8	0 - 16
B^2	2 - 3	1 - 3	1 - 5	1 - 9	1 - 17
B^3	4 - 5	4 - 6	2 - 6	2 - 10	2 - 18
	6 - 7	5 - 7	3 - 7	3 - 11	3 - 19
B^4	8 - 9	8 - 10	8 - 12	4 - 12	4 - 20
	10 - 11	9 - 11	9 - 13	5 - 13	5 - 21
	12 - 13	12 - 14	10 - 14	6 - 14	6 - 22
	14 - 15	13 - 15	11 - 15	7 - 15	7 - 23
B^5	16 - 17	16 - 18	16 - 20	16 - 24	8 - 24
	18 - 19	17 - 19	17 - 21	17 - 25	9 - 25
	20 - 21	20 - 22	18 - 22	18 - 26	10 - 26
	22 - 23	21 - 23	19 - 23	19 - 27	11 - 27
	24 - 25	24 - 26	24 - 28	20 - 28	12 - 28
	26 - 27	25 - 27	25 - 29	21 - 29	13 - 29
	28 - 29	28 - 30	26 - 30	22 - 30	14 - 30
	30 - 31	29 - 31	27 - 31	23 - 31	15 - 31

[1) Index r des Koeffizienten l_r

Zu Vergleichszwecken kehren wir noch einmal zum obigen Beispiel zurück, für das wir folgende Lösungsmenge LL erhalten haben:

$$
LL = \begin{matrix} u_0 & u_1 & u_2 & u_3 \\ \begin{bmatrix} 0 & 1 & 0 & - \\ 1 & 1 & 0 & 1 \\ 1 & - & 1 & 1 \\ 0 & 0 & 1 & 0 \\ 0 & 0 & 0 & 1 \end{bmatrix} \end{matrix} \qquad \text{(Schritt (1))}
$$

$$
LL' = \begin{matrix} l_0 & l_1 & l_2 & l_3 \\ \begin{bmatrix} 0 & 1 & 0 & - \\ 1 & 0 & 1 & 0 \\ 1 & - & 0 & 0 \\ 0 & 0 & 1 & 0 \\ 0 & 0 & 0 & 1 \end{bmatrix} \end{matrix} . \qquad \text{(Schritt (2))}
$$

LLT^1 ergibt sich durch Vertauschung von l_0 und l_1 sowie von l_2 und l_3:

$$
LLT^1 = \begin{matrix} l_0 & l_1 & l_2 & l_3 \\ \begin{bmatrix} 1 & 0 & - & 0 \\ 0 & 1 & 0 & 1 \\ - & 1 & 0 & 0 \\ 0 & 0 & 0 & 1 \\ 0 & 0 & 1 & 0 \end{bmatrix} \end{matrix} \qquad \text{(Schritt (4))}
$$

$$
LL' := LL' \cap LLT^1 = \begin{matrix} l_0 & l_1 & l_2 & l_3 \\ \begin{bmatrix} 1 & 0 & - & 0 \\ 0 & - & 0 & 1 \\ - & 1 & 0 & 0 \\ 0 & 0 & 1 & 0 \end{bmatrix} \end{matrix} \qquad \text{(Schritt (5))}.
$$

Durch Vertauschung von l_0 und l_2 sowie l_1 und l_3 erhält man

$$LLT^2 = \begin{array}{cccc} l_0 & l_1 & l_2 & l_3 \\ \end{array} \begin{bmatrix} - & 0 & 1 & 0 \\ 0 & 1 & 0 & - \\ 0 & 0 & - & 1 \\ 1 & 0 & 0 & 0 \end{bmatrix} \qquad \text{(Schritt (4))}$$

$$LL' := LL' \cap LLT^2 = \begin{array}{cccc} l_0 & l_1 & l_2 & l_3 \\ \end{array} \begin{bmatrix} 1 & 0 & 1 & 0 \\ 0 & 0 & 1 & 0 \\ 0 & 1 & 0 & 1 \\ 0 & 1 & 0 & 0 \\ 0 & 0 & 0 & 1 \\ 1 & 0 & 0 & 0 \end{bmatrix} \qquad \text{(Schritt (5))}.$$

Diese Menge LL' beschreibt wiederum die gleichen Lösungsfunktionen

$$f_1(\underline{x}) = \bar{x}_1, \quad f_2(\underline{x}) = \bar{x}_1 x_2, \quad f_3(\underline{x}) = x_1, \quad f_4(\underline{x}) = x_1 \bar{x}_2, \quad f_5(\underline{x}) = x_1 x_2, \quad f_6(\underline{x}) = \bar{x}_1 \bar{x}_2.$$

Beim Klassenseparationsverfahren wird die Erzeugung von 2^n Funktionen $f(\underline{x})$ für mehrere Funktionenklassen ersetzt durch n Tausch- und Durchschnittsoperationen. Der Aufwand hängt also nur noch linear von der Raumdimension ab. Die Durchschnittsbildung $LL' \cap LLT^j \leqq LL'$ wirkt sich günstig (reduzierend) auf die folgenden Verfahrensschritte der Separation aus. Die Berechnung der LLT^j durch Spaltenpermutation ist sowohl bei Handrechnungen als auch programmtechnisch leicht beherrschbar. Die Zerlegung nach Funktionenklassen wird nicht explizit ausgeführt. Damit stehen nunmehr zwei leistungsfähige Verfahren zur Integration der Differentialgleichung (2.1) zur Verfügung.

Auf dieser Grundlage geschieht der Ausbau des Algorithmen- und Programmsystems zur Lösung allgemeinster Boolescher Differentialgleichungen in folgenden Etappen:

1. In der Differentialgleichung

$$D\left(f(\underline{x}), \frac{\partial f(\underline{x})}{\partial x_1}, \ldots, \frac{\partial f(\underline{x})}{\partial(x_1, \ldots, x_n)}\right) = 0$$

werden zusätzlich explizit die Vektoren

$\underline{x}$ Variable
$\underline{dx}$ Differentiale von Variablen
$\underline{p}$ Parameter

zugelassen.

Die Eigenschaft, daß nur Klassen von Lösungsfunktionen (gemäß Hauptsatz) auftreten, geht verloren. Es können also durch derartige Differentialgleichungen beliebige Funktionenmengen beschrieben werden. Die Lösung geschieht mit Hilfe eines erweiterten Separationsverfahrens (Funktionenseparationsverfahren).

2. Die Umrechnung beliebiger Ableitungsoperationen, wie z.B. $\min f(\underline{x})$, $\max f(\underline{x})$, $\Delta f(\underline{x})$ usw., auf vektorielle Ableitungen geschieht ebenfalls im Bereich der zugeordneten Gleichungen mit Hilfe von <u>Transformationsvektorlisten</u>.

3. Differentialoperatoren werden ausgedrückt durch Ableitungsoperationen und Differentiale von Variablen, wonach das Funktionenseparationsverfahren uneingeschränkt anwendbar ist.

4. Binäre Differentialgleichungen im Raum B^n können 2^{2^n} Funktionen als Lösung besitzen. Die wesentlichste Bedingung zur Lösung von Differentialgleichungen für Funktionen höherer Variablenzahl besteht darin, daß die auftretenden Operationen nur nach Variablen des Teilvektors $\underline{x}_1$ der Funktion $f(\underline{x}_1, x_2)$ zu bilden sind und die Zahl der Variablen von $\underline{x}_1$ klein ist.

Eine binäre Differentialgleichung ist in B^{n+m} praktisch lösbar, falls gilt

$$2^l + 1 + m + z_{DO} + z_{AO} + z_{dx} + z_p \leq z_{PROG} \, ;$$

l	Zahl der $\underline{x}$, nach denen Operationen ausgeführt werden
m	Zahl der $\underline{x}$, nach denen keine Operationen ausgeführt werden
z_{DO}	Zahl der vorkommenden Differentialoperatoren
z_{AO}	Zahl der vorkommenden Ableitungsoperationen
z_{dx}	Zahl der auftretenden Differentiale
z_p	Zahl der auftretenden Parameter
z_{PROG}	maximale Variablenzahl, die das zur Verfügung stehende Programm zur Lösung binärer Gleichungen verarbeiten kann [5].

2.5.   Abschließende Bemerkungen

Es hat sich nach vollständiger Realisierung des skizzierten Algorithmen- und Programmsystems herausgestellt, daß es mit seiner Hilfe möglich ist, Differentialgleichungen großer Allgemeinheit zu lösen.

Der Allgemeinheitsgrad ist z. T. so hoch, daß die Grenzen der anschualichen Interpretierbarkeit weit überschritten werden, d.h., es stehen eine leistungsfähige und ausdrucksstarke Problembeschreibung sowie eine algorithmische Basis zur Bewältigung dieser Probleme zur Verfügung, die nur ausgeschöpft werden können, wenn die Modellierung von dynamischen Aufgaben und Problemen weiter vorangetrieben wird. Trotz erfolgreicher Bewältigung einer Vielzahl von Problemen kann und muß man davon ausgehen, daß die Anwendung Boolescher Differentialgleichungen noch am Anfang steht.

Erfolgreiche und gesicherte Einsatzgebiete sind gegenwärtig vor allem:

- die Gewinnung von Testbelegungen und Testgraphen für kombinatorische und sequentielle Schaltungen
- die Analyse und Synthese von kombinatorischen und sequentiellen Schaltungen mit gewünschten dynamischen Eigenschaften (Hasard-, Wettlaufprobleme, dynamische Stabilität freier Rückführungen, dynamische Probleme asynchroner Schaltungen)
- die Untersuchung von Graphen bezüglich gewünschter (bzw. unerwünschter) Eigenschaften; die Rückfürhung von Grapheneigenschaften auf Boolesche Gleichungen und Differentialgleichungen und deren Verwendung als <u>numerisches</u> Mittel zur Behandlung von Graphenproblemen
- die Untersuchung von Eigenschaften binärer Funktionen und deren Anwendung beim Entwurf digitaler Systeme (Monotonie, Symmetrie, Linearität und viele andere mehr)
- die Beschreibung von Mengen binärer Funktionen und die Optimierung über solche Mengen und im Zusammenhang damit das Zurückdrängen von Durchmusterungsverfahren
- die Synthese von Schaltnetzwerken (digitalen Systemen) bei vorgegebenem Sortiment komplexer Blöcke, die Mengen von Funktionen realisieren können, und die Strukturierung (Zerlegung) komplexer Systeme nach bestimmten Kriterien (Aufteilung auf Blöcke).

Eine erfolgreiche Bewältigung der zu lösenden dynamischen Probleme - eine Modellierung mit Hilfe Boolescher Differentialgleichungen und deren Lösungsmengen - setzt aber stets voraus, daß man mit den zugrunde liegenden Denkweisen vertraut ist, die Ausdruckskraft der zur Verfügung stehenden Operationen bewältigt und überschaut und eine sachgemäße Interpretation der gewonnenen Ergebnisse mit Rückschlüssen auf die Modellierung durchführt.

3. Logische Matrixgleichungen — Theorie und Praxis

A. D. Zakrevskij

3.1. Einführung

Die Theorie logischer Gleichungen kann als universelle Sprache für die Formulierung und
Lösung verschiedenartiger Aufgaben des logischen Entwurfs digitaler Systeme, der Muster-
erkennung, der störungsgeschützten Kodierung von Informationen u. ä. dienen. Die Unterschiede zwischen diesen Aufgaben werden formal auf die Unterschiede in den Typen der verwendeten logischen Gleichungen und in den Formen, in denen die erhaltenen Lösungen dargestellt werden, zurückgeführt.

Die Grundlage des Apparats zur Lösung logischer Gleichungen ist der Theorie Boolescher
Funktionen entlehnt, die bezüglich der disjunktiven Normalform am weitesten entwickelt ist.
Diese Formen lassen sich bequem als Ternärmatrizen darstellen; die Beziehungen zwischen
verschiedenen Booleschen Funktionen können als logische Matrixgleichungen ausgedrückt
werden. In einer solchen Form kann man sowohl die klassischen Aufgaben des Lösens logischer Gleichungen stellen, die auf das Suchen der Werte einzelner Boolescher Variabler
oder Boolescher Vektoren hinauslaufen, die die gegebene Gleichung erfüllen, als auch die
komplizierteren Aufgaben der Lösung logischer Funktionalgleichungen, wo die Boolesche
Funktion (Ternärmatrix) gesucht wird, die in einer bestimmten Beziehung mit anderen Funktionen, den gegebenen Matrixkonstanten, steht.

Das Interesse an logischen Matrixgleichungen wurde zusätzlich stimuliert durch die Entwicklung der Mikroelektroniktechnologie, die als spezielles Produkt die programmierbare
logische Matrix (PLA) hervorbrachte, die eine moderne Elementebasis zur Synthese digitaler Systeme bildet. Die Schaltungssynthese auf dieser Basis beruht auf der Lösung von
Dekompositionsaufgaben über großen Systemen Boolescher Funktionen, und diese Aufgaben
beruhen ihrerseits auf der Lösung logischer Matrixgleichungen ebenso wie auch andere Aufgaben des logischen Entwurfs: die Modellierung, die logische Analyse und die Aufstellung
von Prüf- und Diagnosetests.

Der vorliegende Aufsatz ist der Betrachtung einiger Typen von logischen Matrixgleichungen gewidmet, die von praktischem Interesse sind. Es werden verschiedene Konkretisierun-
gen der Bedeutung des Ausdrucks „eine Gleichung lösen" und effektive Verfahren der Lösungsfindung betrachtet. Besondere Aufmerksamkeit wird den Methoden des kombinatorischen
Suchens geschenkt, die auf einem abgekürzten Durchlaufen des Suchbaums mit Aufspaltung
und Reduzierung der dabei entstehenden Situationen beruhen. Sie sind auf eine maschinelle
Realisierung orientiert und - im Unterschied zu asymptotischen Methoden - im praktischen
Bereich der Parameterwerte der Ausgangsdaten optimiert.

3.2. Logische Gleichung und ihre Lösung — formale Formulierung der Aufgabe

Eine logische Gleichung ist ein Ausdruck des Typs

$$f(\underline{x}) = g(\underline{x}) \, ,$$

wobei $f(\underline{x})$ und $g(\underline{x})$ beliebige Boolesche Funktionen der Variablen $x_1, x_2, \ldots, x_n$ sind, die den
Booleschen Vektor $\underline{x}$ bilden. Die Werte des Vektors $\underline{x}$, für die die Funktionswerte $f(\underline{x})$ und
$g(\underline{x})$ gleich sind, heißen Wurzeln oder partikuläre Lösungen der Gleichung. Die Menge aller
Wurzeln bildet die vollständige Lösung.

Die Funktionen $f(\underline{x})$ und $g(\underline{x})$ sind üblicherweise durch Formeln gegeben, die mit Hilfe der
folgenden algebraisch-logischen Operationen aufgebaut werden: Negation ($\neg$ oder $-$), Disjunktion ($\vee$), Konjunktion ($\wedge$), Antivalenz $\oplus$, Äquivalenz ($\sim$) und Implikation ($\longrightarrow$).

In dieser Basis kann die Gleichung $f(\underline{x}) = g(\underline{x})$ leicht in die Form

$$\varphi\,(\underline{x}) = 0$$

übergeführt werden, wozu es hinreicht, $\varphi(\underline{x}) = f(\underline{x}) \oplus g(\underline{x})$ zu setzen - in diesem Fall sind die Gleichungen äquivalent, da die Mengen ihrer Wurzeln zusammenfallen. Bei $\varphi(\underline{x}) = f(\underline{x}) \sim g(\underline{x})$ wird die Gleichung $f(\underline{x}) = g(\underline{x})$ auf die Form $\varphi(\underline{x}) = 1$ gebracht.

Auch die logische Ungleichung $f(\underline{x}) \geqq g(\underline{x})$ ist leicht in Gleichungen der Form $\varphi(\underline{x}) = 0$ oder $\varphi(\underline{x}) = 1$ zu bringen, wobei als Wurzeln diejenigen Werte des Vektors $\underline{x}$ dienen, bei denen der Wert der Funktion $f(\underline{x})$ nicht kleiner als der Wert der Funktion $g(\underline{x})$ ist - dabei nehmen wir an, daß $1 > 0$ gilt. Tatsächlich ist diese Ungleichung der Gleichung $\varphi(\underline{x}) = 0$ bei $\varphi(\underline{x}) = \bar{f}(\underline{x}) \wedge g(\underline{x})$ und auch der Gleichung $\varphi(\underline{x}) = 1$ bei $\varphi(\underline{x}) = f(\underline{x}) \vee \bar{g}(\underline{x})$ äquivalent.

Schließlich ist auch ein beliebiges System logischer Gleichungen und Ungleichungen unschwer in Gleichungen der angegebenen Form zu bringen, dessen Wurzelmenge definitionsgemäß der Durchschnittsmenge der Wurzeln aller Komponenten des Systems gleich ist. Tatsächlich ist durch Überführen des Systems in die Form

$$\varphi_1(\underline{x}) = 0$$
$$\varphi_2(\underline{x}) = 0$$
$$\ldots$$
$$\varphi_m(\underline{x}) = 0$$

leicht festzustellen, daß es einer Gleichung $\varphi(\underline{x}) = 0$ bei $\varphi(\underline{x}) = \varphi_1(\underline{x}) \vee \varphi_2(\underline{x}) \vee \ldots \vee \varphi_m(\underline{x})$ äquivalent ist.

Würde man jedoch das System in die Form

$$\varphi_1(\underline{x}) = 1$$
$$\varphi_2(\underline{x}) = 1$$
$$\ldots$$
$$\varphi_m(\underline{x}) = 1$$

überführen, dann wäre es der Gleichung $\varphi(\underline{x}) = 1$ bei $\varphi(\underline{x}) = \varphi_1(\underline{x}) \wedge \varphi_2(\underline{x}) \wedge \ldots \wedge \varphi_m(\underline{x})$ äquivalent.

Deshalb kann man sich auf Untersuchungen von Gleichungen des Typs $\varphi(\underline{x}) = 0$ und $\varphi(\underline{x}) = 1$ beschränken.

Betrachten wir vorläufig die letztere von ihnen. Die Aufgabe, die logische Gleichung $\varphi(\underline{x}) = 1$ zu lösen, kann verschieden formuliert werden. Manchmal ist gefordert, die vollständige Lösung zu finden, in anderen Fällen eine partikuläre Lösung, die aus einigen Wurzeln besteht, oft nur eine von ihnen (willkürlich). Manchmal genügt es zu wissen, ob Lösungen existieren, ohne daß sie zu finden sind. Es kommt vor, daß die Aufgabe des Lösens einer logischen Gleichung mit irgendeiner Extremalaufgabe kombiniert wird; es wird eine Qualitätsfunktion der Wurzeln eingeführt und gefordert, die beste von ihnen zu suchen.

Die Darstellungsform der Lösung muß vereinbart werden. Für den Fall, daß eine der Wurzeln gesucht wird, kann man die Lösung hinreichend einfach durch einen konstanten Booleschen Vektor ausdrücken, der den gesuchten Wert des Vektors $\underline{x}$ darstellt. Bei der Suche der vollständigen Lösung jedoch, wenn die Angabe aller Wurzeln der Gleichung $\varphi(\underline{x}) = 1$ gefordert wird, kann sich ihre einfache Aufzählung als viel zu umfangreich oder sogar als praktisch unmöglich erweisen. In diesem Fall erweist sich die disjunktive Normalform (DNF) der Booleschen Funktion $\varphi(\underline{x})$ als bequeme Darstellungsform der Lösung. Man kann die DNF als charakteristische Funktion der Wurzelmenge der betrachteten Gleichung interpretieren. Dabei ist die DNF mit minimaler Gliederzahl, die minimale DNF genannt wird, besonders bevorzugt.

Tatsächlich stellt jede auftretende Konjunktion, die als Glied der DNF der vollständigen Lösung vorkommt, eine gewisse Gruppe von Wurzeln dar, die ein Intervall im Booleschen Raum aller möglichen Werte des Vektors $\underline{x}$ bildet. Diese Gruppe wird durch einen n-stelligen Ternärvektor sehr kompakt dargestellt, genauso, wie das durch sie gegebene Intervall und die entsprechende Konjunktion - sie unterscheiden sich nur durch die Interpretation des Vektors.

Zum Beispiel wird die Konjunktion $x_1 \bar{x}_3 x_4$ (bei $n = 5$) durch den Ternärvektor $1 - 0\,1 -$ dargestellt, wobei die in der Konjunktion auftretenden negierten Variablen durch den Wert 0 der entsprechenden Komponenten, die nichtnegierten durch den Wert 1 und die in der Konjunktion fehlenden Variablen durch den Wert „-" bezeichnet werden. Derselbe Vektor wird auch als Menge Boolescher Vektoren interpretiert, die sich aus ihm durch verschiedenes Einsetzen der Werte 0 und 1 anstelle „-" ergeben - auch das ist das obengenannte Intervall des Booleschen Raumes. Im gegebenen Beispiel besteht es aus vier Elementen:

$$1\ 0\ 0\ 1\ 0$$
$$1\ 0\ 0\ 1\ 1$$
$$1\ 1\ 0\ 1\ 0$$
$$1\ 1\ 0\ 1\ 1.$$

Auf diese Weise führt die Aufgabe, die vollständige Lösung der Gleichung $\varphi(\underline{x}) = 1$ zu finden, im Grunde genommen zur Umwandlung der die Funktion $\varphi(\underline{x})$ darstellenden Ausgangsform in die disjunktive Normalform. Es ist wünschenswert, diese noch zu minimieren. Wenn eine DNF durch eine beliebige Ternärmatrix T dargestellt ist, kann man die Aufgabe des Minimierens der DNF auf die Aufgabe zurückführen, die Matrix T zu komprimieren. Dies ist in [1] ausführlich untersucht. Dabei entsteht eine Reihe zusätzlicher Probleme, die mit der Einschränkung des Rechenumfangs und der an Booleschen und Ternärvektoren und -matrizen auszuführenden Operationen durch Vervollkommnung der Ausführungstechnik zusammenhängen [2] [3].

Theoretisch scheint das Ermitteln der DNF, die die vollständige Lösung der betrachteten logischen Gleichung darstellt, nicht schwierig zu sein. Wie auch immer die Ausgangsformel war, die die Funktion $\varphi(\underline{x})$ auf der Basis $\left\{ \neg, \vee, \wedge, \sim, \oplus, \rightarrow \right\}$ angibt, nach dem Benutzen der Identitäten

$$a \oplus b = \bar{a}b \vee a\bar{b}$$
$$a \sim b = \bar{a}\bar{b} \vee ab$$
$$a \rightarrow b = \bar{a} \vee b$$

ist es möglich, zu einer Booleschen Formel (in der Basis $\left\{ \neg, \vee, \wedge \right\}$) und nach dem Auflösen der Klammern zu einer bestimmten DNF überzugehen. Es ist auch eine andere Methode möglich, die im vollständigen Durchmustern der Elemente des Booleschen Raumes besteht, im Berechnen der entsprechenden Werte der Funktion $\varphi(\underline{x})$ und auf diese Weise im Finden der Wurzeln der Gleichung $\varphi(\underline{x}) = 1$ mit nachfolgendem Gruppieren in Intervallen und Übergang zur gesuchten DNF. Beide Methoden können jedoch mit großem Rechenumfang verbunden sein. In diesem Zusammenhang besteht Interesse an der Entwicklung von Methoden, die diesen Umfang wesentlich einschränken.

Die aufgezeigten Schwierigkeiten treten schon beim Betrachten der Gleichung $\varphi(\underline{x}) = 0$ auf, in der die Funktion $\varphi(\underline{x})$ in Form einer bestimmten DNF $D(\underline{x})$ gegeben ist. Beim Umwandeln der Gleichung $D(\underline{x}) = 0$ in die Form $D(\underline{x}) = 1$ sehen wir, daß die gesuchte DNF der vollständigen Lösung der betrachteten Gleichung die Negation der gegebenen DNF darstellt. Vom praktischen Standpunkt aus erweist sich diese Aufgabe als hinreichend schwierig - sogar in dem Fall, wenn wir uns eventuell nur mit einem Glied der Lösung zufriedengeben, erweist sich die Aufgabe als NP-vollständig (das bedeutet, daß die Lösungszeit durch eine Exponentialfunktion von der Formellänge abhängt) [4].

Einige Interpretationen

Der Kreis verschiedenartiger Interpretationen logischer Gleichungen ist überaus groß. Wir werden uns auf die Betrachtung weniger Beispiele beschränken.

Wahrscheinlich werden logische Gleichungen am häufigsten in der Theorie digitaler Systeme angewandt, um die Struktur und die funktionellen Eigenschaften der untersuchten Objekte zu beschreiben, sowie für die verschiedensten Aufgaben des logischen Entwurfs, die auf das Lösen logischer Gleichungen führen, wie die Dekomposition Boolescher Funktionen mit dem Ziel der Schaffung und Optimierung logischer Schaltungen, die wettlaufgeschützte Kodierung von Automatenzuständen und die Gewährleistung der funktionellen Stabilität des Automaten, das Finden von Tests für Fehler in diskreten Systemen usw. [1] [5].

Mit logischen Gleichungen werden auch komplexe Aufgaben des logischen und technischen
Entwurfs diskreter Systeme erfolgreich gelöst, besonders beim Entwurf hochintegrierter
Schaltungen, bei dem die logischen Aufgaben eng mit topologischen und geometrischen ver-
flochten sind [6].

Zweifellos können mit logischen Gleichungen auch komplizierte geometrische Objekte beschrieben werden [7], was in einer Reihe von Fällen das optimale Zuschneiden des Materials,
das Erkennen von visuellen Erscheinungen, die Automatisierung der Zeichenarbeit u.dgl.
erleichtert.

3.3.   Methoden des kombinatorischen Suchens

Die Aufgabe der Negation einer DNF, mit der wir uns oben vertraut machten, kann auf folgende Weise umformuliert werden: Gegeben sei eine bestimmte Ternärmatrix U, deren
Elemente Werte aus der Menge $\{0, 1, -\}$ annehmen, und es wird gefordert, einen Booleschen
Vektor $\underline{v}$ zu finden (mit einer Komponentenzahl, die der Spaltenzahl in der Matrix U gleich
ist), der orthogonal zu jeder Zeile der Matrix U ist, oder zu beweisen, daß ein solcher
Vektor nicht existiert - in diesem Fall wird die Matrix als entartet bezeichnet [1]. Wir erinnern daran, daß zwei Vektoren orthogonal sind, wenn einer von ihnen den Wert 0 und der
andere den Wert 1 in gewissen gleichen Komponenten hat.

Diese Aufgabe gehört zu der umfangreichen Klasse kombinatorischer Aufgaben, d.h. von
Aufgaben, die durch kombinatorisches Suchen nach Lösungen gelöst werden. Solche Methoden stützen sich auf die Benutzung eines Suchbaums, dessen Wurzel mit der Ausgangssituation
(den Anfangsdaten) identifiziert wird und dessen übrige Knoten den Situationen entsprechen,
die man im Verlaufe der Suche erreichen kann. Dabei entsprechen die Zweige gewissen hinreichend einfachen Operationen - Schritten des Lösungsprozesses - und verbinden die Knoten
miteinander, die Situationen entsprechen, die durch einen Schritt in die nächste umgewandelt
werden können. Lösungen werden durch einige der Endknoten (Blätter) des gegebenen Baumes
dargestellt. Auf diese Weise widerspiegelt der Suchbaum insgesamt den sich verzweigenden
Prozeß des sukzessiven Konstruierens der gesuchten Lösungen, der vielschrittige Übergänge
von einer Anfangssituation zu abschließenden Situationen enthält, in denen die gefundenen
Lösungen dargestellt werden.

Die Einschränkung des Suchumfangs kann durch inhaltliche Analyse der konkreten Aufgaben und auf dieser Grundlage durch Formulieren von Reduktionsregeln sowie von Aufspal-
tungsregeln für die jeweiligen Situationen gewährleistet werden. Das Reduzieren vereinfacht
die jeweilige Situation, indem die in der folgenden Etappe zu lösende Aufgabe in eine analoge, aber einfachere Form übergeführt wird. Falls die nachfolgende Operation nicht reduziert werden kann, erfolgt ihre Aufspaltung in mehrere einfachere Situationen, die dann
nacheinander untersucht werden.

Zum Beispiel kann für eine betrachtete Aufgabe die jeweilige Situation durch folgende zwei
variable Größen charakterisiert werden: durch einen Ternärvektor $\underline{w}$, der die gleiche Anzahl
von Komponenten wie der Vektor $\underline{v}$ aufweist, und durch eine Ternärmatrix T, deren Werte
einige Minoren der Matrix U sind. Gerade das zielgerichtete Durchmustern der Werte des
Vektors $\underline{w}$ soll uns zum Vektor $\underline{v}$ führen, falls letzterer existiert.

Wir nehmen an, daß in der jeweiligen Situation die Werte einiger Komponenten des Vektors $\underline{w}$ bereits bestimmt sind (d.h., ihnen wurden Werte 0 oder 1 zugeordnet) und Werte der
übrigen Komponenten gesucht werden, so daß der Vektor $\underline{w}$ zu jeder der Zeilen der Matrix T
(ihres jeweiligen Wertes) orthogonal wird. In der Anfangssituation T = U ist der Vektor $\underline{w}$
vollständig unbestimmt, d.h., alle seine Komponenten haben den Wert „-". Ein elementarer
Schritt besteht im Zuordnen der Werte 0 oder 1 zu einer bestimmten Komponente des Vektors $\underline{w}$ oder im Vereinfachen der Matrix T durch Entfernen gewisser Zeilen oder Spalten
unter Beibehaltung der Numerierung der übrigen.

Die Reduktionsregeln können im gegebenen Fall wie folgt formuliert werden:

R e g e l 1. Aus der Matrix T werden die Spalten entfernt, die weder die Werte 0 noch die
Werte 1 enthalten.

R e g e l 2. Aus der Matrix T werden die Zeilen entfernt, die dem Vektor $\underline{w}$ orthogonal
sind, und danach die Spalten, denen die Komponenten des Vektors $\underline{w}$ mit den Werten 0 und 1
entsprechen.

R e g e l 3 . Wenn es in der Matrix T eine Zeile gibt, in der nur eine Komponente einen von „-" verschiedenen Wert hat, dann wird der entsprechenden Komponente des Vektors $\underline{w}$ der inverse Wert zugeordnet.

R e g e l 4 . Wenn in der Matrix T eine Spalte existiert, die den Wert 0 (oder den Wert 1) nicht enthält, dann wird dieser Wert der gleichstelligen Komponente des Vektors $\underline{w}$ zugeordnet.

__Die Aufspaltungsregel__ wird angewendet, wenn eine Reduktion nicht möglich ist. Sie schreibt das Durchprobieren der Werte 0 und 1 einer bestimmten Komponente des Vektors $\underline{w}$ vor. Dabei wird zweckmäßigerweise die Komponente ausgewählt, die der Spalte der Matrix T mit der Minimalzahl von „-"-Werten entspricht.

Zur vollständigen Beschreibung des Algorithmus führen wir noch drei Regeln ein.

__Die Regel des Findens einer Lösung__. Wenn unmittelbar nach dem Entfernen einer gewissen Zeile aus der Matrix T entsprechend der Regel 2 die Matrix leer wird, stellt der jeweilige Wert des Vektors $\underline{w}$ die gesuchte Lösung dar.

__Die Regel des Zurückkehrens__. Wenn die Matrix T unmittelbar nach dem Entfernen einer gewissen Spalte leer wird oder wenn sie eine Zeile ohne die Werte 0 und 1 enthält, so ist es im betreffenden Zweig des Suchbaums unmöglich, einen Vektor $\underline{v}$ zu finden. Dann muß man zum letzten Verzweigungspunkt mit unvollendetem Durchmustern zurückkehren und von hier aus den Suchbaum weiter abarbeiten.

__Die Regel des eingeschränkten Suchens__. Wenn bei vollständigem Abarbeiten des Suchbaums der Vektor $\underline{v}$ nicht gefunden wurde, dient dies als Beweis seines Nichtvorhandenseins.

Zum Beispiel wird die DNF

$$D(\underline{x}) = a\bar{f} \lor ace \lor a\bar{b}ef \lor a\bar{e}f \lor ab\bar{c}f \lor \bar{a}bf \lor \bar{a}\bar{e}f \lor \bar{a}\bar{b}e \lor \bar{a}\bar{d}e\bar{f} \lor \bar{a}bde\bar{f} \lor \bar{a}b\bar{e}\bar{f} \lor \bar{a}c\bar{e}\bar{f} \lor \bar{a}\bar{b}\bar{c}\bar{e}\bar{f}$$

(dabei ist $\underline{x}$ = (a, b, c, d, e, f)) durch die Ternärmatrix

```
           a b c d e f
         ┌ 1 - - - - 0 ┐    1
         │ 1 - 1 - 1 - │    2
         │ 1 0 - - 1 1 │    3
         │ 1 - - - 0 1 │    4
         │ 1 1 0 - - 1 │    5
         │ 0 1 - - - 1 │    6
   U =   │ 0 - - - 0 1 │    7
         │ 0 0 - - 1 - │    8
         │ 0 - - 0 1 0 │    9
         │ 0 1 - 1 1 0 │   10
         │ 0 1 - - 0 0 │   11
         │ 0 - 1 - 0 0 │   12
         └ 0 0 0 - 0 0 ┘   13
```

dargestellt.

Der Suchbaum, mit dem der zu dieser Ternärmatrix orthogonale Vektor ermittelt wird, ist im Bild 3.1 dargestellt. Die Knoten sind durch die Symbole der betrachteten Variablen und meist durch die Nummern der dabei betrachteten Zeilen der Matrix bezeichnet, während die Zweige durch die ausgewählten Werte der Variablen gekennzeichnet sind. (Wenn aus einem Knoten nur ein Zweig herauskommt, so ist die Auswahl eindeutig, d.h., die Situation wird reduziert.)

Im Grunde genommen ist die Suche im vorliegenden Fall der folgenden logischen Überlegung äquivalent.

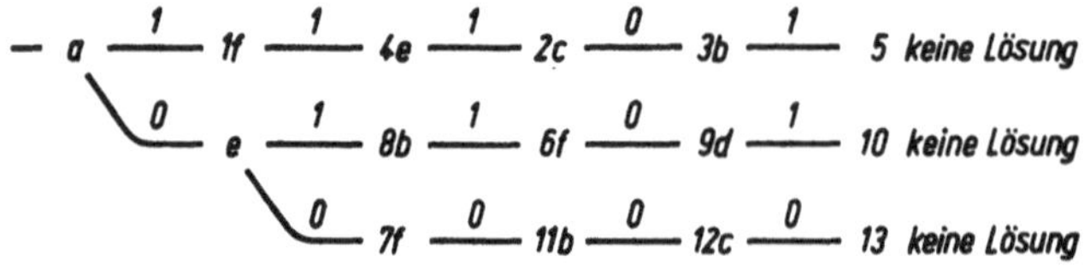

Bild 3.1

Wir setzen voraus, daß im gesuchten orthogonalen Vektor a = 1 gilt. Dann ist, wie aus
der Analyse von Zeile 1 folgt, f = 1, und daraus folgt nacheinander (s. Zeile 4), daß e = 1
und danach c = 0 und b = 1 sind. Aber dabei fällt der zu konstruierende Vektor $\underline{w}$ mit der
Zeile 5 zusammen, und bei seiner weiteren Präzisierung kann er nicht mehr zu ihr orthogonal werden. Folglich existiert auf dem angegebenen Weg keine Lösung, und wir müssen
für die Variable a einen anderen Wert wählen und setzen a = 0. Unmittelbar danach erweisen sich die Reduktionsregeln als nicht verwendbar, deshalb wird die jeweilige Situation
nach dem Wert der Variablen e aufgespalten (ausgewählt entsprechend der Aufspaltungs-
regel). Analoge Überlegungen für e = 1 und für e = 0 führen zum gleichen Resultat. Es zeigt
sich, daß kein orthogonaler Vektor existiert; folglich gibt es für die Gleichung $D(\underline{x}) = 0$ der
angegebenen DNF keine Lösungen.

Bei dem beschriebenen Algorithmus wechseln die Operationen des Reduzierens mit Ope-
rationen zur Aufspaltung der Situationen. Dadurch wird es schwieriger, die Effektivität des
Algorithmus zu bewerten, aber sie erhöht sich dennoch wesentlich, was durch die mittels
EDVA realisierten experimentellen Untersuchungen belegt wird.

Als weitere Illustration, wie man mit kombinatorischen Methoden logische Gleichungen
lösen kann, betrachten wir die Aufgabe, irgendeine Wurzel der Gleichung $\varphi(\underline{x}) = 0$ zu finden,
wobei die Funktion $\varphi(\underline{x})$ durch eine Formel beliebiger Form auf der Basis $\left\{\neg, \vee, \wedge, \oplus, \sim, \rightarrow\right\}$
gegeben ist.

In [8] wird eine Lösungsmethode für diese Aufgabe vorgeschlagen, die als Methode der
gespiegelten Wellen bezeichnet wird. Die Formel $\varphi(\underline{x})$ wird in Form eines Systems einfacher
Formeln (von denen jede nur einen Operator der angegebenen Basis enthält) dargestellt, die
miteinander durch Zwischenvariable zusammenhängen. Durch folgerichtiges Einsetzen aller
gefundenen oder gesuchten Werte für gewisse Variable in diesem System und durch Ermitteln aller Einzelergebnisse, die eindeutig durch andere Variable ausgedrückt werden, wird
die Aufgabe gelöst. Insgesamt kann dieser Prozeß als Verfahren des logischen Schließens
interpretiert werden, bei dem eine bestimmte Wurzel der betrachteten Gleichung gefunden
wird oder bewiesen wird, daß die Gleichung keine Wurzeln hat.

Zum Beispiel wird die Gleichung

$$\neg \, (a(b \longrightarrow e\bar{a})) \vee (\bar{b} \sim (c \vee ((d \vee \bar{c}) \oplus (a \longrightarrow cd))) = 0$$

entsprechend der angegebenen Methode durch das Gleichungssystem

$$
\begin{aligned}
(1) \quad & y_1 = y_2 \vee y_3 \\
(2) \quad & y_2 = \bar{y}_4 \\
(3) \quad & y_3 = y_5 \sim y_6 \\
(4) \quad & y_4 = a \wedge y_7 \\
(5) \quad & y_5 = \bar{b} \\
(6) \quad & y_6 = c \vee y_8 \\
(7) \quad & y_7 = b \longrightarrow y_9 \\
(8) \quad & y_8 = y_{10} \oplus y_{11} \\
(9) \quad & y_9 = e \wedge y_{12} \\
(10) \quad & y_{10} = d \vee y_{13} \\
(11) \quad & y_{11} = a \longrightarrow y_{14} \\
(12) \quad & y_{12} = \bar{a} \\
(13) \quad & y_{13} = \bar{c} \\
(14) \quad & y_{14} = c \wedge d
\end{aligned}
$$

dargestellt, mit der Zusatzvoraussetzung, daß $y_1 = 0$ gilt.

Das Suchen einer Wurzel dieser Gleichung stellt selbst eine logische Überlegung dar, die durch folgende Kette elementarer Schlußfolgerungen ausgedrückt wird:

1.   (1) $y_1 = 0 \quad\vdash\quad y_2 = 0,\ y_3 = 0$

     Diese symbolische Darstellung bedeutet, daß aus Gleichung (1) und der Voraussetzung $y_1 = 0$ folgt, daß $y_2 = 0$ und $y_3 = 0$ gilt.

2.   (2) $y_2 = 0 \quad\vdash\quad y_4 = 1$

3.   (4) $y_4 = 1 \quad\vdash\quad a = 1,\ y_7 = 1$

4.   (12) $a = 1 \quad\vdash\quad y_{12} = 0$

5.   (9) $y_{12} = 0 \quad\vdash\quad y_9 = 0$

6.   (7) $y_7 = 1,\ y_9 = 0 \quad\vdash\quad b = 0$

7.   (5) $b = 0 \quad\vdash\quad y_5 = 1$

8.   (3) $y_5 = 1,\ y_3 = 0 \quad\vdash\quad y_6 = 0$

9.   (6) $y_6 = 0 \quad\vdash\quad c = 0,\ y_8 = 0$

10.   (13) $c = 0 \quad\vdash\quad y_{13} = 1$

11.   (10) $y_{13} = 1 \quad\vdash\quad y_{10} = 1$

12.   (8) $y_8 = 0,\ y_{10} = 1 \quad\vdash\quad y_{11} = 1$

13.   (11) $a = 1,\ y_{11} = 1 \quad\vdash\quad y_{14} = 1$

14.   (14) $y_{14} = 1 \quad\vdash\quad c = 1 .$

Die letzte Schlußfolgerung widerspricht jedoch der Schlußfolgerung 9, die zum entgegengesetzten Wert der Variablen c führt. Hieraus folgt, daß die betrachtete Gleichung keine Wurzeln hat. Die durchgeführte logische Überlegung dient als Beweis dafür.

Die für das angegebene Beispiel ausgeführte logische Überlegung ist ein kettenförmiger Reduktionsprozeß, der die Aufgabe unmittelbar löst - ohne Aufspaltung von Zwischensituationen, was im allgemeinen Fall nötig ist, wenn beide Werte bestimmter Variablen zu untersuchen sind.

3.4.   Prüfung funktioneller Beziehungen — Lösung logischer Gleichungen

In der Literatur ist eine zweifache Interpretation von Ausdrücken des Typs $f(\underline{x}) = 1$ und $f(\underline{x}) = 0$ verbreitet. Manchmal werden solche Ausdrücke als logische Gleichungen betrachtet, die bestimmte Beziehungen zwischen Variablen beschreiben, die gewöhnlich auf inhaltlichem Niveau interpretiert werden. Bereits in solchen Fällen können die Variablen nicht als voneinander unabhängig oder frei betrachtet werden, und oft wird die Aufgabe gestellt, entsprechende Belegungen ihrer Werte zu finden, die die gegebenen Beziehungen nicht verletzen. In anderen Fällen werden dieselben Ausdrücke als Identitätsverhältnisse zwischen dem linken und dem rechten Teil des Ausdrucks betrachtet (dabei wird manchmal das Symbol = durch $\equiv$ ersetzt) - in diesen Fällen entartet die Gleichung zur Identität, und es verbleibt nur, letzteres zu prüfen.

Ungeachtet der Formulierungsunterschiede werden beide Aufgaben analog gelöst, weil die Prüfung der funktionellen Beziehung $f(\underline{x}) = 1$ dem Suchen einer Wurzel der Gleichung $f(\underline{x}) = 0$ äquivalent ist (die die Hypothese widerlegt, die durch die Beziehung $f(\underline{x}) = 1$ ausgedrückt wird) und weil umgekehrt die Prüfung der Beziehung $f(\underline{x}) = 0$ dem Suchen einer Wurzel der Gleichung $f(\underline{x}) = 1$ äquivalent ist.

Wenn die Formel $f(\underline{x})$ in dem Ausdruck $f(\underline{x}) = 1$ die Form $g(\underline{x}) \longrightarrow h(\underline{x})$ hat (d.h., als

„oberster" Operator in ihr dient das Symbol $\longrightarrow$) und wenn der Ausdruck insgesamt als Identität interpretiert wird, dann wird er üblicherweise in Form der Beziehung

$$g(\underline{x}) \Longrightarrow h(\underline{x})$$

geschrieben, unter Verwendung des Symbols der formalen Implikation $\Longrightarrow$. Offensichtlich wird diese Beziehung dadurch geprüft, daß eine Wurzel der Gleichung $g(\underline{x}) \longrightarrow h(\underline{x}) = 1$ oder der ihr äquivalenten Gleichung $\bar{g}(\underline{x}) \vee h(\underline{x}) = 1$ ermittelt wird.

Ein besonderer, aber wichtiger Fall einer solchen Beziehung wird durch den Ausdruck

$$k \Longrightarrow h(\underline{x})$$

dargestellt, wobei durch k eine bestimmte auftretende Konjunktion bezeichnet wird, die über den Variablen aus der Menge $\{x_1, x_2, \ldots, x_n\}$ definiert ist. Eine solche Beziehung wird durch eine Reihe von Verfahren zum Vereinfachen algebraischer Formen Boolescher Funktionen geprüft und ist beim Ermitteln einer kompakten Darstellung der Gesamtheit aller Wurzeln einer logischen Gleichung von Interesse.

Bekanntlich liegt die formale Implikation $g(\underline{x}) \Longrightarrow h(\underline{x})$ dann vor, wenn bei einer beliebigen Belegung der Variablen mit Werten, die die Formel $g(\underline{x})$ zu 1 machen, die Formel $h(\underline{x})$ ebenfalls den Wert 1 annimmt. Im gegebenen Fall, wo eine auftretende Konjunktion k als Formel $g(\underline{x})$ dient, sind die Bedingungen, unter denen der linke Teil der analysierten Beziehung zu 1 wird, sehr einfach - es ist notwendig und hinreichend, daß jede Variable in der Konjunktion k den Wert 1 annimmt. Dabei wird, im Vergleich zum allgemeinen Fall $g(\underline{x}) \Longrightarrow h(\underline{x})$, auch die Prüfung des Ausdrucks insgesamt vereinfacht.

Für bestimmte Variable werden in die Formel $h(\underline{x})$ Werte eingesetzt, die die Konjunktion k zu 1 machen, und anschließend analysiert man das erhaltene Resultat, das im weiteren durch $h(\underline{x}) : k$ bezeichnet wird. Die Prüfung der Beziehung $k \Longrightarrow h(\underline{x})$ ist gleichbedeutend mit der Prüfung der Beziehung $h(\underline{x}) : k = 1$, und letztere wird ihrerseits zurückgeführt auf die Suche einer Wurzel der Gleichung $h(\underline{x}) : k = 0$.

Da in dieser Gleichung die Variablen ausgeschlossen sind, die die Konjunktion k bilden, wird die Aufgabe vereinfacht.

Für die Beziehung der formalen Implikation $k \Longrightarrow h(\underline{x})$ bei $k = \bar{b}c\bar{e}$ und

$$h(\underline{x}) = ((\neg(ae) \vee c)\, d \longrightarrow (\neg(\bar{b} \longrightarrow d) \sim ab)) \cap (b \oplus (d \longrightarrow ec))$$

finden wir die Werte $b = 0$, $c = 1$, $e = 0$, die k zu 1 machen. Wenn wir diese Werte in die Formel $h(\underline{x})$ einsetzen, sehen wir, daß das Resultat 1 ist:

$$h(\underline{x}) : \bar{b}c\bar{e} = ((\neg(a0) \vee 1)\, d \longrightarrow (\neg(1 \longrightarrow d) \sim a0) \wedge (0 \oplus (d \longrightarrow 11))$$

$$= (d \longrightarrow (\bar{d} \sim 0)) \wedge (d \longrightarrow 1) = (d \longrightarrow d)\, 1 = 1 .$$

Folglich ist die Konjunktion $\bar{b}c\bar{e}$ tatsächlich ein Implikant der Funktion $h(\underline{x})$.

Eine analoge Prüfung der Konjunktion $\bar{a}d\bar{e}$ führt zum entgegengesetzten Resultat:

$$h(\underline{x}) : \bar{a}d\bar{e} = ((\neg(00) \vee c)\, 1 \longrightarrow (\neg(\bar{b} \longrightarrow 1) \sim 0b)) \wedge (b \oplus (1 \longrightarrow 1c))$$

$$= (1 \vee c)\, 1 \longrightarrow (0, \sim 0) \wedge (b \oplus (1 \longrightarrow c)) = (1 \longrightarrow (b \oplus c)) = b \oplus c .$$

Offensichtlich ist die erhaltene Funktion nicht identisch 1; folglich impliziert die Funktion $\bar{a}d\bar{e}$ die Funktion $h(\underline{x})$ nicht.

Wir setzen die Konkretisierung des Ausdrucks $k \Longrightarrow h(\underline{x})$ fort und setzen voraus, daß sein rechter Teil durch eine bestimmte DNF $D(\underline{x})$ gegeben wird:

$$k \Longrightarrow D(\underline{x}) .$$

In diesem Fall wird auch der ihm gleichwertige Ausdruck

$$D(\underline{x}) : k = 1$$

entsprechend modifiziert. Das Einsetzen der Variablenwerte in die DNF $D(\underline{x})$, die die Konjunktion k zu 1 machen, wird ganz einfach ausgeführt: Aus der DNF werden die Glieder gestrichen, die zur Konjunktion k orthogonal sind, und aus den verbleibenden werden die Symbole aller Variablen entfernt, die k bilden. Wenn die DNF $D(\underline{x})$ durch eine Ternärmatrix U dargestellt ist, werden aus ihr die entsprechenden Zeilen und Spalten entfernt, und man erhält eine Matrix U^*, die das Resultat des Einsetzens darstellt. Auf diese Weise wird die Prüfung der Beziehung $k \Longrightarrow D(\underline{x})$ auf die Prüfung der Entartung der Matrix U^* zurückgeführt.

Betrachten wir z.B. die DNF

$$D(\underline{x}) = a\bar{b}de \vee b\bar{c}\bar{f} \vee bdf \vee a\bar{b}c\bar{e}$$

in der Darstellung durch die Ternärmatrix

$$U = \begin{array}{c} \quad \begin{array}{cccccc} a & b & c & d & e & f \end{array} \\ \left[\begin{array}{cccccc} 1 & 0 & - & 1 & 1 & - \\ - & 1 & 0 & - & - & 0 \\ - & 1 & - & 1 & - & 1 \\ 1 & 0 & 1 & - & 0 & - \end{array}\right] \begin{array}{c} 1 \\ 2 \\ 3 \\ 4 \end{array} \end{array}$$

und die Konjunktion acdf in der Darstellung durch den Ternärvektor

$$\underline{k} = (1 \ - \ 1 \ 1 \ - \ 1)\ .$$

Die Bildung der Matrix U^* wird im gegebenen Fall auf das Entfernen der Zeile 2 und der Spalten a, c, d, f aus der Matrix U zurückgeführt:

$$U^* = \begin{array}{c} \quad \begin{array}{cc} b & e \end{array} \\ \left[\begin{array}{cc} 0 & 1 \\ 1 & - \\ 0 & 0 \end{array}\right] \begin{array}{c} 1 \\ 3 \\ 4 \end{array} \end{array}$$

Diese Matrix ist entartet, folglich gilt:

$$acdf \Longrightarrow a\bar{b}de \vee b\bar{c}\bar{f} \vee bdf \vee a\bar{b}c\bar{e}\ .$$

3.5. Logische Matrixgleichungen

Die Entwicklung der Kodierungstheorie und (in den letzten Jahren) der Theorie regulärer technologischer Strukturen stimulierte die Forschungen auf dem Gebiet logischer Matrixgleichungen.

Im einfachsten Fall ersetzt eine logische Matrixgleichung ein homogenes System logischer Gleichungen der Form

$$(a_1^1 * x_1) \circ (a_1^2 * x_2) \circ \ldots \circ (a_1^n * x_n) = b_1$$

$$(a_2^1 * x_1) \circ (a_2^2 * x_2) \circ \ldots \circ (a_2^n * x_n) = b_2$$

$$\vdots$$

$$(a_m^1 * x_1) \circ (a_m^2 * x_2) \circ \ldots \circ (a_m^n * x_n) = b_m,$$

wobei x_j Boolesche Variable, deren Werte zu suchen sind, sowie a_i^j und b_i Boolesche Konstanten sind. Die Operatoren $\circ$ und $*$ haben assoziative und kommutative Eigenschaften (Beispiele solcher Operatoren sind $\vee, \wedge, \oplus, \sim$).

Wenn man die Konstanten a_i^j als Elemente der Booleschen Matrix A sowie die Größen x_j und b_i als Elemente der Booleschen Vektoren $\underline{x}$ und $\underline{b}$ betrachtet, kann man bequem zu der kompakteren Beschreibung des Systems in der Form

$$A \overset{\circ}{*} \underline{x} = \underline{b}$$

übergehen, wobei man die traditionelle Form der Produktbildung einer Matrix mit einem Vektor benutzt, aber die innere ($*$) und die äußere ($\circ$) Operation dieses Produkts konkretisiert.

Das Gleichungssystem

$$A \overset{\circ}{*} \underline{x}^1 = \underline{b}^1$$

$$A \overset{\circ}{*} \underline{x}^2 = \underline{b}^2$$

$$\vdots$$

$$A \overset{\circ}{*} \underline{x}^l = \underline{b}^l$$

mit der gemeinsamen Matrix A, aber verschiedenen Vektorpaaren $(\underline{x}^k, \underline{b}^k)$ wird seinerseits durch eine Matrixgleichung

$$A \overset{\circ}{*} X = B$$

ersetzt, die die drei Booleschen Matrizen A, X und B nach der Regel

$$(a_i^1 * x_1^j) \circ (a_i^2 * x_2^j) \circ \ldots \circ (a_i^n * x_i^j) = b_i^j; \qquad i = 1, 2, \ldots, m, \quad j = 1, 2, \ldots, l$$

verbindet.

In der klassischen Matrixrechnung wird das Produkt der Matrizen A und X als $A \overset{+}{\cdot} X$ interpretiert, wobei „+" und „·" die Symbole der arithmetischen Addition und Multiplikation sind und als Elemente der Matrizen Zahlen dienen.

Mit logischen Matrizen A und X wird das Produkt $A \overset{\oplus}{\underset{\wedge}{}} X$ in der Theorie der störungsgeschützten Kodierung angewandt; die Matrix A kann dabei die Kodier- oder Dekodiermatrix darstellen. Aber auch in der Netzwerktheorie und insbesondere bei der Erforschung bichromatischer Graphen werden diese Produkte benutzt.

Keine geringere Bedeutung hat die Operation der Produktbildung logischer Matrizen in der Theorie regulärer Netze, die im Rahmen der modernen Mikroelektroniktechnologie realisiert werden. Ein typisches Produkt dieser Technologie ist die programmierbare logische Matrix (PLA).

Eine PLA stellt eine auf einem Chip realisierte sequentielle Anordnung zweier Transistorschaltungen mit Matrixstruktur dar, die ein bestimmtes System Boolescher Funktionen unmittelbar in disjunktiver Normalform (DNF) realisiert. Abgesehen von unwesentlichen technischen Details kann man davon ausgehen, daß in dem ersten Netzwerk der PLA, unten τ-Schaltung genannt, ein bestimmtes System von Konjunktionen der Eingangsvariablen realisiert wird, und in dem zweiten Netzwerk (in der β-Schaltung) wird ein bestimmtes System von benötigten Disjunktionen der erhaltenen Konjunktionen realisiert.

Sowohl die τ-Schaltung als auch die β-Schaltung können als elementare Matrixschaltungen betrachtet werden, deren Struktur durch eine bestimmte Verteilung von Transistoren auf dem Matrixfeld der Kreuzung zweier Sätze von Leitungen gegeben ist: ein Satz von Eingangsleitungen, die mit den Werten der Booleschen Eingangsvariablen x_1, x_2, $\ldots$, x_n belegt werden, und ein Satz von Ausgangsleitungen, von denen die Werte der Booleschen Ausgangsvariablen y_1, y_2, $\ldots$, y_m abgenommen werden.

Die Struktur einer elementaren Matrixschaltung wird durch die entsprechende Strukturmatrix dargestellt. Dabei wird die β-Schaltung durch die Boolesche Matrix B beschrieben, deren Element b_i^j den Wert 1 annimmt, wenn es in der Schaltung einen Transistor gibt, der die Eingangsleitung j mit der Ausgangsleitung i verbindet, und sonst den Wert 0. Das andere elementare Netzwerk - die τ-Schaltung - ist etwas komplizierter. Sie unterscheidet sich durch die „phasenartige" Darstellung der Werte der Eingangsvariablen x_j: Jede ihrer Eingangsleitungen wird in zwei aufgeteilt, wobei eine von ihnen mit dem direkten Wert der Variablen x_j belegt wird und die andere mit dem negierten Wert. Dabei wird der Schaltungsstruktur eine Einschränkung auferlegt - es wird verboten, beide Leitungen eines beliebigen Eingangspaars durch Transistoren mit ein und derselben Ausgangsleitung zu verbinden. Im Zusammenhang damit ist es bequem, die Struktur der τ-Schaltung nicht mehr durch eine Boolesche, sondern durch eine Ternärmatrix T derselben Größe (m, n) zu beschreiben. Ein Element t_i^j der Matrix T erhält den Wert 1, wenn die „direkte" Leitung des Eingangspaars j durch einen Transistor mit der Ausgangsleitung i verbunden ist; es erhält den Wert 0, wenn auf die gleiche Weise mit der Ausgangsleitung i die „negierte" Leitung des Eingangspaars j verbunden ist, und es erhält den Wert „-", wenn in der Schaltung keine Transistoren vorhanden sind, die eine Leitung des Eingangspaars j mit der Ausgangsleitung i verbinden.

3.6. Unterschiede in der funktionellen Interpretation der betrachteten Elementarschaltungen

Der Wert einer Ausgangsvariablen y_i der β-Schaltung ist gleich der Disjunktion der Werte jener Eingangsvariablen, die in der entsprechenden Zeile der Strukturmatrix B durch Einsen bezeichnet sind. Mit anderen Worten: Der Ausgangsvektor $\underline{y}$ wird bestimmt als Funktion des Eingangsvektors $\underline{x}$, die durch folgende vektorielle Matrixgleichung gegeben wird:

$$\underline{y} = B \overset{\vee}{\wedge} \underline{x} \ .$$

Wenn z.B. die Struktur der β-Schaltung durch die Boolesche Matrix

$$B = \begin{bmatrix} 1 & 0 & 1 & 0 \\ 0 & 0 & 1 & 1 \\ 0 & 1 & 0 & 1 \end{bmatrix}$$

beschrieben wird und $\underline{x} = (a, b, c, d)$ ist, dann ist

$$y_1 = a \vee c$$
$$y_2 = c \vee d$$
$$y_3 = b \vee d \ .$$

Im Fall der τ-Schaltung ist der Wert der Ausgangsvariablen y_i gleich dem Wert der Konjunktion, die durch die entsprechende Vektorzeile der Strukturmatrix T dargestellt wird. Das bedeutet, daß der Ausgangsvektor $\underline{y}$ als folgende Funktion des Eingangsvektors $\underline{x}$ definiert wird:

$$\underline{y} = T \overset{\wedge}{\underset{\triangle}{}} \underline{x} \ ,$$

wobei der Konjunktionsoperator $\wedge$ auf ternäre Variable verallgemeinert ist (Verallgemeinerung des traditionellen $p \wedge q = \min(p, q)$), während der Deltaoperator $\triangle$ durch die folgende Tafel gegeben ist:

p	0	0	0	-	-	-	1	1	1
q	0	-	1	0	-	1	0	-	1
$p \triangle q$	1	-	0	1	1	1	0	-	1

Wenn z.B. die Strukturmatrix der τ-Schaltung den folgenden Wert hat:

$$T = \begin{bmatrix} 0 & - & - & 1 & - \\ - & 1 & 0 & 0 & - \\ 1 & 0 & - & - & 1 \\ - & - & - & 0 & 0 \end{bmatrix}$$

und wenn $\underline{x} = (a, b, c, d, e)$ ist, so ist

$$y_1 = \bar{a}d$$
$$y_2 = b\bar{c}\bar{d}$$
$$y_3 = a\bar{b}e$$
$$y_4 = \bar{d}\bar{e} \ .$$

Wir vereinbaren, den eingeführten Matrixoperator der β-Schaltung $B\lambda$ im weiteren durch $B^{\vee}$ und den Matrixoperator der τ-Schaltung $T\hat{}$ durch $T^{\triangle}$ zu bezeichnen.

Die Verbindung einiger elementarer Matrixschaltungen führt zur Bildung eines logischen Netzwerks, dessen funktionelle Eigenschaften durch entsprechende Kompositionen von Matrixoperatoren beschrieben werden. Die PLA stellt das einfachste zweielementige Netzwerk solcher Art dar. Ihr Verhalten wird durch die Gleichung

$$\underline{y} = B^{\vee}\, T^{\triangle}\, \underline{x}$$

beschrieben, in der die Boolesche Matrix B und die Ternärmatrix T die Struktur des zweiten und ersten Netzwerks der Schaltung insgesamt angeben.

Oft ist es nützlich, anstelle des Eingangsvektors $\underline{x}$ und des Ausgangsvektors $\underline{y}$ bestimmte Gemeinsamkeiten ihrer Werte zu betrachten und durch ihre entsprechenden Informationsmatrizen X und Y anzugeben (die Werte werden durch die Spalten dargestellt). Dabei werden die oben eingeführten logischen Vektor-Matrixgleichungen zu reinen Matrixgleichungen:

$$Y = B^{\vee} X$$
$$Y = T^{\triangle} X$$
$$Y = B^{\vee} T^{\triangle} X \,.$$

Diese Gleichungen beschreiben das Verhalten der β-Schaltung, der τ-Schaltung und der PLA.

Die Lösungen vieler Aufgaben des logischen Entwurfs sowohl von einzelnen PLA als auch von PLA-Netzen werden auf die Untersuchung von Gleichungen der angegebenen Typen zurückgeführt - bei solchen Aufgaben werden bestimmte in die Gleichung eingehende Matrizen als gegeben vorausgesetzt, und es wird gefordert, die restlichen zu finden.

Logische Matrixgleichungen kann man als Funktionalgleichungen betrachten, da die unbekannten Größen gewöhnlich als Boolesche Funktionen oder als System Boolescher Funktionen interpretiert werden, die vollständig oder teilweise bestimmt sind. Es ist offensichtlich, daß die Lösung solcher Gleichungen mit bedeutend größeren rechentechnischen Schwierigkeiten verbunden ist, im Vergleich mit logischen Gleichungen im engeren Sinne, wo nur der Wert einer oder einer kleinen Zahl von logischen Variablen gesucht wird. Tatsächlich kann man eine beliebige Funktionalgleichung im Endergebnis auf eine bestimmte logische Gleichung zurückführen, aber der Preis eines solchen Zurückführens ist in der Regel ein wesentliches (exponentielles) Anwachsen der Zahl der Unbekannten.

In einer Reihe von Fällen, die zweifellos von praktischem Interesse sind, ist jedoch die Situation nicht so hoffnungslos und gestattet die Anwendung bestimmter spezieller Methoden der Lösungssuche mit Hilfe der EDV. Wir gehen zu ihrer Betrachtung über. (Detaillierter kann sich der Leser mit diesen Methoden in [9] vertraut machen.)

3.7. Lösung der Gleichung $Y = B^{\vee} X$ mit einer Unbekannten

Diese Matrixgleichung wird formal auf folgende Weise bestimmt:

$$y_i^{\,j} = \bigvee_{k=1}^{n} b_i^{\,k}\, x_k^{\,j}\, ; \qquad i = 1, 2, \ldots, m, \qquad j = 1, 2, \ldots, 1\,.$$

Sie definiert die Einwirkung des Matrixoperators $B^{\vee}$ der β-Schaltung auf eine bestimmte begrenzte Menge von Werten des Booleschen Eingangsvektors $\underline{x}$, die durch die Spalten der Matrix X gegeben sind. Die Resultate dieser Einwirkung - die Werte des Vektors $\underline{y}$ - werden durch die entsprechenden Zeilen der Matrix Y dargestellt.

Die Gleichung $Y = B^{\vee} X$ verbindet drei Boolesche Matrizen: zwei Informationsmatrizen X und Y und eine Strukturmatrix B. Wir nehmen an, daß bestimmte Werte davon gegeben sind, und es wird gefordert, die restlichen Werte zu finden, die die Gleichung befriedigen. Bei einer solchen Betrachtung ergeben sich acht verschiedene Aufgaben. Zwei davon sind trivial: wenn alle Größen unbekannt und wenn alle gegeben sind - im letzten Fall kann man übrigens die Aufgabe stellen, zu prüfen, ob die durch eine Gleichung gegebene Beziehung zwischen den konstanten Matrizen erfüllt wird. Die übrigen sechs Aufgaben besitzen eine anschauliche praktische Interpretation, weshalb man ihnen inhaltliche Bezeichnungen zuerkennen kann.

Wir setzen voraus, daß die Matrizen X und B gegeben sind und eine Matrix Y zu finden ist, die die Gleichung $Y = B^V X$ befriedigt. Diese Aufgabe wird als <u>Modellierung der β-Schaltung</u> interpretiert.

Diese Aufgabe wird genügend einfach durch Multiplikation der Matrizen B und X gelöst:

$$Y = B \times X \, ,$$

d. h.
$$y_i^j = b_i^1 \, x_1^j \vee b_i^2 \, x_2^j \vee \ldots \vee b_i^n \, x_n^j \, .$$

Dabei kann man, unter Verwendung von auf Rechnern leicht realisierbaren komponentenweisen Booleschen Vektoroperationen die Matrix Y spalten- oder zeilenweise berechnen. Im ersten Fall ergibt sich die j-te Spalte der Matrix Y nach der Formel

$$\underline{y}^j = \bigvee_k \underline{b}^k \, x_k^j = \underline{b}^1 \, x_1^j \vee \underline{b}^2 \, x_2^j \vee \ldots \vee \underline{b}^n \, x_n^j \, .$$

Im zweiten Fall erhält man die i-te Zeile nach der Formel

$$\underline{y}_i = \bigvee_k b_i^k \, \underline{x}_k = b_i^1 \, \underline{x}_1 \vee b_i^2 \, \underline{x}_2 \vee \ldots \vee b_i^n \, \underline{x}_n \, .$$

Die angegebenen Formen bleiben auch dann richtig, wenn bestimmte Elemente der Eingangsmatrix X nicht definiert sind, was durch das Symbol der Unbestimmtheit „-" dargestellt wird. In diesem Fall werden die Operationen von Disjunktion und Konjunktion entsprechend als Bestimmung der maximalen und minimalen Werte der betrachteten dreiwertigen Argumente $(0 < - < 1)$ interpretiert, und die der entstandenen Situation entsprechende Unbestimmtheit wird in die Matrix Y übertragen, wo sie auch durch die Werte „-" der einzelnen Elemente dargestellt wird.

Die Matrizen Y und B mögen gegeben sein, und es wird gefordert, eine Matrix X zu finden, die die Gleichung $Y = B^V X$ befriedigt. Diese Aufgabe kann man als <u>Analyse der β-Schaltung</u> bezeichnen.

Aus der Gleichung

$$y_i^j = \bigvee b_i^k \, x_k^j$$

folgt, daß bei $b_i^k = 1$ und $y_i^j = 0$ das Element x_k^j nur den Wert 1 haben kann. Mit anderen Worten: Das Element x_k^j kann den Wert 1 nur in dem Fall haben, wenn für beliebige i die Bedingung $b_i^k = 0$ oder $y_i^j = 1$ erfüllt wird. Hieraus erhalten wir einen Ausdruck für den majorisierenden Wert des Elements x_k^j (den Maximalwert aller möglichen Werte):

$$x_{k\,maj}^j = \bigwedge_i (\overline{b}_i^k \quad y_i^j) = \neg (\bigvee_i b_i^k \, \overline{y}_i^j)$$

und ebenfalls eine Formel zur Berechnung der majorisierenden Matrix X_{maj} insgesamt:

$$X_{maj} = \neg (B^T \times \overline{Y}) \, ,$$

in der $\neg$ das Symbol für komponentenweise Negation der Matrix und der obere Index T das Symbol des Transponierens ist. (Wir bemerken, daß das Transponieren einer Matrix dem Vertauschen der oberen und unteren Indizes ihrer Elemente äquivalent ist.)

Wenn also die Aufgabe der Analyse der β-Schaltung eine Lösung hat, die durch eine bestimmte Matrix X dargestellt wird - durch die Wurzel der Matrixgleichung $Y = B^V X$ mit den gegebenen Matrizen B und Y -, dann muß die Lösung auch die Beziehung

$$X \leq X_{maj}$$

befriedigen. Sie besagt, daß die Matrix X aus X_{maj} durch Umwandlung bestimmter Einsen in Nullen erhalten werden kann. Dabei ist die Matrix X_{maj} ebenfalls eine Lösung.

Hieraus folgt, daß die betrachtete Gleichung überhaupt keine Lösung hat, wenn die Matrix

X_{maj} keine Wurzel der betrachteten Gleichung ist. (Dies ist leicht zu prüfen, indem man die Matrizen B und X_{maj} miteinander multipliziert und das erhaltene Resultat mit der Matrix Y vergleicht.)

Sowohl bei Analyse- wie auch bei Modellierungsaufgaben kann man bequem komponentenweise vektorielle Operationen benutzen, indem man im gegebenen Fall reihenweise die Spalten der Matrix Y abarbeitet und die ihnen entsprechenden Spalten der Matrix X findet. Die Suche der nächsten Spalte zerfällt dabei in das Finden ihres Majoranten nach der Formel

$$\underline{x}^j_{maj} = \neg (\bigvee_i \underline{b}_i \, \bar{y}^j_i) \, ,$$

in die Prüfung dieses Majoranten und - falls dies gefordert wird und möglich ist - auf die nachfolgende Beseitigung bestimmter Einsen aus ihr. Es ist von Interesse, die Zahl der verbleibenden Einsen zu minimisieren, was auf das Finden der kleinsten Spaltenüberdeckung des Minors der Matrix B zurückgeführt wird, der durch den Durchschnitt jener Zeilen, denen in der Spalte $\underline{y}^j$ Einsen entsprechen, und jener Spalten, denen in den gleichnamigen Komponenten des Vektors $\underline{x}^j$ Einsen entsprechen, gebildet wird.

Die Aufgabe, die bei der Suche einer die Gleichung $Y = B \vee X$ bei gegebenen X und Y befriedigenden Matrix B gelöst wird, kann natürlich als Synthese der β-Schaltung interpretiert werden. Tatsächlich wird eben diese Aufgabe gelöst, wenn gefordert wird, die Struktur der β-Schaltung zu finden, die die Transformation der Eingangsinformationsmatrix X in die Ausgangsmatrix Y realisiert.

Diese Aufgabe wird fast ebenso wie die Analyseaufgabe gelöst. Aus der Gleichung

$$y^j_i = \bigvee_k b^k_i \, x^j_k$$

folgt, daß bei $y^j_i = 0$ und $x^j_k = 1$ das Element b^k_i nur den Wert 0 haben kann, d.h., es kann den Wert 1 nur in dem Fall erhalten, wenn $y^j_i = 1$ oder $x^j_k = 0$ für beliebige j erfüllt ist. Hieraus werden die Ausdrücke für die majorisierenden Werte des Elements

$$b^k_{i\,maj} = \bigwedge_j (y^j_i \vee x^j_k) = \neg (\bigvee_j \bar{y}^j_i \, x^j_k)$$

gefunden, und die majorisierende Matrix ist

$$B_{maj} = \neg (\bar{Y} X^T) \, .$$

Außerdem ergibt sich analog zu der Analyseaufgabe: Wenn die gegebene Aufgabe der Synthese der Matrix B irgendeine Lösung hat, ist die Matrix B_{maj} ebenfalls eine Lösung; wenn letztere keine Lösung darstellt, existiert überhaupt keine Lösung. Schließlich kann eine beliebige Lösung aus der Matrix B_{maj} erhalten werden, indem bestimmte Einsen durch Nullen ersetzt werden.

Von praktischem Interesse ist das Finden einer Lösung, die bezüglich der Wahl der Einsen minimal ist und auf diese Weise eine Matrixstruktur mit minimaler Transistorzahl ergibt. Diese Aufgabe wird analog zur oben betrachteten Aufgabe der Minimierung der Zahl der Einsen in der Matrix X gelöst, die die Gleichung $Y = B \vee X$ bei gegebenen Werten der Matrizen Y und B befriedigt. Im gegebenen Fall wird die Matrix B zeilenweise aufgebaut: Zuerst wird nach der Formel

$$\underline{b}_{i\,maj} = \neg (\bigvee_j \bar{y}^j_i \, \underline{x}^j)$$

die Majorante der nächsten Zeile $\underline{b}_i$ berechnet; danach wird die minimale Zeilenüberdeckung des Minors der Matrix X gefunden, der durch den Durchschnitt der Zeilen, die im Vektor $\underline{b}_{i\,maj}$ durch Einsen bezeichnet sind, mit den Spalten, die im Vektor $\underline{y}_i$ mit Einsen bezeichnet sind, gebildet wird. Die in die Zeilenüberdeckung der Matrix X eingehenden Zeilen werden durch Einsen in der Zeile $\underline{b}_i$ der synthetisierten Matrix B dargestellt.

Die Ähnlichkeit bei der Lösung von Aufgaben der Synthese und der Analyse der β-Schaltung ist nicht zufällig. Die Strukturmatrix B und die Informationsmatrix X sind im bestimmten Sinn äquivalent und austauschbar, und diese Aussage kann man auf der Basis einer formalen Definition der Multiplikationsoperation Boolescher Matrizen erhalten, aus der folgt, daß der Ausdruck $Y = B \times X$ dem Ausdruck $Y^T = X^T \times B^T$ gleichwertig ist.

3.8. Lösung der Gleichung $Y = B ^\vee X$ mit zwei Unbekannten

Wir beschäftigten uns bisher mit der Gleichung $Y = B ^\vee X$, bei der jeweils der Wert von nur
einer Matrix unbekannt war. Von nicht geringer Bedeutung sind jedoch Aufgaben, bei denen
der Wert nur einer Matrix bekannt ist und die Werte der anderen zwei gesucht sind. Diese
Aufgaben haben viele Lösungen, aus denen in der Regel die dem Umfang nach minimalen
Matrizen ausgewählt werden müssen. Solche Aufgaben sind komplizierter und haben unver-
kennbar ausgeprägten kombinatorischen Charakter. Betrachten wir folgende Aufgabe: Für
eine gegebene Boolesche Matrix B sind Matrizen X und Y zu finden, die die Gleichung
$Y = B ^\vee X$ befriedigen und die die Matrix B identifizieren, d.h. sie eindeutig bestimmen.

Wir nennen diese Aufgabe <u>Diagnose der β-Schaltung</u>. Es zeigt sich, daß für sie eine einfache Lösung $X = E$ existiert, wobei E eine quadratische Einheitsmatrix ist, die den Wert 1
in der Hauptdiagonalen hat ($e_i^j = 1$ bei $i = j$ und $e_i^j = 0$ bei $i \neq j$). Diese Lösung ist erschöpfend,
weil in diesem Fall die Ausgangsinformationsmatrix Y immer wertmäßig mit der Matrix B
zusammenfallen wird und auf diese Weise die Struktur der β-Schaltung widerspiegelt. Ein
beliebiger Mehrfachfehler in der β-Schaltung, der durch Änderung der Werte bestimmter
Elemente der Matrix B dargestellt werden kann (ein solcher Fehler besteht im Verschwinden
bestimmter Transistoren in der β-Schaltung und im Auftauchen bestimmter neuer an jenen
Punkten des Matrixfelds, wo sie nicht sein dürfen), wird in der Ausgangsinformationsmatrix
Y widergespiegelt, die von den Ausgangsanschlüssen der β-Schaltung abgenommen werden
kann, wenn die Matrix E auf ihre Eingangsanschlüsse gelegt wird.

Man kann einen gewissen Gewinn bezüglich der Größen der gesuchten Matrizen X und Y
erreichen, wenn man annimmt, daß in der Schaltung nur Defekte des Typs „Verschwinden
von Transistoren" (Zerstörung von Verbindungen zwischen den Eingangs- und Ausgangsleitungen) möglich sind, die durch einen Wechsel der Werte der entsprechenden Elemente
der Strukturmatrix B von 1 nach 0 widergespiegelt werden. Die Minimierung wird auf die
Lösung der kombinatorischen Aufgabe der minimalen Packung der Spalten der Matrix B zurückgeführt, die folgendermaßen formuliert wird: Aufteilen der Menge der Spalten der
Booleschen Matrix B auf eine minimale Anzahl von Klassen, so daß jede von ihnen nicht mehr
als eine Eins in einer beliebigen Zeile enthält.

Ohne uns bei der Lösungsmethode dieser Aufgabe aufzuhalten - wir stellen lediglich fest,
daß sie auf eine bekannte Aufgabe der Färbung eines Graphen zurückgeführt wird -, begnügen wir uns mit folgender Illustration: Für die Matrix

$$B = \begin{matrix} & 1 & 2 & 3 & 4 & 5 \\ & \begin{bmatrix} 1 & 1 & 0 & 0 & 0 \\ 0 & 1 & 1 & 1 & 0 \\ 0 & 0 & 1 & 0 & 1 \\ 1 & 0 & 0 & 0 & 1 \end{bmatrix} \end{matrix}$$

existiert insbesondere eine Lösung in Form der Zerlegung (1, 3), (2), (4, 5), die durch die
Matrix

$$X = \begin{bmatrix} 1 & 0 & 0 \\ 0 & 1 & 0 \\ 1 & 0 & 0 \\ 0 & 0 & 1 \\ 0 & 0 & 1 \end{bmatrix} \begin{matrix} 1 \\ 2 \\ 3 \\ 4 \\ 5 \end{matrix}$$

dargestellt wird.

Das anschließende Finden der Matrix Y ruft keine Schwierigkeiten hervor; man erhält sie
nach der Formel $Y = B ^\vee X$ mit den bereits bekannten Werten der Matrizen Y und X.

Für das betrachtete Beispiel ist

$$Y = \begin{bmatrix} 1 & 1 & 0 \\ 1 & 1 & 1 \\ 1 & 0 & 1 \\ 1 & 0 & 1 \end{bmatrix} .$$

Es ist interessant, dieses Resultat zu interpretieren, nachdem geklärt wurde, wie verschiedene Unregelmäßigkeiten in der Strukturmatrix B zu identifizieren sind. Es zeigt sich, daß die Einsen dieser Matrix durch eine umkehrbar eindeutige Beziehung mit den Einsen der Eingangsinformationsmatrix Y zusammenhängen und folglich das Verschwinden einer beliebigen Eins in der Matrix B das Verschwinden der entsprechenden Eins in der Matrix Y nach sich zieht. Für das angegebene Beispiel kann man diesen Zusammenhang zeigen, indem man individuelle Namen (Buchstaben) für die zu diagnostizierenden Elemente der Matrix B (Einsen) einführt und auf dieselbe Weise die ihnen entsprechenden Elemente der Ausgangsmatrix Y kennzeichnet:

$$B = \begin{bmatrix} a & b & 0 & 0 & 0 \\ 0 & c & d & e & 0 \\ 0 & 0 & f & 0 & g \\ h & 0 & 0 & 0 & i \end{bmatrix}, \qquad Y = \begin{bmatrix} a & b & 0 \\ d & c & e \\ f & 0 & g \\ h & 0 & i \end{bmatrix}.$$

Offensichtlich ist unter Benutzung dieser Entsprechung ein beliebiger Mehrfachfehler vom Typ „Verschwinden von Transistoren" in der β-Schaltung, die durch die Matrix B dargestellt wird, leicht zu erkennen.

Es sei eine β-Schaltung minimaler Dimensionen aufzubauen, von deren Ausgang eine bestimmte Menge Boolescher Vektoren abgenommen wird, die durch die Spalten der Matrix Y gegeben sind. Dabei müssen die entsprechenden Eingangsvektoren (minimaler Länge!) gefunden werden, die durch die gesuchte Schaltung in die gegebenen Ausgangsvektoren transformiert werden. Sie werden als Spalten der Matrix X dargestellt.

Das bedeutet, daß gefordert wird, die Boolesche Matrix B mit minimaler Spaltenzahl und die Boolesche Matrix X mit derselben Zeilenzahl zu finden, die die Gleichung $Y = B^\vee X$ bei gegebener Boolescher Matrix Y erfüllen.

Weil jede Spalte der Matrix Y gleich der komponentenweisen Disjunktion bestimmter Spalten der Matrix B (welcher, wird durch die Einsen in der entsprechenden Spalte der Matrix X gezeigt) ist, wird die betrachtete Aufgabe im Grunde auf das Finden einer minimalen disjunktiven Basis für die Spalten der gegebenen Matrix Y zurückgeführt, d.h. auf das Finden einer solchen Matrix B, aus deren Spalten es mittels Disjunktion möglich ist, eine beliebige Spalte der Matrix Y anzugeben.

Die nachfolgende Suche der Matrix X, die die Gleichung $Y = B^\vee X$ bei bereits gegebenen Matrizen Y und B befriedigt, ist die einfachere Aufgabe, die wir bereits betrachtet haben.

Unter Berücksichtigung des quasisymmetrischen Charakters der Multiplikationsoperation der Matrizen $B \times X$, die der Operation $B^\vee X$ äquivalent ist, kann man die Aufgabe auch „von der anderen Seite" lösen. Dabei wird zuerst die minimale disjunktive Basis für die Zeilen der gegebenen Matrix Y gesucht und danach die Matrix B ermittelt.

Die betrachtete Aufgabe kann man als Aufgabe der Dekomposition der Matrix Y in das Produkt zweier Matrizen minimaler Größe interpretieren. Man kann die Aufgabe aber auch als Suche nach der minimalen Minorenüberdeckung Matrix Y formulieren: Zu finden ist die minimale Zahl von Minoren der Matrix Y (die aus dem Durchschnitt einer bestimmten Untermenge von Zeilen mit einer bestimmten Untermenge von Spalten gebildet werden), die alle Elemente der Matrix Y mit dem Wert 1 und nicht ein Element mit dem Wert 0 enthalten.

Wie auch diese Aufgabe formuliert wird, sie ist hinreichend kompliziert. Eine direkte Methode zu ihrer Lösung setzt voraus, daß vorher alle maximalen Einsminoren (Einsminoren heißen Minoren, die aus Einselementen - mit den Werten 1 - gebildet sind, und maximal sind solche, die nicht in anderen Einsminoren enthalten sind) bestimmt wurden, eine Boolesche Matrix L für die Zugehörigkeitsrelation der Einselemente der Matrix Y zu den angegebenen Minoren aufgebaut und eine maximale Überdeckung dieser Matrix gefunden wurde. Die Schwierigkeit der letzten dieser Operationen ist allgemein bekannt.

Bekanntlich wird die Suche nach der minimalen Überdeckung einer Booleschen Matrix (im konkreten Fall der Spaltenüberdeckung) durch ein Verfahren zur Reduktion der Matrix (aus der Matrix werden die absorbierenden Zeilen und die absorbierten Spalten beseitigt) wesentlich beschleunigt. Eine solche Vereinfachung kann kettenförmigen Charakter haben.

Die Suche nach Spalten der Matrix L, die sich in einer Absorptionsbeziehung befinden, kann vollständig auf die Suche der Zeilen und Spalten der Matrix Y zurückgeführt werden, die sich in dieser Beziehung befinden. Das ist zweifellos von praktischem Interesse, weil die Matrix Y in der Regel bedeutend kleiner als die Matrix L ist.

Tatsächlich kann man, wenn sich zwei beliebige Zeilen (oder zwei Spalten) y_i und y_j in einer Absorptionsbeziehung $y_i \geqq y_j$ befinden (d.h. für alle Komponenten ist $y_i^k \geqq y_j^k$ erfüllt), die Abbildungen der absorbierten Reihen auf die absorbierenden als „aus unwesentlichen Elementen bestehend" definieren. Das bedeutet, daß eine beliebige minimale Minorüberdeckung der restlichen, d.h. der wesentlichen Elemente auch die unwesentlichen Elemente überdeckt, die folglich aus der Betrachtung ausgeschlossen werden können, nachdem auf diese Weise die Matrix Y reduziert wurde.

Natürlich bleibt die Aufgabe auch nach einer solchen Vereinfachung in der Regel schwierig und kann manchmal nur mit Näherungsmethoden gelöst werden.

Wir nehmen jetzt an, daß in der Gleichung $Y = B^{\vee} X$ nur die Matrix X gegeben ist und die Matrizen Y und B gesucht sind. Wir präzisieren die Aufgabe als Extremalaufgabe: Wir setzen voraus, daß alle Spalten der Matrix X voneinander verschieden sind und daß ihnen auch voneinander verschiedene Spalten der Matrix Y zuzuordnen sind, wobei die Zeilenzahl dieser Matrix minimal sein soll.

In dieser Formulierung wird die Aufgabe als Synthese der β-Schaltung interpretiert. Diese realisiert eine solche Umkodierung der Menge Boolescher Vektoren, die durch die Spalten der Matrix X gegeben sind, daß eine minimale Kodelänge erreicht wird, die gleich der Anzahl der Zeilen der Matrix Y ist. Offensichtlich wäre die Aufgabe sehr einfach lösbar, wenn es keine Beschränkungen hinsichtlich der Art des Kodewandlers gäbe; dann wäre die Auswahl der Zeilen in der Matrix Y gleich der kleinsten ganzen Zahl, die größer ist als der Zweieralgorithmus der Anzahl der Spalten in der Ausgangsmatrix X. In der angegebenen Formulierung ist die Aufgabe jedoch nichttrivial.

Man kann eine Näherung an die optimale Lösung dieser Aufgabe finden, nachdem aus der Matrix X ein bestimmter Zeilenminor (bestehend aus Zeilen) abgespalten wurde, dessen Spalten alle voneinander verschieden und dessen Zeilenanzahl minimal ist. Diese Operation wird in der theoretischen Diagnostik betrachtet, wo sie unter der Bezeichnung „Problem der Bestimmung eines minimalen diagnostischen Tests" bekannt ist. Der erhaltene Minor wird auch als gesuchter Wert der Matrix Y angenommen. Die Matrix B wird in folgender Weise aufgebaut: Die Spalten aus B, die den aus X abgespaltenen Zeilen entsprechen, bilden einen quadratischen Minor, dem durch Auffüllen seiner Hauptdiagonale mit Einsen der Wert 1 zugeordnet wird; alle verbleibenden Elemente erhalten den Wert 0.

Bei kleiner Dichte von Einsen in der Matrix X führt die durch das beschriebene Verfahren erhaltene Lösung jedoch gewöhnlich zu einer erhöhten Länge des gefundenen Kodes. In diesem Fall ist es günstig, eine Lösung - einen diagnostischen Test - nicht bereits aus einzelnen Zeilen der Matrix X zu konstruieren, sondern aus bestimmten Zeilenmengen, genauer gesagt, aus komponentenweisen Disjunktionen der Zeilen, die die jeweilige Menge bilden. Die auf diese Weise erhaltene Lösung kann man als disjunktiven Test für die Boolesche Matrix X bezeichnen.

Bei der Lösung praktischer Aufgaben kann man sich mit bestimmten guten Näherungen für den minimalen disjunktiven Test begnügen, wofür die folgende Methode empfohlen werden kann, die analog zur Näherungsmethode für die Suche des minimalen diagnostischen Tests aufgebaut ist.

Wir werden die Lösung der Reihe nach konstruieren, indem wir als ihre Elemente sukzessive bestimmte Zeilen aus der Matrix X auswählen. Die Auswahl im nächsten Schritt wird so durchgeführt, daß die Zahl der dabei zerlegten Paare von Spalten maximal wird. Diese spezielle Aufgabe werden wir ebenfalls näherungsweise lösen, indem wir der Reihe nach die Menge der aus der Matrix X ausgewählten Zeilen erweitern: Zuerst wird eine Zeile ausgewählt, die eine maximale Zerlegung in Klassen, die von vorherigen Mengen erzeugt wurden, liefert. Danach werden nacheinander die restlichen Zeilen durchgesehen, und die nächste von ihnen wird zur betrachteten Menge hinzugefügt, wenn sich die Zahl der dabei zerlegten Paare vergrößert.

Die auf diese Weise erhaltenen Zeilenmengen aus der Matrix X werden durch Zeilen der Matrix B dargestellt, während die komponentenweise Disjunktion von Zeilen, die zu einer dieser Mengen gehören, durch die entsprechende Zeile der Matrix Y dargestellt wird.

Für die Matrix

$$X = \begin{bmatrix} 0 & 1 & 0 & 0 & 0 & 0 & 1 \\ 0 & 1 & 0 & 1 & 0 & 0 & 0 \\ 1 & 0 & 0 & 0 & 0 & 0 & 1 \\ 0 & 0 & 0 & 1 & 0 & 0 & 0 \\ 0 & 1 & 0 & 0 & 0 & 1 & 0 \\ 1 & 0 & 1 & 0 & 0 & 0 & 0 \\ 0 & 0 & 0 & 0 & 1 & 0 & 0 \\ 0 & 0 & 1 & 0 & 0 & 0 & 1 \\ 1 & 0 & 0 & 0 & 1 & 0 & 0 \\ 0 & 0 & 0 & 0 & 0 & 0 & 1 \\ 0 & 0 & 1 & 0 & 0 & 1 & 0 \end{bmatrix}$$

führt die beschriebene Methode z.B. zu den Matrizen

$$B = \begin{bmatrix} 1 & 1 & 0 & 0 & 0 & 0 & 0 & 0 & 0 & 0 & 0 \\ 0 & 0 & 1 & 0 & 1 & 0 & 0 & 0 & 0 & 0 & 0 \\ 0 & 0 & 1 & 0 & 0 & 1 & 0 & 0 & 0 & 0 & 0 \end{bmatrix}$$

$$Y = \begin{bmatrix} 0 & 1 & 0 & 1 & 0 & 0 & 1 \\ 1 & 1 & 0 & 0 & 0 & 1 & 1 \\ 1 & 0 & 1 & 0 & 0 & 0 & 1 \end{bmatrix} \quad .$$

3.9. Zur Lösung der Gleichung $Y = T^{\triangle} X$

Alle bisher betrachteten Aufgaben gelten auch für diese Gleichung, die das Verhalten der
τ-Schaltung beschreibt. Sie sind jedoch in diesem Fall komplizierter.

Zum Beispiel erhält man für die Fehlerdiagnose der τ-Schaltung bereits keine triviale
allgemeine Lösung, die der Matrix E im Fall der β-Schaltung ähnlich wäre. Für jede konkrete Ternärmatrix T kann man jedoch eine konkrete Lösung finden - eine Eingangsmatrix
X mit minimaler Anzahl von Spalten, die einen beliebigen Fehler der angegebenen Klasse
zu erkennen erlaubt.

Wir werden uns auf den Fall beschränken, daß beliebige Mehrfachfehler des Typs „Verschwinden von Transistoren" möglich sind.

Obwohl im gegebenen Fall der Wegfall eines bestimmten Transistors in der Ternärmatrix
anders als in der Booleschen Matrix interpretiert wird, nämlich durch Ersatz der Werte 0
oder 1 eines beliebigen Elements der Matrix durch „-", wird die Forderung, die zur Lösung
der Matrix X führt, formuliert wie früher.

Es sei z.B.

$$T = \begin{bmatrix} 1 & - & - & 0 & - \\ - & 0 & - & 1 & - \\ 1 & - & - & - & - \\ - & - & 0 & 1 & 0 \\ - & 0 & 1 & - & 0 \\ - & 1 & 1 & - & - \end{bmatrix} \quad .$$

Der Wegfall des oberen linken Transistors in der Schaltung wird durch einen Wechsel des
Wertes des Elements t_1^1 von 1 nach „-" dargestellt. Diesen Fehler kann man durch eine
solche und nur durch eine solche Eingangsbelegung $\underline{x}^i$ finden, in der $x_1^i = 1$ und $x_4^i = 1$ ist.
Die entsprechende Forderung an die Matrix X wird durch den Vektor 1 - - 1 - dargestellt,
der in die Matrix R der Anforderungen als Spalte eingeht. Indem wir auf die gleiche Weise
die restlichen Forderungen finden (deren Anzahl gleich der Anzahl von Transistoren in der
Schaltung oder der Gesamtzahl von Nullen und Einsen in der Matrix T ist), formulieren wir
die folgende Matrix der Anforderungen:

$$R = \begin{bmatrix} 1 & 0 & - & - & 1 & - & - & - & - & - & - & - & - \\ - & - & 0 & 1 & - & - & - & - & 0 & 1 & 1 & 1 & 0 \\ - & - & - & - & - & 0 & 1 & 1 & 0 & 1 & 0 & 0 & 1 \\ 1 & 0 & 0 & 1 & - & 0 & 1 & 0 & - & - & - & - & - \\ - & - & - & - & - & 1 & 1 & 0 & 1 & 1 & 0 & - & - \end{bmatrix} .$$

Im weiteren wird diese Aufgabe auf die Suche nach einer minimalen Zerlegung der Menge der Spalten dieser Matrix in Verträglichkeitsklassen zurückgeführt. Die entsprechende Äquivalenz von Zeilen innerhalb dieser Klassen führt uns zur gesuchten Matrix X:

$$X = \begin{bmatrix} 0 & 1 & 0 & 0 \\ 0 & 1 & 0 & 1 \\ 0 & 1 & 1 & 0 \\ 0 & 1 & 0 & 0 \\ 1 & 1 & 0 & 0 \end{bmatrix} .$$

Die Lösung insgesamt wird durch die Matrix Y ergänzt, die nach der Formel $Y = T^\triangle X$ für gegebene Werte der Matrizen X und T berechnet wird.

$$\underset{\sim}{Y} = \begin{bmatrix} 1 & 1 & 1 & 1 \\ 1 & 1 & 1 & 0 \\ 0 & 1 & 0 & 0 \\ 1 & 1 & 1 & 1 \\ 1 & 1 & 1 & 1 \\ 0 & 1 & 1 & 1 \end{bmatrix}$$

Durch Einführung individueller Namen für die diagnostizierten Elemente der Matrix T (Nullen und Einsen) geben wir die ihnen entsprechenden Elemente der Ausgangsmatrix Y an:

$$T = \begin{bmatrix} a & - & - & b & - \\ - & c & - & d & - \\ e & - & - & - & - \\ - & - & f & g & h \\ - & i & j & - & k \\ - & l & m & - & - \end{bmatrix} , \qquad Y = \begin{bmatrix} b & a & - & - \\ c & d & - & - \\ - & e & - & - \\ f & g & h & - \\ i & j & - & k \\ - & - & m & l \end{bmatrix} .$$

Die bezeichneten Elemente stellen durch ihre Werte den Zustand der diagnostizierenden τ-Schaltung vollständig dar: Wenn ein bestimmtes Element den Wert 1 hat, bedeutet dies, daß der ihm entsprechende Transistor an seinem Platz ist; der Wert 0 zeigt das Verschwinden des Transistors an. Die Werte der restlichen Elemente, die in der Matrix mit dem Symbol „-" bezeichnet sind, brauchen dabei nicht berücksichtigt zu werden.

3.10. Kompositionen elementarer Matrixoperatoren

Kompositionen aus den oben eingeführten Operatoren $B^\vee$ und $T^\triangle$ ergeben sehr komplizierte Aufgaben. Betrachten wir die einfachste davon, nämlich die Komposition $B^\vee T^\triangle$, die die Rolle eines Operators der programmierbaren logischen Matrix spielt und deren Verhalten bestimmt:

$$Y = B^\vee T^\triangle X .$$

Weil diese Gleichung die Struktur und die funktionellen Eigenschaften von PLA beschreibt, liegt es nahe, die einzelnen Aufgaben, in die die Lösung dieser Gleichung zerfällt, als Aufgaben des logischen Entwurfs von PLA zu interpretieren.

Wenn z.B. die Werte der Matrizen X und Y gegeben und die Werte der Matrizen B und T gesucht sind, haben wir es mit der Synthese von PLA zu tun. Dabei geben die Matrizen X und Y ein bestimmtes System Boolescher Funktionen an, die in der Regel schwach bestimmt sind. Die gesuchten Strukturmatrizen kann man gleichzeitig als disjunktive Normalform eines bestimmten anderen Systems Boolescher Funktionen interpretieren, das vollständig bestimmt ist und das Ausgangssystem realisiert, d.h. mit ihm wertmäßig auf dessen Definitionsbereich zusammenfällt.

Schwierigkeiten ergeben sich bei der Synthese von PLA aus der Bemühung, die Größe der PLA zu minimieren, was auf die Minimierung der Anzahl von Zeilen und Spalten in den Matrizen B und T, die die angegebenen Forderungen befriedigen, zurückgeführt wird. In diesem Fall spricht man von der Ermittlung minimaler disjunktiver Normalformen eines gegebenen Systems Boolescher Funktionen. Dies ist eine recht komplizierte Aufgabe, mit deren Lösung sich zahlreiche Publikationen befassen.

Diese Aufgabe läßt sich nicht auf die getrennte Minimierung der einzelnen Booleschen Funktionen des Systems zurückführen, sondern das System muß als Ganzes minimiert werden.

Aufgaben anderen Typs entstehen bei der Realisierung eines gegebenen Systems Boolescher Funktionen für PLA mit begrenzter Komplexität. Die Komplexität einer PLA wird durch drei Parameter bestimmt: durch die Anzahl der Eingangs-, der Zwischen- und der Ausgangssignale der PLA. Der erste Parameter gibt die Anzahl der Argumente der im System zu realisierenden Booleschen Funktionen an, der zweite die Gesamtzahl von Konjunktionen im System der DNF und der dritte die Zahl der Funktionen selbst.

In realen PLA sind die Werte dieser Parameter aus technologischen Gründen begrenzt: Wenn die entsprechenden Parameter eines bestimmten Systems von DNF diese Grenzen nicht überschreiten, kann es unmittelbar durch die Struktur einer PLA wiedergegeben werden. Im anderen Fall entsteht die Aufgabe, eine große PLA, die dem Ausgangssystem der DNF entspricht, zu dekomponieren und sie mit Hilfe realer PLA beschränkter Größe funktionell äquivalent zu realisieren.

Die Aufgabe wird besonders kompliziert, wenn die begrenzte Anzahl von Eingangssignalen nicht eingehalten wird. Diesen Fall wollen wir betrachten. Dabei nehmen wir der Einfachheit halber an, daß die Werte der restlichen Parameter unkritisch sind.

Die Dekomposition einer PLA kann man zurückführen auf das iterative Verfahren zum Herauslösen von bestimmten Spaltenminoren T_i aus der Ternärmatrix T, deren Spaltenanzahl die zulässige Zahl nicht überschreitet (sie wird durch die Anzahl von Eingangssignalen in realen PLA bestimmt), sowie auf die Lösung von logischen Matrixgleichungen des Typs

$$T_i^{\triangle} = U_i^{\triangle}\, C_i^{\vee}\, T_i^{\triangle}\,,$$

in deren Ergebnis die Struktur von PLA gefunden wird, die zum gewünschten Netz führen. Die Lösung dieser Gleichungen wird auf das Finden von Operatorenketten $U_i^{\triangle} C_i^{\vee}$ zurückgeführt, die eine identische Abbildung auf die Menge der Werte des Booleschen Vektors $\underline{z}_i$ realisieren, die die Gleichung $\underline{z}_i = T_i^{\triangle}\underline{x}_i$ befriedigen. Diese Aufgabe hat kombinatorischen Charakter, und ihre Lösung ist mit umfangreichem Durchmustern verbunden.

Um das Wesen der Methode darzulegen, beschränken wir uns auf das verhältnismäßig einfache Beispiel: Die Matrix T der „großen Ausgangs-PLA" (Bild 3.2) sei durch zeilenmäßige Verkettung (T_1, T_2) zweier Matrizen T_1 und T_2 mit zulässigen Größen darstellbar. Der ent-

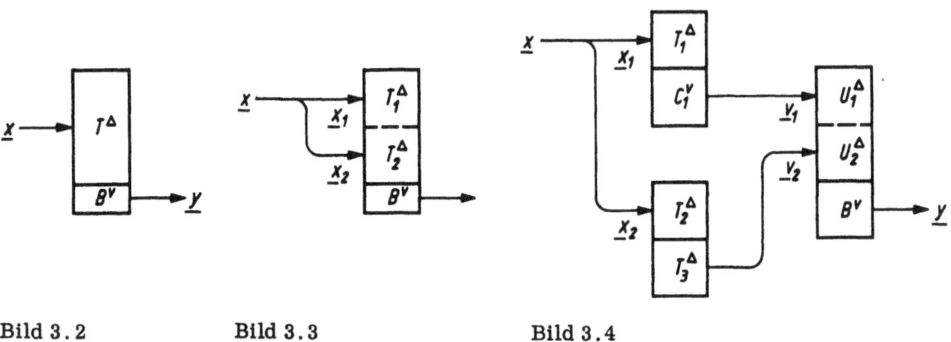

Bild 3.2   Bild 3.3   Bild 3.4

sprechenden Umwandlung wird ein Eingangsvektor $\underline{x}$ unterworfen, der in ein Paar von Vektoren $\underline{x}_1$ und $\underline{x}_2$ zerlegt wird:

$$T = (T_1, T_2)$$
$$\underline{x} = (\underline{x}_1, \underline{x}_2) .$$

In diesem Fall werden die die PLA beschreibenden Gleichungen

$$\underline{y} = B^\vee \underline{z}, \qquad \underline{z} = T^\triangle \underline{x}$$

mit dem Zwischenvektor $\underline{z}$ in das System (Bild 3.3)

$$\underline{y} = B \vee \underline{z}, \qquad \underline{z} = (T_1, T_2)^\triangle (\underline{x}_1, \underline{x}_2) = T_1^\triangle \underline{x}_1 \wedge T_2^\triangle \underline{x}_2$$

umgeformt.

Wir werden eine Dekompositionsaufgabe in der Klasse dreielementiger Netze lösen, mit einer Struktur, wie sie im Bild 3.4 gezeigt ist. Solche Netze werden durch das Gleichungssystem

$$\underline{y} = B^\vee \underline{z}$$
$$\underline{z} = (U_1, U_2)^\triangle (\underline{v}_1, \underline{v}_2) = \underline{z}_1 \wedge \underline{z}_2$$
$$\underline{v}_1 = C_1^\vee T_1 \underline{x}_1$$
$$\underline{v}_2 = C_2 T_2 \underline{x}_2$$

beschrieben und unterscheiden sich nur durch die Auswahl der Strukturmatrizen voneinander. Die Matrizen T_1, T_2 und B in diesem System werden dabei mit den gleichnamigen Matrizen der Ausgangs-PLA gleichgesetzt, die wir dekomponieren wollen. Offensichtlich müssen die restlichen Matrizen so gewählt werden, daß die Summe der Länge der Vektoren $\underline{v}_1$ und $\underline{v}_2$ die Zahl der Eingangssignale in einer realen PLA nicht überschreitet.

Bei der Suche der Kette $U_i^\triangle C_i^\vee T_i^\triangle$, die den Minor $T_i^\triangle$ in der Operatormatrix $T^\triangle$ ersetzt und $\underline{v}_i$ durchschnittsmäßig minimiert hat, beschränkt man sich sinnvollerweise auf die Betrachtung möglicher Werte des Vektors $\underline{z}_i$. Wir setzen voraus, daß wir bei der Analyse der Matrix T_i - dabei treten in dieser nacheinander sich gegenseitig nicht überdeckende Zeilen auf und ergeben eine gewisse zusätzliche Prüfung - alle diese Werte gefunden und sie durch die Spalten der Booleschen Matrix Z_i dargestellt haben. Danach wird die uns interessierende Aufgabe auf die Lösung der Matrixgleichungen

$$Z_i = U_i^\triangle V_i, \qquad V_i = C_i^\vee Z_i$$

zurückgeführt, in denen nur die Matrix Z_i gegeben ist, und es wird gefordert, die restlichen Matrizen zu finden, nachdem die Zahl der Zeilen in der Matrix V_i minimiert wurde.

Es ist im allgemeinen nicht leicht, die optimale Lösung dieser Aufgabe zu finden. Nichtsdestoweniger kann man eine genügend einfache und in Verbindung damit in bestimmten praktischen Situationen anwendbare Methode empfehlen, die auf dem aufeinanderfolgenden Finden zuerst der Matrizen C_i und V_i und danach der Matrix U_i beruht.

Die Suche der Matrix C_i, die die Matrix Z_i in eine Matrix V_i mit minimaler Anzahl von Zeilen umkodiert - offensichtlich müssen beide Gleichungen kodierbar sein, d.h., die Umwandlung muß ohne Informationsverlust realisiert werden -, ist günstig durch aufeinanderfolgende disjunktive Transformationen der Matrix Z_i durchzuführen. Diese Operation wird als Komposition von Elementaroperationen des Typs „Einführen neuer Zeilen in die Matrix", die selbst komponentenweise Disjunktionen aus bestimmten dort bereits vorhandenen Zeilen darstellen, und des Typs „Beseitigen bestimmter Zeilen" definiert.

Dabei werden wir fordern, daß in jeder beliebigen Etappe der beschriebenen Transformation verschiedene Spalten der Ausgangsmatrix verschiedenen Spalten der erhaltenen Matrix entsprechen sollen. Wir werden uns bemühen, die Anzahl der Zeilen der auf diese Weise transformierten Matrix zu minimieren. Beim Auftreten einer bestimmten typischen Situation kann die erhaltene Matrix als Matrix V_i angesehen werden. Gleichzeitig ist die Matrix C_i zu finden; ihre Zeilen entsprechen den Zeilen der Matrix V_i und zeigen, aus welchen Zeilen der Ausgangsmatrix Z_i sie gebildet sind.

Die Matrix U_i wird auf folgende Weise konstruiert: Die Zeilen der Matrix Z_i werden der Reihe nach betrachtet; für jede von ihnen wird die Menge von Spalten ausgewählt, die in der gegebenen Zeile den Wert 1 haben; danach wird die Gesamtheit der ihnen entsprechenden Spalten aus der Matrix V_i ausgewählt und für sie das minimale absorbierende Intervall aufgestellt. Wenn dieses Intervall keine anderen Spalten aus V_i enthält, kann es als entsprechende Zeile der Matrix U_i genommen werden. Im entgegengesetzten Fall wird eine entsprechende Korrektur der Methode erforderlich, die mit einer Aufspaltung bestimmter Zeilen der Matrix U_i und der gleichstelligen Spalten der Matrix B der PLA des zweiten Netzwerks verbunden ist. Im nachfolgend betrachteten Beispiel ist keine Korrektur notwendig.

Es sei

$$\underline{y} = B^{\vee} \underline{z}, \qquad \underline{z} = (T_1, T_2)^{\triangle} \underline{x},$$

wobei

$$T_1 = \begin{bmatrix} 1 & 0 & - & 1 & - & 1 \\ - & 1 & 0 & - & 0 & 1 \\ 1 & - & 0 & - & - & 0 \\ 0 & 1 & - & 1 & 0 & - \end{bmatrix} \begin{matrix} 1 \\ 2 \\ 3 \\ 4 \end{matrix}$$

$$T_2 = \begin{bmatrix} 0 & - & 0 & - & 1 & 0 \\ - & 1 & 0 & 0 & - & 0 \\ 0 & - & - & 0 & 1 & 1 \\ 1 & 1 & 0 & 0 & 1 & - \end{bmatrix} \begin{matrix} 1 \\ 2 \\ 3 \\ 4 \end{matrix}$$

$$B = \begin{bmatrix} 1 & 1 & 0 & 0 \\ 0 & 1 & 1 & 1 \\ 0 & 1 & 0 & 1 \end{bmatrix} \begin{matrix} 1 \\ 2 \\ 3 \end{matrix} .$$

Die Analyse der Matrizen T_1 und T_2 ergibt eine Menge möglicher Werte der Booleschen Vektoren z_1 und z_2, die durch die Spalten der folgenden Matrizen dargestellt werden:

$$Z_1 = \begin{bmatrix} 0 & 1 & 0 & 0 & 0 & 0 \\ 0 & 0 & 1 & 0 & 0 & 1 \\ 0 & 0 & 0 & 1 & 0 & 0 \\ 0 & 0 & 0 & 0 & 1 & 1 \end{bmatrix} \begin{matrix} 1 \\ 2 \\ 3 \\ 4 \end{matrix}$$

$$Z_2 = \begin{bmatrix} 0 & 1 & 0 & 0 & 0 & 1 & 0 \\ 0 & 0 & 1 & 0 & 0 & 1 & 1 \\ 0 & 0 & 0 & 1 & 0 & 0 & 0 \\ 0 & 0 & 0 & 0 & 1 & 0 & 1 \end{bmatrix} \begin{matrix} 1 \\ 2 \\ 3 \\ 4 \end{matrix} .$$

Wenn wir die beschriebene disjunktive Transformation auf diese Matrizen anwenden, finden wir die ihnen entsprechenden Matrizen V_1 und V_2 mit minimaler Anzahl von Zeilen:

$$V_1 = \begin{bmatrix} 0 & 1 & 1 & 0 & 0 & 1 \\ 0 & 1 & 0 & 1 & 0 & 0 \\ 0 & 0 & 0 & 0 & 1 & 1 \end{bmatrix} \begin{matrix} 1 \vee 2 \\ 1 \vee 3 \\ 4 \end{matrix}$$

$$V_2 = \begin{bmatrix} 0 & 1 & 0 & 1 & 0 & 1 & 0 \\ 0 & 0 & 1 & 0 & 0 & 1 & 1 \\ 0 & 0 & 0 & 1 & 1 & 0 & 1 \end{bmatrix} \begin{matrix} 1 \vee 3 \\ 2 \\ 3 \vee 4 \end{matrix} .$$

Die symbolische Bezeichnung rechts zeigt an, durch welche Mengen von Zeilen der Matrix Z_i die Zeilen der Matrix V_i gebildet wurden. Wir erhalten die entsprechenden Zeilen der gesuchten Strukturmatrix C_i, indem wir diese Mengen durch Boolesche Vektoren darstellen.

Danach wird nach dem oben beschriebenen Algorithmus die Matrix U_i aufgebaut. Als Ergebnis werden alle Strukturmatrizen des ermittelten Netzes gefunden:

$$C_1 = \begin{bmatrix} 1 & 1 & 0 & 0 \\ 1 & 0 & 1 & 0 \\ 0 & 0 & 0 & 1 \end{bmatrix}, \qquad C_2 = \begin{bmatrix} 1 & 0 & 1 & 0 \\ 0 & 1 & 0 & 0 \\ 0 & 0 & 1 & 1 \end{bmatrix},$$

$$U_1 = \begin{bmatrix} 1 & 1 & 0 \\ 1 & 0 & - \\ 0 & 1 & 0 \\ - & 0 & 1 \end{bmatrix}, \qquad U_2 = \begin{bmatrix} 1 & - & 0 \\ - & 1 & - \\ 1 & 0 & 1 \\ 0 & - & 1 \end{bmatrix}.$$

4. Boolesche Berechnungen und die Lösung logischer Gleichungen

A. A. Utkin

Das gewachsene Interesse an logischen Gleichungen spricht einerseits für deren praktische Bedeutung. Andererseits verschafft uns die moderne Rechentechnik genügend leistungsfähige Mittel, um von der theoretischen Betrachtung zur praktischen Lösung von logischen Gleichungen übergehen zu können. Erste Schritte in dieser Richtung wurden bereits getan ([1] bis [4]).

Die weiteren Bemühungen müssen darauf gerichtet sein, die Technik der Berechnungen zu vervollkommnen.

Die hier vorgeschlagene Lösungsmethode beruht auf dem Begriff der partikulären Lösung einer logischen Gleichung. Dieser Begriff wird präzisiert.

Die Kompaktheit und die Länge der Lösungsdarstellung wird durch eingeführte Parameter erfaßt. Dadurch können die zwei traditionell als verschieden angesehenen Aufgaben (,,Finde alle Wurzeln der Gleichung'' und ,,Finde eine Wurzel der Gleichung oder beweise, daß keine Wurzel existiert'') als eine Aufgabe betrachtet werden (,,Finde eine partikuläre Lösung gegebener Länge'').

Eine wesentliche Besonderheit der vorgeschlagenen Algorithmen ist die Steuerung des Berechnungsablaufs durch die erwähnten Parameter. Sie erweist sich als wichtig, wenn die rechentechnischen Möglichkeiten - die Kapazität des Hauptspeichers der EDVA und die Zeit - für die Suche aller Wurzeln nicht ausreichen.

Nachdem wir verschiedene Arten von Gleichungen mit steigender Komplexität betrachtet und für jede von ihnen einen Lösungsalgorithmus entwickelt haben, werden wir ein System von Operationen schaffen - eine Basis für die Technik der Lösung einer umfangreichen Klasse von Gleichungen. Danach werden wir die Lösung komplizierter Gleichungen erörtern, für die die rechentechnischen Möglichkeiten nicht einmal für die Suche nach einem verhältnismäßig kleinen Teil der Wurzeln ausreichen. Wir werden eine Methode vorschlagen (die sogenannte Berechnung mit Risiko), die sich auf Steuerparameter stützt und der Suche einen Wahrscheinlichkeitscharakter verleiht.

Abschließend werden wir einige Fragen der programmtechnischen Realisierung der Algorithmen berühren und ein Beispiel anführen.

4.1. Vollständige und partikuläre Lösung

Es seien x_1, x_2, ..., x_m unabhängige Boolesche Variable, die den Vektor $\underline{x}$ bilden, und $f(\underline{x})$ sei eine Boolesche Funktion dieser Variablen. Die logische Gleichung $f(\underline{x}) = 1$ zu lösen heißt, solche Werte des Vektors $\underline{x}$ zu finden (sie werden Wurzeln der Gleichung genannt), für die die Funktion $f(\underline{x})$ den Wert 1 annimmt, oder sich zu überzeugen, daß solche Werte nicht existieren. Die Menge aller Wurzeln wird vollständige Lösung der Gleichung $f(\underline{x}) = 1$ oder charakteristische Menge der Booleschen Funktion $f(\underline{x})$ genannt (das kann die leere Menge sein), und ein beliebiger nichtleerer Teil dieser Menge wird partikuläre Lösung genannt. Wenn die Funktion $f(\underline{x})$ eine große Anzahl von Argumenten hat, ist die Suche der Wurzeln im Booleschen Raum der Variablen x_1, x_2, ..., x_m, dessen Dimension gleich 2^m ist, außerordentlich schwierig, und im allgemeinen Fall ist es unmöglich, alle Wurzeln zu berechnen. Deshalb muß man bei der Lösung logischer Gleichungen vor allem für eine hinreichend kompakte Darstellung der vollständigen und der partikulären Lösung sorgen; darunter versteht man einen gewissen Kompromiß zwischen der Kürze der Darstellungsform und der Leichtigkeit, mit der die Elemente der Menge bestimmt werden können.

4.2. Intervallform einer Booleschen Funktion

Als gutes Beispiel für einen solchen Kompromiß kann die disjunktive Normalform (DNF) einer Booleschen Funktion dienen, also eine Disjunktion $D(\underline{x}) = c_1(\underline{x}) \vee c_2(\underline{x}) \vee \ldots \vee c_n(\underline{x})$, in der die Glieder $c_1, c_2, \ldots, c_n$ Konjunktionen von bestimmten Variablen $x_1, x_2, \ldots, x_m$; $\bar{x}_1, \bar{x}_2, \ldots, \bar{x}_m$ sind, die nicht gleichzeitig eine Variable und deren Negation enthalten. Die Faktoren, die eine Konjunktion bilden, werden deren Literale genannt; sie sind alle voneinander verschieden.

Die Anzahl der Literale in einer Konjunktion wird als deren Rang bezeichnet.

Nachdem man jedem Literal den Wert 1 und den restlichen Variablen alle möglichen Wertekombinationen zugeordnet hat, erhält man aus jeder Konjunktion leicht eine bestimmte Menge von Wurzeln. Diese Menge wird Intervall des Booleschen Raumes genannt. Die Konjunktion $x_1\bar{x}_2\bar{x}_5$ z.B. erzeugt im Raum der fünf Variablen x_1, x_2, x_3, x_4, x_5 ein Intervall, das aus vier Werten des Vektors $\underline{x}$ besteht:

$$
\begin{array}{ccccc}
x_1 & x_2 & x_3 & x_4 & x_5 \\
1 & 0 & 0 & 0 & 0 \\
1 & 0 & 0 & 1 & 0 \\
1 & 0 & 1 & 0 & 0 \\
1 & 0 & 1 & 1 & 0 \\
\end{array}
$$

Eine bequeme kurze Schreibweise für das Intervall und die das Intervall erzeugende Konjunktion ist der Ternärvektor. Seine Komponenten entsprechen den Variablen $x_1, x_2, \ldots, x_m$ und nehmen die Werte 1, 0, - an, wenn die jeweilige Variable in der Konjunktion ohne Negationszeichen, mit Negationszeichen oder gar nicht enthalten ist. Mit dieser Vereinbarung wird das durch die Konjunktion $x_1\bar{x}_2\bar{x}_5$ erzeugte Intervall in der Form

$$
\begin{array}{ccccc}
x_1 & x_2 & x_3 & x_4 & x_5 \\
1 & 0 & - & - & 0 \\
\end{array}
$$

geschrieben.

Nachdem alle Glieder der DNF in der Form von Ternärvektoren geschrieben wurden, erhalten wir die Intervallform der Darstellung einer Booleschen Funktion. Diese Form ist besonders anschaulich, wenn die Vektoren untereinander angeordnet sind und eine Ternärmatrix bilden, deren Zeilen den Gliedern $c_1, c_2, \ldots, c_n$ und deren Spalten den Variablen $x_1, x_2, \ldots, x_m$ entsprechen. Zum Beispiel erhält die DNF

$$D(\underline{x}) = x_5 \vee \bar{x}_1\bar{x}_3\bar{x}_4 \vee x_1\bar{x}_3\bar{x}_5 \vee x_1\bar{x}_3 x_5 \vee x_1\bar{x}_3 x_4 \vee x_1 x_3$$

in einer solchen Darstellung folgende Form:

$$
D(\underline{x}) = \begin{bmatrix}
- & - & - & - & 1 \\
0 & - & 0 & 0 & - \\
1 & - & 0 & - & 0 \\
1 & - & 0 & - & 1 \\
1 & - & 0 & 1 & - \\
1 & - & 1 & - & -
\end{bmatrix}
\begin{array}{l}
c_1 \\
c_2 \\
c_3 \\
c_4 \\
c_5 \\
c_6 \, .
\end{array}
$$

Wir werden die disjunktive Normalform der Booleschen Funktion $f(\underline{x})$ als Darstellungsform für die Menge der Wurzeln der Gleichung $f(\underline{x}) = 1$ verwenden und sagen, daß die vollständige Lösung R dieser Gleichung gefunden ist, wenn ihr linker Teil in die DNF übergeführt wurde. Eine partikuläre Lösung - eine nichtleere Untermenge $\hat{R}$ der Menge R - werden wir durch die disjunktive Normalform einer bestimmten Booleschen Funktion $\hat{f}$ darstellen. Weil die Teilmengenrelation $\hat{R} \subseteq R$ zwischen den Mengen $\hat{R}$ und R der Implikationsbeziehung $\hat{f} \Longrightarrow f$ zwischen ihren charakteristischen Funktionen entspricht, kann man die Suche nach einer partikulären Lösung als Suche eines Implikanten $\hat{f}$ der Booleschen Funktion f und der Darstellung dieses Implikanten in Intervallform betrachten.

4.3.   Gleichungen mit polynomialer Komplexität

Man sagt, daß eine Aufgabe eine <u>polynomiale Komplexität</u> der Ordnung k hat, wenn ein Lösungsalgorithmus für sie existiert, dessen Schrittzahl wie ein Polynom k-ten Grades eines bestimmten, den Umfang der Aufgabe charakterisierenden Parameters wächst. In unserem Fall kann die Anzahl der Symbole im linken Teil der logischen Gleichung als ein solches Charakteristikum des Aufgabenumfangs dienen. Unter den Schritten des Algorithmus werden dabei hinreichend einfache Operationen verstanden (z.B. die Elementaroperationen des Prozessors einer EDVA).

Eine Aufgabe besitzt exponentielle Komplexität, wenn für sie ein Lösungsalgorithmus existiert, dessen Schrittzahl proportional zu einer Exponentialfunktion des Aufgabenumfangs ist, und kein Algorithmus mit einer weniger stark anwachsenden Abhängigkeit der Schrittzahl vom Aufgabenumfang (z.B. einer polynomialen Abhängigkeit) existiert.

Wir beabsichtigen hier nicht, uns mit der genauen Klärung der Komplexität dieser oder jener logischen Gleichungen zu beschäftigen, sondern werden sie intuitiv nach ihrer Komplexität einteilen und dieses Vorgehen für zweckmäßig halten.

Die einfachste logische Gleichung ist die Gleichung $c(\underline{x}) = 1$, in der $c(\underline{x})$ eine Konjunktion ist. Ihre Komplexität ist offensichtlich linear; der gesamte Lösungsprozeß dieser Gleichung besteht darin, daß die Konjunktion $c(\underline{x})$ in Form eines Ternärvektors geschrieben wird.

4.3.1.   Kompaktheit der Darstellung

Die Gleichung $D(\underline{x}) = 1$, in der $D(\underline{x})$ eine DNF ist, erscheint ebenfalls trivial. Diese Trivialität geht jedoch verloren, wenn an die Form der Lösungsdarstellung strengere Forderungen gestellt werden. Wenn man bei den Gliedern der DNF $D(\underline{x})$ auf gleiche trifft, ist die Kompaktheit der Darstellung naturgemäß als niedrig zu kennzeichnen, ebenso dann, wenn man in der DNF auf Paare von Gliedern (c_i, c_j) stößt, die sich zueinander in einer Implikationsbeziehung $c_i \Longrightarrow c_j$ befinden und die ineinanderliegende Intervalle $R_i \subseteq R_j$ erzeugen.

Offensichtlich ist die Zeit, die man benötigt, um die DNF in eine Form zu überführen, bei der keine Implikationsbeziehungen zwischen den Gliedern bestehen, dem Quadrat der Anzahl der Glieder proportional.

Wir werden der sich so ergebenden DNF einen bestimmten <u>Kompaktheitswert</u> zuschreiben und ihn durch IMPL bezeichnen. Wird z.B. aus der oben angeführten DNF das Glied c_4 entfernt, so wird die charakteristische Menge der durch sie dargestellten Funktion nicht verändert, weil das Intervall 1 - 0 - 1 innerhalb des Intervalls - - - - 1, das vom ersten Glied erzeugt wird, liegt. Als Ergebnis entsteht eine DNF, die die Kompaktheit IMPL hat:

$$
\begin{bmatrix}
- & - & - & - & 1 \\
0 & - & 0 & 1 & - \\
1 & - & 0 & - & 0 \\
1 & - & 0 & 1 & - \\
1 & - & 1 & - & -
\end{bmatrix}
\quad
\begin{matrix}
c_1 \\
c_2 \\
c_3 \\
c_5 \\
c_6
\end{matrix} \; .
$$

Eine größere Kompaktheit besitzt eine DNF, zwischen deren Gliedern sowohl Implikationen als auch Zusammenfassungen unmöglich sind. Man sagt, daß zwischen den Konjunktionen c_i und c_j eine einfache Zusammenfassung möglich ist, wenn eine Konjunktion c^* existiert, die von c_i und von c_j verschieden ist, so daß $c_i \vee c_j = c^*$. Wir ordnen einer DNF, in der es keine paarweisen Implikationen gibt und in der einfache Zusammenfassungen unmöglich sind, die Kompaktheit SKLE zu. Die vorhergehende DNF z.B. besitzt eine solche Kompaktheit nicht, weil die Glieder c_2 und c_5 das Intervall - - 0 1 - bilden („sie werden bezüglich der Variablen x_1 zusammengefaßt"). Nachdem wir diese zwei Glieder durch eins - das Ergebnis der Zusammenfassung - ersetzt haben, erhalten wir eine DNF mit der Kompaktheit SKLE:

$$
\begin{bmatrix}
- & - & - & - & 1 \\
1 & - & 0 & - & 0 \\
1 & - & 1 & - & - \\
- & - & 0 & 1 & -
\end{bmatrix}
\quad
\begin{matrix}
c_1 \\
c_3 \\
c_6 \\
c^*
\end{matrix} \; .
$$

Es ist möglich, daß sich die Kompaktheit noch etwas erhöht, wenn bestimmte allgemeinere Zusammenfassungen ausgeführt werden können. Im allgemeinen Fall versteht man unter dieser Operation das Erzeugen einer neuen Konjunktion c^* durch ein Paar von Konjunktionen (c_i, c_j), wobei die neue Konjunktion c^* deren Disjunktion $c_i \vee c_j$ impliziert. Eine solche Erzeugung ist dann und nur dann möglich, wenn (c_i, c_j) genau ein Paar zueinander inverser Literale einer bestimmten Variablen x_k besitzt. Das Resultat einer allgemeineren Zusammenfassung ist eine Konjunktion, die aus allen Literalen besteht, die in c_i oder c_j eingehen, ausschließlich x_k. An und für sich erhöht eine allgemeinere Zusammenfassung die Zahl der Glieder der DNF, jedoch kann ihr Resultat c^* durch bestimmte Glieder der DNF impliziert oder mit ihnen zusammengefaßt werden und auf diese Weise eine Erhöhung der Kompaktheit fördern. Zum Beispiel ist die allgemeinere Zusammenfassung deutlich in dem Fall vorteilhaft, wenn $c_i \implies c^*$ (es ist offensichtlich, daß dies gilt, wenn alle Literale der Konjunktion c_j mit Ausnahme des Literals x_k in c_i eingehen) oder $c_j \implies c^*$ gilt. Nachdem wir dann c_i (oder entsprechend c_j) durch c^* ersetzt haben, werden wir die Zahl der Literale in der DNF zumindestens verringern und eventuell Bedingungen für neue Zusammenfassungen oder Implikationen schaffen.

Wir ordnen einer DNF, in der alle allgemeineren Zusammenfassungen solcher Art ausgeführt sind (und in der keine paarweisen Implikationen oder einfachen Zusammenfassungen vorkommen), die Kompaktheit OSKL zu. So kann man in der vorhergehenden DNF die Glieder c_1 und c_3 bezüglich der Variablen x_5 allgemein zusammenfassen, daraus die Konjunktion $c_3^* = (1 - 0 - -)$ bilden und das Glied c_3 durch diese ersetzen:

$$\begin{vmatrix} - & - & - & - & 1 \\ 1 & - & 0 & - & - \\ 1 & - & 1 & - & - \\ - & - & 0 & 1 & - \end{vmatrix} \quad \begin{matrix} c_1 \\ c_3^* \\ c_6 \\ c^* \end{matrix},$$

wonach eine einfache Zusammenfassung zwischen c_3^* und c_6 möglich wird, die zu einer DNF mit der Kompaktheit OSKL führt:

$$\begin{vmatrix} - & - & - & - & 1 \\ 1 & - & - & - & - \\ - & - & 0 & 1 & - \end{vmatrix}.$$

Wir stellen fest, daß gemäß Definition eine DNF mit der Kompaktheit OSKL auch die Kompaktheiten IMPL und SKLE und eine DNF mit der Kompaktheit SKLE auch die Kompaktheit IMPL besitzt. Auf diese Weise ergibt sich zwischen den Werten für die Kompaktheit eine reflexive Ordnungsrelation IMPL $\leqq$ SKLE $\leqq$ OSKL. Ebenfalls offensichtlich ist, daß die Komplexität des Reduktionsverfahrens mit eben dieser Ordnung wächst, obwohl sie für eine beliebige dieser Kompaktheiten quadratisch bleibt. Um DNF mit höherer Kompaktheit zu erhalten (nichtredundante, kürzeste und minimale), sind komplizierte Verfahren erforderlich, die zur Theorie der Minimierung Boolescher Funktionen in der Klasse der DNF gehören und hier nicht betrachtet werden können.

Indem wir die Glieder der Intervallform durchsehen, die die Lösung einer logischen Gleichung darstellt, und die Striche durch Kombinationen aus Nullen und Einsen ersetzen, erhalten wir eine Folge von Wurzeln der Gleichung. Wenn gefordert ist, daß sich die Elemente in dieser Folge nicht wiederholen, dann müssen wir noch zur orthogonalisierten Form der DNF übergehen, d.h. zu einer Form, in der alle Glieder paarweise zueinander orthogonal sind, $c_i \wedge c_j = 0$ für alle $i \neq j$, und in der sich die durch sie dargestellten Intervalle folglich nicht überschneiden.

Das Verfahren des Orthogonalisierens ist aufwendiger als die vorhergehenden (wie auch die Verfahren des Minimierens, es ist augenscheinlich exponentiell). Außerdem ist es in gewissem Sinn entgegengesetzt zum Verfahren des Zusammenfassens und kann zur Verringerung der Kompaktheit führen. Wir werden es zu gegebener Zeit betrachten und uns vorläufig damit begnügen, daß wir einen Parameter K einführen, der Werte aus der Menge $\{$IMPL, SKLE, OSKL$\}$ annehmen kann.

4.3.2. Gleichung $c(\underline{x}) \vee D(\underline{x}) = 1$

Wir setzen voraus, daß die DNF D eine gegebene Kompaktheit K besitzt, und betrachten sie
als partikuläre Lösung. Die vollständige Lösung D mit derselben Kompaktheit ist gesucht.

Die <u>Lösung</u> ist im Lichte der obigen Darlegungen offensichtlich. Wir wollen das Verfahren jedoch etwas formalisieren, um die Voraussetzung für eine programmtechnische Realisierung zu schaffen. Wir werden die Glieder c_1, c_2, ..., c_n der DNF D in der Reihenfolge
ihrer wachsenden Indizes betrachten. Wenn sich für ein bestimmtes i herausstellt, daß
$c \Longrightarrow c_i$ gilt, dann ist $D^* = D$ die vollständige Lösung, und die Rechnung ist beendet. Die
umgekehrte Implikation werden wir anders prüfen. Wenn sich herausstellt, daß $c_i \Longrightarrow c$
gilt, streichen wir das Glied c_i aus D und gehen zum nächsten Glied über; wenn dagegen
$c_i \not\Longrightarrow c$ gilt, gehen wir bei K = IMPL zum nächsten Glied über, während wir bei K = SKLE
prüfen, ob eine einfache Zusammenfassung $c_i \vee c = c^*$ möglich ist. Wenn sie nicht möglich
ist, gehen wir zum nächsten Glied über; wenn sie aber möglich ist, streichen wir das Glied
c_i aus D und ersetzen die Konjunktion c durch das Resultat c^* der Zusammenfassung (d.h.,
wir streichen einfach aus c das Literal der Variablen, bezüglich der die Zusammenfassung
erfolgte). Danach wird das ganze Verfahren für das neue c und D wiederholt (hier und im
weiteren benutzen wir bei der Beschreibung iterativer Verfahren bestimmte Symbole als
Variable; im vorliegenden Fall betrifft das c und D). Wenn alle Glieder betrachtet wurden
und die Zusammenfassungen abgeschlossen sind, ordnen wir die Konjunktion c in D ein und
beenden die Rechnungen, wobei wir $D^* = D$ setzen.

Bei K = OSKL führen wir nur in dem Fall eine Zusammenfassung aus, wenn deren Resultat von einer der zusammengefaßten Konjunktionen impliziert wird. Wenn sich c als diese
Konjunktion herausstellt, streichen wir aus ihr das Literal der Variablen, bezüglich der die
Zusammenfassung erfolgte, und beginnen das Verfahren von neuem. Wenn dagegen c_i diese
Konjunktion ist, streichen wir sie aus D, speichern jedoch das Resultat der Zusammenfassung und ordnen es in eine bestimmte DNF D_1 ein, die vor Beginn der Rechnungen kein einziges Glied enthält. Nachdem die Kette von Streichungen und Zusammenfassungen für die
Konjunktion c vollendet wurde, ordnen wir sie in D ein; danach nehmen wir ein Glied aus D_1
als c und wiederholen das Verfahren für neue c und D. Wir beenden die Rechnungen, wenn
alle Glieder in D_1 erschöpft sind.

Nachdem wir den beschriebenen Algorithmus in Form eines Programmbausteins realisiert
haben, werden wir den Prozeß der Lösungsfindung als eine Operation ansehen und in diesem
Sinne für eine gegebene Gleichung und $D^* = $ DIDEK (c, D, K) schreiben. Das bedeutet, daß
die DNF D^*, die die vollständige Lösung darstellt, mit Hilfe der Operation DIDEK (Abkürzung für „Disjunktion einer DNF und einer Konjunktion") nach dem oben beschriebenen Algorithmus aus den Ausgangsdaten c, D und K erhalten wird. Natürlich muß man bei der Erarbeitung des Programmbausteins bestimmte Details des Algorithmus präzisieren. Über einige
Verfahren, insbesondere über solche zur Darstellung von Konjunktionen im Speicher einer
EDVA, werden wir in einem speziellen Abschnitt sprechen. Besonders wichtig ist es, die
Arbeitsgeschwindigkeit der Operationen zu erhöhen, mit denen einfachste Gleichungen gelöst werden, weil sie die Grundlage beim Lösen komplexer Gleichungen bilden.

Insbesondere kann man für den Algorithmus DIDEK feststellen, daß man die Implikation
$c \Longrightarrow c_i$ nicht prüfen muß, wenn vorher (bei j < i) wenigstens einmal die Implikation $c_j \Longrightarrow c$
auftrat. (Dies folgt aus der Voraussetzung, daß die DNF D die Kompaktheit K besitzt.)

4.3.3. Gleichung $D_1(\underline{x}) \vee D_2(\underline{x}) = 1$

Wir setzen voraus, daß die DNF D_1 die vorgegebene Kompaktheit K besitzt.

<u>Lösung</u>. Die vollständige Lösung D^* ergibt sich offensichtlich aus der partikulären Lösung
$D^* = D_1$ durch iteratives Ausführen der Operation $D^* = $ DIDEK (c_i, D^*, K) für alle Glieder c_i
der DNF D_2. Wir werden die Operation insgesamt mit $D^* = $ DIDD (D_1, D_2, K) („Disjunktion
zweier DNF") bezeichnen.

Eine breitere Anwendung als DIDD findet eine Modifikation dieser Operation, $D^* = \overset{\vee}{C}$ADIDD
(D_1, D_2, K, N) („Disjunktion zweier DNF, partikuläre Lösung"), die sich von DIDD nur dadurch unterscheidet, daß die Iterationen $D^* = $ DIDEK (c, D^*, K) abgebrochen und die Rech-

nungen beendet werden, sobald die Anzahl der Glieder in D^* ein bestimmtes vorgegebenes N erreicht. Wir werden sagen, daß die Anzahl N die <u>Länge der partikulären Lösung</u> angibt. Es ist offensichtlich, daß die mit Hilfe der Operation ČADIDD erhaltene Lösung D^* vollständig ist, wenn die Anzahl ihrer Glieder kleiner als N ist. Auf diese Weise finden wir die vollständige Lösung, wenn N hinreichend groß ist. Es ist klar, daß die Operation ČADIDD nur in dem Fall sinnvoll ist, wenn N die Anzahl der Glieder in D_1 übersteigt.

4.3.4. Gleichung $c(\underline{x}) \wedge D(\underline{x}) = 1$

Wir setzen voraus, daß die DNF D die vorgegebene Kompaktheit K besitzt

<u>Lösung</u>. Wir werden Produkte $c_i c$ der Glieder c_1, c_2, ..., c_n der DNF D mit einer Konjunktion c bilden und vorher die Orthogonalitäts- und Implikationsrelation prüfen. Wenn sich für ein bestimmtes i herausstellt, daß $c \Longrightarrow c_i$ gilt, dann ist die vollständige Lösung D^* gefunden: $D^* = c$. Wenn ein solches i nicht existiert, dann bilden wir eine partikuläre Lösung D_1 als Disjunktion jener Glieder aus D, für die $c_i \Longrightarrow c$ gilt. Außerdem bilden wir die DNF D_2 als Disjunktion der Produkte $c_i c$ für alle i, für die $c_i \not\Longrightarrow c$ und $c_i c \neq 0$ gilt. Danach führen wir die Operation $D^* = $ DIDD (D_1, D_2, K) aus, deren Resultat die vollständige Lösung unserer Gleichung ergibt. Wir bezeichnen die Operation insgesamt durch $D^* = $ KODEK (c, D, K) („Konjunktion einer DNF und einer Konjunktion"). Die Modifikation $D^* = $ ČAKODEK (c, D, K, N) („Konjunktion einer DNF und einer Konjunktion, partikuläre Lösung") unterscheidet sich von KODEK dadurch, daß die Bildung der DNF D_1 beendet wird, sobald die Anzahl ihrer Glieder N erreicht hat. Anstelle von DIDD wird ČADIDD benutzt und liefert eine partikuläre Lösung der vorgegebenen Länge N.

Es sei z.B. $c = (- \ 0 \ 1 \ - \ -)$,

$$D = \begin{bmatrix} 1 & 1 & 1 & - & - \\ - & 0 & - & - & 0 \\ - & - & - & 0 & 1 \\ 0 & 0 & 1 & - & - \end{bmatrix}$$

und N = 4. Dann liefert ČAKODEK bei K = IMPL oder K = SKLE

$$D_1 = \begin{bmatrix} 0 & 0 & 1 & - & - \end{bmatrix}$$

$$D_2 = \begin{bmatrix} - & 0 & 1 & - & 0 \\ - & 0 & 1 & 0 & 1 \end{bmatrix}$$

$$D^* = \begin{bmatrix} 0 & 0 & 1 & - & - \\ - & 0 & 1 & - & 0 \\ - & 0 & 1 & 0 & 1 \end{bmatrix} .$$

Sofern die Anzahl der Glieder in D kleiner ist als das gegebene N, ist die Lösung vollständig.

Bei K = OSKL ist

$$D^* = \begin{bmatrix} 0 & 0 & 1 & - & - \\ - & 0 & 1 & - & 0 \\ - & 0 & 1 & 0 & - \end{bmatrix} .$$

<u>Einsetzen von Konstanten</u>. Die Multiplikation einer DNF mit einer Konjunktion ist die Hauptoperation beim Einsetzen von Konstanten anstelle bestimmter Argumente der DNF. Nach der Multiplikation sind nur noch diese Argumente aus dem Vektor $\underline{x}$ zu streichen, d.h., die entsprechenden Spalten aus der Intervallform zu entfernen. Wenn z.B. gefordert wird, die Konstanten $x_2 = 0$ und $x_3 = 1$ in die DNF des vorhergehenden Beispiels einzusetzen, dann führen wir die bereits betrachtete Multiplikation der DNF mit der Konjunktion $c = (- \ 0 \ 1 \ - \ -)$ aus und entfernen aus D^* die Spalten x_2 und x_3; als Resultat erhalten wir

$$\begin{bmatrix} 0 & - & - \\ - & - & 0 \\ - & 0 & - \end{bmatrix} .$$

4.3.5. Gleichung $D_1(\underline{x}) \wedge D_2(\underline{x}) = 1$

Wir setzen voraus, daß die DNF D_1 eine vorgegebene Kompaktheit K besitzt und eine partikuläre Lösung D^* gegebener Länge N gesucht ist. Wenn das gegebene N hinreichend groß ist, können wir die vollständige Lösung finden, falls unsere rechentechnischen Möglichkeiten ausreichen.

<u>Lösung</u>. Wir betrachten zwei Varianten der Operation der Multiplikation von DNF.

a) Die Operation $D^* = $ KODD 1 (D_1, D_2, K, N) („Konjunktion zweier DNF, Variante 1") besteht darin, daß zunächst $D^* = 0$ gesetzt wird und danach die Operationen $D^j = $ KODEK (c_{2j}, D_1, K) und $D^* = \overset{\vee}{C}ADIDD\ (D^*, D^j, K, N)$ für alle Glieder c_{2j} der DNF D_2 oder so lange ausgeführt werden, bis die Anzahl der Glieder in D^* den Wert N erreicht.

b) Eine umfassendere Lösung, d.h. eine, die im allgemeinen Fall bei der gleichen Beschränkung N eine größere Anzahl von Wurzeln enthält, kann man mit Hilfe der folgenden Operation $D^* = $ KODD 2 (D_1, D_2, K, N) erhalten, die auf einer doppelten Durchmusterung der Gliederpaare (c_{1i}, c_{2j}) beruht, wobei c_{1i} ein Glied der DNF D_1 und c_{2j} ein Glied der DNF D_2 ist. Wenn $c_{1i} \Longrightarrow c_{2j}$ gilt, streichen wir c_{1i} aus D_1 und fügen es D^* hinzu (anfangs ist $D^* = 0$). Wenn $c_{2j} \Longrightarrow c_{1i}$ gilt, dann streichen wir c_{2j} aus D_2 und fügen es D_3 hinzu (anfangs ist $D_3 = 0$). Wenn $c_{1i} \not\Longrightarrow c_{2j}$ und $c_{2j} \not\Longrightarrow c_{1i}$ gilt, dann betrachten wir das folgende Paar $(c_{1i}, c_{2,j+1})$. Wenn die Anzahl der Glieder in der partikulären Lösung D^* den Wert N erreicht hat, beenden wir die Berechnungen; andernfalls setzen wird das Durchmustern aller Paare bis zum Ende fort und führen anschließend die Operation $D^* = \overset{\vee}{C}ADIDD\ (D^*, D_3, K, N)$ aus. Wenn danach die Anzahl der Glieder in D^* den Wert N erreicht hat, beenden wir die Berechnungen - andernfalls organisieren wir ein erneutes Durchmustern von Paaren aus Gliedern, die in D_1 und D_2 verblieben sind. Wenn $c_{1i}c_{2j} \neq 0$ gilt, dann bilden wir das Produkt $c = c_{1i}c_{2j}$ und führen die Operation $D^* = $ DIDEK (c, D^*, K) aus. Dieses Durchmustern setzen wir so lange fort, bis die Anzahl der Glieder in D^* den Wert N erreicht hat oder - falls der Wert N nicht erreicht wird - bis zum Ende. (Im letzten Fall ist die Lösung D^* offensichtlich vollständig.) Man kann ein zweites Durchmustern vermeiden, wenn man beim ersten Durchmustern aus den Produkten derjenigen Paare von Gliedern, für die $c_{1i} \not\Longrightarrow c_{2j}$, $c_{2j} \not\Longrightarrow c_{1i}$ und $c_{1i} \wedge c_{2j} \neq 0$ gilt, eine DNF D_3 bildet und anstelle der Operation DIDEK die Operation $D^* = \overset{\vee}{C}ADIDD\ (D^*, D_3, K, N)$ ausführt. Der Unterschied zwischen den Operationen KODD 1 und KODD 2 kann natürlich nur bei kleinen Werten von N deutlich werden.

Es sei z.B. K = IMPL, N = 5 und

$$
D_1 = \begin{bmatrix} 1 & 1 & 1 & - & - \\ - & 0 & - & - & 0 \\ - & - & - & 0 & 1 \\ 0 & 0 & 1 & - & - \end{bmatrix}
$$

$$
D_2 = \begin{bmatrix} - & 0 & 1 & - & - \\ 1 & 1 & - & - & - \\ - & - & - & - & 1 \end{bmatrix} .
$$

Dann liefert KODD 1

$$
D^* = \begin{bmatrix} 0 & 0 & 1 & - & - \\ - & 0 & 1 & - & 0 \\ - & 0 & 1 & 0 & 1 \\ 1 & 1 & 1 & - & - \\ 1 & 1 & - & 0 & 1 \end{bmatrix} ,
$$

während KODD 2

$$
D^* = \begin{bmatrix} 1 & 1 & 1 & - & - \\ - & - & - & 0 & 1 \\ 0 & 0 & 1 & - & - \\ - & 0 & 1 & - & 0 \end{bmatrix}
$$

ergibt. Die zweite Lösung ist vollständig, während die erste nur partikulär ist.

4.3.6.   Gleichung $D_1(\underline{x}) \wedge D_2(\underline{x}) \wedge \ldots \wedge D_n(\underline{x}) = 1$

Die vollständige Lösung dieser Gleichung kann man - unter der Voraussetzung, daß die rechentechnischen Möglichkeiten ausreichen - mit Hilfe der Operation $D^* = $ KODD 1 (D^*, D_i, K, N) erhalten, die für alle $i = 1, 2, \ldots, n$ ausgeführt wird, wobei der Anfangswert $D^* = 1$ ist und N hinreichend groß sein muß. Im anderen Fall kann man versuchen, eine partikuläre Lösung zu finden, nachdem ein Durchmusterungsverfahren organisiert wurde, das unter der Bezeichnung <u>Durchlaufen eines Suchbaums</u> bekannt ist. Dies kann man z.B. auf folgende Weise realisieren.

Nachdem $D^* = 0$ und $D^1 = 1 = - - \ldots -$ gesetzt wurden, führen wir die Operation $D^{i+1} = $ KODEK $(c^i_{j(i)}, D_i, K)$ für $i = 1, 2, \ldots, n$ aus, wobei wir am Anfang $j(i) = 1$ setzen; $c^i_{j(i)}$ ist ein Glied der DNF D^i. Nachdem wir eine partikuläre Lösung D^{n+1} erhalten haben, führen wir die Operation $D^* = $ CADIDD (D^*, D^{n+1}, K, N) aus. Wenn danach die Anzahl der Glieder in D^* das vorgegebene N nicht erreicht hat, gehen wir einen <u>Schritt zurück</u>, verringern i um 1, erhöhen $j(i)$ um 1 und führen erneut die Operation KODEK aus. Wenn wir $D^{i+1} = 0$ erhalten oder wenn alle Glieder der DNF D^i erschöpft sind, gehen wir ebenfalls einen Schritt zurück. Wir brechen die Berechnungen ab, wenn die Anzahl der Glieder in D^* den Wert N erreicht hat oder wenn der Durchlauf des Baumes insgesamt abgeschlossen wurde, d.h., wenn bei einem Schritt zurück der Wert $i = 1$ erreicht wurde.

4.3.7.   Berechnungen mit Risiko

Wenn die Anzahl der Faktoren im linken Teil der Gleichung $D_1 \wedge D_2 \wedge \ldots \wedge D_n = 1$ groß ist, kann der Suchbaum außerordentlich viele „leere" Zweige enthalten, die mit Nullprodukten $D^{i+1} = 0$ enden, was den Durchlauf eines Baumes wenig produktiv macht. In diesem Fall kann man der Lösungssuche einen wesentlich anderen Charakter verleihen, wenn man $D^* = 1$ setzt und die Multiplikation der DNF mit Hilfe der Operation $D^* = $ KODD 2 (D^*, D_i, K, N) für $i = 1, 2, \ldots, n - 1$ bei relativ kleinen Werten $N = \widehat{N}$ ausführt und für $i = n$ den geforderten Wert N verwendet. Durch Verzicht auf das Durchlaufen des Suchbaums gehen wir das Risiko ein, alle Wurzeln der Ausgangsgleichung zu verlieren.

Wenn aber ein solcher Verlust nicht erfolgt, dann ist das Risiko gerechtfertigt (obwohl jetzt ein Resultat mit einer Gliederzahl kleiner als N nicht als Beweis für die Vollständigkeit der Lösung dient). Im anderen Fall kann man die Berechnungen wiederholen, nachdem man sich einen etwas größeren Wert des Parameters $\widehat{N}$ vorgibt, der natürlich <u>Parameter des Risikos</u> heißt, weil mit wachsendem $\widehat{N}$ die Wahrscheinlichkeit für den Verlust von Wurzeln verringert wird. Die Berechnungen mit Risiko können mit dem Durchlaufen des Suchbaums kombiniert sein. Zum Beispiel kann man anstelle der Operation $D^{i+1} = $ KODEK $(c^i_{j(i)}, D_i, K)$ die Operation $D^{i+1} = $ KODD 2 $(\widehat{D}^i, D_i, K, \widehat{N})$ ausführen, wobei $\widehat{D}^i$ ein Implikant der DNF D^i ist, von dem wir voraussetzen, daß er von der Hälfte aller ihrer Glieder gebildet wird. Die zweite Hälfte wird, falls dies gefordert wird, beim Durchlaufen des erhaltenen Suchbaums benutzt, der im Fall einer Aufspaltung von D^i in zwei Teile 2^{n-1} Zweige enthält.

4.4.   Gleichungen mit exponentieller Komplexität

Ein typisches Beispiel für eine Aufgabe mit exponentieller Komplexität ist die Aufgabe des Nachweises der Tautologie einer DNF, d.h. die Prüfung der Identität $D(\underline{x}) \equiv 1$, oder die Suche einer Wurzel der Gleichung $\overline{D(\underline{x})} = 1$. Wenn es gelingt, eine Wurzel zu finden, dann ist die Identität unwahr; im anderen Fall ist die DNF D eine Tautologie. (In Arbeiten zum Beweis der Komplexität von Algorithmen ist es üblich, anzunehmen, daß eine Aufgabe exponentielle Komplexität besitzt bzw. NP-vollständig ist, wenn ein Algorithmus existiert, der sie in einer polynomialen Anzahl von Schritten auf eine Aufgabe zum Nachweis einer Tautologie zurückführt.)

Ein effektiver Lösungsalgorithmus für diese Aufgabe wird in [1] vorgeschlagen. In unserem System von Algorithmen nimmt die Gleichung $\overline{D(\underline{x})} = 1$ ebenfalls eine zentrale Stellung ein.

Mit dem erwähnten Algorithmus kann eine partikuläre Lösung vorgegebener Länge für diese Gleichung ermittelt werden. Man findet nacheinander jeweils eine Wurzel für die Gleichungsfolge $\overline{D} = 1$, $(\overline{D \vee c_1}) = 1$, ..., $(\overline{D \vee c_1 \vee c_2 \vee \ldots \vee c_n}) = 1$ (c_i ist eine Wurzel der Gleichung $(\overline{D \vee c_1 \vee c_2 \vee \ldots \vee c_{i-1}}) = 1$) und bringt die Lösung auf die vorgegebene Kompaktheit.

Ein solcher Weg ist jedoch uneffektiv, weil die Komplexität der Gleichungen mit i wächst. Man kann die Effektivität erhöhen, wenn man anstelle dieser Folge eine der folgenden Gleichungen betrachtet.

4.4.1. Gleichung $c(\underline{x}) \, \overline{D(\underline{x})} \vee D_o(\underline{x}) = 1$

In dieser Gleichung ist D_0 eine partikuläre Lösung mit einer Länge kleiner als N. Wir bezeichnen eine Operation, die eine partikuläre Lösung D^* der Länge N findet (bzw. die vollständige Lösung, wenn N hinreichend groß ist), durch $D^* = \text{KOEKIND}\,(c, D, D_0, K, N)$ („Konjunktion einer Konjunktion und einer negierten DNF). Bei diesem Algorithmus werden die Gesetze von de Morgan benutzt. Sie lauten in unserem Fall:

$$c \wedge (\overline{c_1 \vee c_2 \vee \ldots \vee c_n}) = (c\overline{c}_1) \wedge (c\overline{c}_2) \wedge \ldots \wedge (c\overline{c}_n)$$

und

$$c\overline{c}_i = c \wedge (\overline{u_1 u_2 \wedge \ldots \wedge u_k}) = c\overline{u}_1 \vee c\overline{u}_2 \vee \ldots \vee c\overline{u}_k \,,$$

wobei c_1, c_2, ..., c_n Glieder der DNF D und u_1, u_2, ..., u_k Literale der Konjunktion c_i sind. Dabei werden Beziehungen zwischen einer Konjunktion c und den Gliedern c_i gesucht, die es gestatten, die Berechnungen schnell abzuschließen oder zumindestens die Aufgabe zu vereinfachen. Eine solche Beziehung ist vor allem die Implikation $c \Longrightarrow c_i$, was gleichbedeutend mit $c\overline{c}_i = 0$ ist, woraus $c\overline{D} = 0$ folgt. Ferner erlaubt die Beziehung der Orthogonalität $cc_i = 0$, das Glied c_i aus D zu streichen, weil $c\overline{c}_i = c$ gilt.

<u>Lösung</u>. Wir setzen $D^* = D_0$. Wenn für ein bestimmtes i $c \Longrightarrow c_i$ gilt, beenden wir die Berechnungen. Die DNF D^* ist die vollständige Lösung. Wenn $c \wedge c_i = 0$ gilt, dann streichen wir c_i aus D. Wenn $c \wedge c_i \neq 0$ ist und c_i genau ein Literal enthält, das nicht in c enthalten ist (sagen wir u_j), dann fügen wir die Negation $\overline{u}_j$ dieses Literals zu c hinzu und streichen das Glied c_i aus D (weil $cc_i = c\overline{u}_j$ gilt).

Danach führen wir die Prüfung aller oben berechneten Beziehungen für alle in D verbliebenen Glieder aufs neue aus, weil jetzt neue Orthogonalitäten und Implikationen möglich sind. Das Streichen von Gliedern aus D kann auf diese Weise einen kettenförmigen Charakter tragen, und wenn sich herausstellt, daß in D kein Glied mehr vorhanden ist, dann führen wir die Operation $D^* = \text{DIDEK}\,(c, D^*, K)$ aus und beenden die Berechnungen. Wenn schließlich die Kette von Streichungen abgebrochen ist, ohne daß die Berechnungen zu Ende geführt wurden, beginnen wir mit dem rekursiven Durchmustern. Dafür wählen wir aus D ein Glied aus, das wir Stützglied nennen, und aus diesem wiederum eines der Literale u_j, die nicht in c enthalten sind. Die Negation $\overline{u}_j$ dieses Literals fügen wir zu c hinzu, und für das neue c und D führen wir die Operation $D^* = \text{KOEKIND}\,(c, D, D^*, K, N)$ aus. Wenn danach die Anzahl der Glieder in D^* den Wert N erreicht hat oder alle Literale des Stützglieds durchmustert wurden, beenden wir die Berechnungen; andernfalls wählen wir aus dem Stützglied ein neues Literal usw. Um das Durchmustern zu beschränken, wählen wir als Stützglied ein solches, das die geringste Zahl von Literalen enthält, die nicht zur Konjunktion c gehören, und als Literal u_j ein solches, das in den meisten Gliedern der DNF D enthalten ist.

Bestimmte Programmsysteme (z.B. das System LJAPAS-M [7]) gestatten eine direkte Benutzung der Rekursion, d.h., ein Programmbaustein kann „sich selbst" aufrufen. Dies vereinfacht die Programmgestaltung, vermindert jedoch etwas die Arbeitsgeschwindigkeit im Verhältnis zu einem normalen Programm, bei dem der Programmierer selbst für die Realisierung einer Rekursion sorgt. Außerdem hängt die Tiefe der Rekursion von den Ausgangsdaten ab und kann sich als unzulässig groß erweisen (im Algorithmus KOEKIND ist sie durch die Dimension des Vektors $\underline{x}$ beschränkt). Deshalb kann man die direkte Benutzung der Rekursion im Stadium der Programmtestung empfehlen, anschließend entfernt man den Namen des Bausteins wieder aus dem Modulkörper, nachdem man vorher die Speicherung der notwendigen Informationen organisiert und die Steuerung dem entsprechenden Programmpunkt übergeben hat.

Es sei z.B. $c = (0\ 1 - - - -)$, $D^* = \emptyset$, $K = \text{IMPL}$, $N = 2$ und

$$D = \begin{array}{cccccc} x_1 & x_2 & x_3 & x_4 & x_5 & x_6 \end{array}$$

$$D = \left[\begin{array}{cccccc} 1 & - & 0 & - & - & - \\ - & - & 0 & 1 & - & 1 \\ - & 1 & 0 & - & - & - \\ - & - & 1 & 1 & 0 & - \\ - & - & - & 1 & 1 & 0 \\ - & 1 & - & - & 1 & 0 \\ 0 & - & - & 0 & - & 1 \\ 0 & - & - & - & 0 & 0 \end{array}\right] \begin{array}{c} c_1 \\ c_2 \\ c_3 \\ c_4 \\ c_5 \\ c_6 \\ c_7 \\ c_8 \end{array}.$$

Die Berechnung läuft wie folgt ab: Wir streichen das Glied c_1 aus D, weil $cc_1 = 0$ gilt; das Glied c_3 streichen wir, weil $c\bar{c}_3 = cx_3$ gilt. Das Literal x_3 fügen wir zu c hinzu; danach streichen wir c_2, weil $c\bar{c}_2 = 0$ gilt. Damit ist die Kette von Streichungen unterbrochen. Wir beginnen die Durchmusterung mit den Werten $c = (0\ 1\ 1 - - -)$,

$$\begin{array}{cccccc} x_1 & x_2 & x_3 & x_4 & x_5 & x_6 \end{array}$$

$$D = \left[\begin{array}{cccccc} - & - & 1 & 1 & 0 & - \\ - & - & - & 1 & 1 & 0 \\ - & 1 & - & - & 1 & 0 \\ 0 & - & - & 0 & - & 1 \\ 0 & - & - & - & 0 & 0 \end{array}\right] \begin{array}{c} c_4 \\ c_5 \\ c_6 \\ c_7 \\ c_8 \end{array},$$

nachdem wir diese Werte als <u>Verzweigungspunkt</u> gespeichert haben. Die geringste Zahl von Literalen, die nicht zur Konjunktion c gehören - nämlich zwei -, enthalten die Glieder c_4, c_5, c_6 und c_7. Wir wählen als Stützglied z.B. c_4 aus, und von seinen Literalen, die nicht zu c gehören, nehmen wir x_4 (da es mit $\bar{x}_5$ gleichberechtigt ist).

Wir erhalten $c = (0\ 1\ 1\ 0 - -)$,

$$\begin{array}{cccccc} x_1 & x_2 & x_3 & x_4 & x_5 & x_6 \end{array}$$

$$D = \left[\begin{array}{cccccc} - & 1 & - & - & 1 & 0 \\ 0 & - & - & 0 & - & 1 \\ 0 & - & - & - & 0 & 0 \end{array}\right] \begin{array}{c} c_6 \\ c_7 \\ c_8 \end{array}.$$

Jetzt gilt $cc_7 = c\bar{x}_6$; wir fügen $\bar{x}_6$ zu c hinzu, wonach $cc_6 = c\bar{x}_5$ gilt, und wir fügen $\bar{x}_5$ zu c hinzu. Die sich ergebende Konjunktion $c = (0\ 1\ 1\ 0\ 0\ 0)$ impliziert das einzige in D verbleibende Glied c_8. So ergab dieser Durchmusterungszweig keine Wurzeln. Wir kehren zum Verzweigungspunkt zurück und nehmen aus c_4 das alternative Literal $\bar{x}_5$. Das Hinzufügen seiner Negation zu c ergibt $c = (0\ 1\ 1 - 1 -)$,

$$D = \left[\begin{array}{cccccc} - & - & - & 1 & 1 & 0 \\ - & 1 & - & - & 1 & 0 \\ 0 & - & - & 0 & - & 1 \end{array}\right] \begin{array}{c} c_5 \\ c_6 \\ c_7 \end{array}.$$

Jetzt gilt $c\bar{c}_6 = cx_6$; wir fügen x_6 zu c hinzu, wonach $c\bar{c}_7 = cx_4$ gilt; dann fügen wir x_4 zu c hinzu, und in D verbleibt kein einziges Glied. Auf diese Weise ist $D^* = (0\ 1\ 1\ 1\ 1\ 1)$ die vollständige Lösung (da alle Literale des Stützgliedes erschöpft sind).

4.4.2. Gleichung $D(\underline{x}) = 0$

Durch Negieren beider Seiten bringen wir die Gleichung auf die Form $\overline{D(\underline{x})} = 1$. Danach ermitteln wir eine partikuläre Lösung der Länge N mit Hilfe der Operation $D^* = \text{KOEKIND}$ (c, D, D^*, K, N), wobei die Anfangswerte $c = 1$ und $D^* = 0$ sind. Beim Nachweis der Tautologie kann man $N = 1$ setzen, um bei negativer Antwort nicht unnötig Zeit zu vergeuden.

4.4.3. Gleichung $D_1(\underline{x}) \oplus D_2(\underline{x}) = 1$

Diese Gleichung kann man ebenfalls mit Hilfe von KOEKIND lösen, indem man die Umformung

$$D_1 \oplus D_2 = D_1 \bar{D}_2 \vee D_2 \bar{D}_1 = c_{11} \bar{D}_2 \vee c_{12} \bar{D}_2 \vee \ldots \vee c_{1n_1} \bar{D}_2 \vee c_{21} \bar{D}_1 \vee \ldots \vee c_{2n_2} \bar{D}_1$$

benutzt.

Nachdem wir zunächst $D^* = 0$ gesetzt haben, führen wir die Operation $D^* = $ KOEKIND (c_{1i}, D_2, D^*, K, N) für alle $i = 1, \ldots, n_1$ oder so lange aus, wie die Länge der partikulären Lösung D^* den Wert N nicht erreicht. Wenn N hier nicht erreicht wurde, dann ist $D^* = $ KOEKIND (c_{2i}, D_1, D^*, K, N), solange N nicht erreicht wird oder für alle $i = 1, \ldots, n_2$. Die Operation insgesamt bezeichnen wir durch $D^* = $ SIDD (D_1, D_2, K, N) („symmetrische Differenz zweier DNF").

4.4.4. Gleichung $D_1(\underline{x}) = D_2(\underline{x})$

Wenn nur über die Klärung der Frage gesprochen wird, ob die DNF D_1 oder D_2 ein und dieselbe Boolesche Funktion darstellen, dann wird diese Frage durch die Operation $D^* = $ SIDD $(D_1, D_2, K, 1)$ gelöst. Die Antwort ist positiv, wenn und nur wenn $D^* = 0$ gilt. Eine partikuläre Lösung der Länge N kann man mit Hilfe der Operationen KODD 1 (oder KODD 2), DIDD und KOEKIND erhalten, indem man die Gleichung in die Form $D_1(\underline{x}) \oplus \overline{D_2(\underline{x})} = 1$ bringt und nachdem man festgestellt hat, daß $D_1 \oplus \bar{D}_2 = D_1 D_2 \vee \overline{(D_1 D_2)}$ gilt.

4.4.5. Orthogonalisierung einer DNF

Das Überführen einer DNF $D = c_1 \vee c_2 \vee \ldots \vee c_n$ in eine Form, in der alle ihre Glieder paarweise zueinander orthogonal sind, kann als Suche nach der vollständigen Lösung der Gleichung $D(\underline{x}) = 1$ in orthogonalisierter Form betrachtet werden. Eine solche Form der Darstellung kann sich in bestimmten Anwendungsfällen als nützlich erweisen. Zum Beispiel in [2] ist sie einem System von Algorithmen zugrunde gelegt, das die Gleichung $f(\underline{x}) = a$ löst, wobei $f(\underline{x})$ in Form einer Disjunktion, Konjunktion, Antivalenz (symmetrische Differenz) oder Äquivalenz von Konjunktionen bzw. Disjunktionen dargestellt wird und $a \in \{0, 1\}$ gilt. In unserem System von Algorithmen ist die Orthogonalisierung einer DNF keine Basisoperation und kann auf folgende Art realisiert werden.

<u>Lösung</u>. Nachdem wir zunächst $\underline{D}^* = c_1$ und $i = 2$ gesetzt haben, suchen wir den Implikanten c (der Länge 1) des Produkts $c_i D^*$ mit Hilfe der Operation $c = $ KOEKIND $(c_i, D^*, 0, K, 1)$ und fügen ihn zu D^* hinzu. Auf diese Weise verfahren wir, solange wir nicht $c_i \bar{D}^* = 0$ erhalten. In letzterem Fall erhöhen wir i um Eins und wiederholen das Verfahren wieder, bis wir $c_i \bar{D}^* = 0$ erhalten.

Nachdem wir auf diese Weise alle Glieder der DNF D betrachtet haben, erhalten wir die ihr gleichwertige orthogonalisierte DNF D^*.

Es sei z.B.

$$D = \begin{bmatrix} 1 & 1 & - & - \\ - & - & 0 & 0 \\ - & 1 & 0 & - \\ 1 & - & - & 0 \end{bmatrix} \begin{matrix} c_1 \\ c_2 \\ c_3 \\ c_4 \end{matrix} .$$

Die Berechnungen laufen wie folgt ab: Nachdem wir $D^* = c_1 = (1\ 1\ -\ -)$ gesetzt und c_2 betrachtet haben, finden wir $c = (0\ -\ 0\ 0)$; nachdem wir diese Konjunktion zu D^* hinzugefügt haben, erhalten wir

$$D^* = \begin{bmatrix} 1 & 1 & - & - \\ 0 & - & 0 & 0 \end{bmatrix} .$$

Eine zweite Verwendung von c_2 ergibt c = (1 0 0 0) und

$$D^* = \begin{bmatrix} 1 & 1 & - & - \\ 0 & - & 0 & 0 \\ 1 & 0 & 0 & 0 \end{bmatrix}.$$

Die dritte Verwendung liefert $c_2\overline{D^*}$ = 0; wir gehen zum Glied c_3 über, dessen Betrachtung liefert

$$D^* = \begin{bmatrix} 1 & 1 & - & - \\ 0 & - & 0 & 0 \\ 1 & 0 & 0 & 0 \\ 0 & 1 & 0 & 1 \end{bmatrix}.$$

Schließlich fügt das Glied c_4 noch eine Konjunktion zu D^* hinzu und ergibt das Endresultat:

$$D^* = \begin{bmatrix} 1 & 1 & - & - \\ 0 & - & 0 & 0 \\ 1 & 0 & 0 & 0 \\ 0 & 1 & 0 & 1 \\ 1 & 0 & 1 & 0 \end{bmatrix}.$$

Auf Wunsch kann man einfache (aber natürlich keine allgemeineren) Zusammenfassungen mit Hilfe der Operation D^* = DIDD (0, D^*, SKLE) ausführen, und wir erhalten

$$D^* = \begin{bmatrix} 1 & 1 & - & - \\ 0 & - & 0 & 0 \\ 0 & 1 & 0 & 1 \\ 1 & 0 & - & 0 \end{bmatrix}.$$

4.4.6. Gleichung $S(\underline{x})$ = 1

Hier hat man eine Gleichung im Auge, deren linker Teil eine Antivalenzform darstellt (RNF), d.h. eine Antivalenz von Konjunktionen: $S(\underline{x}) = c_1(\underline{x}) \oplus c_2(\underline{x}) \oplus \ldots \oplus c_n(\underline{x})$. Gleichungen dieser Art können z.B. bei der Erstellung von Tests für logische Netze entstehen [4] [5]. Algorithmen zur Lösung solcher Gleichungen werden in den Arbeiten [1] [2] [4] [6] betrachtet. Wir schlagen einen Algorithmus vor, der diese Familie ergänzt und der für RNF mit hohem mittlerem Rang der Glieder und mit gleicher Wahrscheinlichkeit negierter und nichtnegierter Literale effektiv ist.

Lösung. Nachdem wir zunächst D^* = 0 gesetzt haben, durchmustern wir Kombinationen $(c_{i_1}, c_{i_2}, \ldots, c_{i_{2k-1}})$ einer ungeraden Zahl zueinander nichtorthogonaler Glieder der RNF S. Nachdem wir daraus das Produkt c^* und aus allen verbleibenden Gliedern die DNF D gebildet haben, führen wir die Operation D^* = KOEKIND (c, D, D^*, K, N) aus. Wir beenden die Berechnungen, wenn die Anzahl der Glieder in D den Wert N erreicht oder wenn alle derartigen „ungeraden" Kombinationen erschöpft sind. Im letzteren Fall wird die Lösung offensichtlich vollständig.

Dieser Algorithmus kann, wie unschwer zu sehen ist, leicht auf den Fall der Gleichung $S(\underline{x})$ = a verallgemeinert werden, wobei a $\in \{0, 1\}$ ist (bei a = 0 werden Kombinationen aus einer geraden Zahl, einschließlich Null, zueinander nichtorthogonaler Glieder durchmustert), und außerdem auf den Fall der Gleichung $c(\underline{x}) \wedge S(\underline{x})$ = a, wobei $c(\underline{x})$ eine Konjunktion ist (hier wird dem Produkt c^* der Faktor $c(\underline{x})$ hinzugefügt).

Im letzteren Fall kann man die Durchmusterung abkürzen, wenn alle durch die Konjunktion $c(\underline{x})$ implizierten Glieder aus S gestrichen, ihre Zahl b modulo 2 festgestellt und die Konstante a durch die Summe a $\oplus$ b ersetzt wurden. Es ist offensichtlich, daß die zur Konjunktion $c(\underline{x})$ orthogonalen Glieder zweckmäßigerweise auch zu streichen sind. Wir bezeichnen die Operation durch D^* = IMPLIR (c, S, a, K, N) („Implikant RNF").

4.4.7. Superpositionen

Unser System von Operationen ist jetzt hinreichend vollständig, um mit seiner Hilfe belie-
bige Gleichungen der Art $f(\underline{x}) = g(\underline{x})$ lösen zu können, wobei $f(\underline{x})$ und $g(\underline{x})$ willkürliche Superpositionen aus DNF oder RNF sind, die durch die Operationen $-, \wedge, \vee, \oplus$ verknüpft sind. Um
die vollständige Lösung zu gewinnen, bringen wir die Gleichung auf die Form $f \oplus \bar{g} = 1$ und
legen die Reihenfolge der Operationen fest, die den linken Teil der Gleichung in die DNF
überführen. Die partikuläre Lösung erhält man durch Berechnungen mit Risiko. Die Operationen werden in derselben Reihenfolge ausgeführt. Größere Perspektive hat jedoch eine
Kombination von Berechnungen mit Risiko und dem Durchlaufen des Suchbaums. Bestimmte
Verfahren der Organisation des Suchbaums betrachten wir im folgenden Abschnitt.

4.5. Gleichungssysteme

Wir unterteilen logische Gleichungen in einfache und komplexe. Einfach nennen wir solche
Gleichungen, für die man die vollständige Lösung zielgerichtet ermitteln kann; komplex
nennen wir solche, für die das Finden der vollständigen Lösung wegen der beschränkten
rechentechnischen Möglichkeiten wenig wahrscheinlich ist. Selbstverständlich ist eine solche
Unterteilung relativ. Sie hat jedoch einen hinreichend klaren praktischen Sinn. Man wird
eine Aufgabe nach Möglichkeit mit einfachen Gleichungen formulieren, indem man komplexe
Bedingungen in mehrere einfache Bedingungen auflöst. Auf diese Weise erhält man ein System
logischer Gleichungen.

    Das Gleichungssystem löst man, indem man zu einer Gleichung der Form $f(\underline{x}) = 1$ übergeht
und die Implikanten ihres linken Teiles in Form einer DNF darstellt.

4.5.1. System mit disjunktiver Verknüpfung

Das einfachste System logischer Gleichungen liegt vor, wenn die einzelnen Lösungen jeweils
nur eine der Bedingungen erfüllen müssen, die durch eine Gleichung der Form $f_i(\underline{x}) = 1$,
$i = 1, \ldots, n$, gegeben sind. Die vollständige Lösung eines solchen Systems, das wir als
System mit disjunktiver Verknüpfung bezeichnen und durch

$$\begin{bmatrix} f_1(\underline{x}) = 1 \\ f_2(\underline{x}) = 1 \\ \vdots \\ f_n(\underline{x}) = 1 \end{bmatrix}$$

beschreiben, ist die vollständige Lösung der Gleichung $f_1(\underline{x}) \vee f_2(\underline{x}) \vee \ldots \vee f_n(\underline{x}) = 1$. Eine
partikuläre Lösung der Länge N kann man durch Überführen jeder der Funktionen $f_i(\underline{x})$ in
die DNF D_i und durch Ausführen der Operation $D^* = \check{C}ADIDD\,(D^*, D_i, K, N)$ für
$i = 1, 2, \ldots, n$ erhalten, wobei der Anfangswert $D^* = 0$ ist.

4.5.2. System mit konjunktiver Verknüpfung

Das folgende, für viele Aufgaben typische System entsteht, wenn jede der Bedingungen $f_i(\underline{x}) = 1$
mit $i = 1, \ldots, n$ zu erfüllen ist. In diesem Fall haben wir ein System logischer Gleichungen
mit konjunktiver Verknüpfung

$$\begin{cases} f_1(\underline{x}) = 1 \\ f_2(\underline{x}) = 1 \\ \vdots \\ f_n(\underline{x}) = 1 \, , \end{cases}$$

das der Gleichung $f_1(\underline{x}) \wedge f_2(\underline{x}) \wedge \ldots \wedge f_n(\underline{x}) = 1$ gleichwertig ist. Wenn wir jede der Funktionen $f_i(\underline{x})$ in die DNF umwandeln und ihre Multiplikationen ausführen, finden wir die vollständige Lösung des Systems. Benutzen wir aber die Methode des Suchbaums und die Berechnungen mit Risiko, finden wir eine partikuläre Lösung gegebener Länge.

4.5.3. System mit Zwischenvariablen

Durch das Einführen von Variablen, die entsprechend der Formulierung der Aufgabe nicht unabhängig voneinander sind, entsteht eine neue Form der Verknüpfung zwischen den Gleichungen; wir nennen sie <u>Zwischenvariable</u>. Mit Hilfe von Zwischenvariablen können die Aufgaben oft einfacher formuliert werden.

Offensichtlich kann man ein Gleichungssystem mit Zwischenvariablen, genauso wie jedes andere Gleichungssystem, zu einer einzigen Gleichung umformen. Zum Beispiel ist das System mit der Zwischenvariablen y

$$\begin{cases} g(\underline{x}) &= y \\ f(\underline{x}, y) &= 1 \end{cases}$$

der Gleichung $f(\underline{x}, y) \wedge (g(\underline{x}) \oplus \bar{y}) = 1$ gleichwertig. Wenn der linke Teil dieser Gleichung in Form der DNF $D(\underline{x}, y)$ dargestellt wird, ergibt dies noch nicht die Lösung des Systems, weil $D(\underline{x}, y)$ die Variable y enthält, die nicht unabhängig ist. Man kann diese Variable durch zwei Verfahren beseitigen. Man setzt die Werte $y = 0$ und $y = 1$ entweder in das Ausgangssystem oder in die umgeformte Gleichung $D(\underline{x}, y) = 1$ ein. Im ersten Fall ersetzen wir das Ausgangssystem durch zwei Systeme mit konjunktiven Verknüpfungen

$$\begin{bmatrix} \begin{cases} g(\underline{x}) &= 0 \\ f(\underline{x}, 0) &= 1 \end{cases} \\ \begin{cases} g(\underline{x}) &= 1 \\ f(\underline{x}, 1) &= 1 \, , \end{cases} \end{bmatrix}$$

die der disjunktiven Zerlegung der Funktion $f(\underline{x}, y)$ gleichwertig sind:

$$f(\underline{x}, 0) \, \overline{g(\underline{x})} \vee f(\underline{x}, 1) \, g(\underline{x}) = 1 \, .$$

Im zweiten Fall unterziehen wir die DNF $D(\underline{x}, y)$ der disjunktiven Zerlegung

$$D(\underline{x}, 0) \vee D(\underline{x}, 1) = 1 \, .$$

4.5.4. System allgemeiner Art

Wir betrachten ein Gleichungssystem mit den Zwischenvariablen $v_1, v_2, \ldots, v_p$:

$$\begin{cases} g_1(\underline{u}_1) &= v_1 \\ g_2(\underline{u}_2) &= v_2 \\ \vdots \\ g_p(\underline{u}_p) &= v_p \\ f(\underline{y}) &= 1 \, . \end{cases}$$

Wir werden, wie schon bisher, voraussetzen, daß der linke Teil jeder dieser Gleichungen hinreichend einfach ist, um als DNF dargestellt werden zu können, und daß die Vektorargumente $\underline{u}_1, \underline{u}_2, \ldots, \underline{u}_p$ und $\underline{y}$ sowohl aus Zwischenvariablen als auch aus unabhängigen Variablen $x_1, x_2, \ldots, x_p$ bestehen. Wir nennen das System regulär, wenn es so geordnet werden kann, daß keine der Zwischenvariablen in den linken Teilen der Gleichungen früher auftritt als in den rechten. Offensichtlich kann man ein beliebiges System zu einem regulären System machen, indem man jene Zwischenvariablen, die das Realisieren einer solchen Ordnung verhindern, in die Menge der unabhängigen Variablen einbezieht. Dabei entstehen Gleichungen der Form $g_i(\underline{u}_i) = x_j$, die wir mit der letzten Gleichung des Systems vereinigen, indem wir zu ihrem linken Teil den Faktor $(g_i(\underline{u}_i) \oplus \bar{x}_j)$ hinzufügen.

Auf diese·Weise wird ein System allgemeiner Art in zwei Teile zerlegt. Der erste Teil
besteht aus den ersten p Gleichungen und gibt die Verknüpfungen zwischen den Gleichungen
an. Diesen Teil nennen wir <u>logisches Netz</u>. Der zweite Teil besteht aus einer Gleichung
$f(\underline{y}) = 1$ und drückt die Bedingung aus, die bestimmten Variablen auferlegt wird. Die Funktion $f(\underline{y})$ nennen wir äußere Funktion (im Verhältnis zum <u>logischen Netz</u>). Das logische Netz
und seine äußere Funktion kann man in folgender Weise inhaltlich interpretieren: Ein logisches Netz kann bekanntlich als mathematisches Modell der Struktur eines digitalen Systems
dienen. Dabei beschreiben die Booleschen Funktionen $g_i(\underline{u}_i)$ das Verhalten der Elemente dieser Struktur: die unabhängigen Variablen - die Zustände der Eingangssignale des Systems;
die Zwischenvariablen - die Zustände der Ausgangssignale der Elemente; die Vektoren
$\underline{u}_1, \underline{u}_2, \ldots, \underline{u}_p$ - die Zustände der Eingangssignale der Elemente.

Ein System kombinatorischen Typs wird durch ein <u>reguläres Netz</u> beschrieben. Das Zurückführen eines nichtregulären Netzes auf ein reguläres durch Einführung zusätzlicher unabhängiger Variabler entspricht der Einführung sogenannter innerer Variabler eines diskreten Systems mit Speicher. Die äußere Funktion widerspiegelt eine bestimmte Forderung,
die an die Signale im System gestellt wird. Die Lösung des Gleichungssystems stellt eine
Menge von Eingangssignalen oder (für ein System mit Speicher) eine Menge von Paaren (Eingangssignal, innerer Zustand) dar, bei denen diese Forderung erfüllt wird.

Wenn die Variablen $y_1, y_2, \ldots, y_n$ die Zustände der Ausgänge des Systems beschreiben
und die durch die äußere Funktion dargestellte Forderung die Form $y_j = 1$ hat, dann stellt
die vollständige Lösung des regulären System eine Boolesche Funktion dar, die durch das
System am Ausgang j realisiert wird, während eine partikuläre Lösung einen Implikanten
dieser Funktion darstellt.

Nachdem die Gleichung $f(\underline{y}) = v_{p+1}$ in das logische Netz einbezogen wurde, wäre es möglich, sich auf die Betrachtung der trivialen äußeren Funktion v_{p+1} zu beschränken. Ein
solches Vorgehen ist jedoch unzweckmäßig, weil die Bedingung $f(\underline{y}) = 1$ bei bestimmten Aufgaben für ein und dasselbe logische Netz mehrfach verändert wird.

Ein System allgemeiner Art umfaßt die oben beschriebenen Sonderfälle: Ein System mit
disjunktiver Verknüpfung ist nichts anderes als ein logisches Netz mit der äußeren Funktion
$v_1 \vee v_2 \vee \ldots \vee v_p$; einer konjunktiven Verknüpfung entspricht die äußere Funktion
$v_1 \wedge v_2 \wedge \ldots \wedge v_p$. Die Vereinigung der Vektoren $\underline{u}_1, \underline{u}_2, \ldots, \underline{u}_p$ bildet nach dem Ordnen das
allgemeine vektorielle Argument $\underline{w}$ des Systems. Ohne Beschränkung der Allgemeinheit kann
man damit rechnen, daß den unabhängigen Variablen in dieser Vereinigung die niedrigstelli-
gen Nummern 1, 2, ..., m zugeordnet sind, so daß $\underline{u}_1 \vee \underline{u}_2 \vee \ldots \vee \underline{u}_p = (\underline{x}, \underline{v}) = \underline{w}$ gilt. Die
Dimension des Vektors $\underline{w}$ kann sich in praktischen Aufgaben auf Hunderte und Tausende be-
laufen. Das Problem der Dimension wird in einem der folgenden Abschnitte erörtert. Bis
dahin setzen wir voraus, daß die Funktionen $g_1(\underline{u}_1), g_2(\underline{u}_2), \ldots, g_p(\underline{u}_p)$ und $f(\underline{y})$ in Form der
DNF $D_1(\underline{w}), D_2(\underline{w}), \ldots, D_p(\underline{w}), D(\underline{w})$ dargestellt sind.

4.5.5. Disjunktive Zerlegung eines Systems

Für verhältnismäßig einfache Netze, bei denen p klein ist, kann die Lösung eines Systems
allgemeiner Art

$$\begin{cases} D_1(\underline{x}, \underline{v}) = v_1 \\ D_2(\underline{x}, \underline{v}) = v_2 \\ \vdots \\ D_p(\underline{x}, \underline{v}) = v_p \\ D(\underline{x}, \underline{v}) = 1 \end{cases}$$

mit den bereits betrachteten Methoden gefunden werden, z.B. durch disjunktive Zerlegung
in 2^p Systeme mit konjunktiven Verknüpfungen. Dabei werden alle Zwischenvariablen gleichzeitig durch Einsetzen des Wertes $a = (a_1, a_2, \ldots, a_r)$ des Vektors $\underline{v}$ in das System eliminiert. Ein jedes solches System wird durch Multiplizieren der linken Teile (die negiert genommen werden, wenn $a_i = 0$ gilt) gelöst. Für komplexe Netze mit großen p ist dieser Weg

offensichtlich unannehmbar, aber für diesen Fall besitzen Systeme allgemeiner Art selbständiges Interesse, d.h., es ist die Erarbeitung spezieller Lösungsmethoden erforderlich. Wir betrachten zwei solche Methoden.

4.5.6. Zerlegung nach Zwischenvariablen

Die Zwischenvariablen werden streng der Reihenfolge nach eliminiert, je eine bei jedem Eliminationsschritt. Die Basisoperation dafür ist folglich das Finden der Lösung eines Systems aus zwei Gleichungen

$$\begin{cases} D_i(\underline{u}) = y \\ D(\underline{u}, y) = 1 \end{cases}$$

oder die Operation des Einsetzens.

Wir bezeichnen diese Operation, mit der eine partikuläre Lösung D^* vorgegebener Länge N ermittelt wird, durch $D^* = \text{PODD} (D, D_i, K, N)$ („Einsetzen einer DNF"). Weil dieses System der Gleichung $D(\underline{u}, 1) \wedge D_i(\underline{u}) \vee D(\underline{u}, 0) \wedge \overline{D_i(\underline{u})} = 1$ gleichwertig ist, ist die Zurückführung der Operation PODD auf die bereits bekannten Operationen KODEK, KODD 1 (oder KODD 2) und KOEKIND offensichtlich. Für die sukzessive Elimination aller Zwischenvariablen aus der äußeren Funktion können sowohl Berechnungen mit Risiko (wenn der Parameter N in der Operation PODD verhältnismäßig kleine Werte N annimmt) als auch das Durchlaufen des Suchbaums benutzt werden. Letzteres kann man organisieren, indem man die äußere Funktion in zwei Teile zerlegt ($D = D' \vee D''$) und das Ausgangssystem entsprechend als Vereinigung zweier Systeme mit den äußeren Funktionen D' und D'' darstellt. Indem wir für D' eine genügend kleine Anzahl von Gliedern aus D auswählen, finden wir die Lösung des Systems mit der äußeren Funktion D', $D^* = \text{PODD} (D', D_i, K, N)$. Das Resultat D^* nehmen wir als neue äußere Funktion D, die wir ihrerseits in D' und D'' zerlegen. Nachdem wir $D^* = 0$ erhalten haben, gehen wir einen Schritt zurück, d.h., wir kehren zu der entsprechend dem Ablauf der Zerlegung nächsten DNF D'' zurück und zerlegen sie in zwei neue DNF D' und D''. Einen Schritt zurück machen wir auch dann, wenn wir eine partikuläre Lösung des Ausgangssystems (ein Einsetzungsergebnis, das keine Zwischenvariablen enthält) erhalten haben, in der die Zahl der Glieder den vorgegebenen Wert nicht erreicht.

Wir stellen fest, daß beim Zerlegen nach Zwischenvariablen ein System mit Bestimmtheit zu einem regulären System gemacht wird.

4.5.7. Zerlegung nach den Gliedern der äußeren Funktion

Bei dieser Methode werden die Zwischenvariablen auf folgende Weise in Gruppen eliminiert. Es sei

$$\begin{cases} D_1(\underline{x}, \underline{v}) = v_1 \\ D_2(\underline{x}, \underline{v}) = v_2 \\ \vdots \\ D_p(\underline{x}, \underline{v}) = v_p \\ D(\underline{x}, \underline{v}) = 1 \end{cases}$$

ein Ausgangssystem allgemeiner Art. Wir wählen aus seiner äußeren Funktion $D(\underline{x}, \underline{v})$ ein Glied $c(\underline{x}, \underline{v})$ (es ist zweckmäßig, das Glied mit der kleinsten Anzahl von Zwischenvariablen auszuwählen; wenn insbesondere ein Glied ohne Zwischenvariable gefunden wird, dann beziehen wir dieses mit Hilfe der Operation DIDEK in die Lösung ein).

Allen Literalen von Zwischenvariablen dieses Gliedes geben wir den Wert 1. Auf diese Weise nimmt eine Reihe von Zwischenvariablen konstante Werte 0 und 1 an. Indem wir den restlichen Variablen den Wert „-" geben, bilden wir einen Ternärvektor $\underline{b} = (b_1, b_2, \ldots, b_p)$. Aus dem Ausgangssystem wählen wir Gleichungen aus, in deren rechtem Teil Variable gefunden werden, die konstante Werte angenommen haben, und setzen in sie diese Werte ein.

Wie wir bereits feststellten, besteht das Einsetzen von Konstanten aus dem Multiplizieren mit einer Konjunktion und dem Eliminieren von Spalten aus der Intervalldarstellung einer DNF. Auf diese Weise erhalten wir nach dem Multiplizieren der linken Teile der ausgewählten Gleichungen mit der Konjunktion $c(\underline{x}, \underline{v})$ mit Hilfe der Operation KODEK (oder KOEKIND, wenn $b_j = 0$ gilt) und dem Eliminieren der Spalten das konjunktive System

$$\begin{cases} \hat{D}_1(\underline{u}) = 1 \\ \hat{D}_2(\underline{u}) = 1 \\ \cdots \\ \hat{D}_k(\underline{u}) = 1 \,. \end{cases}$$

Eine Lösung D^* dieses Systems finden wir mit Hilfe der Operation des Multiplizierens der DNF, die bei dieser Methode folglich eine Basisoperation darstellt: $D^* = \text{PROD}(\hat{D}_1, \ldots, \hat{D}_k, K, N)$ („Produktbildung einer DNF"). Auf ihrer Grundlage wird der Suchbaum auf folgende Weise durchlaufen: Aus D^* wählen wir ein Glied aus (wieder das mit der kleinsten Anzahl von Zwischenvariablen) und schaffen ein neues konjunktives System. Nachdem wir $D^* = 0$ erhalten haben, gehen wir einen Schritt zurück, d. h., wir kehren zur vorherigen Lösung D^* zurück und wählen aus ihr ein neues Glied aus usw.

Die Methode des Zerlegens nach den Gliedern der äußeren Funktion erfordert nicht, das System in ein reguläres System umzuwandeln, was in bestimmten Anwendungsfällen ein gewisser Vorteil gegenüber der Methode der Zerlegung nach Zwischenvariablen ist. Es ist jedoch zweckmäßig, eine programmtechnische Realisierung beider Methoden zu besitzen, weil jede von ihnen sich auf ihrem Gebiet als effektiver erweist. Eine gewisse Vorstellung von ihrer vergleichsweisen Effektivität geben experimentelle Daten, die bei der Lösung von 14 Systemen allgemeiner Art erhalten wurden; die mittlere Anzahl von Gleichungen in jedem System lag bei 150. Beide Methoden benutzten Berechnungen mit Risiko in Kombination mit dem Durchlaufen des Suchbaums. In Tafel 4.1 ist die mittlere Rechenzeit (in Sekunden, ES 1022) für das Suchen einer partikulären Lösung bei verschiedenen Werten des Parameters N, der die Länge der Lösung begrenzt, und des Risikoparameters $\hat{N}$, der die Länge der Zwischenresultate begrenzt, angegeben.

Tafel 4.1. Zeit für das Suchen einer partikulären Lösung der Länge N mit dem Risikoparameter $\hat{N}$

	$\hat{N}/N$	1	5	10	20	40
Zerlegung nach	5	5,7	13	17	26	52
den Zwischen-	10	11	21	21	22	48
variablen	25	10	18	20	24	40
Zerlegung nach	5	1,3	6	11	22	56
den Gliedern der	10	2,1	6	11	28	64
äußeren Funktion	25	3,8	16	36	54	92

Aus den Daten ist ersichtlich, daß die Zerlegung nach den Gliedern der äußeren Funktion bei kleinen Werten für die Länge der Lösung und den Risikoparameter vorteilhafter ist, aber mit dem Anwachsen dieser Parameter der ersten Methode zu unterliegen beginnt. Es sind jedoch noch weitere Grundlagenuntersuchungen nötig, um eine optimale Strategie der Berechnungen mit Risiko bei verschiedenen Werten des Parameters K zu finden, der die Kompaktheit der Darstellung angibt (die Resultate in Tafel 4.1 ergaben sich bei $K = \text{IMPL}$).

4.6.   Programmtechnische Realisierung von Algorithmen

Beim Entwickeln von Algorithmen müssen ihre programmtechnischen Realisierungsmöglichkeiten berücksichtigt werden, insbesondere die Art der Datenspeicherung.

4.6.1.   Darstellung einer Konjunktion

In unserem Fall ist die Auswahl der Darstellung einer Konjunktion besonders wichtig, weil
sie das Hauptobjekt aller Basisoperationen darstellt. Diese Auswahl ist augenscheinlich
durch zwei wesentlich verschiedene Darstellungsarten begrenzt:

a) die Darstellung in Form von Wörtern, in der jedes Wort ein Literal darstellt (wir nennen
   eine solche Darstellung Listenstruktur)
b) die Darstellung in Form eines Ternärvektors, der durch ein Paar „Boolescher" Werte
   dargestellt wird (eine solche Darstellung nennen wir Vektorstruktur).

In der listenförmigen Darstellung ist die Menge der Literale zu ordnen (z.B. nach wachsenden Nummern der Variablen), weil der Arbeitsaufwand für die Operationen der Vereinigung, des Durchschnitts und der Differenz für geordnete Mengen ohne Wiederholung von Elementen linear ist, für ungeordnete dagegen quadratisch. Ein Literal wird zweckmäßig durch
eine zweistellige Nummer der Variablen dargestellt, aus der es gebildet wurde. In das nied-
rigste Bit des Maschinenworts wird im Fall eines negierten Literals eine Null und im Fall
eines nichtnegierten Literals eine Eins eingeschrieben. Die Konjunktion $x_1\bar{x}_2\bar{x}_5$ wird z.B.
durch die Liste (3, 4, 10) dargestellt.

Die vektorielle Darstellung besteht darin, daß zwischen den ternären Werten $\{-, 0, 1\}$
und den Paaren $\{00, 01, 10, 11\}$ Boolescher Werte eine Beziehung hergestellt wird, bei der
ein Ternärvektor, der eine Konjunktion darstellt, in zwei Boolesche Vektoren $(\underline{a}, \underline{b})$ zerlegt
wird. Der Vektor $\underline{a}$ besteht aus den ersten Komponenten dieser Paare und der Vektor $\underline{b}$ aus
den zweiten. Wird z.B. die Beziehung

$$- \sim 00$$
$$0 \sim 01$$
$$1 \sim 10$$

hergestellt, dann wird die Konjunktion $x_1\bar{x}_2\bar{x}_5$ durch das Paar

$$\underline{a} = (1\ 0\ 0\ 0\ 0\ 0 \ldots 0)$$
$$\underline{b} = (0\ 1\ 0\ 0\ 1\ 0 \ldots 0)$$

dargestellt, d.h., die Einsen des Vektors $\underline{a}$ zeigen die nichtnegierten und die des Vektors $\underline{b}$
alle negierten Literale an. Die Dimension der Vektoren $\underline{a}$ und $\underline{b}$ ist gleich der Dimension des
Argumentvektors $\underline{x}$ der logischen Gleichung, und wenn sie die Länge des Maschinenworts
nicht übersteigt, die durch die Bitanzahl ausgedrückt wird, werden zur Darstellung einer
Konjunktion zwei Maschinenwörter benötigt. Freilich gilt das nur für diejenigen Program-
miersysteme, in denen die Bildung von Bitblöcken vorgesehen ist.

Ein Vorteil der vektoriellen Darstellung besteht darin, daß sie die Parallelität des Prozessors der EDVA auszunutzen gestattet, d.h. die Fähigkeit des Prozessors, gleichartige
logische Operationen gleichzeitig über alle Bit des Maschinenworts abzuarbeiten (es ist klar,
daß dieser Vorteil nur in solchen Programmiersystemen realisiert werden kann, die diese
Parallelität effektiv ausnutzen, wie z.B. das System LJAPAS-M [7]). Um diesen Vorteil ab-
zuschätzen, muß man das Verhältnis der bei listenförmiger Darstellung aufgewandten Anzahl
von Operationen zu der bei vektorförmiger Darstellung aufgewandten Anzahl von Operationen
betrachten. Man kann leicht zeigen, daß dieses Verhältnis dem Verhältnis des Ranges einer
Konjunktion zur Anzahl von Wörtern bei der vektorförmigen Darstellung dieser Konjunktion
proportional ist. Zum Beispiel erfordert das Finden des Produkts zweier Konjunktionen mit
Prüfung ihrer Nichtorthogonalität bei listenförmiger Darstellung ungefähr zwanzig Operationen für jedes Literal, dagegen bei vektorieller Darstellung ungefähr zehn Operationen für
jedes Paar von Wörtern.

4.6.2.   Formatbeschränkung und faktorisierte DNF

Einer der Wege, um den Vorteil der vektoriellen Darstellung zu nutzen, ist die Formatbeschränkung. Sie besteht darin, daß die Programmodule, die die Basisoperationen realisieren, ausschließlich auf einer zweiwörtrigen vektoriellen Darstellung aufgebaut werden.

Dadurch wird erreicht, daß die Basisoperationen mit maximaler Geschwindigkeit ausgeführt werden, wenn der Argumentvektor der logischen Gleichung eine bestimmte Dimension, die Standarddimension genannt wird (für die EDVA ES mit dem System LJAPAS-M ist sie gleich 32), nicht überschreitet. Innerhalb der Standarddimension erreicht der Zeitgewinn, der durch die vektorielle Darstellung erzielt wird, einen bedeutenden Wert (er ist ungefähr gleich dem berechneten mittleren Rang einer Konjunktion).

Aufgaben großer Dimension werden so zerlegt, daß in den inneren Berechnungszyklen die Dimension des Vektorarguments die Standarddimension nicht übersteigt. Das wird durch Einführen einer <u>faktorisierten DNF</u> erreicht, d.h. durch Darstellung der DNF $D(\underline{w})$ mit großer Dimension des Vektorarguments $\underline{w}$ in Form der Superposition.

$$D(\underline{w}) = c_1(\underline{v}_1)\, D_1(\underline{u}_1) \vee c_2(\underline{v}_2)\, D_2(\underline{u}_2) \vee \ldots \vee c_n(\underline{v}_n)\, D_n(\underline{u}_n) \, ,$$

in der die Konjunktionen $c_1(\underline{v}_1)$, $c_2(\underline{v}_2)$, $\ldots$, $c_n(\underline{v}_n)$, <u>Faktoren</u> genannt, einen beliebigen Rang haben, aber die Dimension der Argumentvektoren $\underline{u}_1$, $\underline{u}_2$, $\ldots$, $\underline{u}_n$ die Standarddimension nicht übersteigt. Dabei wird für die Faktoren eine listenförmige Darstellung und für die DNF D_1, D_2, $\ldots$, D_n eine vektorielle Darstellung benutzt.

Die in Tafel 4.1 angeführten experimentellen Daten ergaben sich, indem man eine Formatbeschränkung und faktorisierte DNF benutzte.

<u>System EDA</u>. Das betrachtete System von Algorithmen liegt einem <u>Experimental-Dialogsystem für die Analyse</u> (EDA) [8] zugrunde, mit dem Aufgaben gelöst werden, die beim Entwurf diskreter Systeme entstehen und die mit der Analyse ihrer Struktur verbunden sind. Das niedrigere Niveau des Systems bilden Operationen, die einfache logische Gleichungen lösen; das höhere Niveau, dessen Umfang allmählich vergrößert wird, enthält Operationen, die komplexe Gleichungen und angewandte Aufgaben lösen.

Das System enthält auch die notwendigen Bedienungsoperationen für die Ein- und Ausgabe, für die Formierung und Archivierung der Daten und die Zeitmessung. Die Arbeit des Systems wird mittels Kommandosprache gesteuert. Ein Kommando ist ein Befehl zur Ausführung einer bestimmten Operation und stellt eine kurze Folge von Symbolen dar, die den Namen dieser Operation und ein Verzeichnis ihrer Operanden enthält. Die Syntax der Kommandosprache ist genügend einfach. Zum Beispiel bewirkt das Kommando = A, daß das Resultat der vorhergehenden Operation in das Archiv des Systems gebracht wird, wo ihm der Name A zugewiesen wird; das Kommando (A, B, $\ldots$, C) entnimmt aus dem Archiv die Operanden mit den Namen A, B, $\ldots$, C und bildet aus ihnen einen neuen Operanden, der als Bestandsgröße bezeichnet wird; das Kommando $\&\neg$ (D, K) findet eine partikuläre Lösung der Länge K für die logische Gleichung $c(\underline{x}) \wedge D(\underline{x}) = 1$, in der die Konjunktion $c(\underline{x})$ durch das Resultat der vorhergehenden Operation und die DNF $D(\underline{x})$ durch einen Operanden namens D dargestellt wird, der sich im Archiv befindet. Das Resultat der Ausführung eines beliebigen Kommandos kann als Operand des folgenden Kommandos benutzt werden. Als Beispiel für eine Operation höheren Niveaus kann der Aufbau eines Prüftestes für eine programmierbare logische Matrix dienen.

4.7.   Tests für programmierbare logische Matrizen

Bei der Sicherung der zuverlässigen Arbeit diskreter Systeme spielt die Prüfung ihrer Fehlerfreiheit mit Hilfe spezieller Eingangsbelegungen, sogenannter Prüfbelegungen, eine wichtige Rolle. Zur Bestimmung solcher Eingangsbelegungen wird ein mathematisches Modell des Systems geschaffen, das seine Struktur beschreibt, und es wird gezeigt, auf welche Weise ein technischer Fehler des Systems durch dieses Modell widergespiegelt wird. Als Strukturmodell eines kombinatorischen Systems kann ein reguläres logisches Netz benutzt werden; der Fehler e verwandelt das <u>fehlerfreie Netz</u> S in das <u>fehlerbehaftete Netz</u> S^e. Als <u>Test für einen gegebenen Fehler</u> wird ein Eingangssignal $\underline{x}$ bezeichnet, bei dem sich das

Ausgangssignal $\underline{y}$ des fehlerfreien Netzes S vom Ausgangssignal $\underline{y}^e$ des fehlerbehafteten Netzes S^e unterscheidet.

Als Testsatz für das logische Netz S und die Menge der Fehler $E = \{e_1, e_2, \ldots, e_q\}$ wird eine Menge T von Eingangssignalen bezeichnet, die einen Test für einen beliebigen Fehler e aus E enthält. Die Mächtigkeit $|T|$ dieser Menge wird als <u>Länge des Tests</u> bezeichnet.

Die Aufgabe besteht darin, für gegebene S und E einen möglichst kurzen Testsatz in einer annehmbaren Zeit aufzubauen.

4.7.1. Mathematisches Modell einer PLA

Eine programmierbare logische Matrix (PLA) ist eine zweistufige Transistorschaltung, deren erste Stufe bestimmte Konjunktionen $c_1(\underline{x})$, $c_2(\underline{x})$, $\ldots$, $c_p(\underline{x})$ der Eingangsvariablen x_1, x_2, $\ldots$, x_m realisiert und deren zweite die Disjunktion dieser Konjunktionen realisiert. Die konkrete Form der Konjunktionen und Diskonjunktionen wird für jede PLA bei ihrem Entwurf bestimmt und bei der Herstellung der PLA durch die Anordnung der Transistoren in ihrer inneren Struktur widergespiegelt. Die Abhängigkeit der Ausgangs- von den Eingangssignalen (oder das Verhalten der PLA) wird durch ein System Boolescher Funktionen $y_1(\underline{x})$, $y_2(\underline{x})$, $\ldots$, $y_n(\underline{x})$ beschrieben, die in DNF dargestellt sind. Ein Matrixpaar (A, B) gibt die Struktur und das Verhalten einer PLA wieder. Die Ternärmatrix A kennzeichnet die Lage der Transistoren in der ersten Stufe, die Boolesche Matrix B die der zweiten Stufe [9]. Im Bild 4.1 wird ein Beispiel einer solchen Darstellung und Bezeichnung gezeigt, an die wir uns halten werden. Unschwer ist zu sehen, daß das Matrixpaar (A, B) eine Kurzform der Angabe des Systems von DNF $D_1(\underline{x})$, $D_2(\underline{x})$, $\ldots$, $D_n(\underline{x})$ ist, die durch die PLA realisiert werden.

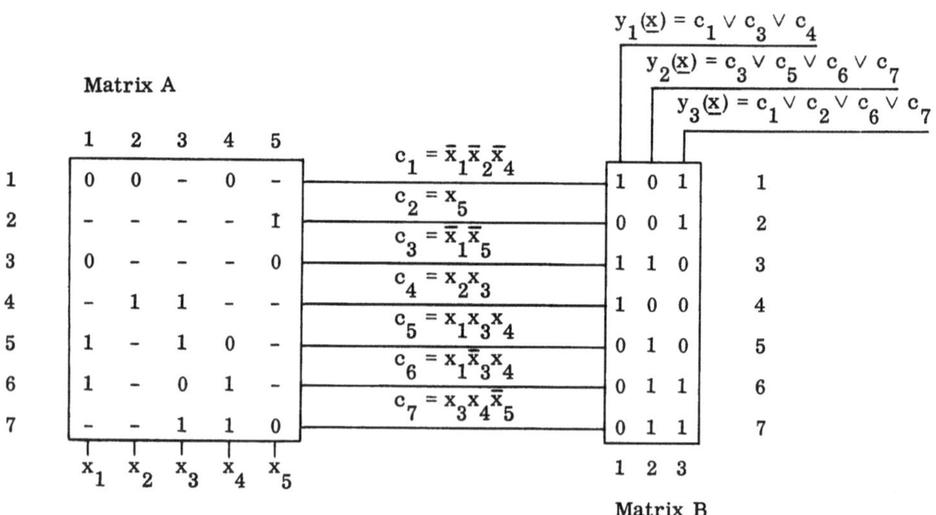

Bild 4.1. Darstellung einer PLA und Bezeichnungen

Wir betrachten nur sogenannte Einzelfehler. Das sind Fehler der PLA, die sich nur in einer der beiden Matrizen widerspiegeln, z.B. das <u>Verschwinden</u> eines Transistors in der ersten Stufe, das ein Element aij der Matrix A von 0 oder 1 zu „-" ändert; das <u>Auftauchen</u> eines Transistors in der ersten Stufe, das ein Element aij von „-" zu 1 oder 0 ändert; das <u>Verschwinden oder Auftauchen</u> eines Transistors in der zweiten Stufe, das ein Element bij der Matrix B von 1 nach 0 oder entsprechend von 0 nach 1 ändert. Für jeden Einzelfehler können unschwer die DNF $D_1^e(\underline{x})$, $D_2^e(\underline{x})$, $\ldots$, $D_n^e(\underline{x})$ ermittelt werden, die das Verhalten der fehlerbehafteten PLA $(A, B)^e$ beschreiben.

4.7.2.   Die Menge von Tests für einen Einzelfehler

Der Aufbau eines Testsatzes für eine PLA (A, B) und die Menge aller Einzelfehler kann in zwei Etappen erfolgen. In der ersten Etappe finden wir die Menge T^e aller Tests für jeden Fehler e aus E; in der zweiten Etappe nehmen wir aus jeder Menge T^e ein Element und benutzen die Freiheit der Wahl zur Einschränkung der Länge des Testsatzes. Offensichtlich stellt die Menge T^e die vollständige Lösung des Systems logischer Gleichungen mit disjunktiver Verknüpfung dar:

$$\left[\begin{array}{l} D_1(\underline{x}) \oplus D_1^e(\underline{x}) = 1 \\ D_2(\underline{x}) \oplus D_2^e(\underline{x}) = 1 \\ \ldots \\ D_n(\underline{x}) \oplus D_n^e(\underline{x}) = 1 \ . \end{array} \right.$$

Die Menge T^e kann mit Hilfe der Operation $T_k^e = \mathrm{SIDD}\,(D_k, D_k^e, K, N)$ und $T^e = \mathrm{DIDD}\,(T^e, T_k^e, K)$ mit dem Anfangswert $T^e = 0$ und für genügend großes N berechnet werden. Man kann jedoch die Berechnungen effektiver machen, wenn man dieses System unter Berücksichtigung der konkreten Form der Einzelfehler so umformt, daß die Operation SIDD durch die effektivere Operation KOEKIND ersetzt wird.

Ein Fehler e möge eine Zeile i in der Matrix A oder B ändern. Wir greifen die Zeilen heraus, die an der Bildung der DNF D_k und D_k^e beteiligt sind, eliminieren die Zeile i und bezeichnen mit D_{ik} die Disjunktion der Konjunktionen, die durch diese Zeilen dargestellt werden, mit c_i und c_i^e die Konjunktion, die entsprechend durch die Zeile i in der fehlerfreien Matrix A und der fehlerbehafteten Matrix A^e dargestellt wird, mit b_{ik} und b_{ik}^e entsprechend ein Element der fehlerfreien Matrix B und der fehlerbehafteten Matrix B^e, das am Schnittpunkt der Zeile i und der Spalte k liegt. Wir stellen die DNF D_k und D_k^e in der Form $D_k = b_{ik}c_i \vee D_{ik}$, $D_k^e = b_{ik}^e c_i^e \vee D_{ik}$ dar. Wir stellen fest, daß wegen der Voraussetzung, daß ein Fehler e entweder A oder B, aber nicht beide Matrizen gemeinsam ändert, entweder $b_{ik}^e = b_{ik}$ und $c_i^e \neq c_i$ oder aber $c_i^e = c_i$ und $b_{ik}^e \neq b_{ik}$ gilt.

Wenn der Fehler e im <u>Verschwinden</u> eines Transistors in der ersten Stufe der PLA besteht, d.h. ein Element a_{ij} der Matrix A von 0 oder 1 nach „-" ändert, dann gilt $b_{ik}^e = b_{ik}$, während sich die Konjunktion c_i^e von c_i durch das Fehlen des Literals $u_j \in \{x_j, \bar{x}_j\}$ unterscheidet. Folglich gilt $c_i \Rightarrow c_i^e$, und folglich ist $D_k \oplus D_k^e = D_k \bar{D}_k^e \vee D_k^e \bar{D}_k = D_k^e \bar{D}_k = (b_{ik}c_i^e \vee D_{ik})\, D_k = b_{ik}c_i \bar{D}_k^e$. (Hier nutzten wir die Eigenschaften der Implikation aus: Wenn $f \Rightarrow g$ gilt, dann gilt auch $f \vee h = g \vee h$ und $f\bar{g} = 0$.) Auf diese Weise wird unser Ausgangsgleichungssystem umgewandelt in die Form

$$\left[\begin{array}{l} b_{i1}c_i^e \bar{D}_1 = 1 \\ b_{i2}c_i^e \bar{D}_2 = 1 \\ \ldots \\ b_{in}c_i^e \bar{D}_n = 1 \ . \end{array} \right.$$

Analog wird das Ausgangsgleichungssystem im Fall <u>des Auftauchens</u> eines Transistors in der ersten Stufe der PLA umgewandelt, wobei ein Element a_{ij} von „-" nach 0 oder 1 geändert wird:

$$\left[\begin{array}{l} b_{i1}c_i \bar{D}_1^e = 1 \\ b_{i2}c_i \bar{D}_2^e = 1 \\ \ldots \\ b_{in}c_i \bar{D}_n^e = 1 \ . \end{array} \right.$$

Schließlich ergibt <u>das Verschwinden</u> oder <u>Auftauchen</u> eines Transistors b_{ik} in der zweiten Stufe ein System, das aus einer Gleichung besteht,

$$c_i \bar{D}_k^e = 1$$

oder entsprechend

$$c_i \overline{D}_k = 1 \ .$$

Alle erhaltenen Systeme können mit derselben Operation gelöst werden: T^e = KOEKIND
(c, D, T^e, K, N), wobei $c = c_i^e$ oder $c = c_i$, $D = D_k$ oder $D = D_k^e$ mit dem Anfangswert $T^e = 0$
gilt. Wenn dabei der Wert N genügend groß ist, wird die vollständige Lösung gefunden, d.h.
die Menge aller Tests für den Fehler e. Sind kleine Werte von N gegeben, geht uns möglicherweise ein Teil des Tests verloren; sie schränken aber die Suchzeit ein. Wenn z.B. N = 2
gegeben ist, erhalten wir für das Verschwinden des Transistors a_{11} in der ersten Stufe der
PLA aus Bild 4.1 die Menge aller Tests $T^{a_{11}}$ = (1 0 - 0 -), während wir für das Verschwinden des Transistors a_{25} nur eine partikuläre Lösung erhalten:

$$\widehat{T}^{a_{25}} = \begin{bmatrix} 1 & - & - & 0 & 0 \\ - & 1 & - & 0 & 0 \end{bmatrix} \ .$$

(Die vollständige Lösung

$$T^{a_{25}} = \begin{bmatrix} 1 & - & - & 0 & 0 \\ - & 1 & - & 0 & 0 \\ 0 & 1 & 0 & - & 0 \\ 0 & - & 0 & 1 & 0 \end{bmatrix}$$

entsteht für N > 4.) In Tafel 4.2 sind die Mengen $\widehat{T}^{e_1}$, $\widehat{T}^{e_2}$, ..., $\widehat{T}^{e_{28}}$ der Tests für das jeweils einzelne Verschwinden aller Transistoren in der PLA aus Bild 4.1 angegeben, die man
mit Hilfe der Operation KOEKIND bei K = IMPL und N = 2 erhält.

Tafel 4.2. Die Mengen T^{e_i} von Tests für jeweils einzelnes Verschwinden der Transistoren
in der PLA aus Bild 4.1

i	Transistor	T^{e_i}	i	Transistor	T^{e_i}	i	Transistor	T^{e_i}
1	a_{11}	1 0 - 0 -	9	a_{51}	0 - 1 0 1	20	b_{23}	0 1 - - 1 0 - - 1 1
2	a_{12}	0 1 0 0 1 0 1 - 0 0	10	a_{53}	1 - 0 0 -			
			11	a_{54}	1 - 1 1 1	21	b_{31}	0 0 - 1 0 0 1 0 - 0
3	a_{14}	0 0 - 1 1 0 0 0 1 0	12	a_{61}	0 - 0 1 1 0 - 0 1 0	22	b_{32}	0 - 0 - 0 0 - - 0 0
4	a_{25}	1 - - 0 0 - 1 - 0 0	13	a_{63}	1 - 1 1 1	23	b_{41}	1 1 1 - - - 1 1 - 1
5	a_{31}	1 0 - - 0 1 - 0 - 0	14	a_{64}	1 - 0 0 -			
			15	a_{73}	0 - 0 1 0	24	b_{52}	1 - 1 0 -
6	a_{35}	0 0 - 1 1 0 1 0 - 1	16	a_{74}	1 - 1 0 0 - 1 1 0 0	25	b_{62}	1 - 0 1 -
						26	b_{63}	1 - 0 1 0
7	a_{42}	1 0 1 - -	17	a_{75}	- - 1 1 1	27	b_{72}	1 - 1 1 0
8	a_{43}	1 1 0 - - - 1 0 - 1	18	b_{11}	0 0 - 0 1	28	b_{73}	- - 1 1 0
			19	b_{13}	0 0 - 0 0			

4.7.3. Minimierung des Tests

Der Testsatz T für das Netz S und die Mengen E der Fehler werden <u>minimaler Test</u> genannt,
wenn für N und E kein anderer Testsatz T' mit kleinerer Länge $|T'| < |T|$ existiert. Die Suche
des minimalen Testes erweist sich als sehr arbeitsaufwendige Aufgabe, deren Lösung direkt

oder indirekt mit der Suche der minimalen Überdeckung einer Booleschen Matrix mit der Dimension $|E| \cdot 2^m$ ist.

In der Praxis verwendet man statt dessen ein beliebiges Verfahren, das zu einer Verkürzung der Länge des Testes im Vergleich zu $|E|$ oder zu 2^m führt.

Wenn wir die Testmengen T^e für jeden Fehler e aus E aufstellen, können wir den Test auf folgende Weise minimieren: Wir betrachten die Mengen T^{ei} in der Reihenfolge wachsender Nummern der Fehler und finden die Durchschnitte $T^{(1)} = T^{e1}$, $T^{(1,2)} = T^{(1)} \cap T^{e2}$, ..., $T^{(1,2,...,k)} = T^{(1,2,...,k-1)} \cap T^{ek}$ solange, wie wir die Menge E nicht ausgeschöpft oder solange wir nicht einen leeren Durchschnitt $T^{(1,2,...,k)}$ erhalten haben. In letzterem Fall finden wir statt dessen den Durchschnitt $T^{(1,2,...,k-1,k+1)}$ $= T^{(1,2,...,k-1)} \cap T^{ek+1}$. Wenn er nicht leer ist, finden wir seinen Durchschnitt mit T^{ek+2} usw. Nachdem wir alle e_i aus E betrachtet haben, beziehen wir den letzten der nichtleeren Durchschnitte in die Menge Q (die anfangs leer war) ein, nachdem wir ihn mit R_1 bezeichnet haben, während wir alle in ihn eingegangenen Mengen T^{ei} aus der Betrachtung ausschließen. Nachdem wir das Verfahren für die restlichen Mengen T^{ei} wiederholt haben, erhalten wir einen nichtleeren Durchschnitt R_2 usw., solange wir noch nicht alle Mengen T^{ei} aus der Betrachtung ausgeschlossen haben. Offensichtlich gilt: Wenn wir jetzt aus jeder Menge $R_j \in Q$ je ein Element auf beliebige Weise auswählen, bildet die Gesamtheit dieser Elemente den Testsatz für das Netz S und die Fehlermenge E. Wir stellen fest, daß die Mengen R_j paarweise disjunkt sind und folglich die Anzahl verschiedener Testsätze, die durch die Menge Q dargestellt werden, gleich dem Produkt $|R_1| \cdot |R_2| ... |R_{|Q|}|$ ist. Alle diese Tests haben die gleiche Länge $|Q|$. Der Durchschnitt der Mengen entspricht der Multiplikation der diese Mengen darstellenden DNF und kann mit Hilfe der Operation KODD 1 oder KODD 2 ausgeführt werden.

Wenn wir z.B. die Mengen $\widehat{T}^{e1}$, $\widehat{T}^{e2}$, ..., $\widehat{T}^{e28}$ (Tafel 4.2) betrachten, finden wir mit Hilfe des beschriebenen Algorithmus die Menge

$$Q_1 = \left\{ R_1, R_2, ..., R_9 \right\}$$

$$Q_1 = \left\{ (1\ 0\ 1\ 0\ 0),\ (0\ 1\ 0\ 0\ 1),\ (0\ 0\ 0\ 1\ 0),\ (0\ 0\ 1\ 0\ 1),\ (1\ -\ 0\ 0\ -),\ (1\ 1\ 1\ 1\ 1), \right.$$
$$\left. (0\ 0\ -\ 0\ 0),\ (1\ -\ 0\ 1\ 0),\ (1\ -\ 1\ 1\ 0) \right\}.$$

Q_1 stellt 32 verschiedene Testsätze für die PLA aus Bild 4.1 und die Menge E_1 dar, die aus dem Verschwinden aller einzelnen Transistoren besteht. Für dieselbe PLA und die Menge E_2 (das Verschwinden oder Auftauchen einzelner Transistoren - sie enthält 74 Fehler) erhalten wir die Menge Q_2, die vier Testsätze der Länge 16 darstellt:

$$Q_2 = \left\{ (1\ 0\ 1\ 0\ 0),\ (0\ 1\ 0\ 0\ 1),\ (0\ 0\ 0\ 1\ 0),\ (0\ 0\ 1\ 0\ 1),\ (1\ 0\ 0\ 0\ 1),\ (1\ 1\ 1\ 1\ 1), \right.$$
$$(0\ 0\ 0\ 0\ 0),\ (1\ 1\ 0\ 1\ 0),\ (1\ 1\ 1\ 1\ 0),\ (0\ 1\ 1\ 0\ 0),\ (0\ 1\ 1\ -\ 1),\ (1\ 1\ 1\ 0\ 0),$$
$$\left. (1\ -\ 1\ 0\ 1),\ (1\ 0\ 0\ 1\ 1),\ (0\ 0\ 1\ 1\ 0),\ (1\ 0\ 1\ 1\ 0) \right\}.$$

Die betrachtete Methode zum Aufbau von Testsätzen liefert sogenannte vollständige Testsätze für ein Netz S und die Fehlermenge E, d.h., sie gewährleistet die Entdeckung eines beliebigen Fehlers e aus E oder beweist, daß bestimmte dieser Fehler nicht feststellbar sind, d.h. $T^e = \emptyset$ (leere Menge) gilt. Das kann man von den häufig in der Praxis benutzten, auf der Modellierung beruhenden Methoden nicht sagen. Die Vollständigkeit des Tests ist eine überaus wertvolle Eigenschaft. Sie ermöglicht insbesondere die Entdeckung mehrfacher Fehler (Kombinationen von einzelnen Fehlern). Zum Beispiel wird in [10] gezeigt, daß der vollständige Test für eine nichtredundante PLA mit 16 Eingängen, 8 Ausgängen und 48 Zwischengrößen und für das einzelne Verschwinden oder Auftauchen aller Transistoren mehr als 98 % aller Fehler entdeckt, deren Vielfachheit acht nicht übersteigt.

Die Qualität der Minimierung wird statistisch erhöht, wenn die Mengen T^e in nichtfallender Reihenfolge ihrer Mächtigkeiten betrachtet werden. In Tafel 4.3 sind experimentelle Daten angegeben, die den Einfluß des Ordnens auf die mittlere Länge eines Testsatzes und auf die Zeit für dessen Aufbau illustrieren.

Tafel 4.3. Zeit t für den Aufbau (in s, ES 1022) eines Testsatzes der Länge 1 für einzelnes Verschwinden von Transistoren in einer PLA mit 10 Eingängen und 10 Ausgängen

Nr. der PLA	Anzahl der Zeilen	Anzahl der Transistoren	Minimieren ohne Ordnen		Minimieren mit Ordnen	
			t	1	t	1
1	25	152	21	36	29	31
2	25	262	103	144	132	138
3	25	315	152	148	166	140
4	50	298	70	62	84	58
5	50	386	99	70	137	61
6	50	564	343	206	440	196
7	100	988	732	314	1076	284
8	100	1134	1048	323	1400	295
Mittelwert	53	512	321	163	433	150

4.8. Zusammenfassung

Die Stärke logischer Gleichungen besteht darin, daß sie einen einheitlichen Zugang zur Lösung vieler logisch-kombinatorischer Aufgaben schaffen und folglich die Lösung vereinfachen. Eben darin besteht jedoch auch ihre Schwäche, weil die Aufgaben ihre Spezifik einbüßen, mit der man die Lösungssuche beschleunigen könnte. Solange diese Suche den Charakter einer Durchmusterung hat, wird mit dem Anwachsen der Dimension der Aufgaben die Frage nach der Arbeitsgeschwindigkeit der Algorithmen überaus akut. Deshalb werden logische Gleichungen in der Praxis vorläufig nur verhältnismäßig selten benutzt. Nichtsdestoweniger ist die Idee der Universalität, die in logischen Gleichungen steckt, sehr anziehend, und in letzter Zeit ist das Interesse an ihnen merklich gestiegen, wozu insbesondere die gewachsenen rechentechnischen Möglichkeiten beigetragen haben. Bei der Entwicklung der Theorie logischer Gleichungen sind zwei Richtungen zu unterscheiden: eine spezialisierte und eine allgemeine. Bei der ersten Art wird ein konkretes System von Gleichungen, das bei der Formulierung einer typischen logisch-kombinatorischen Aufgabe entsteht, selbständig betrachtet und eine spezifische Lösungsmethode entwickelt. Bei der zweiten Art wird eine große Klasse von Gleichungen betrachtet, systematisiert und eine Hierarchie von Algorithmen entwickelt, in der komplexe Gleichungen auf einfachere zurückgeführt werden. Beide Richtungen verdienen Beachtung: die erste wegen der hohen Arbeitsgeschwindigkeit ihrer Algorithmen, die zweite wegen der großen Universalität.

In diesem Aufsatz wird die zweite Richtung betrachtet. Ihr Hauptproblem besteht darin, eine genügend große Effektivität der Berechnungen zu gewährleisten. Dabei treten zwei Aspekte hervor. Erstens werden einfache Gleichungen sehr ausführlich betrachtet; ihre Lösungsalgorithmen werden unter Berücksichtigung der Möglichkeiten und Besonderheiten der programmtechnischen Realisierung erarbeitet. Parameter werden eingeführt, die den Ablauf der Berechnungen steuern - die Kompaktheit der Darstellung und die Länge der partikulären Lösung. Ein System von Operationen wird geschaffen, die die Basis für die Lösung komplexer Gleichungen bilden. Zweitens werden Berechnungen mit Risiko eingeführt, die die Zeit für die Suche einer partikulären Lösung stark verkürzen - auf Kosten des steuerbaren Risikos des Verlustes aller Wurzeln der Gleichung. Wie Experimente zeigten, erwiesen sich diese Berechnungen als genügend effektiv, um praktische Aufgaben mit logischen Gleichungen zu lösen. Zum Beispiel ermöglichten sie, eine partikuläre Lösung eines Systems von Gleichungen allgemeiner Art, das Hunderte von Gleichungen zählt, innerhalb von Sekunden bis Minuten auf einer EDVA mittlerer Arbeitsgeschwindigkeit zu ermitteln. Ein anderes Beispiel ist die Erstellung eines minimierten vollständigen Testsatzes für eine PLA, wobei die Fehler „Verschwinden oder Auftauchen von Transistoren" berücksichtigt werden.

Diese Beispiele sind nur erste praktische Resultate. Eine Vervollkommnung der Berechnungstechnik logischer Gleichungen ist mit ausführlicheren Untersuchungen des Einflusses von Steuerparametern auf den Berechnungsablauf verbunden. Zum Beispiel ist intuitiv klar, daß die Benutzung einer hohen Kompaktheit in den inneren Zyklen die Berechnung stark verzögern kann. Auf der anderen Seite kann die bessere Darstellbarkeit der partikulären Lösung, die mit höherer Kompaktheit verbunden ist, bei Berechnungen mit Risiko die Durchmusterung wesentlich verkürzen und zu einem allgemeinen Zeitgewinn führen. Es sind grundlegende experimentelle Untersuchungen nötig, um den Einfluß des Parameters der Kompaktheit auf die Zeit für die Lösungssuche zu bestimmen. Genauso verhält sich dies mit der Auswahl von Werten für den Parameter des Risikos. Überhaupt öffnen die Berechnungen mit Risiko ein weites Feld für heuristische Algorithmen. Im Beispiel sind sie für die Suche einer partikulären Lösung von Interesse, bei der nur ein Zweig (ähnlich wie beim Finden der vollständigen Lösung bei kleiner Dimension des Booleschen Raumes nur eine Operationskette ausgeführt wird) aus dem Suchbaum ausgewählt, dieser aber zufällig ausgesucht wird. Zu diesem Zweck wird ein binärer Suchbaum organisiert (d.h. ein solcher, bei dem aus jedem Knoten genau zwei Äste hervorgehen) und bei dessen Durchlaufen jeder der zwei alternativen Äste mit gleicher Wahrscheinlichkeit ausgewählt. Das erlaubt, beim Fehlen von Wurzeln auf dem ausgewählten Zweig die Berechnungen mit demselben Wert des Risikoparameters für einen anderen zufällig ausgewählten Zweig zu wiederholen. Eine andere Variante ist mit der gerichteten Auswahl von Zweigen verbunden (z.B. auf der Grundlage der Ränge der Konjunktionen).

Schließlich verdient die Kombination der allgemeinen mit der speziellen Behandlung Beachtung, d.h. die Betrachtung konkreter Systeme logischer Gleichungen auf der Basis von Operationen, die bei der allgemeinen Behandlung erarbeitet wurden.

5. Rechentechnische Erfahrungen mit Booleschen Gleichungen

B. Steinbach, J. Reiß, J. Fehmel, E. Voigt

Erst in den letzten Jahren ist das Lösen Boolescher Gleichungen zu einem außerordentlich interessanten und wichtigen Untersuchungsgegenstand geworden. Zuvor wurde diese Aufgabe als eine „triviale" Anglegenheit angesehen; man muß ja „nur" die 2^k Belegungen für $x_1, \ldots, x_k$ in die Boolesche Gleichung $f(\underline{x}) = g(\underline{x})$ einsetzen, die Funktionswerte für die linke und rechte Seite der Gleichung berechnen und sie vergleichen, um die Lösungsbelegungsvektoren zu finden.

Die Notwendigkeit zum effektiven Lösen Boolescher Gleichungen resultiert im wesentlichen aus zwei Ursachen. Einerseits haben sich die klassischen Anwendungsgebiete Boolescher Gleichungen, die binäre Funktionentheorie und die Aussagenlogik, wesentlich erweitert. Sie umfassen heute mindestens

- die Analyse und Synthese binärer Schaltnetzwerke einschließlich Testung und Diagnose
- die Graphentheorie
- die Theorie binärer Automaten
- die Theorie binärer dynamischer Systeme (Boolescher Differentialkalkül)
- die Steuerungs- und Automatisierungstechnik
- die diskrete Optimierung
- die Programmierung von elektronischen Rechenanlagen
- viele weitere Bereiche und Wissenschaftsdisziplinen, in denen binäre Modelle der speziellen Sachverhalte benutzt werden (s. auch [1]).

Andererseits hat sich gezeigt, daß das Lösen Boolescher Gleichungen und die Verarbeitung von Lösungsmengen Boolescher Gleichungen Aufgaben sind, die im allgemeinen bei Problemlösungen am häufigsten realisiert werden müssen und folglich wesentlich die Effektivität von entsprechenden Algorithmen und Rechnerprogrammen bestimmen.

Das Hauptproblem beim Lösen Boolescher Gleichungen besteht in dem exponentiellen Anstieg der Komplexität in Abhängigkeit von der Variablenzahl. Im Mittel verdoppelt sich der Lösungsaufwand mit jeder neu hinzukommenden Variablen. Diese Problematik kann nicht beseitigt, sondern nur abgeschwächt werden. Ein Weg dazu, der sich als sehr vorteilhaft erwiesen hat, ist der Übergang von der Verarbeitung binärer Vektorlisten zur Verarbeitung von Ternärvektorlisten [2] [3].

Von einer Binärvektorliste gelangt man zu einer Ternärvektorliste, indem man anstelle von zwei Binärvektoren, die sich nur in einer Komponente unterscheiden, einen Ternärvektor schreibt, der an der Stelle, an der die Kombination 01 auftrat, eine Element „-" enthält und ansonsten mit den Binärvektoren übereinstimmt. Analog können auch Paare von Ternärvektoren zusammengefaßt werden, wenn sie bis auf eine Spalte identisch sind und dort die Kombination 01 auftritt.

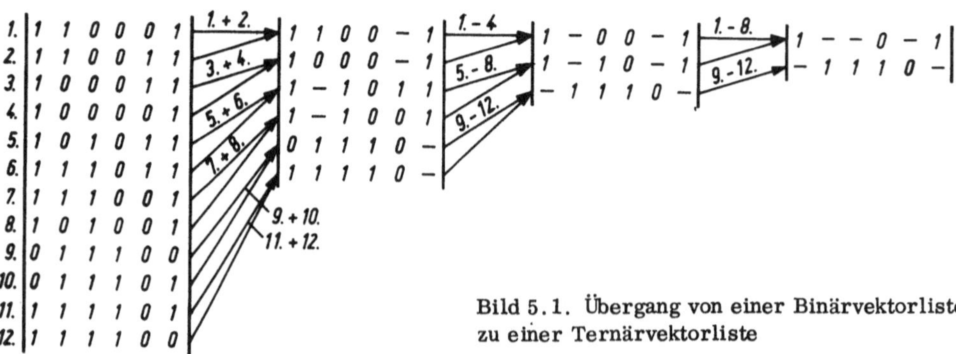

Bild 5.1. Übergang von einer Binärvektorliste zu einer Ternärvektorliste

Die Tatsache, daß ein Ternärvektor t_i mit s_i Strichelementen 2^{s_i} Binärvektoren repräsentiert, wirkt dem exponentiellen Anstieg der Komplexität entgegen und schwächt sie in
günstigen Fällen ab.

Tritt bei zwei Ternärvektoren an wenigstens einer Stelle in einem Vektor der Wert 0 und
in dem anderen Vektor der Wert 1 auf, so nennt man sie zueinander orthogonal. Sind in einer
Ternärvektorliste zwei beliebige Ternärvektoren zueinander orthogonal, so heißt die Ternärvektorliste orthogonalisiert. Orthogonalisierte Ternärvektorlisten haben sich als optimales
Hilfsmittel zur Darstellung Boolescher Funktionen, zur Lösung Boolescher Gleichungen und
zur Verarbeitung von Lösungsmengen Boolescher Gleichungen erwiesen. Sie besitzen zwar
im Vergleich zu nichtorthogonalen minimierten Ternärvektorlisten im Mittel einen etwa um
10 bis 15 % höheren Speicheraufwand, der jedoch durch eine Vielzahl von Vorteilen wett-
gemacht wird.

So entfällt z. B. bei orthogonalisierten Ternärvektorlisten das Problem, daß ein Lösungs-
vektor in mehreren Zeilen enthalten sein kann (Doppellösungsfreiheit); es muß nicht zwischen
Ternärvektorlisten in disjunktiver Form und Antivalenzform bzw. konjunktiver Form und
Äquivalenzform unterschieden werden. Viele weitere Vorteile, die zur Verkürzung der
Rechenzeit führen, werden bei der Darstellung des folgenden Algorithmensystems deutlich.

5.1. Algorithmensystem zum Lösen Boolescher Gleichungen und zur Verarbeitung von Lösungsmengen Boolescher Gleichungen

Ausgehend von einigen älteren Untersuchungen [4] [5] und den Darstellungen von Zakrevskij
[3] wurde dieser Problemkreis umfassend bearbeitet und führte über [6] zu einem effektiven,
modularen, dreistufig hierarchischen Algorithmen- und Programmsystem [7] [8] [9].

Diesem Algorithmen- und Programmsystem liegen folgende Betrachtungen zugrunde:
Jede Boolesche Gleichung

$$f(\underline{x}) = g(\underline{x}) \tag{5.1}$$

kann stets in die homogenen Booleschen Gleichungen

$$f(\underline{x}) \not\sim g(\underline{x}) = 0 \tag{5.2}$$

oder

$$f(\underline{x}) \sim g(\underline{x}) = 1 \tag{5.3}$$

übergeführt werden.

Es genügt also, Boolesche Gleichungen der Form

$$h_1(\underline{x}) = 0 \tag{5.4}$$

bzw.

$$h_2(\underline{x}) = 1 \tag{5.5}$$

zu lösen, wobei man sich sogar noch auf eine der beiden Formen beschränken kann.

Für $h_1(\underline{x})$ und $h_2(\underline{x})$ müssen zunächst beliebige Boolesche Formen (BF) zugelassen werden.
Schränkt man die zugelassenen Formen für $h_1(\underline{x})$ und $h_2(\underline{x})$ auf die vier Grundformen

– disjunktive Form   (DF)
– Antivalenzform   (AF)
– konjunktive Form   (KF)
– Äquivalenzform   (EF)

ein, so gewinnt man den großen Vorteil der einfachen, direkten und sehr schnell realisierbaren Abbildung von $h_i(\underline{x})$ auf eine Ternärvektorliste. Wegen der im Algorithmensystem vorhandenen Mengenalgorithmen bleibt die Möglichkeit der effektiven Lösung Boolescher Gleichungen in beliebiger Form trotz der primären Beschränkung auf die vier Grundformen bestehen.

Von einer Funktion $h(\underline{x})$ in einer der vier Grundformen gelangt man zur zugehörigen Ternärvektorliste (TVL), indem für jede Konjunktion (Disjunktion) ein Ternärvektor geschrieben wird. In jeder gegebenen Konjunktion (Disjunktion) ist für jede Variable x_i, $i = 1, \ldots, n$, einer der folgenden Fälle möglich:

a) Die Variable x_i tritt nichtnegiert auf.
b) Die Variable x_i tritt negiert auf.
c) Die Variable x_i tritt nicht auf.

Im zugeordneten Ternärvektor nimmt dessen i-te Komponente

im Fall a den Wert 1
im Fall b den Wert 0
im Fall c den Wert „-"

an.

- disjunktive Form $\qquad h_1(\underline{x}) = x_1 \bar{x}_3 \vee x_2 x_3 \vee \bar{x}_1 x_2 \bar{x}_3$
- Antivalenzform $\qquad h_2(\underline{x}) = \bar{x}_2 x_3 \dotplus x_1 x_2 x_3 \dotplus \bar{x}_1 \bar{x}_3$
- konjunktive Form $\qquad h_3(\underline{x}) = (x_2 \vee x_3)(\bar{x}_1 \vee \bar{x}_2 \vee \bar{x}_3)$
- Äquivalenzform $\qquad h_4(\underline{x}) = (x_1 \vee \bar{x}_3) \sim (x_1 \vee x_2 \vee x_3) \sim (\bar{x}_2 \vee \bar{x}_3)$

$$
D(h_1) = \begin{array}{ccc} x_1 & x_2 & x_3 \\ \left[\begin{array}{ccc} 1 & - & 0 \\ - & 1 & 1 \\ 0 & 1 & 0 \end{array}\right] \end{array}
\qquad
A(h_2) = \begin{array}{ccc} x_1 & x_2 & x_3 \\ \left[\begin{array}{ccc} - & 0 & 1 \\ 1 & 1 & 1 \\ 0 & - & 0 \end{array}\right] \end{array}
$$

$$
K(h_3) = \begin{array}{ccc} x_1 & x_2 & x_3 \\ \left[\begin{array}{ccc} - & 1 & 1 \\ 0 & 0 & 0 \end{array}\right] \end{array}
\qquad
E(h_4) = \begin{array}{ccc} x_1 & x_2 & x_3 \\ \left[\begin{array}{ccc} 1 & - & 0 \\ 1 & 1 & 1 \\ - & 0 & 0 \end{array}\right] \end{array}
$$

Bild 5.2. Konstruktion von Ternärvektorlisten aus den vier Grundformen

Wegen der Dreiwertigkeit von Ternärvektorlisten muß rechnerintern jedes Element durch zwei Bit kodiert werden. Von allen möglichen Kodierungen hat die Kodierung

Symbol der TVL	A	B
0	0	1
1	1	1
-	0	0

die günstigsten algorithmischen Eigenschaften. Einer Ternärvektorliste wird mit dieser Kodierung rechnerintern durch zwei Binärvektorlisten A und B gespeichert, die durch die Zeilenzahl GZ und einen Vektor zur Kennzeichnung der vorhandenen Variablen VV weiter spezifiziert wird. Die Elemente von A und B haben die anschauliche Bedeutung, daß für alle Variable, die überhaupt vorkommen, $b_{ij} = 1$ gilt und daß a_{ij} die zusätzliche Information liefert, ob die jeweilige Variable negiert ($a_{ij} = 0$) oder nichtnegiert ($a_{ij} = 1$) auftritt.
Das umfassend in [7][9] dargestellte, modulare, dreistufig hierarchische Algorithmen- und Programmsystem besteht im wesentlichen aus den Basisalgorithmen, den Mengenalgorithmen und den Problemalgorithmen. Die Programme zur Realisierung der Basisalgorithmen sind die eigentlichen operationsausführenden Programme. Alle weiteren Programme für Mengen- und Problemalgorithmen werden unter Verwendung der Basisprogramme (-algorithmen) ausgeführt. Es wurden folgende zehn Basisalgorithmen realisiert:

B1. Test auf Orthogonalität
B2. Vorbereitung der Orthogonalisierung
B3. Orthogonalisierung
B4. Durchschnitt zweier Ternärvektoren
B5. Test auf Blockbildung
B6. Blockbildung
B7. Test auf Blocktausch
B8. Blocktausch
B9. Bestimmung der Lösungszahl
B10. Negation nach de Morgan.

Aus dieser Aufzählung wird bereits ersichtlich, daß durch die Basisalgorithmen im wesentlichen zwei Hauptprobleme gelöst werden:

(1) Orthogonalisierung von Ternärvektorlisten
(2) Reduzierung der Zeilenzahl von Ternärvektorlisten durch Blocktausch und Blockbildung.

Die Orthogonalisierung von Ternärvektorlisten gewährleistet nicht nur die bereits obengenannten Vorteile, sondern stellt auch den zentralen Algorithmus zur Lösung Boolescher Gleichungen und zur Verarbeitung von Lösungsmengen Boolescher Gleichungen dar. Bis auf Minimierungsprobleme können alle Mengen- und Problemalgorithmen auf die Orthogonalisierung zurückgeführt werden.

Im folgenden wird bewußt auf die umfangreiche Darstellung der Algorithmen verzichtet. Durch die Gegenüberstellung der vom jeweiligen Algorithmus zu lösenden Aufgabe und der dafür erforderlichen Operationen soll veranschaulicht werden, daß die Effektivität des Algorithmensystems aus der tatsächlichen Parallelverarbeitung aller Variablen und aus den einfachen, schnell ausführbaren Operationen resultiert.

Algorithmus B1: Test auf Orthogonalität

Ziel: Es ist festzustellen, ob der Ternärvektor $\underline{t}$ (TVA, TVB) zu allen Zeilen der Ternärvektorliste T (A, B) orthogonal ist.

Operation:
Gilt für die i-te Zeile von T: Falls

$$(A_i \not\sim TVA) \wedge TVB \wedge B_i = 0 \tag{5.6}$$

ist, so ist die i-te Zeile von T zu $\underline{t}$ nicht orthogonal. Es ist zu beachten, daß rechnerintern tatsächlich im Rahmen der Arbeitsbreite Parallelarbeit vorliegt. So bedeutet beispielsweise $A_i \not\sim TVA$ die komponentenweise parallele Ausführung der Antivalenz der beiden Vektoren A_i und TVA:

$$
\begin{array}{llll}
A_i: & A_{i1}, & A_{i2}, & \ldots, A_{i16} \\
TVA: & TVA_1, & TVA_2, & \ldots, TVA_{16} \\
\hline
A_i \not\sim TVA: & A_{i1} \not\sim TVA_1, & A_{i2} \not\sim TVA_2, & \ldots, A_{i16} \not\sim TVA_{16}
\end{array}
$$

(analog für die anderen Operationen).

Algorithmus B2: Vorbereitung der Orthogonalisierung

Ziel: Es ist der Vektor OV zu ermitteln, der genau an den Stellen eine Eins besitzt, die bei der Orthogonalisierung von $\underline{t}_1$ (OA, OB) bezüglich $\underline{t}_2$ (OBEZ, TVB 2) modifiziert werden müssen.

Operation:

$$OV := (TVB\,2 \not\sim OB) \wedge TVB\,2 \tag{5.7}$$

Algorithmus B3: Orthogonalisierung

<u>Ziel</u>: Der Ternärvektor t_1 (OA, OB) ist bezüglich t_2 (OBEZ, TVB 2) zu orthogonalisieren,
d.h., t_1 ist in eine Menge V von Ternärvektoren zu zerlegen, die untereinander und
zu t_2 orthogonal sind, und in einen Vektor $\underline{d}$ (Durchschnitt), der von t_2 absorbiert
wird. Die Vektoren der Menge V sind ab der Zeile i an die Ternärvektorliste anzu-
fügen, und $\underline{d}$ soll nach Beendigung der Abarbeitung in (OA, OB) zur Verfügung stehen.

<u>Operation:</u>
Wegen der zentralen Stellung der Orthogonalisierung wird der vollständige Programmablaufplan angegeben.

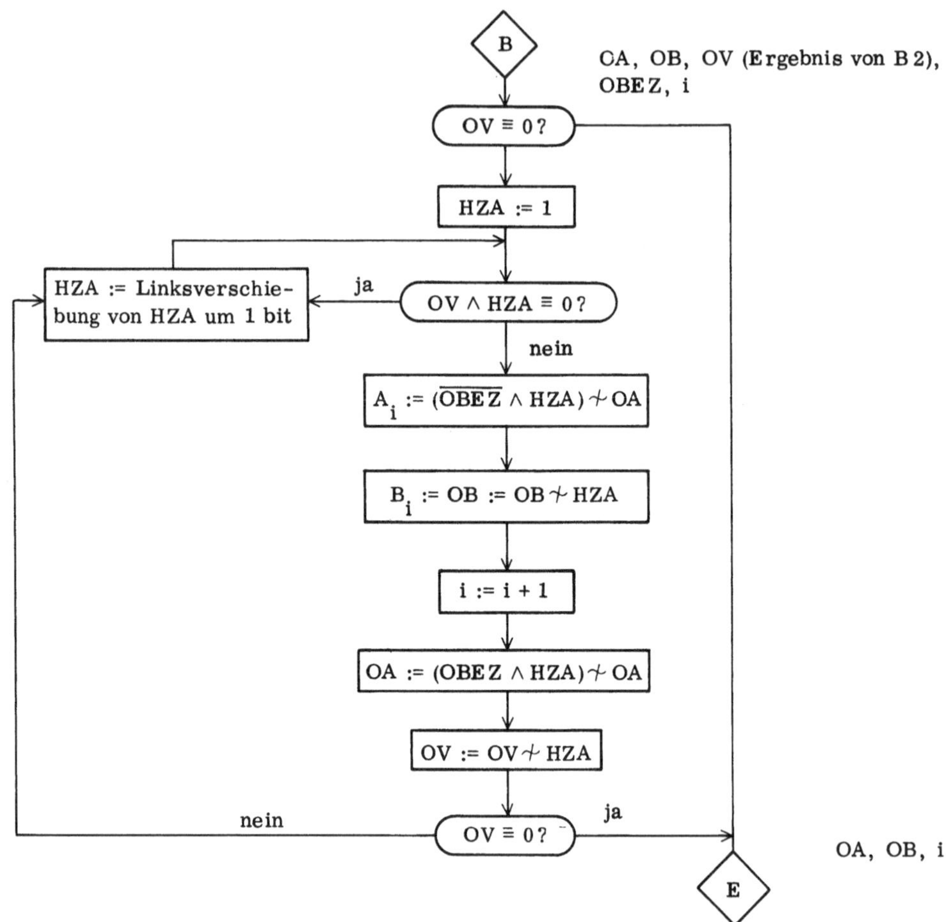

Bild 5.3. Orthogonalisierung

Algorithmus B4: Durchschnitt zweier Ternärvektoren

<u>Ziel</u>: Es ist der Durchschnitt $\underline{d}$ (DA, DB) zweier nichtorthogonaler Ternärvektoren t_1 (TVA 1,
TVB 1) und t_2 (TVA 2, TVB 2) zu bilden.

<u>Operation:</u>

$$DA := TVA 1 \lor TVA 2 \qquad (5.8)$$
$$DB := TVB 1 \lor TVB 2 \qquad (5.9)$$

Algorithmus B5: Test auf Blockbildung

<u>Ziel</u>: Es ist festzustellen, ob der Ternärvektor $\underline{t}$ (TVA, TVB) mit einer Zeile der TVL T (A, B) zu einem Block vereinigt werden kann. Dies ist der Fall, wenn die zu vergleichenden Vektoren bis auf eine Stelle identisch sind und dort die Kombination 01 auftritt.

Operation:

$$B_i \not\vee TVB = 0 ? \tag{5.10}$$

Falls (5.10) nicht erfüllt ist, kann keine Blockbildung erfolgen.

$$\left| A_i \not\vee TVA \right| = 1 ? \tag{5.11}$$

Die Blockbildung ist nur möglich, falls (5.10) und (5.11) erfüllt sind.
($|\underline{x}|$ Anzahl der Einsen des Vektors $\underline{x}$.)

Algorithmus B6: Blockbildung

<u>Ziel</u>: Die Ternärvektoren $\underline{t}_1$ (TVA 1, TVB 1) und $\underline{t}_2$ (TVA 2, TVB 2) sind zum Ternärvektor $\underline{t}$ (TVA, TVB) zu verschmelzen.

Operation:

$$TVB := \overline{(TVA\,1 \not\vee TVA\,2)} \wedge TVB\,1 \tag{5.12}$$
$$TVA := TVA\,1 \wedge TVB \tag{5.13}$$

Algorithmus B7: Test auf Blocktausch

<u>Ziel</u>: Es ist festzustellen, ob ein Blocktausch (Änderung der Zusammenfassung von Belegungsvektoren innerhalb von zwei Ternärvektoren) zwischen dem Ternärvektor $\underline{t}$ (TVA, TVB) und einer Zeile der TVL T (A, B) möglich ist. Falls ja, sind zur Ausführung des Blocktausches die Vektoren SPS (Kennzeichnung der Spalte mit der Kombination (0- bzw. 1-)) und SPV (Kennzeichnung der Spalte mit der Kombination 01) bereitzustellen.

Operation:

$$SPS := TVB \not\vee B_i \tag{5.14}$$
$$\left| SPS \right| = 1 ? \tag{5.15}$$

Falls (5.15) nicht erfüllt ist, kann kein Blocktausch erfolgen.

$$SPV := (TVA \not\vee A_i) \wedge \overline{SPS} \tag{5.16}$$
$$\left| SPV \right| = 1 ? \tag{5.17}$$

Der Blocktausch ist nur möglich, falls (5.15) und (5.17) erfüllt sind.

Algorithmus B8: Blocktausch

<u>Ziel</u>: Es ist der Blocktausch zwischen den Vektoren $\underline{t}$ (TVA, TVB) und $\underline{t}_i$ (A_i, B_i) auszuführen.

Operation:

1. Zuordnung des größeren der beiden Blöcke zu (A_k, B_k):

$$TVB \wedge SPS = 0 ? \tag{5.18}$$

ja   nein

$(A_k, B_k) := (TVA, TVB)$	$(A_k, B_k) := (A_i, B_i)$
$(A_j, B_j) := (A_i, B_i)$	$(A_j, B_j) := (TVA, TVB)$

2. Blocktausch ausführen:

$$A_k := (\overline{A}_j \wedge SPS) \dotplus A_k \qquad (5.19)$$

$$B_k := SPS \dotplus B_k \qquad (5.20)$$

$$A_j := \overline{SPV} \wedge A_j \qquad (5.21)$$

$$B_j := \overline{SPV} \wedge B_j \qquad (5.22)$$

Algorithmus B9: Bestimmung der Lösungszahl

<u>Ziel:</u> Es ist die Lösungszahl LZ einer orthogonalen Ternärvektorliste T zu bestimmen, und
falls $LZ = 2^{|VV|}$ ($|VV|$ Anzahl der Einsen im Vorhandenvektor) ist, wird T durch
eine Strichzeile ersetzt.

<u>Operation:</u>

$$QS_i := |\overline{B}_i \wedge VV| \qquad (5.23)$$

$$LZ := \sum_{i=1}^{GZ} 2^{QS_i} \qquad (5.24)$$

Algorithmus B10: Negation nach de Morgan

<u>Ziel:</u> Von der Ternärvektorliste T mit der Interpretation (D(f), K(f), A(f) bzw. E(f)) ist die
TVL $\overline{T}$ mit der Interpretation (K($\overline{f}$), D($\overline{f}$), E($\overline{f}$) bzw. A($\overline{f}$)) zu bilden. Dies geschieht
durch Negation der Null- bzw. Einselemente in T.

<u>Operation:</u>

$$A_i := \overline{A}_i \wedge B_i \qquad (5.25)$$

Die Verarbeitung von Lösungsmengen Boolescher Gleichungen mit Programmen für Mengenoperationen und darüber hinausgehende Aufgabengebiete (s. etwa [10] [11] [12] [13]) ist neben
dem Lösen Boolescher Gleichungen die wesentlichste Voraussetzung zur Lösung eingangs
genannter Problemkreise. Als zweite Stufe des hierarchischen Algorithmensystems wurden
folgende neun Algorithmen für Mengenoperationen realisiert:

M1. Vereinigung von Ternärvektorlisten
M2. Durchschnitt zweier orthogonaler Ternärvektorlisten
M3. Differenz von Ternärvektorlisten
M4. symmetrische Differenz von Ternärvektorlisten
M5. Komplement der symmetrischen Differenz
M6. symmetrische Differenz zweier orthogonaler Ternärvektorlisten
M7. Komplementierung einer Ternärvektorliste
M8. Reduktion der Zeilenzahl (Blockbildung)
M9. Reduktion der Zeilenzahl (Blocktausch und Blockbildung).

Die Algorithmen M1 bis M7 beruhen alle auf dem Orthogonalisierungsprinzip. Sie unterscheiden sich intern im wesentlichen nur durch die Wahl der zu orthogonalisierenden Ternärvektoren. Die Algorithmen M8 und M9 ändern an der dargestellten Menge von Belegungsvektoren
einer orthogonalen TVL nichts. Es wird nur eine Darstellung der orthogonalen TVL gefunden,
die möglichst wenig Zeilen enthält. Resultat der Algorithmen M1 bis M9 sind stets orthogonale TVL, wobei die Orthogonalität der Ausgangsternärvektorlisten bei den Algorithmen
M1, (M3), M4, M5 und M7 nicht vorausgesetzt wird (D(f): M1, (M3), M7; A(f): M4, M5).

Im Algorithmus M1 wird für jedes nichtorthogonale Vektorpaar einer der Ternärvektoren
bezüglich des anderen orthogonalisiert. Dadurch gelangt man von einer nichtorthogonalen
Überdeckung der Menge X von Belegungsvektoren zu einer orthogonalen Zerlegung von X.
M2 arbeitet ausschließlich mit B1 und B4. Zur Bildung der Differenz $T_1 \setminus T_2$ (T_1 orth.) mit
M3 werden die Vektoren von T_1 bezüglich der Vektoren von T_2 orthogonalisiert. Zur Reali-

sierung der symmetrischen Differenz mit M4 werden für alle nichtorthogonalen Vektorpaare $\underline{t}_i, \underline{t}_j$ die Orthogonalisierungen von $\underline{t}_i$ bezüglich $\underline{t}_j$ und $\underline{t}_j$ bezüglich $\underline{t}_i$ vorgenommen, wobei in beiden Fällen $\underline{d}$ unberücksichtigt bleibt. Durch Anfügen einer Strichzeile (Negation in Antivalenzform) wird M5 auf M4 zurückgeführt. Unter Ausnutzung der Tatsache, daß von B3 sowohl die Vereinigungsmenge V als auch der Durchschnitt D geliefert wird, kann die symmetrische Differenz für zwei orthogonale TVL günstig nach

$$T_1 \triangle T_2 = (T_1 \cup T_2) \setminus (T_1 \cap T_2) \tag{5.26}$$

berechnet werden.

Die Verwendung von (5.26) in M6 führt im Mittel zu einer Verringerung der Rechenzeit auf etwa 75 % gegenüber M4. M7 wird auf M3 zurückgeführt; als T_1 ist eine Strichzeile zu verwenden. Mit M8 wird eine schnelle Reduzierung der Zeilenzahl durch Anwendung von B5, B6 und B9 erreicht. Da hierbei die Reihenfolge willkürlich gewählt wird und Zusammenfassungen von Blöcken nicht geändert werden, kann man im allgemeinen unter größerem Zeitaufwand eine weitere Reduzierung der Zeilenzahl erreichen. M9 baut diese Einflüsse durch die zyklische Anwendung von B5, B6 und B7, B8 ab.

In der dritten Stufe des hierarchischen Algorithmensystems werden Algorithmen zur Lösung der Booleschen Gleichungen (5.4) und (5.5) bereitgestellt, wobei $h(\underline{x})$ in den vier Grundformen (DF, KF, AF, EF) oder in beliebiger Form (BF) vorliegen kann.

Problemalgorithmen:

P1. Problem DF = 1
P2. Problem DF = 0
P3. Problem KF = 1
P4. Problem KF = 0
P5. Problem AF = 1
P6. Problem AF = 0
P7. Problem EF = 1
P8. Problem EF = 0
P9. Problem BF = 1
P10. Problem BF = 0 .

Ausgangspunkt für die Lösung sind die im allgemeinen nichtorthogonalen Ternärvektorlisten, die sich aus den Grundformen von $h(\underline{x})$ bzw. Teilen von $h(\underline{x})$ ergeben (s. Bild 5.2). Durch B10 werden die Probleme in KF und EF auf DF und AF zurückgeführt.

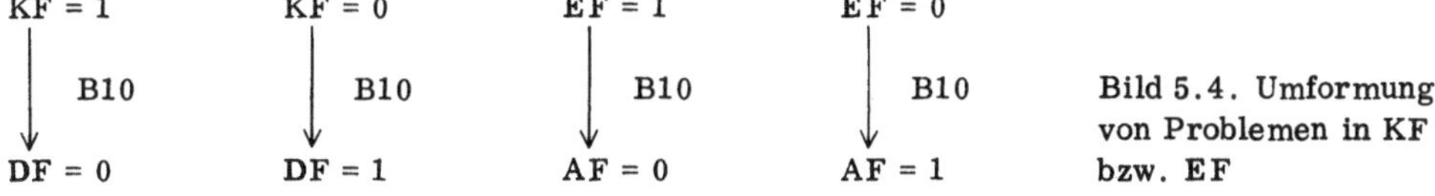

Bild 5.4. Umformung von Problemen in KF bzw. EF

Die Lösung der verbleibenden Probleme in Grundformen erfolgt direkt durch Anwendung der Mengenalgorithmen.

P1: M1 + M8 + M9
P2: M7 + M8 + M9
P5: M4 + M8 + M9
P6: M5 + M8 + M9 .

Beliebige Formen lassen sich stets in Grundformen zerlegen, welche zunächst gelöst werden, unter der Annahme, daß die rechte Seite den Wert 1 besitzt. Die entstandenen Lösungsmengen Boolescher Gleichungen werden unter Verwendung der Programme für Mengenoperationen verknüpft, wobei die Klammerstruktur und die zu realisierenden Booleschen Operationen zu berücksichtigen sind. Die den Booleschen Operationen mit obigen Voraussetzungen zugeordneten Mengenoperationen sind im Bild 5.5 dargestellt.

Negation	$\bar{f}$	- Komplementierung: $\overline{LF}$ (M7)
Disjunktion	$f \vee g$	- Vereinigung: $LF \cup LG$ (M1)
Konjunktion	$f \wedge g$	- Durchschnitt: $LF \cap LG$ (M2)
Antivalenz	$f \not\sim g$	- symmetrische Differenz: $LF \triangle LG$ (M6)
Äquivalenz	$f \sim g$	- Komplement der symmetrischen Differenz: $LF \overline{\triangle} LG$ (M5)
Implikation	$f \rightarrow g$	- Komplement/Vereinigung: $\overline{LF} \cup LG$ (M7/M1)

Bild 5.5. Boolesche Operation - Mengenoperation für $h_i(\underline{x}) = 1$

Nach der Ausführung aller erforderlichen Mengenoperationen erhält man bereits die Lösung von P9. In P10 schließt sich noch eine Komplementierung mit P2 an.

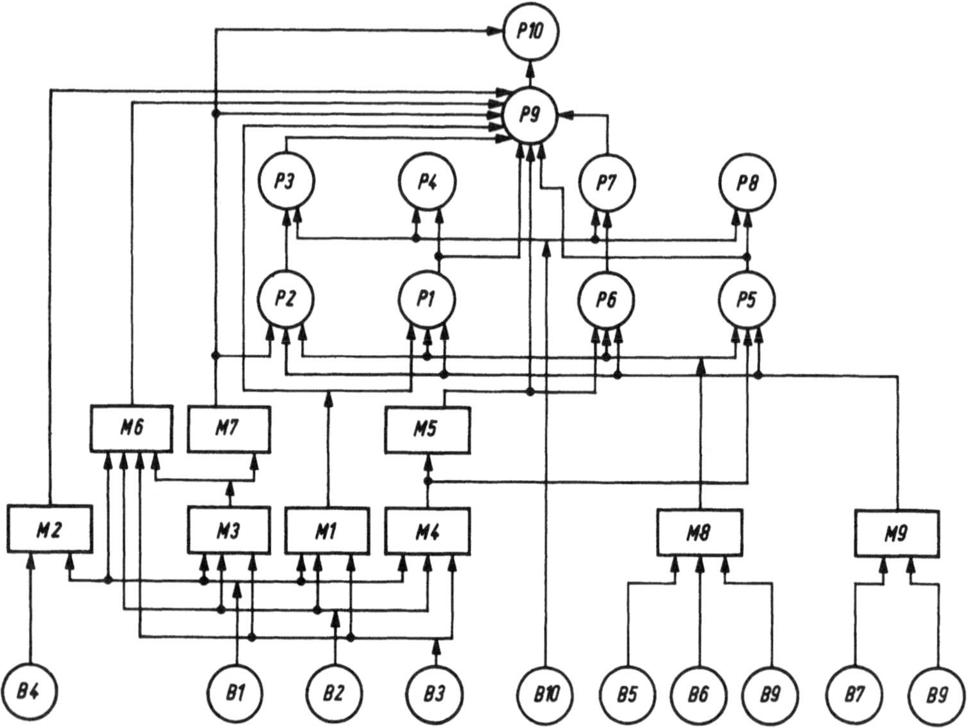

Bild 5.6. Struktur des modularen, dreistufig hierarchischen Algorithmensystems

5.2. Vergleich von Methoden zum Lösen Boolescher Gleichungen

In dem im Abschn. 5.1. vorgestellten Algorithmensystem haben Boolesche Gleichungen in den Grundformen den dominierenden Platz eingenommen. Boolesche Gleichungen in beliebiger Form wurden auf Boolesche Gleichungen in Grundformen zurückgeführt und erst nach deren Lösung unter Verwendung von Mengenoperationen vollständig gelöst. Diese Vorgehensweise sei im weiteren Methode I genannt.

Man kann sich aber auch auf den Standpunkt stellen, daß die Grundformen nur Sonderfälle der beliebigen Form sind und folglich in gleicher Weise wie beliebige Formen gelöst werden können. Zur Lösung Boolescher Gleichungen in beliebiger Form geht man von den Problemalgorithmen P9 bzw. P10 aus, läßt aber die Grundformen zu einzelnen Booleschen Variablen

$$\underbrace{\left[x_1 \,\&\, (x_2 \vee \bar{x}_3)\right]}_{KF = 1} \quad \not\vee \quad \underbrace{(\bar{x}_1 x_2 \vee x_3 x_4) = 1}_{DF = 1}$$

$$L_1 = \begin{array}{ccc} x_1 & x_2 & x_3 \\ \left[\begin{array}{ccc} 1 & 1 & - \\ 1 & 0 & 0 \end{array}\right] \end{array} \qquad L_2 = \begin{array}{cccc} x_1 & x_2 & x_3 & x_4 \\ \left[\begin{array}{cccc} 0 & 1 & - & - \\ 1 & - & 1 & 1 \\ 0 & 0 & 1 & 1 \end{array}\right] \end{array}$$

$$\underbrace{\phantom{L_1 = \begin{array}{ccc}1&1&-\end{array} \qquad L_2}}_{L = L_1 \,\triangle\, L_2}$$

$$L = \begin{array}{cccc} x_1 & x_2 & x_3 & x_4 \\ \left[\begin{array}{cccc} - & 0 & 1 & 1 \\ 1 & - & 0 & - \\ 0 & 1 & - & - \\ 1 & 1 & 1 & 0 \end{array}\right] \end{array}$$

Bild 5.7. Lösung einer Booleschen Gleichung in beliebiger Form nach Methode I

entarten. Damit entfällt die Aufgabe der Lösung Boolescher Gleichungen in Grundformen. Als Lösungsmengen für die Ausführung der Mengenoperationen verwendet man:

$$x_1 \longrightarrow \overset{x_i}{[1]} \qquad \text{bzw.} \qquad \bar{x}_i \longrightarrow \overset{x_i}{[0]} \,.$$

Die Reihenfolge für die abzuarbeitenden Mengenoperationen kann rechnerintern am besten durch die <u>inverse polnische Notation</u> bestimmt werden. Diese Vorgehensweise wird im weiteren als <u>Methode II</u> bezeichnet.

$$\left[x_1 \,\&\, (x_2 \vee x_3)\right] \not\vee (x_1 x_2 \vee x_3 x_4) = 1$$

inverse polnische Notation:

$$x_1 x_2 x_3 \vee \& \; x_1 x_2 \,\&\, x_3 x_4 \,\& \vee \not\vee$$

Zwischenlösung L_Z

$$L_Z = \begin{array}{ccc} x_1 & x_2 & x_3 \\ \left[\begin{array}{ccc} 1 & 1 & - \\ 1 & 0 & 0 \end{array}\right] \end{array}$$

Endlösung L

$$L = \begin{array}{cccc} x_1 & x_2 & x_3 & x_4 \\ \left[\begin{array}{cccc} 1 & - & 0 & - \\ - & 1 & 1 & 0 \\ 0 & 1 & 0 & - \\ 1 & 0 & 1 & 1 \\ 0 & - & 1 & 1 \end{array}\right] \end{array}$$

Bild 5.8. Lösung einer Booleschen Gleichung in beliebiger Form nach Methode II

Man vergleiche die Lösung nach Bild 5.8 mit der nach Bild 5.7; trotz unterschiedlicher Zusammenfassungen der Lösungsbelegungsvektoren werden natürlich gleiche Lösungsmengen beschrieben.

Die Entscheidung, ob Methode I oder II vorteilhafter ist, kann allein auf Grund der Kenntnis der Methoden nicht getroffen werden. Nur durch den experimentellen Vergleich von Rechenzeit und Speicherplatzbedarf unter Verwendung des gleichen Rechners und der gleichen

Programme für die Basis- und Mengenalgorithmen kann entschieden werden, welche der Methoden zu bevorzugen und wie das Leistungsverhältnis beider Methoden einzuschätzen ist. Bild 5.9 zeigt das Ergebnis des experimentellen Rechenzeitvergleichs der Methoden I und II.

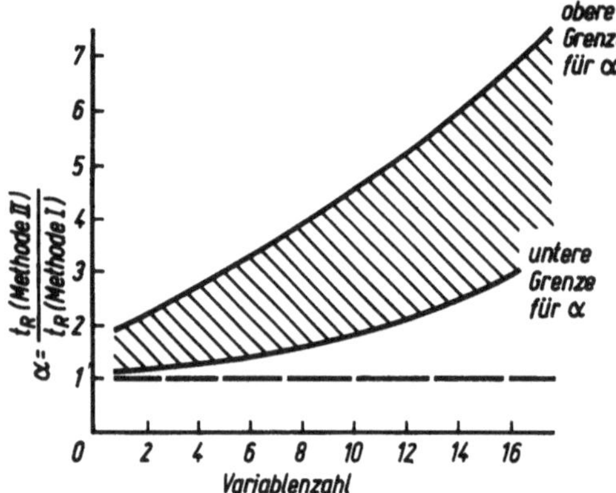

Bild 5.9. Rechenzeitvergleich der Methoden I und II

Aus Bild 5.9 wird deutlich, daß auf jeden Fall der Methode I der Vorzug gegeben werden sollte. Mit steigender Variablenzahl wird der Vorteil der Methode I gegenüber der Methode II immer deutlicher spürbar. Die experimentellen Untersuchungen haben auch ergeben, daß der Speicherplatzbedarf für die Ternärvektorlisten bei Verwendung der Methode I geringer ist. So konnten einige umfangreichere Boolesche Gleichungen bei gleichem verfügbarem Speicherplatz mit Methode I gelöst, jedoch nach Methode II nicht gelöst werden.

5.3. Parallele Verarbeitung — serielle Verarbeitung

Zur Lösung Boolescher Gleichungen und zur Verarbeitung von Lösungsmengen Boolescher Gleichungen existieren vom Verarbeitungsprinzip her drei Möglichkeiten:

a) parallele Verarbeitung
b) serielle Verarbeitung
c) Kombinationen mit unterschiedlichen Anteilen serieller und paralleler Verarbeitung.

Die parallele Verarbeitung hat den großen Vorteil, daß die rechnerintern vorhandene Verarbeitungsbreite von 8, 16, 32 oder 64 bit (je nach Rechnertyp) tatsächlich für die gleiche Anzahl Boolescher Variabler genutzt und damit ein erheblicher Gewinn an Rechenzeit erreicht wird. Wegen des exponentiellen Anstiegs der Komplexität ergeben sich jedoch für jeden Rechnertyp mit steigender Variablenzahl früher oder später Grenzen auf Grund des vorhandenen Speicherplatzes. Diese Grenzen können zwar durch geschickte Auslagerungsmethoden (Massenspeicher) nach oben verschoben werden, doch da sich mit jeder neu hinzukommenden Variable der erforderliche Speicherplatz etwa verdoppelt, wird das Problem nicht prinzipiell gelöst.

Diese Speicherplatzprobleme treten bei der seriellen Verarbeitung nicht auf. Jeder Lösungsvektor kann für sich berechnet und ausgegeben werden. Dafür wachsen jedoch die benötigten Rechenzeiten. Ein Programm zur Lösung Boolescher Gleichungen durch serielle Verarbeitung wäre somit ein ideales Hintergrundprogramm (geringer Speicherplatzbedarf, sehr lange Rechenzeit), jedoch für den Schaltungsentwurf im Dialogbetrieb völlig ungeeignet.

Ein Kompromiß zwischen diesen beiden Wegen besteht in der kombinierten parallel-seriellen Verarbeitung. Dabei wird von der Überlegung ausgegangen, die vorteilhafte Parallelarbeit für so viele Variablen zu realisieren, wie es der verfügbare Speicherplatz gestattet.

Das eigentlich zu lösende Problem wird dazu zunächst durch Festlegung der restlichen Variablen in Teilprobleme geringerer Variablenzahl aufgespalten, die dann seriell zu verarbeiten sind.

Experimentelle Ergebnisse der kombinierten parallel-seriellen Verarbeitung sind in [14] dokumentiert. Zwei aus [14] ausgewählte repräsentative Zeitmeßreihen enthält die Tafel 5.1.

Tafel 5.1. Rechenzeit t_R in Abhängigkeit von der parallel verarbeiteten Variablenzahl VZ_p

VZ_p	Antivalenzform = 0 mit Blockbildung Variablenzahl VZ = 16 VZ der Konjunktion = 5	disjunktive Form = 1 mit Blockbildung Variablenzahl VZ = 18 VZ der Konjunktion = 2
14		36,16 s
13		29,58 s
12	2 min 39,34 s	25,58 s
11	2 min 04,02 s	25,08 s
10	1 min 30,72 s	29,16 s
9	1 min 36,62 s	40,24 s
8	1 min 57,04 s	
7	3 min 00,66 s	

Aus Tafel 5.1 wird ersichtlich, daß eine optimale Variablenzahl der Parallelverarbeitung OVZ_p existiert. Für die qualitative Interpretation der experimentell gefundenen Zusammenhänge werden folgende Bezeichnungen eingeführt:

t_{Rk} Rechenzeit zur parallelen Verarbeitung von k Variablen

$^0t_{R(k-1)}$ Rechenzeit für das Teilproblem mit $x_k = 0$

$^1t_{R(k-1)}$ Rechenzeit für das Teilproblem mit $x_k = 1$.

1. Für $VZ_p < OVZ_p$ gilt

$$t_{Rk} < {}^0t_{R(k-1)} + {}^1t_{R(k-1)} . \tag{5.27}$$

Die Ursache für (5.27) besteht darin, daß das zu lösende Problem im allgemeinen nicht aus disjunkten Teilproblemen bezüglich x_k besteht und folglich gewisse Anteile des Ausgangsproblems doppelt gelöst werden.

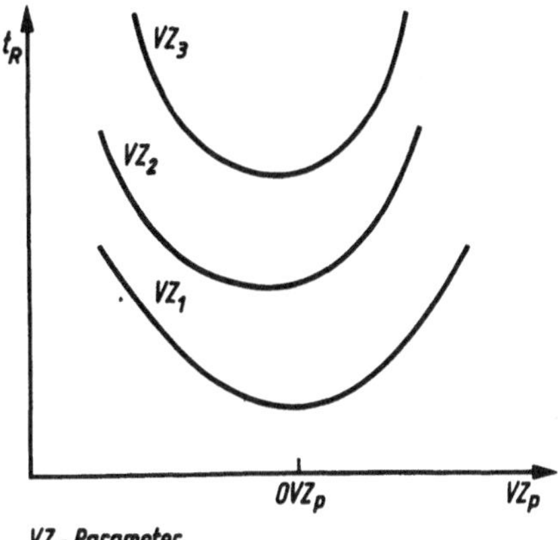

Bild 5.10. Qualitativer Rechenzeitverlauf für kombinierte parallel-serielle Verarbeitung

2. Für $VZ_p > OVZ_p$ gilt

$$t_{RK} > {}^0t_{R(K-1)} + {}^1t_{R(K-1)}.$$

(5.28)

Das inverse Verhalten der Rechenzeit für $VZ_p > OVZ_p$ ist darauf zurückzuführen, daß in diesem Bereich durch die Reduzierung der Variablenzahl um eine Variable eine wesentliche Einschränkung der Komplexität der zu lösenden Aufgabe eintritt. Es muß aber auch berücksichtigt werden, daß der Lösungsumfang bei der seriellen Lösung von Teilproblemen eingeschränkt wird (z.B. Minimierung nur über Teilräumen).

Der im Bild 5.10 dargestellte Rechenzeitverlauf hängt quantitativ von der Art des zu lösenden Problems, den Minimierungsanforderungen und der konkreten Aufgabenstellung ab. Für den Rechner KRS 4200 mit einer Wortbreite von 16 bit hat sich eine optimale Variablenzahl der Parallelverarbeitung $OVZ_p = 10 \ldots 14$ ergeben.

5.4. TVL-Sprache

Um Aufgabenstellungen aus den eingangs genannten Wissenschaftsgebieten zu lösen, sind nicht nur Algorithmen und Programme zum Lösen Boolescher Gleichungen, zur Ausführung von Mengenoperationen und zur Realisierung darüber hinausgehender Operationen (Boolescher Differentialkalkül, Graphenverarbeitung) erforderlich. Ein wesentlicher, für die Handhabbarkeit nicht zu unterschätzender Faktor besteht im möglichst einfachen sprachlichen Zugriff zu all diesen Komponenten.

In [15] wurde eine Sprache zur Beschreibung der Verarbeitungsvorschriften für Ternärvektorlisten (kurz: TVL-Sprache) vorgeschlagen und implementiert. Diese TVL-Sprache stellt sicher nur den Anfang auf dem Gebiet der Sprachen zur TVL-Verarbeitung dar; sie erreicht aber bereits eine bedeutende Leistungsfähigkeit.

Tafel 5.2. Befehlsliste der TVL-Sprache TVL-4200

Befehl	Bedeutung
Eingabeoperationen	
ESM form	Eingabe Gleichung Schreibmaschine
ELL form	Eingabe Gleichung Lochstreifenleser mit Liste
ELK form	Eingabe Gleichung Lochstreifenleser ohne Liste
EHS	Eingabe TVL aus Hauptspeicher
EIM wadr	Eingabe „Integer" Schreibmaschine nach wadr
Ausgabeoperationen	
ASM	Ausgabe TVL Schreibmaschine
AMD	Ausgabe TVL Mosaikdrucker
ALS	Ausgabe TVL Lochbandstanzer
AHS	Ausgabe TVL in Hauptspeicher
ATX tadr	Ausgabe Text tadr
ATW tadr	Ausgabe Text tadr mit Wartezustand
Transportoperationen	
SPM madr	Speichere TVL unter madr
LDM madr	Lade TVL madr
LDZ znr, madr	Lade Zeile znr aus TVL madr
LOM	Lade Leermatrix
Mengenoperationen	
BBT	Blockbildung, Blocktausch
NEG	Negation
NDM	Negation nach de Morgan
IMP madr	Implikation TVL-AC mit madr

Tafel 5.2 (Fortsetzung)

Befehl	Bedeutung
noch Mengenoperationen	
V madr	Vereinigung TVL-AC mit madr
D madr	Durchschnitt TVL-AC mit madr
A madr	Antivalenz TVL-AC mit madr
G madr	Äquivalenz (Gleichsetzen) TVL-AC mit madr
Graphenoperationen [9] [10]	
GPH KLL1	Kopplung L und L^{-1}
GPH VLL1	Vereinigung L und L^{-1}
GPH DLL1	Durchschnitt L und L^{-1}
GPH DFNF	Differential - Nachfolger
GPH NFKA	Nachfolgekanten
GPH NFPU	Nachfolgepunkte
GPH ANPU	Anfangspunkte
GPH BAPU	beliebiger Anfangspunkt
GPH WGL2	Wege der Länge 2
Operationen im Booleschen Differentialkalkül	
BDO DE var1	einfache Ableitung
BDO MAXE var1	einfaches Maximum
BDO MINE var1	einfaches Minimum
var1 darf nur eine Variable enthalten	
BDO DV var1	vektorielle Ableitung
BDO MAXV var1	vektorielles Maximum
BDO MINV var1	vektorielles Minimum
BDO DK var1	k-fache Ableitung
BDO MAXK var1	k-faches Maximum
BDO MINK var1	k-faches Minimum
BDO DELTA var1	Deltaoperator
BDO DF	totales Differential
BDO MAXF	totales differentielles Maximum
BDO MINF	totales differentielles Minimum
BDO DP var2	partielles Differential
BDO MAXP var2	partielles differentielles Maximum
BDO MINP var2	partielles differentielles Minimum
BDO DM var2	m-faches Differential
BDO MAXM var2	m-faches differentielles Maximum
BDO MINM var2	m-faches differentielles Minimum
BDO THETA var2	Thetaoperator
Hilfsoperationen	
SET var3	Setzen (Unterraumauswahl)
STR var1	Spalten streichen
BIT bnr, znr, bitw	Bitsetzen
Arithmetische Operationen	
LET wadr=w1§w2§w3 ...	
Programmverzweigungen	
JMP sadr	unbedingter Sprung
	bedingter Sprung bei:
JMP sadr, MLEER	TVL-AC = leer
JMP sadr, MEINS	TVL-AC = Strichzeile
JMP sadr, BNULL, bnr, znr, madr'	BIT im TVL = 0
JMP sadr, BEINS, bnr, znr, madr'	BIT in TVL = 1
JMP sadr, BNULL, bnr, wadr'	BIT in wadr' = 0

Tafel 5.2 (Fortsetzung)

Befehl	Bedeutung
noch Programmverzweigungen	
JMP sadr, BEINS, bnr, wadr′	BIT in wadr′ = 1
JMP sadr, w1 < w2	$[w1] < [w2]$
JMP sadr, w1 = w2	$[w1] = [w2]$
JMP sadr, w1 > w2	$[w1] > [w2]$
Return	
RET	Rücksprung ins System
Vereinbarungen	
nnnn MSA dwza	Vereinbarung TVL
nnnn BSA dwza	Vereinbarung Wert
nnnn ZHL dwza	Vereinbarung Zahl (Anfangswert)
nnnn TXT l/text	Vereinbarung Text
Abschluß des Programmlochbands	
# HALT	als letzte Zeile ablochen und mit (NL) abschließen

Das folgende Beispiel soll die Anwendung der TVL-Sprache illustrieren: Gegeben seien die Ternärvektorlisten $L(\underline{x}, \underline{y}, {}^1\underline{y})$ (Phasenliste eines entworfenen Automaten) und NB (Nebenbedingung). Die Nebenbedingung soll um die nicht benötigten $\underline{y}$-Belegungen erweitert werden:

$$NB_e = NB \vee \max_{(\underline{x}, {}^1\underline{y})}^{/\underline{x}, {}^1\underline{y}/} L(\underline{x}, \underline{y}, {}^1\underline{y}) . \qquad (5.29)$$

Unter Berücksichtigung dieser ergänzten Nebenbedingung ist die Realisierbarkeit von $L(\underline{x}, \underline{y}, {}^1\underline{y})$ (eindeutige Auflösbarkeit nach allen y_i) zu überprüfen, und eventuelle fehlerhafte Speicherübergänge sind auszugeben. Die Speicherübergangsfunktionen ${}^1y_i$ sind genau dann realisierbar, wenn gilt [19] [20]

$$\frac{\partial f}{\partial 1_{y_i}} \left[\max_{({}^1\underline{y} \setminus {}^1y_i)}^{/{}^1\underline{y} \setminus {}^1y_i/} L(\underline{x}, \underline{y}, {}^1\underline{y}) \right] \vee NB_e \equiv 1 . \qquad (5.30)$$

Ist (5.30) nicht identisch erfüllt, so bestimmt man alle Belegungen, die (5.30) verletzen (bezeichnet durch $F_{1_{y_i}}$). Alle fehlerhaften Speicherübergänge F ergeben sich zu

$$F = \bigvee_{i=1}^{m} F_{1_{y_i}} . \qquad (5.31)$$

Mit diesen theoretischen Voraussetzungen entsteht folgendes Programm in der TVL-Sprache:

LOM	} keine fehlerhaften Belegungen
SPM F	} $(\underline{x}, \underline{y})$
ATX TL	
EHS	} Eingabe $L(\underline{x}, \underline{y}, {}^1y)$
SPM L	
ATX TNB	
EHS	} Eingabe Nebenbedingung
SPM NB	
ATX TVY	
ESM D=1G	} Kennzeichnung $\underline{y}$-Variable (Großbuchstaben)
SPM AYV	

`        LDM  L`	Berechnung und Ausgabe der
`        BDO  MAXK AYV`	ergänzten Nebenbedingung
`        SPM  H`	
`        LDM  L`	
`        BDO  MAXK H`	
`        NEG`	
`        V    NB`	
`        SPM  NB`	
`        ATX  TENB`	
`        AHS`	
`        ATX  TV1Y`	Kennzeichnung der ^1y-Variable
`        ESM  D=1G`	(Großbuchstaben)
`        SPM  AYV`	
`        LET  I=1`	Zyklenorganisation für ^1y_i
`Z       JMP  YV,BNULL,I,1,AYV`	
`ZY      LET  I=I+1`	
`        JMP  Z,I<17`	
`        LDM  F`	Entscheidung realisierbar/
`        JMP  KF,MLEER`	nicht realisierbar wegen „F"
`        ATX  TF`	
`        AHS`	
`        RET`	– Ausgabe F –
`KF      ATX  TKF`	Rücksprung
`        RET`	
`YV      LOM`	
`        BIT  I,1,0`	
`        SPM  VYI`	Bereitstellung der Vektoren
`        LDM  AYV`	^1y_i und $^1y \setminus ^1y_i$
`        STR  VYI`	
`        SPM  RYV`	
`        LDM  L`	
`        BDO  MAXK RYV`	
`        BDO  DE VYI`	
`        V    NB`	Überprüfung der Realisierbarkeit
`        JMP  ZY,MEINS`	der ^1y_i und Akkumulieren von Fehl-
`        NEG`	belegungen $(\underline{x} \vee \underline{y})$
`        V    F`	
`        SPM  F`	
`        JMP  ZY`	
`F       MSA  1`	Definition
`L       MSA  1`	
`H       MSA  1`	
`NB      MSA  1`	
`AYV     MSA  1`	
`VYI     MSA  1`	
`RYV     MSA  1`	
`I       BSA  1`	
`TVY     TXT  7/KENNZ. Y-VAR.`	
`TV1Y    TXT  7/KENNZ. 1Y-VAR.`	
`TKF     TXT  6/REALISIERBAR`	
`TF      TXT  12/NICHT REALISIERBAR`	
`TL      TXT  5/L(X, Y, 1Y)`	
`TNB     TXT  8/NEBENBEDINGUNG`	
`TENB    TXT  13/ERGAENZTE  NEBENBEDINGUNG`	
`#HALT`	

Das Programm wird in dieser Form direkt vom Programmsystem DGS mit dem Zusatzmodul ABDG auf dem Rechner KRS 4200 abgearbeitet.

Am Beispiel des Entwurfs eines Automaten zur Schlittenbewegung einer Werkzeugmaschine wird die Anwendung des Programms in TVL-Sprache zur Überprüfung der Realisierbarkeit dargestellt.

<u>Aufgabenstellung</u>

Der Schlitten einer Werkzeugmaschine möge sich zwischen dem rechten und dem linken An-
schlag (ANR, ANL) hin- und herbewegen (Rechtslauf RL, Linkslauf LIL) und jeweils beim
Erreichen eines Anschlags anhalten. Die Fortsetzung der Schlittenbewegung erfolgt durch
Betätigung der Taste „EIN". An einer beliebigen Stelle kann der Schlitten durch Betätigung
der Taste „AUS" in Ruhestellung versetzt werden. Die Fortsetzung durch „EIN" darf an der
Bewegungsrichtung nichts ändern (geplanter Rechtslauf nach Ruhestellung RR, geplanter
Linkslauf nach Ruhestellung LIR).

<u>Phasenliste des Automaten</u>

RR	RR	/EIN
RR	RR	EIN&AUS
RR	RL	EIN&/AUS&/ANR
RR	LIR	EIN&/AUS&ANR
RL	RL	/AUS&/ANR
RL	RR	AUS
RL	LIR	/AUS&ANR
LIR	LIR	/EIN
LIR	LIR	EIN&AUS
LIR	LIL	EIN&/AUS&/ANL
LIR	RR	EIN&/AUS&ANL
LIL	LIL	/AUS&/ANL
LIL	LIR	AUS
LIL	RR	/AUS&ANL*

Die Phasenliste gewinnt man direkt aus der Aufgabenstellung. In der angegebenen Form
kann man die Phasenliste direkt mit dem Zusatzmodul GMTM in das Programmsystem
DGS [9] eingeben.

<u>Ausgabeprotokoll von GMTM</u>

X-Variable

EIN	A
AUS	B
ANR	C
ANL	D

Y-Variable

	FE
RR	00
RL	01
LIR	10
LIL	11
1	1Y-TVL

Eingabe der Nebenbedingung in DF = 1 (DGS)

cd!   – es können nicht beide Anschläge gleichzeitig betätigt werden
   ⟶ Filenummer FN: 2

L(X. Y, 1Y, Z) E"FN" <u>1</u>
NEBENBEDINGUNG E"FN" <u>2</u>
KENNZ. Y-VAR. <u>EF</u>!
ERGAENZTE NEBENBEDINGUNG A"FN" 13
KENNZ. 1Y-VAR. <u>GH</u>!
REALISIERBAR

Das Hinzufügen, Weglassen oder Ändern einer Phase der Phasenliste würde zur Ausschrift "NICHT REALISIERBAR" und der Ausgabe der fehlerhaften ($\underline{x}$, $\underline{y}$) Belegungen führen.

Ausgehend von den TVL 1 und 13 werden durch ein weiteres Programm in TVL-Sprache die minimierten Ansteuergleichungen für einen ausgewählten Flipfloptyp berechnet, die direkt hardwaremäßig realisiert werden können.

5.5. Erfahrungen mit implementierten Programmsystemen auf Klein- und Großrechnern

Das im Abschn. 5.1. vorgestellte Algorithmensystem bildet den Kern der Programmsysteme, die für den Kleinrechner „KRS 4200" und den ESER-Großrechner „EC 1040" implementiert wurden.

Im folgenden sollen die Leistungsparameter sowie Vor- und Nachteile beider Systeme gegenübergestellt werden.

Das Programmsystem DGS zur Verarbeitung Boolescher Gleichungen liegt als Maschinenkode-Lochstreifen vor. Es wird mit dem Anfangslader des KRS 4200 geladen und arbeitet autonom ohne Betriebssystem. Entsprechend der Wortbreite dieses Rechners werden bis zu 16 binäre Variable parallel verarbeitet. Das Programmsystem „LOESUNG BOOLESCHER DIFFERENTIALGLEICHUNGSSYSTEME" (DGS) bietet folgende Anwendungsmöglichkeiten:

(1) die Lösung Boolescher Gleichungen und Gleichungssysteme
(2) das Minimieren orthogonaler Ternärvektorlisten
(3) das Arbeiten mit Spalten von Ternärvektorlisten
(4) die Berechnung von Ableitungsoperationen und Differentialoperatoren des Booleschen Differentialkalküls
(5) die Integration von Operatoren des Booleschen Differentialkalküls
(6) die Lösung Boolescher Differentialgleichungen und Differentialgleichungssysteme
(7) die nichtorthogonale Blockbildung - Minimierung
(8) die Analyse von Grapheneigenschaften
(9) die Abarbeitung von Problemprogrammen in der TVL-Sprache TVL-4200
(10) die problemnahe Grapheneingabe
(11) die Lösung von Gleichungen mit unbegrenzter Variablenzahl
(12) die Implementierung von Anwenderprogrammen unter Nutzung von Systemkomponenten.

Dieses breite Anwendungsspektrum gestattet die multivalente Nutzung des Programmsystems DGS für kleine bis mittlere Problemstellungen. Der direkte Rechnerzugriff hat sich als vorteilhaft für die Problemlösungen erwiesen. Aus der Unabhängigkeit von allgemeinen Betriebssystemen resultieren zwei Vorteile:

1. maximale Hauptspeicherverfügbarkeit für Programme und Daten
2. problemloser Übergang auf andere Rechenanlagen vom Typ KRS 4200 mit einer Hauptspeichergröße $\geq$ 16 k Wörtern.

Der wesentlichste Nachteil des Kleinrechners KRS 4200, der dem weiteren Ausbau des Programmsystems DGS entgegenwirkt, ist der beschränkte Hauptspeicherplatz (16 k Wörter) und die minimale Ausstattung mit peripheren Geräten. Eine umfangreiche Dokumentation des Programmsystems DGS ist in [9] enthalten. Das Programmsystem „BOOLE" zur Lösung Boolescher Gleichungen mit dem ESER-Rechner „EC 1040" liegt als Assemblerquelltext, als System übersetzter Moduln und als ausführbarer Lademodul vor. Es arbeitet unter Steuerung

des Betriebssystems OS/ES und kann sowohl im Stapelbetrieb als auch interaktiv unter
Steuerung des Teilnehmersystems TSO genutzt werden. In der bestehenden Ausbaustufe ge-
stattet das Programmsystem „BOOLE" das Lösen Boolescher Gleichungen, die in beliebiger
Form vorliegen können. Es wurde für eine maximale Variablenzahl von 64 ausgelegt. Da der
Hauptspeicherbedarf für die Lösung Boolescher Gleichungen exponentiell mit der Variablenzahl wächst, hängt die tatsächliche Grenze für die Variablenzahl, die eine zu lösende Boolesche Gleichung enthalten darf, sehr stark von dem verfügbaren Speicherplatz ab.
Bei der ESER-Realisierung des Programmsystems zur Lösung Boolescher Gleichungen ergeben sich folgende Vorteile:

- Es sind größere Hauptspeicherkapazitäten gegenüber Kleinrechnerrealisierungen vorhanden (Hauptspeicherbegrenzungen durch technologische Gegebenheiten in Rechenzentren
  sind aber zu beachten).
- Durch den umfangreichen E/A-Gerätepark an ESER-Rechnern sind umfangreiche Service-
  funktionen im Programm realisierbar (z.B. Bibliotheksarbeit u.ä.).
- Durch die Nutzung von Teilnehmersystemen (TSO) ist eine außerordentlich effektive Arbeitsweise im Dialog möglich.

Im Prozeß der Lösung einer Booleschen Gleichung in beliebiger Form entsteht eine Vielzahl von Ternärvektorlisten, die entsprechend der Vorschrift der Booleschen Gleichung
weiter zu verknüpfen sind. Nimmt man die Verknüpfungsalgorithmen als gegeben hin, so
hängt das Verhältnis Rechenzeit zu Hauptspeicherressourcennutzung vor allem von der Realisierung des Aufbaus und der Verwaltung der Ternärvektorlisten ab. Das Programmsystem
„BOOLE" unterscheidet zwei Fälle der Verwaltung von Ternärvektorlisten:

a) Alle TVL werden resident gehalten.
b) Alle nicht für Akkumulatorfunktionen (Verknüpfungen, die gerade auszuführen sind) benötigte TVL werden auf E/A-Geräte ausgelagert.

   a) Residenter Fall. Im residenten Fall werden alle zum jeweiligen Zeitpunkt konstanten
(aus Zwischenergebnissen und berechneten Lösungen bestehenden) sowie die sich im aktuellen Lösungsprozeß im TVL-Akkumulator befindlichen Ternärvektorlisten HS-resident gehalten. Der verfügbare Datenspeicherbereich wird dazu in zwei Teile untergliedert, den
TVL-Akkumulator und den Bereich zum Speichern konstanter Ternärvektorlisten.

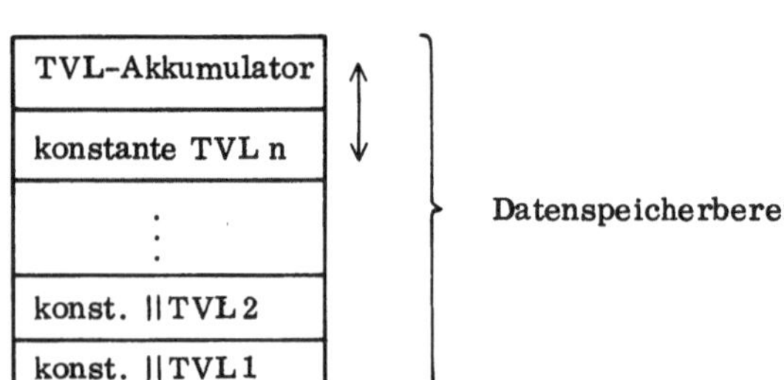

Bild 5.11. Qualitative Aufteilung
des Datenspeicherbereichs im
residenten Fall

   Die funktionelle Aufteilung des Datenspeicherbereichs erfolgt dynamisch, d.h., der nicht
für konstante TVL benötigte Datenspeicherbereich wird als TVL-Akkumulator zur Ausführung der Operationen bereitgestellt. Wird eine konstante TVL nicht mehr benötigt (sie wurde
für die Weiterverarbeitung bereitgestellt), so erfolgt sofort eine Verdichtung im Bereich der
konstanten Ternärvektorlisten und somit eine Vergrößerung des TVL-Akkumulators. Über-
lauf tritt ein, wenn der aktuell verfügbare TVL-Akkumulatorbereich zur Operationsausfüh-
rung nicht ausreicht.

Vorteil: schnelle Lösung, da alle Ternärvektorlisten resident sind.
Nachteil: aufwendige Adreßrechnung innerhalb der dynamischen Bereiche, insbesondere bei
          den Verdichtungsfunktionen.

   b) Transienter Fall. Im transienten Fall wird der gesamte Datenspeicherbereich als TVL-
Akkumulator verwendet. Es sind also immer nur die gerade zur Verarbeitung notwendigen

Ternärvektorlisten resident. Alle konstanten Ternärvektorlisten werden auf Plattenarbeits-
dateien ausgelagert (sofern sie als Zwischenergebnis zu interpretieren sind) oder unter einem
Namen als Magnetband- oder Wechselplattendatei abgespeichert. Durch diese Namen besteht
die Möglichkeit des Zugriffs auf die entsprechenden Ternärvektorlisten für ihre weitere Verarbeitung.

Vorteil: Es kann ein wesentlich größerer Hauptspeicherbereich als TVL-Akkumulator ge-
           nutzt werden; folglich sind Boolesche Gleichungen größerer Variablenzahl lösbar.
Nachteil: Es ergeben sich höhere Laufzeiten auf Grund der Auslagerungsverluste.

Der zweite wesentliche Faktor, der die erforderliche Hauptspeichergröße in starkem
Maße beeinflußt, ist der Prozeß des Aufbaus der Ternärvektorlisten. Eine positive Beeinflussung dieses Faktors ergibt sich unter Berücksichtigung der Ergebnisse des Abschnitts 5.2.

5.6. Berechnung von Funktionswerten Boolescher Funktionen
— der Mikrorechner als Automat

Das Problem der Berechnung der Funktionswerte Boolescher Funktionen entsteht bei jeder
digitalen Steuerung. Bild 5.12 zeigt eine mögliche Hardwarelösung für einen Automaten.

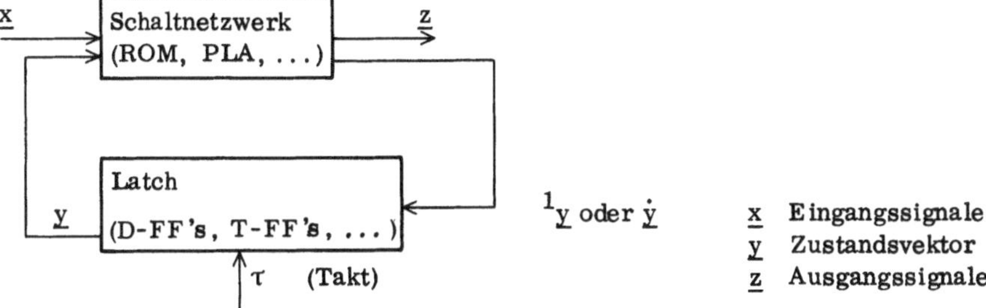

Bild 5.12. Hardwarelösung für einen Automaten

Im Latch wird der aktuelle Zustandsvektor $\underline{y}$ eine Taktperiode lang gespeichert und danach
durch eine neuen Zustandsvektor $^1\underline{y}$ ersetzt. Bei Verwendung von T-FF's als Zustandsspeicher
muß vom Schaltnetzwerk der Vektor $\dot{\underline{y}}$ erzeugt werden, der die auszuführenden Änderungen
des Zustandsvektors beschreibt. Das Verhalten wird durch folgende Boolesche Gleichungssysteme beschrieben:
in sequentieller Darstellung

$$^1\underline{y} = \underline{\delta}(\underline{x}, \underline{y})\tag{5.32}$$

$$\underline{z} = \underline{\lambda}(\underline{x}, \underline{y})$$

in differentieller Darstellung

$$\dot{\underline{y}} = \underline{\delta}^*(\underline{x}, \underline{y})\tag{5.33}$$

$$\underline{z} = \underline{\lambda}(\underline{x}, \underline{y}) ,$$

wobei die Beziehung gilt

$$\dot{y}_i = y_i \oplus {}^1y_i .\tag{5.34}$$

Das Kernproblem bei der Realisierung binärer Steuerungsaufgaben ist das Berechnen der
Funktionswerte Boolescher Funktionen. Diese Aufgabe kann im Mikrorechner auf verschie-
dene Art und Weise verwirklicht werden.
Eine erste Methode besteht in der direkten Maschinenprogrammierung der Booleschen
Funktionen auf der Basis logischer Befehle, Testbefehle und bedingter Sprünge. Diese Me-

thode hat den Vorteil, daß man bei optimaler Programmierung kurze Verarbeitungszeiten erreicht.

Der wesentlichste Nachteil ist in dem relativ hohen Aufwand zur Programmerstellung für jede neue Boolesche Funktion zu sehen.

Als alternative Methoden wurden die Einzelbitverarbeitung [16] und die TVL-Interpretation [17] ausführlich untersucht. Beide Methoden gehen davon aus, daß sich der Eingabevektor $\underline{x}$ mit fester Variablenzuordnung bereits im Speicher befindet und der Ergebnisvektor auf einem anderen Speicherbereich abgelegt werden soll. Untersuchungen zur Realisierung der Ein- und Ausgabe wurden in [18] vorgenommen.

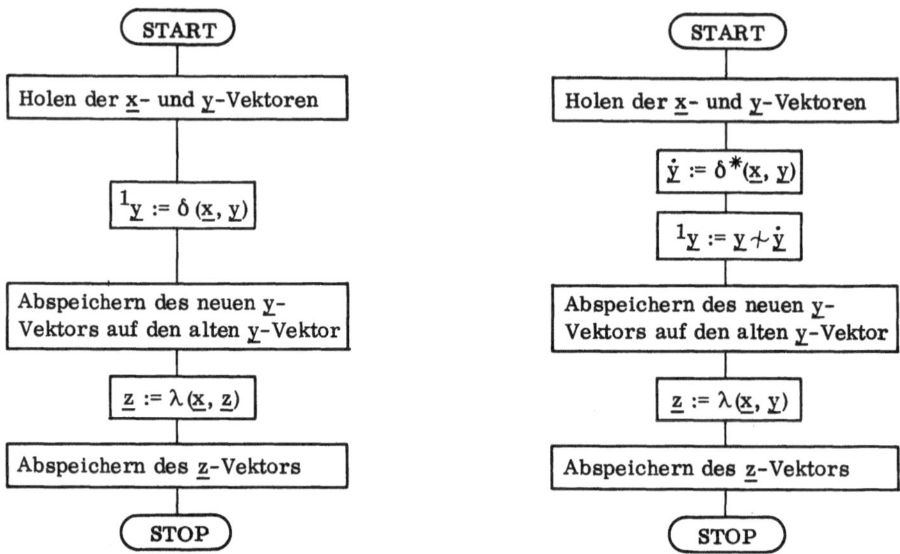

Bild 5.13. Softwarerealisierung binärer Automaten

Bei der Einzelbitverarbeitung werden die Booleschen Funktionen unverändert als Text (CCITT-Kode Nr. 5) im Speicher des Mikrorechners abgelegt.

Beispiel. $z\emptyset = x\emptyset/x1 \vee x4 + x3/x\emptyset(x2 \vee x3/x1 = x7)$.

Das in [16] vorgeschlagene Programm ist in der Lage, die Funktionswerte beliebiger Boolescher Funktionen zu berechnen. Dabei werden folgende Prioritäten berücksichtigt:

1. Klammern   (,)
2. Negation   /
3. Konjunktion (kein Zeichen zwischen zwei Variablen)
4. Disjunktion $\vee$
5. Antivalenz   +
6. Äquivalenz   =

Bild 5.14 zeigt das prinzipielle Vorgehen bei der Einzelbitverarbeitung.

Die Funktionswertberechnung erfolgt bei der Einzelbitverarbeitung auf der Basis eines Kellerautomaten, mit dem jeweils zwei binäre Konstanten der duplizierten Funktion verknüpft werden. Die Methode der Einzelbitverarbeitung erfordert zwar mehr Rechenzeit als die direkte Funktionswertberechnung; sie hat aber den großen Vorteil, daß beliebige Boolesche Funktionen ohne Vorverarbeitung zur Realisierung der Steuerungsaufgabe mit einem Mikrorechner verwendet werden können. Die Einzelbitverarbeitung kann folglich überall dort vorteilhaft angewendet werden, wo keine zeitkritischen Prozesse zu steuern sind.

Im Gegensatz zur Einzelbitverarbeitung werden die Booleschen Funktionen bei der Methode der TVL-Interpretation maschinell vorverarbeitet, d.h., die Funktionen, die in dis-

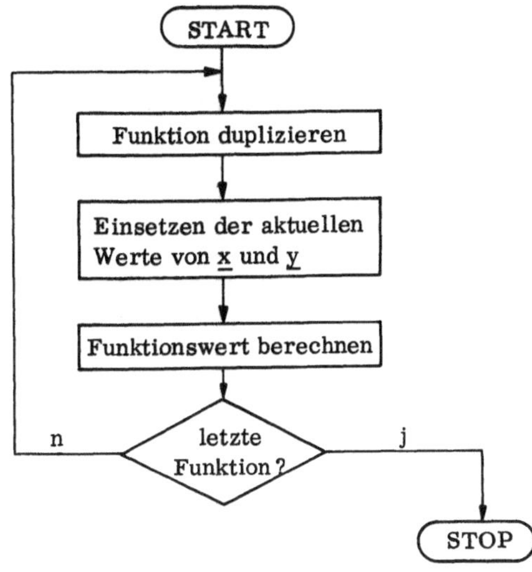

Bild 5.14. Grobstruktur der
Einzelbitverarbeitung

junktiver, konjunktiver, antivalenter oder äquivalenter Form vorliegen können, werden als
Ternärvektorlisten, verbunden mit notwendigen Steuerinformationen, dargestellt. Für das
rechnerinterne Speichern der Elemente „0", „1" und „-" wird die bereits im Abschn. 1. angegebene Kodierung mit den Elementen A und B verwendet. Diese Art der Kodierung gestattet
eine sehr schnelle Funktionswertberechnung. Eine Konjunktion K_i (Disjunktion D_i) nimmt für
einen Belegungsvektor BV($\underline{x}$, $\underline{y}$) genau dann den Wert 1(0) an, wenn gilt

$$(BV \nleftarrow A_i) \wedge B_i = 0 \ . \tag{5.35}$$

Der TVL-Interpreter aus [17] führt die Berechnung von (5.35) byteweise aus, wobei immer
dann, wenn (5.35) nicht erfüllt wird, alle folgenden Bytes der aktuellen TVL-Zeile über-
gangen werden können. Diese byteweise Verarbeitung erlaubt die Verwendung beliebig breiter
Ternärvektorlisten.

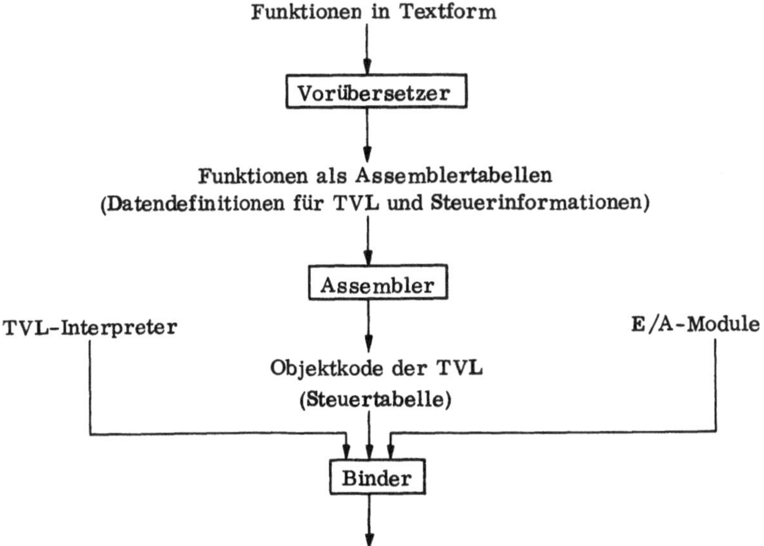

Bild 5.15. Verarbeitungsschritte nach der Methode der TVL-Interpretation

Die Rechengeschwindigkeit ist nach der Methode der TVL-Interpretation proportional
$]\frac{1}{8}$ Variablenzahl$[$ (für 8-bit-Mikrorechner) und proportional der Zeilenzahl der Ternär-
vektorliste. Im Vergleich zur Einzelbitverarbeitung wird eine um den Faktor 10 geringere
Rechenzeit benötigt. Die Größenordnungen der Rechenzeiten der direkten Methode und der
Methode der TVL-Interpretation stimmen für Normalformen Boolescher Funktionen überein.

Der wesentlichste Vorteil der Methode der TVL-Interpretation gegenüber der direkten
Methode besteht in dem wesentlich geringerem Aufwand bei der Programmerstellung für
eine Mikrorechnersteuerung.

Die Anwendung von Ternärvektorlisten für den Schaltungsentwurf bietet darüber hinaus
noch einen weiteren entscheidenden Vorteil. Die formale Darstellung Boolescher Funktionen
als TVL und das für TVL existierende exakte mathematische Fundament gestatten es, TVL
nicht nur als Ausgangspunkt für Softwarerealisierungen (Mikrorechnersteuerungen), sondern
auch für Hardwarerealisierungen (RLA, ROM, Steckkartensysteme usw.) anzuwenden [21].

6. Vergröberung von Graphen

F. U. Simon

6.1. Einführung

Graphen sind auf sehr vielen Gebieten von Wissenschaft und Technik zu einem unentbehrlichen
Hilfsmittel geworden. Insbesondere eigenen sie sich als Modellvorstellungen für Sachverhalte
und Prozesse, die Zusammenhänge oder Wechselwirkungen ausdrücken. Im Problemkreis
der Mikroelektronik beispielsweise ist die Vielfalt an Graphenmodellen kaum zu überblicken;
es seien nur solche Begriffe genannt wie Blockschaltbilder, Signalflußgraphen, Programm-
ablaufpläne, Petri-Netze, Zustandsgraphen usw. [1]. Die Aufgabenstellungen, die mit Hilfe
von Graphen gelöst werden sollen, lassen sich im allgemeinen zusammenfassen unter den
Begriffen Analyse und Synthese von strukturellen oder funktionellen Zusammenhängen bzw.
Wechselwirkungen, die in Form von Graphen erfaßt sind. Um solche Aufgaben zu lösen, benötigt man eine rechnerfreundliche Notation für Graphen und effektive Werkzeuge zu deren
Untersuchung.

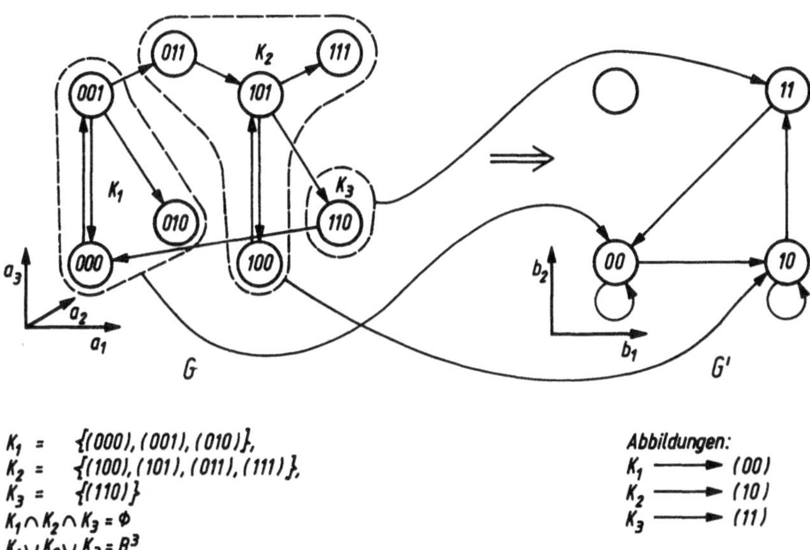

Bild 6.1. Transformation des Graphen G aus B^3 in B^2, die Knoten von G' entsprechen den
Klassen von G

In den letzten Jahren, im Ergebnis der umfassenden Untersuchung und Behandlung Boole-
scher Gleichungen und Differentialgleichungen [2] sowie des Nachweises ihrer algorithmischen
Lösbarkeit [3] [4], zeigte sich der enge Zusammenhang von Graphen und Lösungsmengen
Boolescher Gleichungen und Differentialgleichungen.

Dieser Zusammenhang wird im Abschn. 6.2. kurz umrissen.

Unter Vergröberung von Graphen versteht man Manipulationen, die den Informationsgehalt
der Graphen als Modelle für Sachverhalte oder Prozesse reduzieren. Bei diesen Vergröberungen entstehen Graphen, die aus weniger Elementen (Knoten, Kanten) bestehen als die ursprünglichen Graphen. Sie werden als Makrographen bezeichnet.

Je nach Art der Vergröberung werden in den Makrographen bestimmte strukturelle Eigenschaften der Graphen widergespiegelt. Teilweise ist dabei die Einbettung der Graphen in den Booleschen Raum B^k [5] (d.h. die Kodierung der Knoten) von Einfluß, so daß durch die Vergröberung Aussagen über die Lage des Graphen im Raum B^k getroffen werden können. Wichtige Arten der Vergröberung, die im Abschn. 6.3. behandelt werden, sind

1. Projektionen in Graphen entlang bestimmter Richtungen
2. Transformationen von Graphen in andere Graphen.

Alle Betrachtungen in dieser Arbeit beschränken sich bewußt auf endliche gerichtete Graphen. Ungerichtete Graphen können bei Ersetzen jeder Kante durch zwei antiparallele gerichtete Kanten in gerichtete Graphen übergeführt werden.

6.2. Beschreibung von Graphen durch Boolesche Differentialgleichungen

Der im folgenden benutzte Kalkül ist in [6] [7] und ausführlich in [2] dargestellt. Symbolik und Bezeichnungen werden von dort übernommen. Ausgangspunkt für die Betrachtungen ist die Tatsache, daß jeder endliche Graph (im allgemeinen auf verschiedene Weise) in einen Raum B^k genügend großer Dimension eingebettet werden kann, so daß eine eineindeutige Abbildung der Knoten in die Punktmenge von B^k existiert. Jeder Punkt in B^k wird dabei durch einen Binärvektor $\underline{a} = (a_1, a_2, \ldots, a_k)$ repräsentiert.

Es läßt sich stets über B^k eine Funktion q_1 angeben mit

$$q_1(\underline{a}) = 0 , \tag{6.1}$$

so daß die Lösungsmenge von (6.1) genau die den Graphenknoten zugeordneten Raumpunkte beschreibt.

Durch Erweiterung von B^k um die Differentiale („Richtungsvariablen")
$\underline{da} = (da_1, da_2, \ldots, da_k)$ zu $(B^k \times dB^k)$ kann nunmehr eine eineindeutige Abbildung der Graphenkanten in die Punkt-Richtungs-Tupel $(\underline{a}, \underline{da})$ von $(B^k \times dB^k)$ erfolgen. Damit ist über $(B^k \times dB^k)$ eine Funktion (Differentialform) q_2 angebbar mit

$$q_2(\underline{a}, \underline{da}) = 0 . \tag{6.2}$$

Die Lösungsmenge von (6.2) beschreibt genau die Kanten des Graphen.

Die Vereinigung der beiden Gleichungen (6.1) und (6.2)

$$\varphi(\underline{a}, \underline{da}) = q_1(\underline{a}) \vee q_2(\underline{a}, \underline{da}) = 0 \tag{6.3}$$

bildet eine spezielle Klasse Boolescher Differentialgleichungen, die wie gewöhnliche Boolesche Gleichungen gelöst werden können (s. [6]). Jede solche Gleichung beschreibt vollständig und eindeutig einen gegebenen Graphen der obengenannten Art; und jeder beliebige derartige Graph ist durch eine Gleichung der Form (6.3) beschreibbar. Deshalb werden Gleichungen dieses Typs im folgenden und in vielen anderen Veröffentlichungen als „Graphengleichungen" bezeichnet. Durch eine nur quantitativ (auf die Zahl der binären Variablen) wirkende Erweiterung von (6.3) können Bewertungen der Knoten und Kanten mit in die Betrachtungen einbezogen werden. Die erweiterte Gleichung hat dann die Form

$$q_3(\underline{a}, \underline{da}, \underline{b}) = 0 , \tag{6.4}$$

wobei die Binärvektoren $\underline{b}$ die Knoten- oder/und Kantenbewertung repräsentieren.

Mit der Graphengleichung wird das Problem der Graphennotation vollständig auf den Kalkül der Booleschen Gleichungen und Differentialgleichungen zurückgeführt, dessen umfangreiche theoretische, algorithmische und rechentechnische Mittel somit uneingeschränkt genutzt werden können [2] [3] [4] [8].

6.3. Hauptalgorithmus

Im allgemeinsten Sinne kann man unter der Vergröberung von Graphen alle jene Manipulationen an diesen Objekten verstehen, die deren Struktur komprimieren, „gröber" werden
lassen und dadurch natürlich die Detailliertheit und Genauigkeit der damit ausgedrückten
Modellvorstellungen reduzieren. Solch eine Informationsreduktion eines Graphenmodells
ist der abstrakte Hintergrund für zahlreiche technische Aufgabenstellungen im Analyse-
und Syntheseprozeß. Im Abschn. 6.4. wird angedeutet, wie Methoden der Graphenvergrö-
berung Probleme des Schaltungsentwurfs rechnergestützt lösen können.

Arten der Vergröberung von Graphen sind natürlich auch die Bildung von Teil- oder Un-
tergraphen zu einem gegebenen Graphen. Da diese beiden Arten jedoch mit Graphengleichung
und Gleichungskalkül vergleichsweise trivial zu behandeln sind, erfolgt im weiteren eine
Konzentration auf Projektionen und Transformationen von Graphen.

Werkzeuge beim Vollziehen dieser Vergröberungen sind Graphengleichungen und der
Boolesche Differentialkalkül.

6.3.1. Projektionen in Graphen

Ausgehend von Graphen, die in einem Booleschen Raum B^k geeigneter Dimension eingebettet
sind, wird in [2] eine ihrem Charakter nach senkrechte Parallelprojektion entlang bestimmter Koordinatenachsen definiert, d.h. eine Projektion auf Boolesche Unterräume B^{k-1}. Diese
Projektion ist mehrmals hintereinander in verschiedenen Koordinatenrichtungen möglich.
Wegen der Eigenschaften der nichtlinearen Ableitungsoperation Minimum wird die Graphenprojektion auf eine Anwendung dieses Operators zurückgeführt. Die Graphen G werden durch
ihre Gleichungen vom Typ (6.3) angegeben.

Die weiteren Beziehungen und deren Interpretation sind aus [2] übernommen.

G sei in den Raum B^k eingebettet, d.h., seine Knoten sind auf Binärvektoren
$\underline{a} = (a_1, \ldots, a_{i-1}, a_i, a_{i+1}, \ldots, a_k)$ abgebildet.

Die Gleichung

$$\varphi_{a_i}(a_1, \ldots, a_{i-1}, a_{i+1}, \ldots, a_k, da_1, \ldots, da_{i-1}, da_{i+1}, \ldots, da_k)$$

$$= \min_{a_i, da_i}{}^2 \varphi(\underline{a}, \underline{da}) = 0 \tag{6.5}$$

beschreibt G_{a_i}, den in Richtung der Koordinate a_i, d.h. in einen Raum B^{k-1}, projizierten
Graphen G.

Der Graph G_{a_i} enthält eine Kante von $(a_1, \ldots, a_{i-1}, a_{i+1}, \ldots, a_k)$ nach $(a_1^*, \ldots, a_{i-1}^*,$
$a_{i+1}^*, \ldots, a_k^*)$ genau dann, wenn in G eine Kante von $(a_1, \ldots, a_{i-1}, a_i, a_{i+1}, \ldots, a_k)$ nach
$(a_1^*, \ldots, a_{i-1}^*, a_i^*, a_{i+1}^*, \ldots, a_k^*)$ entweder für

1. $a_i = a_i^*$ (d.h. innerhalb der Unterräume $a_i = 0$ und $a_i = 1$)

oder

2. $a_i = \bar{a}_i^*$ (d.h. zwischen den Unterräumen $a_i = 0$ und $a_i = 1$)

oder

3. $a_i = \bar{a}_i^*$ und $a_j^* = a_j$, $j \neq i$ (d.h. zwischen Punkten, die sich nur in a_i unterscheiden)

vorhanden ist. Der Fall 3 führt in G_{a_i} zu neuentstehenden Schleifen.

Eine mehrfach hintereinander ausgeführte Projektion in die Koordinatenrichtungen

$$(a_i, \ldots, a_{i+j}) = \underline{a}_0 \in \underline{a}, \qquad j \leq k,$$

hat die Gleichung

$$\varphi_{\underline{a}_0}(a_1, \ldots, a_i, a_{i+j+1}, \ldots, a_k, da_1, \ldots, da_i, da_{i+j+1}, \ldots, da_k)$$

$$= \min_{\underline{a}_0, \underline{da}_0}^{2j} \varphi(\underline{a}, \underline{da}) = 0 \tag{6.6}$$

zum Inhalt. Der entstehende Graph $G_{\underline{a}_0}$ ist in B^{k-j} eingebettet.

Beispiel 1. Gegeben sei der Graph G mit der Gleichung

$$\varphi(a_1, a_2, a_3, da_1, da_2, da_3) = da_2\overline{da}_3 \vee a_1 da_1 \vee a_3\overline{da}_2 \vee a_1\overline{a}_2\overline{da}_3 \vee \overline{a}_2 da_1 da_3$$
$$\vee a_2 da_1\overline{da}_2 \vee a_2\overline{da}_2 da_3 \vee \overline{a}_1 a_2\overline{da}_1 da_2 = 0 .$$

Die Projektionen G_{a_1}, G_{a_2} und G_{a_3} sowie G_{a_1, a_2} und G_{a_1, a_3} sind zu ermitteln. Es gilt
nach (6.5):

$$\varphi_{a_1}(a_2, a_3, da_2, da_3) = \min_{a_1, da_1}^2 \varphi(a_1, a_2, a_3, da_1, da_2, da_3) = 0$$

$$\varphi_{a_2}(a_1, a_3, da_1, da_3) = \min_{a_2, da_2}^2 \varphi(a_1, a_2, a_3, da_1, da_2, da_3) = 0$$

$$\varphi_{a_3}(a_1, a_2, da_1, da_2) = \min_{a_3, da_3}^2 \varphi(a_1, a_2, a_3, da_1, da_2, da_3) = 0$$

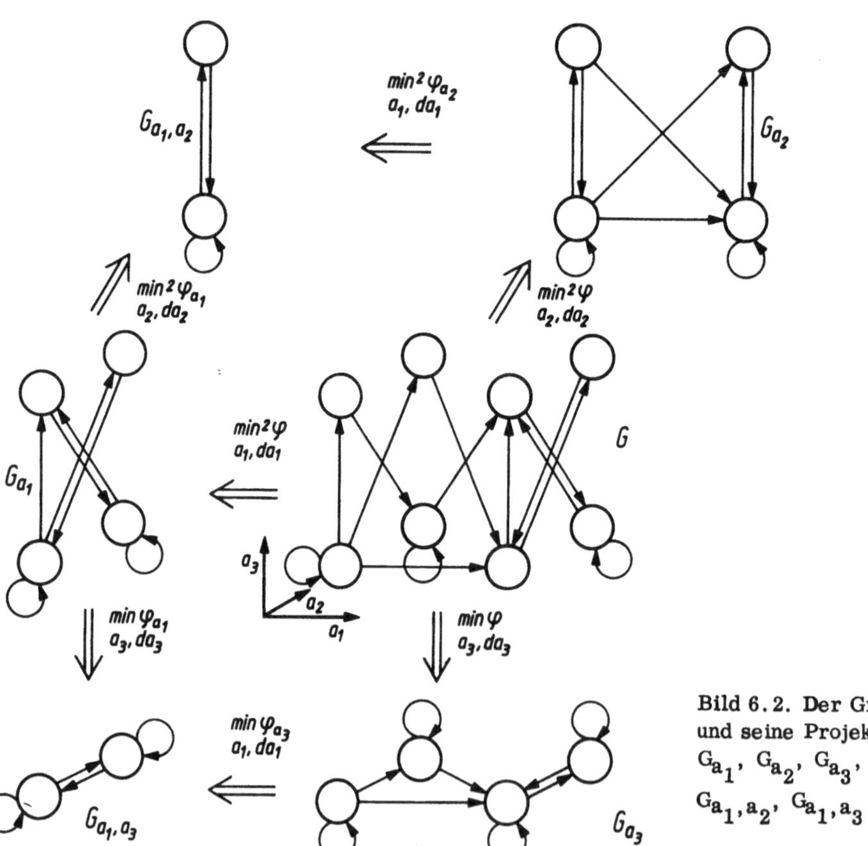

Bild 6.2. Der Graph G
und seine Projektionen
G_{a_1}, G_{a_2}, G_{a_3},
G_{a_1, a_2}, G_{a_1, a_3}

bzw. nach (6.6):

$$\varphi_{a_1, a_2}(a_3, da_3) = \min_{a_1, a_2, da_1, da_2}^4 \varphi(a_1, a_2, a_3, da_1, da_2, da_3) = 0$$

$$\varphi_{a_1, a_3}(a_2, da_2) = \min_{a_1, a_3, da_1, da_3}^4 \varphi(a_1, a_2, a_3, da_1, da_2, da_3) = 0 \; .$$

Bild 6.2 zeigt den Graphen G und die ermittelten Projektionen.

6.3.2. Transformation von Graphen

Im Unterschied zu Abschn. 6.3.1., wo Graphen entlang der Koordinaten des Booleschen Raumes auf einen Booleschen Unterraum projiziert wurden, soll hier der allgemeinere Fall der Transformation von Graphen in Boolesche Unterräume betrachtet werden. Dabei wird unter Transformation die Abbildung von disjunkten Knotenklassen eines Graphen (Klassenbildung nach bestimmten Eigenschaften, etwa Zusammenhangskomponenten o. ä.) auf je einen Knoten des „Makrographen" verstanden. Die Transformation der Kanten erfolgt so, daß alle Kanten innerhalb der Knotenklassen übergehen in Schleifen an den „Makroknoten" und Kanten zwischen den Klassen in Kanten zwischen den entsprechenden „Makroknoten".

Bild 6.1 soll den Sachverhalt illustrieren.

Die Transformation einer bestimmten Struktur in B^k (d.h. einer Zerlegung von B^k in disjunkte Klassen) in einen festgelegten Raum B^i, $i < k$, ist unter Beachtung der Richtungstransformation (Erhaltung der Kanten) unabhängig vom konkreten Graphen G. Für jede solche Raumtransformation kann eine Transformationsgleichung

$$T(\underline{a}, \underline{da}, \underline{b}, \underline{db}) = 0 \tag{6.7}$$

aufgestellt werden, die mit der Graphengleichung eines beliebigen Graphen G im entsprechenden Raum verknüpft wird, um den transformierten Graphen G' zu erhalten.

Allgemein läßt sich für den Zusammenhang von

$$\varphi(\underline{a}, \underline{da}) = 0 \tag{6.8}$$

und

$$\varphi'(\underline{b}, \underline{db}) = 0$$

formulieren:

$$\varphi'(\underline{b}, \underline{db}) = \min_{\underline{a}, \underline{da}}^{2k} (\varphi(\underline{a}, \underline{da}) \vee T(\underline{a}, \underline{da}, \underline{b}, \underline{db})) = 0 \; . \tag{6.9}$$

Im folgenden soll die Transformationsgleichung (6.7) in Abhängigkeit von der ursprünglichen und gesuchten Raumstruktur ermittelt werden.

Es wird davon ausgegangen, daß jede Knotenklasse des Graphen G (bzw. des Raumes von G) als eine Gleichung der Form

$$q_i(\underline{a}) = 0 \tag{6.10}$$

gegeben ist (s. Abschn. 6.2.). Gleichung (6.10) kann dabei Ergebnis von Operationen sein, die Knotenmengen mit bestimmten Eigenschaften im Graphen G beschreiben. Jeder Knoten des zu bestimmenden Graphen G' wird in analoger Weise zu (6.10) durch eine Gleichung

$$p_i(\underline{b}) = 0 \tag{6.11}$$

erfaßt. Einzige Lösung von (6.11) ist die jeweilige $\underline{b}$-Kodierung des betrachteten Knotens.

Der Index i steht für die konkrete Knotenklasse in G und den zugehörigen Knoten in G'.

Die Transformationsgleichung der Raumpunkte bzw. Knoten erhält man damit zu

$$\bigwedge_i (q_i(\underline{a}) \vee p_i(\underline{b})) = 0 \; . \tag{6.12}$$

Die Lösungsmenge von (6.12) beschreibt die Abbildung der Knoten aus G auf die Knoten von G'.

Zur Ermittlung der Transformationsgleichung für die Richtungen bzw. Kanten ist die Bildung der totalen Differentiale aller Funktionen $q_i(\underline{a})$ und $p_i(\underline{b})$ nötig. Man erhält nach der Definition (s. [2])

$$\underset{\underline{a}}{dq_i(\underline{a})} = q_i(\underline{a}) \not\vdash q_i(\underline{a} \not\vdash \underline{da}) \qquad (6.13)$$

und entsprechend

$$\underset{\underline{b}}{dp_i(\underline{b})} = p_i(\underline{b}) \not\vdash p_i(\underline{b} \not\vdash \underline{db}) \ . \qquad (6.14)$$

Durch Verknüpfung von (6.13) und (6.14) erhält man die Transformationsgleichung der Richtungen zu

$$\bigvee_i (\underset{\underline{a}}{dq_i(\underline{a})} \not\vdash \underset{\underline{b}}{dp_i(\underline{b})}) = 0 \ . \qquad (6.15)$$

Die Lösungsmenge von (6.15) beschreibt die Abbildung aller möglichen Richtungen im Raum von G auf alle möglichen Richtungen im Raum von G'. Die Graphentransformation als Einheit von Raum- und Richtungstransformation wird durch ein System Boolescher Gleichungen vermittelt, das sämtliche Einzelgleichungen, die zu (6.12) bzw. (6.15) führen, umfaßt.

Damit ergibt sich die gesuchte Gesamt-Transformationsgleichung aus der Verknüpfung von (6.12) und (6.15) zur Einzelgleichung

$$T(\underline{a}, \underline{da}, \underline{b}, \underline{db}) = \bigwedge_i (q_i(\underline{a}) \vee p_i(\underline{b})) \vee \bigvee_i (\underset{\underline{a}}{dq_i(\underline{a})} \not\vdash \underset{\underline{b}}{dp_i(\underline{b})}) = 0 \ . \qquad (6.16)$$

<u>Beispiel 2.</u> Es sei die im Bild 6.2 illustrierte Transformation durchzuführen. Der Graph G ist gegeben durch die Gleichung

$$\varphi(a_1, a_2, a_3, da_1, da_2, da_3) = \overline{da}_2\overline{da}_3 \vee da_1 da_3 \vee \overline{a}_2 da_1 \vee a_2\overline{da}_1 \vee \overline{a}_1 a_2 \overline{a}_3$$
$$\vee \overline{a}_2 \overline{a}_3 da_2 \vee a_1 a_2 a_3 = 0 \ .$$

Gesucht ist $\varphi'(b_1, b_2, db_1, db_2) = 0$

Die Knotenklassen von G werden durch

$$q_1(a_1, a_2, a_3) = a_1 \vee a_2 a_3 = 0$$
$$q_2(a_1, a_2, a_3) = a_2\overline{a}_3 \vee \overline{a}_1\overline{a}_2 = 0$$
$$q_3(a_1, a_2, a_3) = \overline{a}_1 \vee \overline{a}_2 \vee a_3 = 0$$

und die Knoten von G' durch

$$p_1(b_1, b_2) = b_1 \vee b_2 = 0$$
$$p_2(b_1, b_2) = \overline{b}_1 \vee b_2 = 0$$
$$p_3(b_1, b_2) = \overline{b}_1 \vee \overline{b}_2 = 0$$

beschrieben.

Man erhält die Transformationsgleichung

$$T(a_1, a_2, a_3, da_1, da_2, da_3, b_1, b_2, db_1, db_2) = 0$$

nach (6.16) mit ihrer TVL-Darstellung in Tafel 6.1.

Diese Gleichung bzw. TVL gilt für die Transformation aller möglichen Graphen in B^3 mit den gewählten Knoten in B^2.

Die Graphengleichung für G' ergibt sich nach (6.9) zu

$$\varphi'(b_1, b_2, db_1, db_2) = b_2\overline{db}_1 \vee \overline{b}_1 db_2 \vee b_2\overline{db}_2 \vee b_1\overline{b}_2 db_1 = 0$$

mit der TVL nach Tafel 6.2.

Tafel 6.1. Transformationsmatrix für das Beispiel aus Bild 6.2

a_1	a_2	a_3	b_1	b_2	da_1	da_2	da_3	db_1	db_2
0	0	-	0	0	0	0	-	0	0
1	1	0	1	1	1	0	0	1	1
-	1	1	1	0	-	0	0	0	0
1	0	1	1	0	0	1	1	0	1
1	0	1	1	0	1	1	1	1	0
0	1	0	0	0	1	1	-	1	0
1	1	0	1	1	1	1	-	1	1
0	1	1	1	0	0	1	-	1	0
1	0	-	1	0	1	0	-	1	0
1	0	0	1	0	0	1	0	0	1
0	0	0	0	0	1	1	0	1	1
1	1	1	1	0	0	0	1	0	1
0	-	0	0	0	0	1	0	0	0
1	0	1	1	0	-	1	0	0	0
1	1	1	1	0	1	1	-	1	0
1	1	0	1	1	0	1	-	0	1
1	1	0	1	1	0	0	0	0	0
0	1	1	0	0	0	1	1	0	0
0	1	0	0	0	-	0	1	1	0
0	1	1	1	0	1	0	1	0	1
0	1	0	0	0	0	0	0	0	0
1	0	-	1	0	0	0	-	0	0
1	0	0	1	0	1	1	0	1	0
0	1	1	1	0	1	1	-	0	0
1	1	1	1	0	1	0	1	1	0
0	0	-	0	0	1	0	-	1	0
1	1	1	1	0	0	1	-	0	0
0	1	0	0	0	0	1	1	0	0
0	0	1	0	0	1	1	1	1	1
1	1	0	1	1	-	0	1	0	1
1	0	0	1	0	-	1	1	0	0
0	0	0	0	0	-	1	1	1	0
0	1	0	0	0	1	0	0	1	1
0	1	1	1	0	0	0	1	1	0
0	0	1	0	0	-	1	0	1	0

Tafel 6.2. TVL von G im Beispiel

b_1	b_2	db_1	db_2
1	0	0	-
0	0	-	0
1	1	1	1

6.4. Anwendungen

Die vielfältigen Anwendungsmöglichkeiten der vorgestellten Methode zur Vergröberung von Graphen können hier nur angedeutet werden. Denkbar ist die Anwendung überall dort, wo mit Graphen oder graphenähnlichen Modellen gearbeitet wird (z.B. Netzplantechnik, Schaltungstechnik usw.). Insbesondere auf dem umfangreichen Gebiet des Entwurfs mikroelektronischer Schaltungen bieten sich im Analyse- und Syntheseprozeß eine Reihe von Ansatzpunkten.

Bei der Analyse von binären Schaltungen (Entwurfsverifikation) sind in den meisten Fällen einige binäre Größen nicht von außen beobachtbar (interne Signale), so daß die Schaltung nach außen nichtdeterministisches Verhalten zeigt. Mit der Methode der Graphenprojektion kann aus dem detaillierten Verhaltensgraphen der Schaltung (hier hat sich der Begriff des Automatengraphen eingebürgert, s. [10]) der Graph des resultierenden „äußeren" Verhaltens abgeleitet werden. In gleicher Weise kann man untersuchen, wie sich das Verhalten der Schaltung bei fehlerhaften Signalwerten (z.B. Festhalten an 0 oder 1) ändert und ob der Feh-

ler überhaupt außerhalb der Schaltung beobachtbar ist. Solche Überlegungen haben Bedeutung
für das Aufstellen von Testbelegungen für eine derartige Schaltung. Unter Umständen müssen
noch weitere Signale der Schaltung als Testsignale nach außen geführt werden, um die Beob-
achtbarkeit zu erhöhen.

Die Methode der Transformation von Graphen kann vorteilhaft dort angewendet werden,
wo es darauf ankommt, vom detaillierten Verhalten der Schaltung zu einer gröber struktu-
rierten Verhaltensbeschreibung (z.B. auf Blockniveau) zu gelangen. Dabei werden lokale
und für bestimmte Betrachtungen unwesentliche Abläufe in der Schaltung vernachlässigt, um
globale Zusammenhänge deutlicher erfassen zu können.

Eine nächste Anwendung zur Transformation ist in [9] angegeben und wird dort ausführlich behandelt. Das zu lösende Problem ist die Aufteilung einer gegebenen Schaltung auf
mehrere Leiterkarten, so daß deren Anzahl minimal wird und gewisse Randwerte bezüglich
Fläche und Steckverbinder der Leiterkarten eingehalten werden. Die Aufgabe wird vollständig über Graphen und Boolesche Gleichungen vom Rechner gelöst; als Ergebnis erhält man
eine optimale Aufteilung der Schaltung auf die Leiterkarten sowie einen „Makrographen",
der die Signalabhängigkeiten der Leiterkarten untereinander beschreibt.

Weitere Anwendungsmöglichkeiten der Transformation von Graphen zeichnen sich ab bei
der Behandlung hierarchischer Automatennetze [10].

Mit zunehmender Anwendung graphenorientierter Methoden als ingenieurmäßiges Werkzeug werden die Vergröberung von Graphen und weitere Arten der Manipulation an Graphen
eine immer größere Bedeutung erlangen.

7. Logische Gleichungen und Dekomposition diskreter Automaten

S. V. Enin, E. A. Šestakov

7.1. Einleitung

Unter der Dekomposition eines Automaten versteht man gewöhnlich seine Darstellung in Form
eines Automatennetzes, d.h. durch eine Menge von Automaten, die miteinander in Beziehung
stehen und in einem bestimmten Sinne einfacher sind.

Bei der Realisierung einer Dekomposition wird in der Regel die Zahl der inneren Zustände
des Automaten als Maß seiner Komplexität angesehen; manchmal wird außerdem auch die
Zahl der Eingangssignale (oder die Zahl der Eingangszustände) berücksichtigt.

Die Aufgabe der Dekomposition entstand im Zusammenhang mit der Aufgabe der Synthese
einer logischen Struktur, die einen gegebenen endlichen Automat realisiert, und sie unterscheidet sich in ihrer Formulierung wenig davon. Der Hauptunterschied zwischen beiden Aufgaben besteht darin, daß bei der Syntheseaufgabe eine gewisse Grundmenge von Elementarautomaten festgelegt wird, aus denen man das gesuchte logische Netz aufbauen kann. Die
Netzstruktur kann dabei ziemlich willkürlich sein (es ist beispielsweise nur die Zahl der
Stufen im Netz zu begrenzen). Bei der Dekompositionsaufgabe ist umgekehrt die Struktur
des Netzes gegeben, und das Verhalten der Elementarautomaten kann ziemlich willkürlich
sein. In der Regel ist nur die Anzahl der Eingangs- und der inneren Zustände begrenzt. Die
existierenden Dekompositionsmethoden erlauben nicht, Netze beliebiger Struktur zu erhalten.
Gewöhnlich wird ein bestimmter Typ zulässiger Strukturen (beispielsweise serielle oder
parallele Strukturen) festgelegt.

Bei der Synthese logischer Netze aus Basiselementen kleinen und mittleren Integrationsgrades wurde die Dekomposition des Ausgangsautomaten als Hilfsmittel für andere Synthesemethoden verwendet. Damit konnte die Lösung einer Aufgabe großer Dimension auf eine Reihe
von Aufgaben kleinerer Dimension zurückgeführt werden. Die Erhöhung des Integrationsgrads
und das Erscheinen hoch- und höchstintegrierter Schaltungen (LSI) und (VLSI) führte dazu,
daß man begann, solche Elemente wie z.B. programmierbare Logikmatrizen (PLA) und
Mikroprozessoren als Basiselemente zu verwenden, die für die Realisierung einer großen
Klasse möglicher Funktionsweisen verwendet werden können (PLA) oder imstande sind, den
zu realisierenden Algorithmus zu speichern (Mikroprozessor). Dies führte zu einer Annähe-
rung der Synthese- und der Dekompositionsaufgabe, weil sich die Beschränkungen für das
Verhalten der Netzkomponenten, die von den gegenwärtigen Basiselementen herrühren, so
sehr abschwächten, daß sie den gewöhnlich bei der Lösung der Dekompositionsaufgabe betrachteten Beschränkungen nahekamen. Auf diese Weise ergab sich die Möglichkeit, Dekompositionsmethoden auf der Grundlage einer mehrfachen Lösung der Dekompositionsaufgabe
ohne Anwendung irgendwelcher spezialisierter Synthesemethoden zu schaffen, zumal ja auch
die vorhandenen Synthesemethoden, die für Elemente kleinen und mittleren Integrationsgrades bestimmt sind, für LSI und VLSI schlecht geeignet waren. Um effektive Dekompositionsmethoden für die Synthese logischer Netzwerke aus Elementen höheren Integrationsgrades
zu schaffen, mußte zunächst die Theorie der Dekomposition von Automaten weiter entwickelt
werden.

Dekompositionsaufgaben für kombinatorische Automaten wurden in den Arbeiten von
Ashenhurst [1], Povarov [2], Roth und Karp [3], Curtis [4] untersucht, für Automaten mit
Speicher in den Arbeiten von Hartmanis und Stearns [5], Pu [6], Yoeli [7] und Curtis [8].
Die Aufgaben der Dekomposition von kombinatorischen Automaten (von Systemen Boolescher
Funktionen) und von Automaten mit Speicher wurden dabei vollständig unabhängig voneinander gelöst. Gegenwärtig fehlt noch eine allgemeine Theorie, die für beide Automatenklas-
sen gültig ist. Besondere Aufmerksamkeit wurde bei Automaten mit Speicher Netzen spezieller Art, den Kaskaden- und den „eintaktigen" Netzen, gewidmet, d.h. solchen Netzen,
in denen das Ausgangssignal während eines Übergangs zwischen Zuständen der Automatenkomponenten erzeugt wird.

In der vorliegenden Arbeit wird versucht, mit logischen Gleichungen die Aufgabe der Dekomposition sowohl kombinatorischer als auch sequentieller Automaten allgemein zu formulieren, so daß die bekannten Aufgaben als Spezialfälle daraus hervorgehen.

Die Autoren hoffen, daß sich das in der Arbeit vorgeschlagene Modell und die zugehörigen Lösungsmethoden beim Entwurf diskreter Steuerungen und digitaler Systeme auf der Grundlage von PLA und von Mikroprozessoren als nützlich erweisen werden.

7.2. Formulierung der Dekompositionsaufgabe

7.2.1. Automaten und Automatennetze

Wir definieren einen partiellen Automaten A als Tripel $(X, \odot, Z)$, wobei bedeuten

$X = \{X_1 \ldots X_n\}$ die Menge der Eingangsvariablen

Z Ausgangsvariable und gleichzeitig innere Variable

$\odot$ Funktion, die den Wert $z^{t+\Delta t}$ der Variablen z zum Zeitpunkt $t + \Delta t$ bestimmt, in Abhängigkeit von den Werten S^t der Variablen aus der Menge $S = X \cup \{Z\}$ zum Zeitpunkt t, d. h. $z^{t+\Delta t} = \odot(S^t)$.

Die Definitionsbereiche D_{si} aller Variablen $s_i \in S$ sind endlich, und ohne Beschränkung der Allgemeinheit kann man diese Variablen als ganzzahlig ansehen. Der Defintionsbereich $D_{\odot}$ der Funktion $\odot$ ist Teilmenge des Kreuzprodukts $\underset{i}{\times} D_{s_i}$.

Das Automatennetz wird aufgebaut, indem man gewisse Paare von Ein- und Ausgangsvariablen der gegebenen Menge von Automaten $A_1, \ldots, A_k$ miteinander identifiziert, die als Teilautomaten oder einfach als Komponenten des Netzes bezeichnet werden. Dabei muß man eine einzige Einschränkung beachten: Man darf nicht verschiedene Ausgangsvariablen mit ein und derselben Eingangsvariablen identifizieren. Die Eingangsvariablen der Komponenten, die nicht mit Ausgangsvariablen anderer Komponenten identifiziert werden, bilden die Menge der unabhängigen Eingangsvariablen des Netzes. Die Ausgangsvariable einer oder mehrerer Komponenten ist die Ausgangsvariable oder der Ausgang des Netzes. Im weiteren beschränken wir uns auf Netze mit einer Ausgangsvariablen.

Zur Bestimmung des äußeren Verhaltens der auf diese Weise entstandenen Struktur, d. h. des Zusammenhangs zwischen Folgen von Eingangssignalen (Mengen von Werten für die Eingangsvariablen) und Ausgangssignalen (Mengen von Werten für die Ausgangsvariablen), muß eine Ordnung für das Zusammenwirken der Komponenten angegeben und die Funktionsweise des Netzes als Ganzes mit der Funktionsweise seiner Komponenten zeitlich abgestimmt werden. Bei unterschiedlicher Lösung dieser Fragen kann ein und dieselbe Struktur ein unterschiedliches äußeres Verhalten besitzen. Am häufigsten wurde das einfachste Netzmodell, das „eintaktige" synchrone Netz [5], untersucht. In Netzen dieser Art wird vorausgesetzt, daß das Netz als Ganzes und jede seiner Komponenten in der gleichen Automatenzeit arbeiten. Dies bedeutet, daß ein gewisses Zeitintervall Δt gegeben ist und die Ein- und Ausgangssignale sowohl des Netzes als auch jeder seiner Komponenten nur zu den Zeitpunkten $i \cdot \Delta t$, $i = 1, 2, \ldots$, geändert und analysiert werden. Das Ausgangssignal des Netzes wird in jedem solchen Zeitpunkt erzeugt. Beim Eingeben des nächsten Eingangssignals des Netzes zum Zeitpunkt $i \cdot \Delta t$ gehen dessen Komponenten, die sich in gewissen Initialzuständen befinden, in Folgezustände über, die in ihrer Gesamtheit den Folgezustand des Netzes bilden. Wir bemerken, daß das zum Zeitpunkt $i \cdot \Delta t$ gebildete Ausgangssignal jeder Komponente erst im nachfolgenden Zeitpunkt $(i + 1) \cdot \Delta t$ an den Eingang der mit ihm verbundenen Komponenten gelangt. Ein solches Zusammenwirken entspricht der Existenz einer gemeinsamen Quelle der Synchronisationssignale, die den Eingang der Signale in das Netz und die Ausgabe seines Ausgangssignals sowie auch die Übertragung der Signale zwischen den Komponenten des Netzes steuert.

In der vorliegenden Arbeit wird das allgemeinere Modell eines „Mehrtakt"-Netzes betrachtet, dessen Funktionsweise wir wie folgt definieren.

Wir führen einen Netzzustandsvektor $\underline{y} = (y_1, \ldots, y_k)$ ein, dessen Komponenten die Ausgangsvariablen der Teilautomaten sind. Wir setzen voraus, daß für das Netz, das sich im

Zustand $y_0^* = (y_{01}^*, \ldots, y_{0k}^*)$ befindet, ein Vektor $\underline{x}^* = (x_{11}^*, \ldots, x_{1n}^*)$ von Werten der Ein-
gangsvariablen (Eingangssignal) gegeben ist. Zum Zeitpunkt $t + \Delta t$ nehmen die Ausgangs-
variablen der Komponenten neue Werte $\widetilde{y}_i^* = \bigotimes_i(\underline{x}_1^*, \underline{y}_0^*)$ an, und das Netz geht in den neuen
Zustand $\underline{y}_1^* = (y_{11}^*, \ldots, y_{1k}^*)$ über. Wir bemerken, daß zum Zeitpunkt $t + \Delta t$ nur diejenigen
Komponenten des Netzes auf das Eingangssignal $\underline{x}^*$ reagieren, bei denen wenigstens eine
Eingangsvariable auch Eingangsvariable des Netzes insgesamt ist. Wir bezeichnen die Menge
solcher Komponenten durch P_1 und bezeichnen sie als Komponenten der ersten Stufe. Zum
Zeitpunkt $t + 2 \cdot \Delta t$ „reagieren" Komponenten auf das Eingangssignal, bei denen wenigstens
ein Eingang zur Menge P_1 gehört (Komponenten der zweiten Stufe) usw., bis die „Erregung"
von den Netzeingängen her das Netzausgangssignal erreicht hat. Den als Ergebnis entstandenen Wert $Z^*(t + K \cdot \Delta t)$ der Ausgangsvariablen werden wir als Reaktion auf das Eingangssignal zum Zeitpunkt t ansehen. Auf diese Weise tritt die Reaktion auf das Eingangssignal
$\underline{x}_1^*(t)$ mit einer Verzögerung $K \cdot \Delta t$ auf, wobei K durch die Länge des kürzesten Weges von
einer Eingangs- zur Ausgangsvariablen bestimmt wird. Offensichtlich werden zu einem be-
liebigen gegebenen Zeitpunkt t die Werte der Ausgangsvariablen der Komponenten der i-ten
Stufe nur durch die Werte der Ausgangsvariablen der Komponenten der (i - 1)-ten Stufe bestimmt (in Netzen mit Rückführungen möglicherweise auch von einigen nach der Stufe i folgenden) und hängen nicht von den Werten der Ausgangsvariablen der Komponenten ab, die zu
den Stufen 1, 2, ..., i - 2 gehören. Folglich kann - ungeachtet dessen, daß die Reaktion auf
das Eingangssignal vom Netz mit einer Verzögerung $K \cdot \Delta t$ erzeugt wird - das nächste Eingangssignal $\underline{x}_2^*$ zum Zeitpunkt $t + \Delta t$ in das Netz gelangen. Die Automatenkomponenten der
ersten Stufe sind mit der Verarbeitung des Eingangssignals $\underline{x}_1^*$ nicht mehr beschäftigt und
können auf das folgende Eingangssignal $\underline{x}_2^*$ reagieren. Auf diese Weise können sich im Netz
während der Verarbeitung gleichzeitig k Eingangssignale $\underline{x}_i^*(t)$, $\underline{x}_{i+1}^*(t + \Delta t)$, ..., $\underline{x}_{i+k-1}^*$
$(t + K \cdot \Delta t)$ befinden, ohne sich gegenseitig zu stören.

Nach dem Ende der gegebenen Eingangsfolge $\underline{x}_1^*, \ldots, \underline{x}_r^*$ fährt das Netz fort, die entsprechende Ausgangsfolge im Verlaufe von K Zeiträumen Δt (von K Takten) herzustellen. Dabei
wird angenommen, daß die Signalübertragung zwischen den Komponenten des Netzes nur zu
den Zeitpunkten $i \cdot \Delta t$ möglich ist, d.h., das Netz ist synchron - ebenso wie die Automatenkomponenten. Zur Formulierung der Dekompositionsaufgabe formalisieren wir den oben eingeführten Begriff des Automatennetzes und der Funktion, die vom Netz realisiert wird;
außerdem definieren wir den Begriff der Realisierungsrelation zwischen einem Netz und
einem bestimmten Automaten.

Das Automatennetz definieren wir als Tripel $N = (W, F, z)$; dabei bedeuten

$W = \{w_1, w_2, \ldots, w_e\}$ eine Menge ganzzahliger Variabler, die jeweils die Definitionsbereiche $D_{w_1}, \ldots, D_{w_e}$ besitzen

$F = \{f_1, f_e, \ldots, f_m\}$ eine Menge diskreter Funktionen, die gewisse Variable aus der
Menge W miteinander in Zusammenhang bringen

z eine bestimmte Variable aus der Menge W, die Ausgangsvariable
oder Ausgang des Netzes genannt wird.

Die Menge W der Variablen des Netzes wird in die Teilmenge $Y = \{y_1, \ldots, y_m\}$ der abhängigen Variablen und die Teilmenge $X = \{x_1, \ldots, x_n\}$, $n = 1 - m$, der unabhängigen Variablen zerlegt. Jede abhängige Variable y_i ist eine Funktion $f_i \in F$ einer bestimmten Variablenteilmenge $W_i = \{w_{i1}, \ldots, w_{ip_i}\}$ der Menge W, d.h., der Wert $y_i^*(t + \Delta t)$ der Variablen y_i zum
Zeitpunkt $t + \Delta t$ wird bestimmt durch die Werte[1] der Variablen $w_{ij} \in W_i$ zum Zeitpunkt t:

$$y_i(t + \Delta t) = f_i(w_{i_1}(t), \ldots, w_{ip_i}(t)), \qquad i = 1, \ldots, m .$$

Die Struktur des Netzes stellt man bequem durch einen orientierten Graphen G dar, der die
Relation „ist Argument von" auf der Menge W darstellt. Die Knoten des Graphen G, den wir
im weiteren als Verbindungsgraphen des Netzes bezeichnen werden, entsprechen den Varia-

---

[1] Die Funktionen f_i können auch nur auf einer bestimmten Teilmenge der Menge $\underset{j}{\times} D_{\omega_{ij}}$
bestimmt sein.

blen $w_i \in W$, und ein Variablenpaar u, v $\in W$ wird genau dann durch eine Kante (u, v) verbunden, wenn die Variable u Argument der abhängigen Variablen v ist. Insbesondere können u und v zusammenfallen.

Beispiel 1. Wir betrachten das Netz N, dessen Verbindungsgraph im Bild 7.1 angegeben ist. Dieser Graph hat vier Knoten, die als Variable aus der Menge $W = \{x, y_1, y_2, z\}$ gekennzeichnet sind. Die Variablen y_1, y_2, z sind abhängig; x ist unabhängig. Die Variablen besitzen die folgenden Definitionsbereiche:

$$D_x = \{1, 2, 3, 4, 5, 6\}, \qquad D_{y_1} = D_{y_2} = \{1, 2\}, \qquad D_z = \{1, 2, 3, 4, 5\}.$$

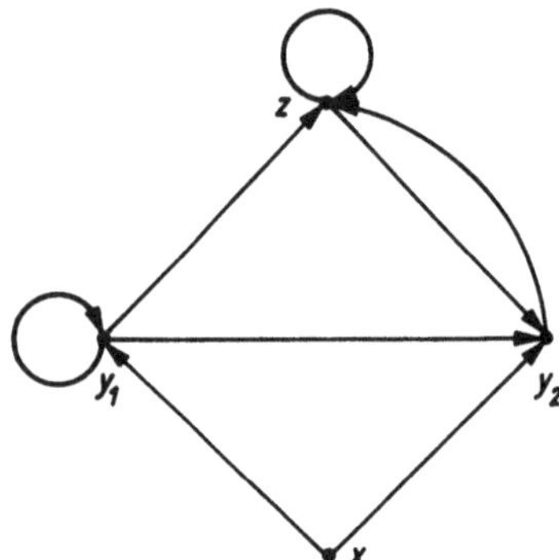

Bild 7.1

Die Werte der abhängigen Variablen werden durch die folgenden Gleichungen bestimmt:

$$y_1 = f_1(x, y_1), \qquad y_2 = f_2(x, y_1, z), \qquad z = f_3(y_1, y_2, z).$$

Die Funktionen f_1, f_2, f_3 sind durch die Tafeln 7.1, 7.2 bzw. 7.3 gegeben. In diesen Tafeln werden aus Gründen der Kompaktheit für die Angabe der Definitionsbereiche der Funktionen f_i sogenannte mehrwertige Intervalle benutzt [9], die analog zu den Intervallen des Booleschen Raumes sind [10]. Ein mehrwertiges Intervall gibt eine Teilmenge von Belegungen der Argumente mit Werten aus dem Definitionsbereich der Funktionen an, die man erhält, indem man alle Symbole „-" durch alle möglichen Elementekombinationen aus den Definitionsbereichen

Tafel 7.1

x	y_1	$y_1 = f_1(x, y_1)$
1	2	1
1	1	2
2	2	2
3	2	2
4	2	1
4	1	2
5	2	2
6	2	2
6	1	2

Tafel 7.2

x	y_1	z	$y_2 = f_2(x, y_1, z)$
1	2	-	2
1	1	-	1
2	-	-	2
3	-	-	2
4	-	-	2
5	-	1	1
5	-	2	1
5	-	5	2
6	2	1	1
6	2	2	1
6	1	2	1
6	1	3	1
6	2	3	2
6	2	4	2

Tafel 7.3

y_1	y_2	z	$z = f_3(y_1, y_2, z)$
2	2	1	1
2	2	2	1
2	2	3	2
2	2	4	2
2	2	5	3
1	2	2	4
1	2	3	4
2	1	1	5
2	1	4	5

der entsprechenden unabhängigen Variablen ersetzt. Zum Beispiel enthält das Intervall $(2, -, -)$ aus Tafel 7.2 zehn Belegungen der Argumente mit den Werten

$$\left\{ \begin{array}{l} (2, 1, 1),\ (2, 1, 2),\ (2, 1, 3),\ (2, 1, 4),\ (2, 1, 5),\ (2, 2, 1),\ (2, 2, 2), \\ (2, 2, 3),\ (2, 2, 4),\ (2, 2, 5) \end{array} \right\},$$

bei denen die Funktion f_2 ein und denselben Wert 2 annimmt.

7.2.2. Die Funktion, die vom Automatennetz realisiert wird

Wir betrachten das Netz $N = (W, F, z)$. Zur bequemeren Darstellung setzen wir voraus, daß die Variablen in den Mengen X, Y, W in irgendeiner Weise geordnet sind. Wir bezeichnen durch $\underline{x}^*$, $\underline{y}^*$ und $\underline{w}^*$ Wertevektoren der Variablen von $\underline{x}$, $\underline{y}$ bzw. $\underline{w}$ und durch $V^{\underline{x}}$, $V^{\underline{y}}$ und $V^{\underline{w}}$ die Mengen aller solcher Vektoren.

Wir definieren die Übergangsfunktion des Netzes $\underline{y}(t + \Delta t) = \psi(\underline{w}(t))$, indem wir die Art und Weise angeben, wie ihre Werte $\underline{y}^*(t + \Delta t) = \psi(w^*(t))$ für einen gegebenen Argumentenwert $\underline{w}^*(t)$ berechnet werden. Wir setzen y_i für alle $i = 1, \ldots, m$ gleich $f_i(\underline{w_i}^*)$, wobei y_i^* die i-te Komponente des Vektors $\underline{y}^*(t + \Delta t)$ ist, und die Werte der Komponenten des Argumentvektors $\underline{w}_i^*(t)$ werden vom ursprünglichen Vektor $\underline{w}^*(t)$ bestimmt. Wir bemerken, daß die Übergangsfunktion des Netzes partiell und nur für die Werte des Argumentvektors $\underline{w}^* = (\underline{x}^*, \underline{y}^*)$ bestimmt ist, für die jede Funktion $y_i = f_i(w_i)$ definiert ist, falls die Automatenkomponenten des Netzes (die Funktionen f_i) nur partiell bestimmt sind.

Wir nennen die Vektoren $\underline{x}^*$, $\underline{y}^*$ und $\underline{w}^*$ den Eingangs-, den inneren bzw. den vollständigen Zustand des Netzes N. Den Ein- und den Ausgangszustand werden wir auch - dort, wo es bequem ist - als Ein- bzw. Ausgangssignal bezeichnen.

Im eingeführten Modell erscheint das Ausgangssignal des Netzes als Antwort auf ein gegebenes Eingangssignal $\underline{x}^*(t)$ und einen inneren Zustand $\underline{y}^*(t)$ zum Zeitpunkt $K \cdot \Delta t$, wobei der Wert K nach folgendem Algorithmus berechnet wird.

1. Setze die variable Menge P gleich der Menge derjenigen Variablen $w_i \in W$, die von wenigstens einer unabhängigen Variablen x abhängen, und k gleich 1.
2. Wenn P die Ausgangsvariable des Netzes enthält, dann ist die Zahl K gefunden. Anderenfalls bilden wir die Menge P', indem wir für sie genau die Variable der Menge W verwenden, die von wenigstens einer Variablen aus der Menge P abhängen. Wir setzen P gleich P', K gleich $K + 1$ und gehen zum Schritt 2 zurück.

Wir legen fest, wie die Ausgangsfolge $z_1^*, \ldots, z_r^*$ zu berechnen ist, wenn der Ausgangszustand $\underline{y}_0^*$ und die Eingangsfolge $\underline{x}_1^*, \ldots, \underline{x}_r^*$ des Netzes gegeben sind. Weil das Netz die Ausgangsfolge mit einer Verzögerung um k Takte ausgibt, ergänzen wir die Eingangsfolge $\underline{x}_1^*(t_1), \ldots, \underline{x}_r^*(t_r)$, wobei $t_i = t_{i-1} + \Delta t$, $i = 2, \ldots, r$, gilt, noch um K unbestimmte Signale $\emptyset$, die zu den Zeitpunkten $t_r + \Delta t, \ldots, t_r + K \cdot \Delta t$ in das Netz gelangen. Als Antwort auf die gegebene Eingangsfolge kann man mit Hilfe der oben eingeführten Übergangsfunktion die entsprechende Folge innerer Zustände berechnen:

$$\underline{y}_0^*(t_1)$$
$$\underline{y}_1^*(t_2) = \psi(\underline{x}_1^*(t_1),\ \underline{y}_0^*(t_1))$$

$$\underline{y}_{r+1}^* = \psi(\underline{x}_{r+1}^*(t_{r+1}),\ \underline{y}_r^*(t_{r+1}))$$
$$\underline{y}_{r+2}^* = \psi(\emptyset,\ \underline{y}_{r+1}^*(t_r + \Delta t))$$

$$\underline{y}_{r+K+1}^* = \psi(\emptyset,\ y_{r+K}^*(t_r + K \cdot \Delta t))\ .$$

Das Ausgangssignal des Netzes erscheint zum Zeitpunkt $t_1 + K \cdot \Delta t$, d.h., die Reaktion auf das erste Eingangssignal $\underline{x}_1^*$ ist der Wert der Komponente z im Vektor $\underline{y}_{K+1}^*$. Die nachfolgenden Ausgangssignale sind die Werte dieser Komponente in den Vektoren $\underline{y}_{K+2}^*, \ldots, \underline{y}_{r+K+1}^*$. Die Berechnung der Werte der Übergangsfunktion in den Zeitpunkten $t_r + \Delta t, t_r + 2\Delta t, \ldots, t_r + K \cdot \Delta t$ wird bei unbestimmtem Wert $\emptyset$ des Eingangssignals $\underline{x}^*$

durchgeführt. Es wird vorausgesetzt, daß der Wert einer beliebigen Funktion $f_i \in F$ unbestimmt ist, wenn wenigstens eins ihrer Argumente einen unbestimmten Wert besitzt. Die Art und Weise der Berechnung der Größe K garantiert, daß ein unbestimmter Wert des Eingangssignals im Verlaufe von K Iterationen der Berechnung des Funktionswerts ψ (von K Takten der Arbeit des Netzes) nicht zu einer Unbestimmtheit des Wertes der Ausgangsvariablen führt. Auf diese Weise wird die Reaktion des Netzes auf eine Eingangssignalfolge der Länge r nach $r + K$ Takten erzeugt, d.h., sie ist gegenüber der Eingangsfolge um K Takte verschoben.

Wir führen eine Ausgangsfunktion $\varphi(y)$ des Netzes als Funktion des inneren Zustands in folgender Weise ein: Aus der Definition der Funktionsweise des Netzes folgt, daß bei der Generierung der Ausgangsfolge $z_1^*, \ldots, z_r^*$ jedem inneren Zustand $\underline{y}_i^*$ aus der entsprechenden Folge von inneren Zuständen $\underline{y}_0^*, \underline{y}_1^*, \ldots, \underline{y}_{r+1}^*$ eindeutig ein bestimmter Wert z^* der Variablen z zugeordnet wird, der eine Komponente des Vektors $\underline{y}_{i+(K-1)}^*$ ist. Wir setzen den Wert $\varphi(\underline{y}_i^*)$ gleich z^*. Die Ausgangsfunktion $\varphi(\underline{y})$ ist nur für diejenigen inneren Zustände definiert, für die eine $(K-1)$-fache Iteration der Berechnung des Funktionswerts ψ möglich ist, die nicht zu einem unbestimmten Wert K für die Variable z führt.

Beispiel 2. Die Übergangsfunktion ψ_N des Netzes N, das im Beispiel 1 betrachtet wurde, ist in Tafel 7.4 dargestellt. Zur Illustration der Art und Weise der Konstruktion der Funktion $\psi(x, y_1, y_2, z)$ betrachten wir beispielsweise den Wertevektor $\underline{w}^* = \{1, 2, 2, 3\}$ der Argumente (x, y_1, y_2, z). Der Folgewert $\psi(x, y_1, y_2, z) = (\tilde{y}_1, \tilde{y}_2, \tilde{z})$ der Funktion ψ wird auf folgende Weise bestimmt. Wir wählen aus dem ursprünglichen Argumentvektor die Komponenten aus, die Argumente der Übergangsfunktion f_1 des Automaten des Netzes sind: $x = 1$, $y_1 = 2$. Der Wert $f_1(1, 2) = 1$ der Funktion f_1 bestimmt die erste Komponente $\tilde{y}_1$ des Wertevektors der Funktion ψ. Analog werden die Werte der zweiten Komponente $\tilde{y}_2 = f_2(1, 2, 3) = 2$ und der dritten Komponente $z = f_3(2, 2, 3) = 2$ berechnet. In den Definitionsbereich der Funktion ψ werden nur solche vollständigen Zustände $(\underline{x}^*, \underline{y}^*)$ einbezogen, für die die Übergangsfunktionen aller Automatenkomponenten definiert sind. Beispielsweise wird der Wert $\underline{w}^* = (2, 1, 1, 1)$ des Argumentvektors $\underline{w} = (x, y_1, y_2, z)$ nicht in den Definitionsbereich einbezogen, weil die Übergangsfunktion $y_1 = f_1(x, y_1)$ des Automaten A des Netzes für $x = 2$, $y_1 = 1$ nicht definiert ist. Außerdem werden alle solche Wertebelegungen der Argumente aus dem Definitionsbereich der Funktion ψ ausgeschlossen, für die der Wert der Ausgangsfunktion $\varphi(\psi(x, y_1, y_2, z))$ des Netzes nicht bestimmt ist. Beispielsweise erlaubt es die Wertebelegung $(1, 2, 2, 1)$ der Argumente der Funktion ψ, den Folgewert $\psi(1, 2, 2, 1) = (1, 2, 1)$ dieser Funktion zu finden. Jedoch ist für den gefundenen Vektor der Wert der Ausgangsfunk-

Tafel 7.4

x	$y_1\, y_2\, z$	$(\tilde{y}_1, \tilde{y}_2, \tilde{z}) = \psi(y_1, y_2, z)$	x	$y_1\, y_2\, z$	$(\tilde{y}_1, \tilde{y}_2, \tilde{z}) = \psi(y_1, y_2, z)$
1	223	122	3	211	225
1	224	122	3	214	225
1	225	123	4	323	122
1	122	214	4	224	122
1	123	214	4	225	123
2	221	221	4	122	224
2	222	221	4	123	224
2	223	222	5	221	211
2	224	222	5	222	211
2	225	223	5	225	223
2	211	225	6	221	211
2	214	225	6	222	211
3	221	221	6	223	222
3	222	221	6	224	222
3	223	222	6	214	225
3	224	222	6	122	214
3	225	223	6	123	214

tion φ des Netzes nicht bestimmt, die für zweitaktige Netze mit der Funktion des Ausgangselements des Netzes (im vorliegenden Fall mit der Funktion f_3) übereinstimmt - deshalb wird der Vektor (1, 2, 2, 1) nicht in den Definitionsbereich der Funktion   einbezogen.

7.2.3. Relation der Realisierung zwischen einem Netz und einem Automaten

Wir sagen, daß das Netz $N = (W, F, z)$ den Automaten $A = (X, \odot, z)$ genau dann realisiert, wenn folgende Bedingungen erfüllt sind:

1. Das Netz N und der Automat A besitzen die gleiche Menge X von Eingangsvariablen.

2. $D_z^A \subseteq D_z^N$.

3. Für ein beliebiges Element $(\underline{x}^*, \underline{z}^*)$ aus dem Definitionsbereich $D_\odot$ der Übergangsfunktion des Automaten A läßt sich wenigstens ein vollständiger Zustand $(\underline{x}^*, \underline{y}^*)$ des Netzes finden, so daß $(\underline{x}^*, \underline{y}^*) \in D_\psi$, $\varphi(\underline{y}^*) = \underline{z}^*$ und $\odot(\underline{x}^*, \underline{z}^*) = \varphi(\psi(\underline{x}, y))$.

   Beispiel 3. Das in den Beispielen 1 und 2 betrachtete Netz N realisiert den Automaten $A = (X, \odot, z)$, dessen Übergangsfunktion $\odot$ in Tafel 7.5 angegeben ist. Die Prüfung der Gültigkeit der Bedingung 1 und 2 in der Definition der Realisierungsrelation wird unmittelbar anhand der Tafeln durchgeführt und benötigt keine weiteren Erläuterungen. Die Prüfung der Gültigkeit der Bedingung 3 illustrieren wir am Beispiel des vollständigen Zustands $(\underline{x}^*, \underline{y}^*) = (1, 2, 2, 3)$ des Netzes N (erste Zeile von Tafel 7.4). Der Vektor $(\underline{x}^*, \varphi(\underline{y}^*))$, der gleich $(1, \varphi(2, 2, 3)) = (1, f_3(2, 2, 3)) = (1, 2)$ ist, gehört zu $D_\odot$, und $\odot(1, 2) = \varphi(\psi(1, 2, 2, 3)) = \varphi(1, 2, 2) = 4$.

Tafel 7.5

x	z	$z = \odot(x, z)$	x	z	$z = \odot(x, z)$
1	2	4	4	3	4
1	4	5	4	4	2
2	5	3	5	1	5
3	1	1	5	3	2
3	2	1	6	1	5
3	3	2	6	2	1
			6	4	5

7.2.4. Formulierung der Dekompositionsaufgabe

In allgemeinster Form wird die Dekompositionsaufgabe in folgender Art und Weise formuliert: Gegeben ist ein Automat A; es wird gefordert, ein ihn realisierendes Netz N zu konstruieren, das gegebenen Einschränkungen genügt. Bei der Konkretisierung der Einschränkungen, die dem gesuchten Netz auferlegt werden, erhält man verschiedene konkrete Aufgabenstellungen. In der vorliegenden Arbeit wird die Dekomposition eines Automaten in ein zweitaktiges Netz mit gegebener Struktur (d.h. mit festgelegtem Verbindungsgraphen) betrachtet. Einer möglichen Struktur des Netzes werden keinerlei Beschränkungen auferlegt. Wie weiter unten gezeigt wird, sind bekannte Aufgabenstellungen der Dekomposition Spezialfälle der betrachteten Aufgabenstellung.

Ein Netz mit beliebigem Verzögerungswert K kann aufgebaut werden durch eine (K - 1)-fache Anwendung des Verfahrens zum Aufbau eines zweitaktigen Netzes. Zuerst wird ein zweitaktiges Netz aufgebaut, das den ursprünglichen Automaten realisiert. Danach wird jeder Teilautomat mit Ausnahme des Ausgangsautomaten (d.h. des Automaten, dessen Ausgangsvariable der Ausgang des Netzes ist) seinerseits in ein zweitaktiges Netz dekomponiert usw.

7.2.5. Einige Eigenschaften von zweitaktigen Systemen

Im vorliegenden Abschnitt werden zwei wichtige Eigenschaften von zweitaktigen Systemen bewiesen, die später beim Beweis eines Existenzsatzes über die Dekomposition eines Automaten in ein zweitaktiges Netz benutzt werden.

<u>Satz 1.</u> Die Ausgangsfunktion φ eines zweitaktigen Netzes stimmt mit der Übergangsfunktion α des Ausgangsautomaten des Netzes überein.

<u>Beweis.</u> Entsprechend der Definition der Ausgangsfunktion ψ für den Fall eines zweitaktigen Netzes findet man ihren Wert $\varphi(\underline{y}^*)$ für einen gegebenen inneren Zustand $\underline{y}^* \in D\varphi$ als Wert z^* der Komponente z im Vektor $\widetilde{\underline{y}} = \psi(\Phi, \underline{y}^*)$, wobei ψ die Übergangsfunktion des Netzes und $\emptyset$ wie auch früher ein unbestimmter Wert des Eingangssignals ist. Gemäß Definition des zweitaktigen Netzes und entsprechend der Regel zur Berechnung der Übergangsfunktion ist der Wert $\widetilde{z}^*$ immer bestimmt und gleich $\alpha(y_\alpha^*, z^*)$, wobei (y_α^*, z^*) die Werte der Eingangs- und der inneren Variablen des Ausgangsautomaten sind, die vom ursprünglichen Vektor $\underline{y}^*$ bestimmt werden.

<u>Satz 2.</u> Wenn das zweitaktige Netz N den Automaten A realisiert, dann findet man für einen beliebigen Anfangszustand z_0^{*A} des Automaten A und eine zulässige Eingangsfolge $\underline{x}_1^*, \ldots, \underline{x}_r^*$ einen solchen inneren Anfangszustand $\underline{y}_0^N$ des Netzes N, daß die Reaktionen $z_1^{*A}, \ldots, z_r^{*A}$ des Netzes N auf die Folge $\underline{x}_1^{*N}, \ldots, \underline{x}_r^{*N}, \emptyset$ in folgender Beziehung zueinander stehen: $z_i^{*A} = z_{i+1}^N$, $i = 1, \ldots, r$.

<u>Beweis.</u> Wir wählen als Anfangszustand des Netzes einen solchen Vektor $\underline{y}_0^{*N}$, daß $\varphi(\underline{y}_0^{*N}) = z_0^{*A}$ gilt. Die Existenz eines solchen Vektors folgt aus Bedingung 3 der Definition der Realisierungsrelation.

Die Reaktion des Automaten A auf die gegebene Folge läuft wie folgt ab:

$$z_1^{*A} = \oslash(\underline{x}_1^*, z_0^{*A}), \ldots, z_i^{*A} = \oslash(\underline{x}_i^*, z_{i-1}^{*A}), \ldots, z_r^{*A} = \oslash(\underline{x}_r^*, z_{r-1}^{*A}).$$

Das Netz N durchläuft die folgende Folge innerer Zustände

$$\underline{y}_1 = \psi(\underline{x}_1^*, \underline{y}_0^*), \ldots, \underline{y}_i^* = \psi(\underline{x}_i^*, \underline{y}_{i-1}^*), \ldots,$$

$$\underline{y}_r = \psi(\underline{x}_r^*, \underline{y}_{r-1}^*), \ldots, \underline{y}_{r+1}^* = \psi(\emptyset, \underline{y}_r^*)$$

und gibt als Reaktion aus

$$z_1^{*N} = \alpha(\underline{y}_0^*), \ldots, z_i^{*N} = \alpha(\underline{y}_{i-1}^*), \ldots, z_r^{*N} = \alpha(\underline{y}_{r-1}^*), \ldots,$$

$$z_{r+1}^{*N} = \alpha(\underline{y}_r^*),$$

weil nach Satz 1 die Ausgangsfunktion φ des Netzes mit der Übergangsfunktion α des Ausgangsautomaten übereinstimmt. Wir zeigen, daß $\alpha(\underline{y}_i^*) = z_{i+1}^{*N} = z_i^{*A}$ ist. Für $i = 0$ folgt die Gültigkeit dieser Gleichung unmittelbar aus der Regel für die Auswahl des Netzanfangszustands $\underline{y}_0^*$. Wir nehmen an, daß sie für $i - 1$ gültig ist, und zeigen die Gültigkeit dieser Gleichung für i. Nach Eigenschaft 3 der Definition der Realisierungsrelation gilt

$$\alpha(\psi(\underline{x}_i^{*'}, \underline{y}_{i-1}^*)) = \alpha(\underline{y}_i^*) = \oslash(\underline{x}_i^*, \alpha(\underline{y}_{i-1}^*)).$$

Nach Voraussetzung ist

$$\alpha(\underline{y}_{i-1}^*) = z_{i-1}^{*A}.$$

Folglich ist auch

$$\oslash(\underline{x}_i^*, \alpha(\underline{y}_{i-1}^*)) = \oslash(\underline{x}_i^*, z_{i-1}^{*A}) = z_i^{*A},$$

was zu beweisen war.

7.3. Satz von der Existenz einer Dekomposition

Gegeben seien ein Automat $A = (X, \odot, z)$ und ein Automat $B = (Y, \alpha, z)$, wobei $Y = \{y_1, \ldots, y_k\}$ gilt. Es ist ein realisierender Automat A eines zweitaktigen Netzes $N = (W, F, z)$ zu konstruieren, bei dem die Menge der Eingangsvariablen mit der Menge der Eingangsvariablen des Automaten A übereinstimmt und der Automat B der Ausgangsautomat ist, d.h.

$$W = \left\{ X \cup Y \cup \{z\} \right\}, \quad F = \left\{ z = \alpha(y, z), \; y_1 = f_1(\underline{x}, \underline{y}, z), \; \ldots, \; y_k = f_k(\underline{x}, \underline{y}, z) \right\},$$

wobei die Funktionen f_i, $i = 1, \ldots, k$, nicht notwendigerweise wesentlich von allen Argumenten abhängen.

Das nachstehend angegebene Theorem gibt notwendige und hinreichende Bedingungen für die Existenz eines solchen Netzes an.

<u>Satz 3</u>. Das Netz N existiert dann und nur dann, wenn $D_z^A \subseteq D_z^N$ ist und für ein beliebiges Element $(\underline{x}^*, z^*) \in D_\odot$ ein Element $(\underline{y}^*, z^*) \in D_\alpha$ existiert, derart, daß $\odot(\underline{x}^*, z^*) = \alpha(\underline{y}^*, z^*)$ ist.

<u>Beweis</u>. Hinlänglichkeit. Zum Beweis beschreiben wir den Algorithmus für die Konstruktion des Netzes N.

1. Konstruktion der Übergangsfunktion $\underline{y} = \psi(w)$ des Netzes, wobei $\underline{w} = (\underline{x}, \underline{y}, z)$ ist. Als erstes geben wir den Definitionsbereich D_ψ der Funktion ψ in folgender Weise an:

$$D_\psi = \left\{ (\underline{x}^*, \underline{y}^*, z^*) / (\underline{x}^*, \alpha(\underline{y}^*, z^*)) \in D_\odot \right\}.$$

Der Wert $(\widetilde{\underline{y}}^*, \widetilde{z}^*)$ der Funktion ψ muß für jedes Element $(\underline{x}^*, \underline{y}^*, z^*) \in D_\psi$ der folgenden Gleichung genügen:

$$\alpha(\widetilde{\underline{y}}^*, \widetilde{z}^*) = \odot(\underline{x}^*, \alpha(\underline{y}^*, z^*)) \quad \text{und} \quad \widetilde{z}^* = \alpha(\underline{y}^*, z^*) \, .$$

Wir zeigen, daß ein Vektor $(\widetilde{\underline{y}}^*, \widetilde{z}^*)$, der diesen Bedingungen genügt, immer existiert. Auf Grund der Art und Weise der Konstruktion der Menge D_ψ ist die Funktion $\odot(\underline{x}, z)$ im Punkt $(\underline{x}^*, \alpha(\underline{y}^*, z^*))$ definiert. Auf Grund der Voraussetzung des Satzes existiert ein solcher Vektor $\underline{y}'^*$, daß $\odot(\underline{x}^*, \alpha(\underline{y}^*, z^*)) = \alpha(\underline{y}'^*, \alpha(\underline{y}^*, z^*))$ gilt. Wir setzen $\underline{y}'^* = \widetilde{\underline{y}}^*$ und $\widetilde{z} = \alpha(\underline{y}^*, z^*)$.

2. Konstruktion der Funktionen $f_1, f_2, \ldots, f_n$. Wir setzen $D_{f_i} = D_\psi$ $(i = 1, \ldots, k)$, und $f_i(\underline{x}^*, \underline{y}^*, z^*)$ setzen wir gleich dem Wert der i-ten Komponente des Vektors $\widetilde{\underline{y}}^*$, wobei $(\widetilde{\underline{y}}^*, \widetilde{z}^*) = \psi(\underline{x}^*, \underline{y}^*, z^*)$ ist.

Wir zeigen, daß das konstruierte Netz den Automaten A realisiert. Offensichtlich ist die Erfüllung der ersten zwei Bedingungen der Definition der Realisierungsrelation. Wir zeigen, daß die Bedingung 3 ebenfalls erfüllt ist. Weil das Netz N zweitaktig ist, stimmt seine Ausgangsfunktion $\varphi(\underline{y}, z)$ mit der Funktion $\alpha(\underline{y}, z)$ des Ausgangsautomaten des Netzes N überein. Deshalb kann man die Bedingung 3 der Realisierung für zweitaktige Netze in folgender Weise umschreiben:

$$\odot(\underline{x}^*, \alpha(\underline{y}^*, z^*)) = \alpha(\psi(\underline{x}^*, \underline{y}^*, z)) \, ,$$

wobei $(\underline{x}^*, \alpha(\underline{y}^*, z^*)) \in D_\odot$ ist. Die Gültigkeit dieser Gleichung ist für die konstruierte Übergangsfunktion des Netzes N offensichtlich. Folglich realisiert das Netz N den Automaten A.

Notwendigkeit. Wir führen einen indirekten Beweis. Wir setzen voraus, daß das Netz N den Automaten A realisiert und die Bedingungen des Satzes nicht erfüllt sind. Wir nehmen $D_z^A \not\subseteq D_z^B$ an. Dann kann das Netz N wegen Verletzung der Bedingung 2 der Definition der Realisierungsrelation den Automaten A nicht realisieren. Wir setzen jetzt voraus, daß ein Element $(\underline{x}^*, z^*) \in D_\odot$ so gefunden werden kann, daß für alle $\underline{y}^*$ die Beziehung $\odot(\underline{x}^*, z^*) \neq \alpha(\underline{y}^*, z^*)$ erfüllt ist, wobei $(\underline{y}^*, z^*) \in D_\alpha$ ist. Gemäß Definition der Realisierungsrelation für zweitaktige Netze gelten für einen beliebigen Vektor $(\underline{x}^*, \underline{y}^*, z'^*) \in D_\psi$ die Beziehungen

$$(\underline{x}^*, \alpha(\underline{y}^*, z'^*)) \in D \quad \text{und} \quad \odot(\underline{x}^*, \alpha(\underline{y}^*, z'^*)) = \alpha(\psi(\underline{x}^*, \underline{y}^*, z'^*)) \, .$$

Wir bezeichnen $\alpha(\underline{y}^*, z'^*)$ durch z^*. Für zweitaktige Netze gilt die folgende Beziehung

$$\psi(\underline{x}^*, \underline{y}^*, z'^*) = (\widehat{y}^*, \widehat{z}^*) \, ,$$

d.h.

$$\widehat{z}^* = z^* \quad \text{und} \quad \odot(\underline{x}^*, z^*) = \alpha(\widehat{y}^*, \widehat{z}^*) \, ,$$

was der Anfangsvoraussetzung widerspricht.

Beispiel 4. Wir dekomponieren den in Tafel 7.5 gegebenen Automaten A unter Verwendung des Automaten B (Tafel 7.3). Um sich für das vorliegende Paar von Automaten von der Gültigkeit der Bedingungen von Satz 3 zu überzeugen, ist es notwendig, alle Übergänge zwischen Zuständen im Automaten A zu analysieren und den entsprechenden Übergang im Automaten B zu finden. Beispielsweise entspricht dem Übergang vom Zustand 2 zum Zustand 4 (beim Eingangssignal $x = 1$) im Automaten A ein analoger Übergang im Automaten B beim Eingangssignal $\underline{y}^* = (2, 2)$. Zur Konstruktion des realisierenden Netzes verwenden wir einen Algorithmus, der beim Beweis von Satz 3 angegeben wurde. Im ersten Schritt des Algorithmus bauen wir die Übergangsfunktion des Netzes auf (Tafel 7.6), anschließend die Automatenkomponente, die durch die Übergangsfunktion f_1 und f_2 gegeben sind (Tafel 7.7 bzw. 7.8). Betrachten wir beispielsweise die erste Zeile von Tafel 7.6. Der Vektor $(1, 2, 2, 3)$ gehört zum Definitionsbereich der Übergangsfunktion ψ, weil der Vektor $(\underline{x}^*, z^*) = (1, \alpha(2, 2, 3)) = (1, 2)$ zum Definitionsbereich der Funktion $\odot(\underline{x}, z)$ des Automaten A gehört. Den Wert $(\widehat{y}^*, \widehat{z}^*)$ der Übergangsfunktion ψ bestimmen wir aus der Bedingung

$$\alpha(\widehat{y}^*, \widehat{z}^*) = \odot(\underline{x}^*, \alpha(\underline{y}^*, z^*)) = \odot(1, 1) = 4$$

und

$$\widehat{z}^* = \alpha(\underline{y}^*, z^*) = \alpha(2, 2, 3) = 2 \, .$$

Tafel 7.6

x	y_1y_2z	y_1y_2z
1	223	122
1	224	122
1	122	214
1	123	214
2	211	225
2	214	225
3	221	221
3	222	221
3	223	222
3	224	222
3	225	223
4	225	123
4	122	224
4	123	224
5	221	221
5	222	221
5	225	223
6	221	211
6	222	211
6	223	222
6	224	222
6	122	214
6	123	214

Tafel 7.7

x	y_1y_2z	y_1
1	223	1
1	224	1
1	122	2
1	123	2
2	211	2
2	214	2
3	221	2
3	222	2
3	223	2
3	224	2
3	225	2
4	225	1
4	122	2
4	123	2
5	221	2
5	222	2
5	225	2
6	221	2
6	222	2
6	223	2
6	224	2
6	122	2
6	123	2

Tafel 7.8

x	y_1y_2z	y_2
1	223	2
1	224	2
1	122	1
1	123	1
2	211	2
2	214	2
3	221	2
3	222	2
3	223	2
3	224	2
3	225	2
4	225	2
4	122	2
4	123	2
5	221	2
5	222	2
5	225	2
6	221	1
6	222	1
6	223	1
6	224	2
6	122	1
6	123	1

Die erste Bedingung erfüllen die beiden Vektoren $(1, 2, 2)$ und $(1, 2, 3)$ aus dem Definitionsbereich der Funktion α; die zweite Bedingung erfüllt nur der Vektor $(1, 2, 2)$, der auch der Funktionswert $\psi(1, 2, 2, 3)$ ist. Wenn es mehrere derartige Vektoren gibt, kann man jeden beliebigen als Wert der Funktion ψ verwenden. Auf analoge Art und Weise werden die übrigen Wertebelegungen der Argumente bestimmt, die in den Definitionsbereich der Funktion $\psi(\underline{x}, \underline{y})$ aufgenommen werden, und die Funktionswerte auf diesen Belegungen. Wir bemerken, daß die Variable y_1 nicht von den Variablen y_2 und z sowie y_2 von sich selbst abhängt. Die Funktionen f_1 und f_2 sind als Funktionen nur der wesentlichen Argumente in den Tafeln 7.9 und 7.10 angegeben. Als Ergebnis entstand das Netz, das früher in den Beispielen 1 und 2 betrachtet wurde.

Tafel 7.9

x	y_1	y_1
1	2	1
1	1	2
2	2	2
3	2	2
4	2	1
4	1	2
5	2	2
6	2	2
6	1	2

Tafel 7.10

x	y_1	z	y_2
1	2	3	2
1	2	4	2
1	1	2	1
1	1	3	1
2	2	1	2
2	2	4	2
3	2	1	2
3	2	2	2
3	2	3	2
3	2	4	2
3	2	5	2

x	y_1	z	y_2
4	2	5	2
4	1	2	2
4	1	3	2
5	2	1	2
5	2	2	2
5	2	5	2
6	2	1	1
6	2	2	1
6	2	3	2
6	2	4	2
6	1	2	1
6	1	3	1

Wir betrachten jetzt den wichtigen Spezialfall, daß B ein kombinatorischer Automat ist [6]. In einem kombinatorischen Automaten ist die Ausgangsvariable z ein unwesentliches Argument für seine Übergangsfunktion. Wir geben eine allgemeinere Definition des Begriffs der Unwesentlichkeit von Argumenten für eine ganzzahlige Funktion $f(s)$ ganzzahliger Argumente $\underline{s} = \{s_1, \ldots, s_q\}$, indem wir sie auf Teilmengen von Argumenten erweitern. Eine Teilmenge P von Argumenten der Funktion $f(\underline{s})$ nennen wir für diese Funktion unwesentlich, wenn die Werte $f(\underline{s}_1^*)$ und $f(\underline{s}^*)$ der Funktion f gleich sind für alle Vektorpaare $\underline{s}_1^*$, $\underline{s}_2^*$ von Argumentenwerten aus dem Definitionsbereich D_f der Funktion $f(\underline{s})$, bei denen der Wert der Argumente s_i, die nicht zur Menge P gehören, für diese Vektoren übereinstimmt.

Wenn der Automat B ein kombinatorischer Automat ist, dann findet man für ein beliebiges Element z^* aus der Menge D_z^B ein Eingangssignal $\underline{y}^*$ derart, daß $\alpha(\underline{y}^*) = z^*$ ist, unabhängig vom Ausgangszustand des Automaten B. Deshalb ist die folgende Behauptung - eine Folgerung aus Satz 1 - erfüllt.

<u>Folgerung 1.</u> Ein Netz N, in dem der Ausgangsautomat $B = (Y, \alpha, z)$ ein kombinatorischer Automat ist, d.h. $z = \alpha(\underline{y})$ gilt, existiert dann und nur dann, wenn die folgenden zwei Bedingungen erfüllt sind:

1. Für einen beliebigen Zustand $z^* \in D_z^A$ des Automaten A existiert wenigstens ein Eingangssignal $\underline{y}^* \in D_\alpha$ des Automaten B derart, daß $\alpha(\underline{y}^*) = z^*$ gilt.

2. Für ein beliebiges Element $(\underline{x}^*, z^*) \in D_\odot$ gibt es ein Element $\underline{y}^* \in D_\alpha$ derart, daß $\odot(\underline{x}^*, z^*) = \alpha(\underline{y}^*)$ ist.

Wir bemerken, daß die Funktion α die Kodierung der Zustände $z_i^* \in D_z^A$ des Automaten A durch disjunkte Teilmengen $R_i = \left\{\underline{y}_{i1}^*, \underline{y}_{i2}^*, \ldots, \underline{y}_{ik_i}^*\right\}$ von Eingangssignalen des Automaten B liefert, wobei für beliebiges $\underline{y}_{ij}^* \in R_i$ gilt

$$\alpha(\underline{y}_{ij}^*) = z_i^* .$$

<u>Beispiel 5.</u> Wir dekomponieren den Automaten A, der in Tafel 7.5 gegeben ist, nach dem kombinatorischen Automaten B (Tafel 7.11). Die Übergangsfunktion des Netzes ist in Tafel 7.12 angegeben, die Überführungsfunktionen der Automatenkomponenten in den Tafeln 7.13

bzw. 7.14. Die Bedingungen, die den Werten $\tilde{y}^*$ der Übergangsfunktion $\underline{y} = \psi(\underline{x}, \underline{y})$ des Netzes auferlegt werden, vereinfachen sich in diesem Fall und werden auf eine einzige Bedingung $\alpha(\tilde{y}^*) = \bigotimes(x, \alpha(\underline{y}^*))$ zurückgeführt. Wir betrachten beispielsweise die Berechnung des Wertes der Übergangsfunktion für die erste Zeile (1, 1, 2) von Tafel 7.12 $\bigotimes(1, \alpha(1, 2)) = \bigotimes(1, 2) = 4$; der einzige Vektor in Tafel 7.11 (die den Automaten D beschreibt), der diese Bedingung erfüllt, ist der Vektor (2, 2); deshalb setzen wir den Wert der Funktion ψ auf der Belegung (1, 1, 2) der Argumente gleich (2, 2). Wenn es in der Tafel des Automaten B jedoch mehrere Vektoren $\tilde{y}^*$ gegeben hätte, die die oben angeführte Bedingung erfüllen, dann hätte man jeden beliebigen dieser Vektoren als Lösung nehmen können.

Tafel 7.11

$y_1 \, y_2$	z
1 1	1
1 2	2
2 1	3
2 2	4
3 1	5

Tafel 7.12

x	$y_1 y_2$	$y_1 y_2$
1	12	22
1	22	31
2	31	21
3	11	11
3	12	12
3	21	12
4	21	22
4	22	12
5	11	31
5	21	12
6	11	31
6	12	11
6	22	31

Tafel 7.13

x	$y_1 y_2$	y_1
1	12	2
1	22	3
2	31	2
3	11	1
3	12	1
3	21	1
4	21	2
4	22	1
5	11	3
5	21	1
6	11	3
6	12	1
6	22	3

Tafel 7.14

x	$y_1 y_2$	y_2
1	12	2
1	22	1
2	31	1
3	11	1
3	12	1
3	21	2
4	21	2
4	22	2
5	11	1
5	21	2
6	11	1
6	12	1
6	22	1

7.4. Algorithmus zur Konstruktion eines zweitaktigen Netzes, das einen gegebenen Automaten realisiert

Im vorliegenden Abschnitt wird die folgende Aufgabe betrachtet: Gegeben ist der Automat $A = (X, \bigotimes, z)$ und der Verbindungsgraph $G = (W, \Gamma)$ eines zweitaktigen Netzes $N = (W, F, z)$. Es ist ein Netz N zu konstruieren, das den Automaten A realisiert, derart, daß die Mächtigkeit des Kreuzprodukts der Wertebereiche D_{y_i} der inneren Variablen $y_i \in W$ minimal ist.

Die Konstruktion des Netzes N wird auf das Finden der Definitionsbereiche D_{y_i} aller inneren Variablen y_i und die Konstruktion der Übergangsfunktionen der Automatenkomponenten zurückgeführt.

Die gesuchten Funktionen müssen den Restriktionen genügen, die dem wechselseitigen Zusammenhang der Variablen durch den gegebenen Verbindungsgraphen G auferlegt werden. Das bedeutet, daß für jede Funktion f_i nur solche Variablen wesentlich sein können, die als ankommende Kanten des entsprechenden Knotens des Verbindungsgraphen definiert sind. Außerdem muß die Funktion des Ausgangselementes den in Satz 3 formulierten Restriktionen genügen. Wir beginnen die Konstruktion des Netzes N mit dem Finden der Übergangsfunktion α des Ausgangsautomaten des Netzes.

7.4.1. Konstruktion der symbolischen Übergangsfunktion des Ausgangsautomaten des Netzes

Der Verbindungsgraph des Netzes N bestimmt die Menge $y_1, \ldots, y_k$ der Eingangsvariablen des Automaten $B = (Y, \alpha; z)$. Gemäß Satz 3 muß der Wertebereich D_z^B der Ausgangsvariablen z des gesuchten Automaten die Zustandsmenge D_z^A des ursprünglichen Automaten enthalten, und für jedes Paar von Übergängen $\tilde{z}^* = \bigotimes(\underline{x}^*, z^*)$ des Automaten A muß ein Eingangssignal $\underline{y}^*$

(eine Wertebelegung der Eingangsvariablen $y_1, \ldots, y_k$) des Automaten B gefunden werden,
das einen entsprechenden Übergang im Automaten B gewährleistet. Es ist offensichtlich,
daß diesen Forderungen Automaten mit (der Mächtigkeit nach) unterschiedlichen Mengen von
Zuständen B_z^B (mit einer Anzahl unterschiedlicher Werte für die Variable z) und von Eingangssignalen (mit einer Anzahl unterschiedlicher Wertebelegungen der Eingangsvariablen)
genügen. Wir werden einen minimalen Automaten B suchen, der Satz 3 genügt, d.h. einen
solchen Automaten, bei dem

a) $D_z^A = D_z^B$ gilt und

b) jedem unterschiedlichen Übergang zwischen Zuständen im Automaten A ein einziger Übergang im Automaten B entspricht.

Die Konstruktion des Automaten B wird auf die Definition der Menge $y^* = \left\{ \underline{y_1^*}, \ldots, \underline{y_t^*} \right\}$ der
Eingangssignale zurückgeführt, die die nach Satz 3 notwendige Menge von Übergängen zwischen
den Zuständen gewährleisten. Die ausgewählte Menge von Eingangssignalen bestimmt den
Automaten B eindeutig. Einerseits muß diese Menge so beschaffen sein, daß die Bedingung
der Eindeutigkeit der Übergangsfunktion α des Automaten B erfüllt ist; andererseits bestimmt - wie aus dem Algorithmus zur Konstruktion der Übergangsfunktion ψ des Netzes N
folgt - die ausgewählte Menge von Eingangssignalen des Automaten B die Art der Übergangsfunktion des Netzes N. Folglich muß diese Menge so ausgewählt werden, daß für Übergangsfunktionen der Automatenkomponenten nur die Argumententeilmenge wesentlich ist, die vom
gegebenen Verbindungsgraphen festgelegt wird. Die Bedingungen, die der gesuchten Menge
von Eingangssignalen auferlegt werden, kann man bequem in Form einer bestimmten logischen Gleichung formulieren. Um diese Gleichung zu finden, führen wir als erstes die Menge
symbolischer Eingangssignale $\varepsilon_1 = (\varepsilon_{11}, \ldots, \varepsilon_{1k})$, $\varepsilon_2 = (\varepsilon_{21}, \ldots, \varepsilon_{2k})$, $\ldots$, $\varepsilon_t = (\varepsilon_{t1}, \ldots, \varepsilon_{tk})$
ein, deren Komponenten ganzzahlige Variable ε_{ij} sind. Den Beziehungen zwischen den gesuchten Eingangssignalen des Automaten B kann man gewisse Kombinationen von Beziehungen
zwischen den eingeführten Variablen ε_{ij} zuordnen. Die Beziehungen zwischen Variablen
ε_{ij}, ε_{1k} werden auf die Gleichheit oder Ungleichheit ihrer Werte zurückgeführt: $\varepsilon_{ij} = \varepsilon_{ik}$,
$\varepsilon_{ij} \neq \varepsilon_{1k}$.
Jeder solcher Beziehung kann man eine bestimmte Boolesche Variable a zuordnen, die
den Wert 1 annimmt, wenn diese Beziehung erfüllt ist, und anderenfalls den Wert 0 erhält.
Dann entsprechen die Kombinationen solcher Beziehungen einer bestimmten logischen
Gleichung.

Die minimale Zahl verschiedener Eingangssignale des Automaten B ist gleich der maximalen Zahl von Übergangspaaren z^*, $\widetilde{z}^*$ des Automaten A, in denen die linken Teile gleich
sind. Bei einer kleineren Zahl von Eingangssignalen ist es unmöglich, die Erfüllung der Bedingung 2 von Satz 3 mit eindeutigen Übergangsfunktionen des Automaten B zu gewährleisten.
Die Maximalzahl von Eingangssignalen des Automaten B unter der Bedingung, daß jedem
Übergang des Automaten A ein einziger Übergang im Automaten B entspricht, ist gleich der
Zahl von Paaren unterschiedlicher Übergänge im Automaten A.

Wir setzen die Zahl der Eingangssignale des Automaten B gleich der Zahl p der Zustände
des Automaten A. Jeder Eingangsvariablen y_j des Automaten B ordnen wir die Menge
$\varepsilon_j = \left\{ \varepsilon_{1j}, \ldots, \varepsilon_{pj} \right\}$ ganzzahliger Variabler zu; anschließend kann man jedem Zustand $z^* \in D_z^A$
des ursprünglichen Automaten A das Eingangssignal $\varepsilon_i = (\varepsilon_{i1}, \ldots, \varepsilon_k)$ des Automaten B zuordnen, das zur Realisierung aller Übergänge in den Zustand z^* im Automaten B vorgesehen
ist. Hier ist $\varepsilon_{ij} \in \varepsilon_j$, $i = 1, \ldots, p$, $j = 1, \ldots, u$.
Wir veranschaulichen die Konstruktion der symbolischen Übergangsfunktion des Automaten B am Beispiel.

Beispiel 6. Wir nehmen an, daß verlangt ist, ein zweitaktiges Netz N zu konstruieren,
das den im Bild 7.2 dargestellten Verbindungsgraphen G besitzt und den Automaten A realisiert, der durch die in Tafel 7.15 angegebene Übergangstabelle beschrieben ist. Die Zahl
der Eingangsvariablen des Automaten B ist, wie aus dem Verbindungsgraphen folgt, gleich 2,
und die Zahl der Werte ist für jede gleich 5, gleich der Zahl der inneren Zustände des Automaten A. Folglich ordnen wir der Variablen y_1 die Menge $\underline{\varepsilon}_1 = (\varepsilon_{11}, \ldots, \varepsilon_{51})$, der Variablen y_2 die Menge $\underline{\varepsilon}_2 = \left\{ \varepsilon_{12}, \ldots, \varepsilon_{52} \right\}$ zu. Dem Zustand z_i^* des Automaten A ordnen wir das
symbolische Eingangssignal $\underline{\varepsilon}_i = (\varepsilon_{i1}, \varepsilon_{i2})$, $i = 1, \ldots, 5$, zu, das für die Realisierung der
Übergänge in diesen Zustand bestimmt ist. Der Automat A besitzt die folgende Menge von

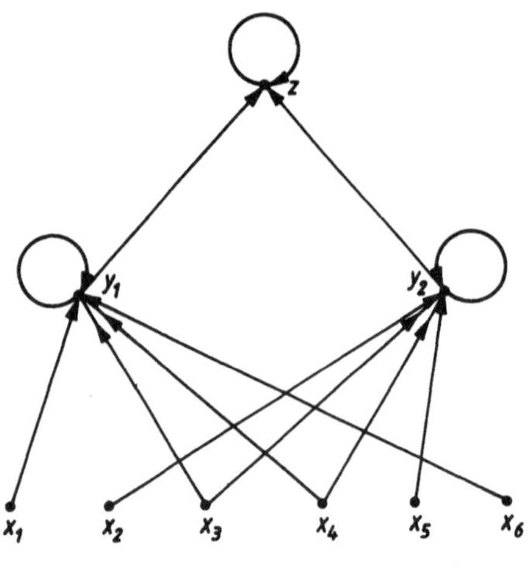

Bild 7.2

Tafel 7.15

x_1	x_2	x_3	x_4	x_5	x_6	z	$z = \odot(\underline{x}, z)$
0	0	0	–	–	–	1	5
0	0	0	–	–	–	2	3
0	0	0	–	–	–	4	2
1	–	–	0	0	–	2	3
1	–	–	0	0	–	5	4
–	1	–	1	–	0	1	4
–	1	–	1	–	0	3	1
–	1	–	1	–	0	5	2
–	–	1	–	1	1	2	5
–	–	1	–	1	1	4	3

Tafel 7.16

$\underline{y} = (y_1, y_2)$		z	$z = \alpha(\underline{y}, z)$
ε_{11}	ε_{12}	3	1
ε_{21}	ε_{22}	4	2
ε_{21}	ε_{22}	5	2
ε_{31}	ε_{32}	2	3
ε_{31}	ε_{32}	4	3
ε_{41}	ε_{42}	1	4
ε_{41}	ε_{42}	5	4
ε_{51}	ε_{52}	1	5
ε_{51}	ε_{52}	2	5

Übergangspaaren, die im Automaten B mit Hilfe der eingeführten Menge von Eingangssignalen dargestellt werden muß: 3 - 1, 4 - 2, 5 - 2, 2 - 3, 4 - 3, 1 - 4, 5 - 4, 1 - 5, 2 - 5.

Die symbolische Übergangsfunktion $\alpha(y_1, y_2, z)$ des Automaten B ist in Tafel 7.16 dargestellt.

7.4.2. Aufstellung der logischen Gleichung, die die Bedingungen definiert, die den Eingangssignalen des Automaten B auferlegt werden

Wie bereits gesagt wurde, muß die Menge der Eingangssignale des Automaten B zwei Arten von Restriktionen genügen. Zum ersten muß die Bedingung der Eindeutigkeit der Übergangsfunktion des Automaten B erfüllt werden; zum zweiten muß die Unwesentlichkeit von Variablenteilmengen für die Übergangsfunktionen der Automatenkomponenten entsprechend dem gegebenen Übergangsgraphen gewährleistet werden. Die erste Gruppe von Forderungen wird auf die Ungleichheit von Eingangssignalen für die Zeilenpaare der Tafel der Funktion zurückgeführt, die in der Spalte, die der inneren Variablen 7 entspricht, ein und denselben Wert besitzen. Für das betrachtete Beispiel gelten solche Zeilenpaare (2, 5), (3, 7), (6, 8), (4, 9); folglich müssen die diesen Zeilenpaaren entsprechenden Eingangssignale verschieden sein.

Offensichtlich kann die Bedingung für die Ungleichheit des Eingangssignalpaars $\underline{\varepsilon}_i = (\varepsilon_{i1}, \ldots, \varepsilon_{ik})$ und $\underline{\varepsilon}_j = (\varepsilon_{j1}, \ldots, \varepsilon_{jk})$ in Form der folgenden logischen Gleichung geschrieben werden: $(\varepsilon_{i1} \neq \varepsilon_{j1}) \vee \ldots \vee (\varepsilon_{ik} \neq \varepsilon_{jk}) = 1$; deshalb nehmen die Bedingungen, die durch die Forderung der Eindeutigkeit der Funktion α hervorgerufen werden, für unser Beispiel die folgende Form an:

$$((\varepsilon_{21} \neq \varepsilon_{31}) \vee (\varepsilon_{22} \neq \varepsilon_{32})) \wedge ((\varepsilon_{21} \neq \varepsilon_{41}) \vee (\varepsilon_{22} \neq \varepsilon_{42}))$$
$$\wedge ((\varepsilon_{41} \neq \varepsilon_{51}) \vee (\varepsilon_{42} \neq \varepsilon_{52})) \wedge ((\varepsilon_{31} \neq \varepsilon_{51}) \vee (\varepsilon_{32} \neq \varepsilon_{52})) = 1 .$$

Um die Bedingungen für die Unwesentlichkeit von Argumenten der Übergangsfunktion f_i von Automatenkomponenten des Netzes zu definieren, muß vorher eine symbolische Übergangsfunktion ψ des Netzes definiert werden. Dazu wird der im Beweis von Satz 3 angeführte Algorithmus angewandt. Für das betrachtete Beispiel ist die Funktion ψ in Tafel 7.17 angeführt. Es ist nicht schwer, sich davon zu überzeugen, daß die Teilmenge $R \subset S$ von Argumenten der Funktion $f(\underline{s})$ für diese Funktion unwesentlich ist, wenn für jedes Vektorpaar $\underline{s}_1^*$, $\underline{s}_2^*$ aus dem Definitionsbereich der Funktion $f(\underline{s})$, bei dem die Werte der Komponenten, die nicht zur Teilmenge R gehören, gleich sind, auch die Funktionswerte übereinstimmen.

Tafel 7.17

$N_{n/n}$	x_1	x_2	x_3	x_4	x_5	x_6	y_1	y_2	z	y_1	y_2	z
1	0	0	0	–	–	–	ε_{11}	ε_{12}	3	ε_{51}	ε_{52}	1
2	0	0	0	–	–	–	ε_{21}	ε_{22}	4	ε_{31}	ε_{32}	2
3	0	0	0	–	–	–	ε_{21}	ε_{22}	5	ε_{31}	ε_{32}	2
4	0	0	0	–	–	–	ε_{41}	ε_{42}	1	ε_{21}	ε_{22}	4
5	0	0	0	–	–	–	ε_{41}	ε_{42}	5	ε_{21}	ε_{22}	4
6	1	–	–	0	0	–	ε_{21}	ε_{22}	4	ε_{31}	ε_{32}	2
7	1	–	–	0	0	–	ε_{21}	ε_{22}	5	ε_{31}	ε_{32}	2
8	1	–	–	0	0	–	ε_{51}	ε_{52}	1	ε_{41}	ε_{42}	5
9	1	–	–	0	0	–	ε_{51}	ε_{52}	2	ε_{41}	ε_{42}	5
10	–	1	–	1	–	0	ε_{11}	ε_{12}	3	ε_{41}	ε_{42}	1
11	–	1	–	1	–	0	ε_{31}	ε_{32}	2	ε_{11}	ε_{12}	3
12	–	1	–	1	–	0	ε_{31}	ε_{32}	4	ε_{11}	ε_{12}	3
13	–	1	–	1	–	0	ε_{51}	ε_{52}	1	ε_{21}	ε_{22}	5
14	–	1	–	1	–	0	ε_{51}	ε_{52}	2	ε_{21}	ε_{22}	5
15	–	–	1	–	1	1	ε_{21}	ε_{22}	4	ε_{51}	ε_{52}	2
16	–	–	1	–	1	1	ε_{21}	ε_{22}	5	ε_{51}	ε_{52}	2
17	–	–	1	–	1	1	ε_{41}	ε_{42}	1	ε_{31}	ε_{32}	4
18	–	–	2	–	1	1	ε_{41}	ε_{42}	5	ε_{31}	ε_{32}	4

Als Beispiel betrachten wir die Variable y_1. Entsprechend dem Verbindungsgraphen (Bild 7.2) müssen für diese Variable nur x_1, x_3, x_4, x_6, y_1 wesentlich sein. Diese Forderung wird erfüllt, wenn für jedes Zeilenpaar von Tafel 7.17, die die Übergangsfunktion angibt, eine der folgenden Bedingungen erfüllt ist:

a) Im linken Teil der Tafel sind die Werte in wenigstens einer der den Variablen x_1, x_3, x_4, x_6, y_1 zugeordneten Spalten nicht gleich.

b) Im rechten Teil der Tafel sind die Werte in der der Variablen y_1 zugeordneten Spalte gleich.

Betrachten wir beispielsweise das Zeilenpaar 1, 2 in Tafel 7.17. Zur Erfüllung der ersten Bedingung ist es notwendig, daß $(\varepsilon_{11} \neq \varepsilon_{21})$ ist, für die zweite muß $(\varepsilon_{51} = \varepsilon_{31})$ sein. Für das Zeilenpaar 1, 6 sind die Bedingungen für die Unwesentlichkeit der geforderten Variablenteilmenge für die Funktion y_1 bereits erfüllt, weil diese Zeilen in der Spalte x_1 unterschiedliche Werte besitzen.

Wenn wir auf analoge Weise die Zeilenpaare von Tafel 7.17 analysieren, erhalten wir die folgende Gleichung, die die Bedingungen für die Unwesentlichkeit aller Variablen außer den vom Verbindungsgraphen festgelegten für die Funktion y_1 definiert:

$$\Big[(\varepsilon_{11} \neq \varepsilon_{21}) \vee (\varepsilon_{31} = \varepsilon_{51})\Big] \wedge \Big[(\varepsilon_{11} \neq \varepsilon_{41}) \wedge (\varepsilon_{21} = \varepsilon_{51})\Big] \wedge \Big[(\varepsilon_{21} \neq \varepsilon_{41}) \vee (\varepsilon_{31} = \varepsilon_{21})\Big]$$
$$\wedge \Big[(\varepsilon_{21} \neq \varepsilon_{51}) \vee (\varepsilon_{31} = \varepsilon_{41})\Big] \wedge \Big[(\varepsilon_{11} \neq \varepsilon_{31}) \wedge (\varepsilon_{11} = \varepsilon_{41})\Big] \wedge \Big[(\varepsilon_{11} \neq \varepsilon_{51}) \vee (\varepsilon_{21} = \varepsilon_{41})\Big]$$
$$\wedge \Big[(\varepsilon_{31} \neq \varepsilon_{51}) \vee (\varepsilon_{11} = \varepsilon_{21})\Big] \wedge \Big[(\varepsilon_{21} \neq \varepsilon_{41}) \wedge (\varepsilon_{31} = \varepsilon_{51})\Big] = 1 \ .$$

Für die Variable y_2 hat die Gleichung die gleiche Struktur und unterscheidet sich nur durch den zweiten Index bei der Variablen ε_{ij} (j gleich 2). Für die Ausgangsvariable erlegen die Bedingungen für die Unwesentlichkeit von Argumenten den Eingangssignalen y_i^* des Automaten B keine weiteren Beschränkungen auf. Wenn wir jeder Klammer $(\varepsilon_{ki} = \varepsilon_{li})$ die Boolesche Variable a_{kl}^i und jeder Klammer $(\varepsilon_{ki} \neq \varepsilon_{li})$ die Negation dieser Variablen zuordnen, erhalten wir die folgende logische Gleichung:

$$(\bar{a}_{23}^1 \vee \bar{a}_{23}^2) \wedge (\bar{a}_{24}^1 \vee \bar{a}_{24}^2) \wedge (\bar{a}_{45}^1 \vee \bar{a}_{45}^2) \wedge (\bar{a}_{35}^1 \vee a_{35}^2) \wedge (\bar{a}_{12}^1 \vee a_{35}^1)$$
$$\wedge (\bar{a}_{14}^1 \vee a_{25}^1) \wedge (\bar{a}_{24}^1 \vee \bar{a}_{32}^1) \wedge (\bar{a}_{25}^1 \vee a_{34}^1) \wedge (\bar{a}_{13}^1 \vee a_{14}^1) \wedge (\bar{a}_{15}^1 \vee a_{24}^1)$$
$$\wedge (\bar{a}_{35}^1 \vee a_{12}^1) \wedge (\bar{a}_{24}^1 \vee a_{35}^1) \wedge (\bar{a}_{12}^2 \vee a_{35}^2) \wedge (\bar{a}_{14}^2 \vee a_{25}^2) \wedge (\bar{a}_{24}^2 \vee a_{32}^2)$$
$$\wedge (\bar{a}_{25}^2 \vee a_{34}^2) \wedge (\bar{a}_{13}^2 \vee a_{14}^2) \wedge (\bar{a}_{15}^2 \vee a_{24}^2) \wedge (\bar{a}_{35}^2 \vee a_{12}^2) \wedge (\bar{a}_{24}^2 \vee a_{35}^2) = 1 \ .$$

Durch Lösung dieser Gleichung mit Hilfe der in der Arbeit [10] beschriebenen Methode erhalten wir folgende Lösung:

$$a_{23}^1 = a_{24}^1 = a_{35}^2 = a_{45}^2 = a_{14}^1 = a_{25}^1 = a_{13}^1 = a_{15}^1 = a_{24}^2 = a_{12}^2 = 0$$

$$a_{35}^1 = a_{12}^1 = a_{25}^2 = a_{34}^2 = a_{14}^2 = a_{15}^2 = 1 \ .$$

Die gefundene Lösung bestimmt die folgende Beziehung zwischen den Werten der Variablen y_1:

$$(\varepsilon_{21} \neq \varepsilon_{31}), \ (\varepsilon_{21} \neq \varepsilon_{41}), \ (\varepsilon_{31} \neq \varepsilon_{51}), \ (\varepsilon_{11} \neq \varepsilon_{12}), \ (\varepsilon_{21} \neq \varepsilon_{51}), \ (\varepsilon_{11} \neq \varepsilon_{31}), \ (\varepsilon_{11} \neq \varepsilon_{51}).$$

Für die Variable y_2 haben die analogen Beziehungen das folgende Aussehen:

$$(\varepsilon_{32} \neq \varepsilon_{52}), \ (\varepsilon_{42} \neq \varepsilon_{52}), \ (\varepsilon_{22} \neq \varepsilon_{42}), \ (\varepsilon_{12} \neq \varepsilon_{22}),$$
$$(\varepsilon_{22} = \varepsilon_{52}), \ (\varepsilon_{32} = \varepsilon_{42}), \ (\varepsilon_{12} = \varepsilon_{42}), \ (\varepsilon_{12} \neq \varepsilon_{52}) \ .$$

Um die Minimalzahl von Werten für jede Variable zu finden, die es erlaubt, diese Beziehungen zu erfüllen, stellen wir die Relation „ungleich" auf der Menge der Werte jeder Variablen durch einen Graphen M_i dar, bei dem jedem Knoten des Graphen die Teilmenge untereinander gleicher Werte der Variablen y_i entspricht.

Danach wird die Bestimmung der Minimalzahl erforderlicher Werte der Variablen auf die Färbung der Knoten dieses Graphen zurückgeführt: Die Zahl unterschiedlicher Werte ist

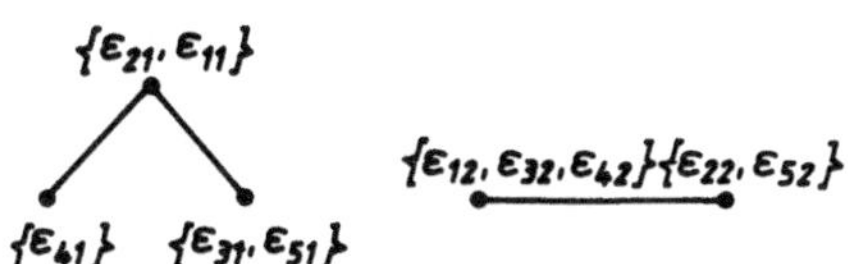

Bild 7.3

Tafel 7.18

y_1	y_2	z	$z = \alpha(y_1, y_2, z)$
1	1	3	1
1	2	4	2
1	2	5	2
2	1	2	3
2	1	4	3
2	1	1	4
2	1	5	4
2	2	1	5
2	2	2	5

Tafel 7.19

x_1	x_2	x_3	x_4	x_5	x_6	y_1	y_2	z	\multicolumn{3}{c}{$(y_1, y_2, z) = \psi(\underline{x}, y_1, y_2, z)$}
0	0	0	–	–	–	1	1	3	2	2	1
0	0	0	–	–	–	1	2	4	2	1	2
0	0	0	–	–	–	1	2	5	2	1	2
0	0	0	–	–	–	2	1	1	1	2	4
0	0	0	–	–	–	2	1	5	1	2	4
1	–	–	0	0	–	1	2	4	2	1	2
1	–	–	0	0	–	1	2	5	2	1	2
1	–	–	0	0	–	2	2	1	2	1	5
1	–	–	0	0	–	2	2	2	2	1	5
–	1	–	1	–	0	1	1	3	2	1	1
–	1	–	1	–	0	2	1	2	1	1	3
–	1	–	1	–	0	2	1	4	1	1	3
–	1	–	1	–	0	2	2	1	1	2	5
–	1	–	1	–	0	2	2	2	1	2	5
–	–	1	–	1	1	1	2	4	2	2	2
–	–	1	–	1	1	1	2	5	2	2	2
–	–	1	–	1	1	2	1	1	2	1	4
–	–	1	–	1	1	2	1	5	2	1	4

Tafel 7.20

x_1	x_3	x_4	x_6	y_1	$y_1 = f_1(\underline{x}_1, y_1)$
–	–	–	–	1	2
0	0	–	–	2	1
1	–	0	–	2	2
–	–	1	0	2	1
–	1	–	1	2	2

Tafel 7.21

x_2	x_3	x_4	x_5	y_2	$y_2 = f_2(\underline{x}_2, y_2)$
0	0	–	–	1	2
0	0	–	–	2	1
–	–	0	0	2	1
1	–	1	–	1	1
1	–	1	–	2	2
–	1	–	1	2	2
–	1	–	1	1	1

gleich der Zahl von Farben in der minimalen Färbung. Für das betrachtete Beispiel sind die Graphen M_1 und M_2 im Bild 7.3 dargestellt. Die Aufgabe der Färbung dieser Graphen ist trivial lösbar. Im Ergebnis erhält man, daß jede Variable nur zwei verschiedene Werte haben muß: $D_{y_1} = \{1, 2\}$, $D_{y_2} = \{1, 2\}$. Durch Darstellung der gefundenen Werte ($\varepsilon_{11} = \varepsilon_{21} = 1$, $\varepsilon_{31} = \varepsilon_{41} = \varepsilon_{51} = 2$; $\varepsilon_{12} = \varepsilon_{32} = \varepsilon_{42} = 1$, $\varepsilon_{22} = \varepsilon_{52} = 2$) in symbolischen Tafeln für die Übergänge des Automaten B und des Netzes N erhalten wir die entsprechenden Übergangsfunktionen des Automaten B (Tafel 7.18) und des Netzes (Tafel 7.19), Aus den entstandenen Tafeln findet man leicht die Funktionen f_1 (Tafel 7.20) und f_2 (Tafel 7.21) der Automatenkomponenten.

7.5. Konstruktion zweitaktiger Boolescher Netze

7.5.1. Boolesche Automaten und Boolesche Automatennetze

Als Boolesche Automaten $A = (\underline{x}, \odot, z)$ bezeichnen wir einen solchen Automaten, bei dem die Eingangs- und die inneren Zustände durch ein Alphabet mit Boolescher Struktur gegeben sind, d.h., alle Eingangsvariablen $x_1, \ldots, x_n$ und alle inneren Variablen $z_1, \ldots, z_n$ des Automaten A sind Boolesche Variable. Das Verhalten eines Booleschen Automaten wird durch eine vektorielle Boolesche Übergangsfunktion $\underline{z} = \odot(\underline{x}, \underline{z}) = (\odot_1(\underline{x}, \underline{z}), \ldots, \odot_k(\underline{x}, \underline{z}))$ beschrieben. Der Wert der Funktion $\odot(\underline{x}, \underline{z})$ ist für jedes Element $(\underline{x}, \underline{z}^*) \in D$ ein Ternärvektor $\underline{z}^* = (z_1^*, \ldots, z_k^*)$, dessen Komponenten z_i die Werte 0, 1 und den unbestimmten Wert „–" annehmen. Eine vektorielle Boolesche Funktion kann als geordnetes System partieller Boolescher Funktionen $\odot_1(\underline{x}, \underline{z}), \ldots, \odot_k(\underline{x}, \underline{z})$ angesehen werden. Ein Beispiel für die Darstellung eines Booleschen Automaten ist in Tafel 7.22 angeführt.

Tafel 7.22

$x_1 x_2$	$z_1 z_2$	$\odot(\underline{x}, \underline{z}) = (z_1, z_2)$
0 1	1 0	0 1
0 1	1 1	0 0
0 1	0 1	1 0
1 0	0 1	1 0
1 0	1 0	0 1
1 0	0 0	1 1
1 1	1 0	1 1
1 1	0 0	0 1
0 0	1 0	1 1
0 0	0 0	0 1

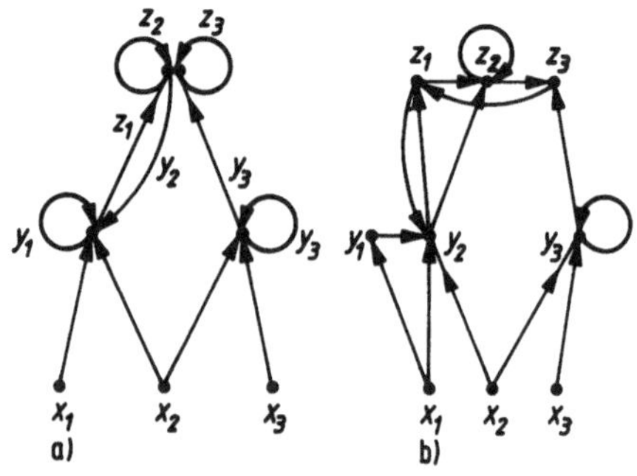

Bild 7.4

Ein Boolesches Automatennetz wird aus Booleschen Automatenkomponenten aufgebaut, nach Regeln, die analog zu den Regeln für den Aufbau von Netzen allgemeiner Art sind (s. Abschn. 7.2.1.). Im Zusammenhang damit, daß die Komponenten eines Booleschen Netzes mehrere Ausgangsvariable besitzen, sind zwei Arten der Darstellung des Verbindungsgraphen eines solchen Netzes möglich. Bei der ersten Art wird (wie auch für ein Netz der allgemeinen Art) jeder Netzkomponente ein einziger Knoten des Verbindungsgraphen zugeordnet, und die von ihm abgehenden Kanten werden mit den Namen der inneren Variablen der entsprechenden Automatenkomponente gekennzeichnet. Bei der zweiten Darstellungsart wird jeder abhängigen Variablen des Netzes ein Knoten des Verbindungsgraphen zugeordnet, und ein und derselben Automatenkomponente entsprechen so viele Knoten, wie sie innere Variablen besitzt. Die erste Darstellungsart wird im Bild 7.4 a gezeigt, die zweite im Bild 7.4 b.

Bei der zweiten Darstellungsart können die inneren Variablen ein und desselben Teilautomaten als Funktionen verschiedener Teilmengen wesentlicher Argumente ausgedrückt werden, und damit ergibt sich bei der Konstruktion der Dekomposition die Möglichkeit, nicht nur die

Verbindungen zwischen den Automatenkomponenten des Netzes anzugeben, sondern auch die
Zahl der wesentlichen Argumente bei den inneren Variablen der gleichen Automatenkompo-
nente. Hierfür ist es notwendig, im ursprünglichen Verbindungsgraphen, der die Struktur
des gesuchten Netzes bestimmt, für jede innere Variable die gewünschte Teilmenge wesent-
licher Argumente anzugeben. Der nachstehend beschriebene Algorithmus erlaubt es, ein
Netz mit gegebener Struktur aufzubauen, unter der Bedingung, daß ein solches Netz existiert.
Der Zustandsvektor von Netzen der betrachteten Art ist ein Boolescher Vektor, in dem jedem
Teilautomaten ein Abschnitt entspricht, der so viele Elemente enthält, wie der gegebene
Automat innere Variablen besitzt. Die Übergangs- und die Ausgangsfunktion für Boolesche
(K-taktige) Netze werden analog zu Netzen allgemeiner Art bestimmt.

Bei der Konstruktion Boolescher Netze ist es zweckmäßig, zwei Varianten der Aufgabenstellung zu betrachten: Der ursprüngliche Automat ist gegeben

a) im Alphabet einer Booleschen Struktur oder
b) in einem abstrakten Alphabet.

7.5.2. Konstruktion eines Booleschen Netzes, das einen Booleschen Automaten realisiert

Der Algorithmus zur Konstruktion eines Booleschen Netzes, das einen Booleschen Automaten realisiert, besteht aus den gleichen Abschnitten wie der Hauptalgorithmus:

1. Aufstellung einer symbolischen Übergangstabelle des Ausgangsautomaten B des Netzes,
   die den Bedingungen von Satz 3 genügt.
2. Aufbau einer symbolischen Übergangstabelle des gesuchten Netzes
3. Aufstellung einer logischen Gleichung, die die Bedingungen für die Unwesentlichkeit der
   durch den Verbindungsgraphen gegebenen Argumentteilmengen der Übergangsfunktionen
   der Automatenkomponenten des Netzes bestimmt
4. Bestimmung der Lösung der entstandenen logischen Gleichung, Minimierung der Zahl der
   Werte der inneren Variablen und Eintragung der gefundenen Werte in eine symbolische
   Übergangstabelle des·Netzes und des Automaten B mit dem Ziel, Übergangstabellen für
   die Automatenkomponenten des Netzes aufzubauen.

Wir vermerken einige Besonderheiten bei der Ausführung des Algorithmus für Boolesche
Netze. Weil die Zahl der möglichen Werte für die Eingangsvariablen des Automaten B in
Booleschen Netzen festgelegt und gleich 2 ist, entfällt die Notwendigkeit, die Zahl der Werte
dieser Variablen zu minimieren, aber es tritt eine untere Schranke für die Zahl der Variablen selbst auf, die nicht kleiner sein darf als die kleinste ganze Zahl $\geq \log_2 l$; dabei ist l
die maximale Zahl unterschiedlicher Übergänge im Automaten A, d.h.

$$l = \max_{z^* \in V^z} \left| \left\{ \widetilde{z}^*/\widetilde{z}^* = \ominus(x^*, z^*),\ x^* \in V^x \right\} \right|,$$

wobei $V^{\underline{x}}$, $V^{\underline{z}}$ die Mengen aller Werte der Vektoren $\underline{x}$ bzw. $\underline{z}$ sind und $/M/$ die Mächtigkeit
der Menge M ist. Weil das gesuchte Netz ein Boolesches Netz ist, sind alle Variablen ε_{ij}, die
bei der Konstruktion der symbolischen Übergangstabelle des Automaten B eingeführt werden,
auch Boolesche Variablen und können bei der Aufstellung der logischen Gleichung, die die Bedingungen für die Existenz des gesuchten Netzes festlegt, unmittelbar verwendet werden. Die
Beziehungen der Gleichheit oder Ungleichheit zwischen den Werten der Variablenpaare
ε_{ij}, ε_{lk} werden mit Hilfe der Booleschen Operationen „$\oplus$" (Addition mod 2) und „$\equiv$" (Äquivalenz) in folgender Weise ausgedrückt:

$$(\varepsilon_{ij} \oplus \varepsilon_{lk}) = 1 \quad \text{oder} \quad (\varepsilon_{ij} \equiv \varepsilon_{lk}) = 1 .$$

<u>Beispiel 5</u>. Wir konstruieren ein Boolesches Netz, das den im Bild 7.5 dargestellten Ver-
bindungsgraphen besitzt und den Automaten A realisiert, der mit Hilfe der in Tafel 7.22
dargestellten Übergangstabelle gegeben ist. Es ist leicht zu prüfen, daß die größte Zahl
verschiedener Übergänge aus einem Zustand des Automaten A gleich zwei ist - beispielsweise kann man vom Zustand $\underline{z}^* = (1, 0)$ in den Zustand $(0, 1)$ und in den Zustand $(1, 1)$ ge-

langen. Deshalb unterliegt die Zahl K = 1 der Eingangsvariablen des Automaten B, die vom gegebenen Verbindungsgraphen bestimmt wird, der Beschränkung $K \gtreqless \lceil \log_2 1 \rceil = 1$, und die Konstruktion des Netzes ist möglich. Die symbolische Übergangstabelle des Automaten B, der die Bedingungen von Satz 3 erfüllt, ist in Tafel 7.23 angeführt, die symbolische Übergangstabelle des Netzes in Tafel 7.24. Die Bedingung für die Eindeutigkeit der Übergangstabelle des Automaten B stellt sich (unter Berücksichtigung dessen, daß die eingeführten Variablen ε_j Boolesche Variablen sind) wie folgt dar:

$$(\varepsilon_1 \oplus \varepsilon_3) = 1 \ .$$

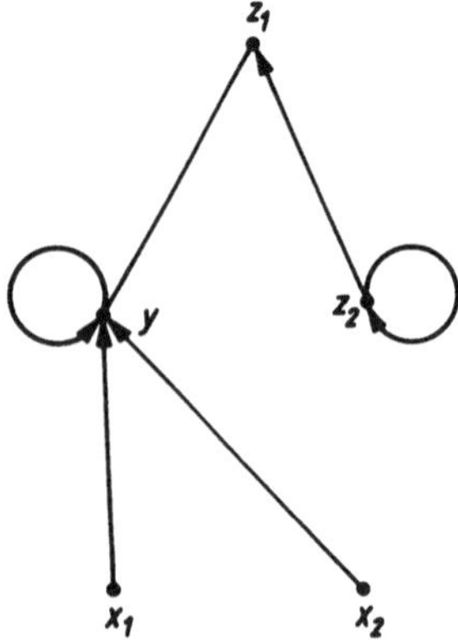

Bild 7.5

Tafel 7.23

y	$z_1 z_2$	$\alpha(\underline{y}, \underline{z}) = (z_1, z_2)$
ε_1	1 0	0 1
ε_1	0 0	0 1
ε_2	0 1	1 0
ε_3	1 0	1 1
ε_3	0 0	1 1
ε_4	1 1	0 0

Tafel 7.24

$x_1 x_2$	y	$z_1 z_2$	$\psi(\underline{x}, \underline{y}, \underline{z}) = (y, z_1, z_2)$
0 1	ε_2	0 1	ε_1 1 0
0 1	ε_3	1 0	ε_4 1 1
0 1	ε_3	0 0	ε_4 1 1
0 1	ε_1	1 0	ε_2 0 1
0 1	ε_1	0 0	ε_2 0 1
1 0	ε_1	1 0	ε_2 0 1
1 0	ε_1	0 0	ε_2 0 1
1 0	ε_2	0 1	ε_1 1 0
1 0	ε_4	1 1	ε_3 0 0
1 1	ε_2	0 1	ε_3 1 0
1 1	ε_4	1 1	ε_1 0 0
0 0	ε_2	0 1	ε_3 1 0
0 0	ε_4	1 1	ε_1 0 0

Die Bedingungen für die Unabhängigkeit der Variablen z_1 von sich selbst werden aus Tafel 7.23 bestimmt und haben folgendes Aussehen:

$$(\varepsilon_1 \oplus \varepsilon_3) \wedge (\varepsilon_2 \oplus \varepsilon_4) = 1 \ .$$

Die Bedingungen für die Unabhängigkeit der Variablen z_2 von den Variablen z_1 und y sind im ursprünglichen Automaten erfüllt und erlegen deshalb den Werten der Variablen y keine zusätzlichen Beschränkungen auf. Die Bedingungen für die Unabhängigkeit der Variablen y von z_1 und z_2 werden mit Hilfe von Tafel 7.24 bestimmt und haben folgendes Aussehen:

$$\left[(\varepsilon_2 \oplus \varepsilon_3) \vee (\varepsilon_1 \equiv \varepsilon_4)\right] \wedge \left[(\varepsilon_1 \oplus \varepsilon_3) \wedge (\varepsilon_2 \equiv \varepsilon_4)\right]$$
$$\wedge \left[(\varepsilon_1 \oplus \varepsilon_4) \vee (\varepsilon_2 \equiv \varepsilon_3)\right] \wedge \left[(\varepsilon_2 \oplus \varepsilon_4) \vee (\varepsilon_1 \equiv \varepsilon_3)\right] = 1 .$$

Durch Lösung des erhaltenen Gleichungssystems erhalten wir folgende Werte:

$$\varepsilon_1 = \varepsilon_2 = 0, \qquad \varepsilon_3 = \varepsilon_4 = 1 .$$

Die Eintragung dieser Werte in symbolische Übergangstabellen des Automaten B und des Netzes erlauben die Konstruktion der Übergangstabellen der Teilautomaten (Tafeln 7.25 und 7.26).

Tafel 7.25

y	z_2	$\alpha(y, \underline{z}) = (z_1, z_2)$
0	0	0 1
0	1	1 0
1	0	1 1
1	1	0 0

Tafel 7.26

x_1	x_2	y	$y = f(x_1, x_2, y)$
0	1	0	0
0	1	1	1
1	0	0	0
1	0	1	1
1	1	0	1
1	1	1	0
0	0	0	1
0	0	1	0

7.5.3. Konstruktion eines Booleschen Netzes, das einen Automaten mit abstraktem Alphabet für die inneren Zustände realisiert

Für den vorliegenden Fall präzisieren wir die früher eingeführte Realisierungsrelation zwischen einem Netz und einem Automaten. Weil die Werte der Ausgangsvariablen des ursprünglichen Automaten A Symbole aus einem bestimmten abstrakten Alphabet (speziell ganze Zahlen) und die Ausgangssignale des Booleschen Netzes Boolesche Vektoren sind, deren Komponentenzahl gleich der Zahl der Ausgangsvariablen des Netzes ist, ist die früher gegebene Definition des Begriffs der Realisierungsrelation auf den vorliegenden Fall nicht anwendbar - es wird erforderlich, zwischen den Ausgangssignalen des Netzes und denen des ursprünglichen Automaten eine bestimmte Zuordnung einzuführen.

Ein Boolesches Netz N realisiert den Automaten $A = (X, \odot, z)$ mit der abstrakten Menge innerer Zustände D_z^A dann und nur dann, wenn

1. das Netz N und der Automat A die gleiche Menge X von Booleschen Eingangsvariablen besitzen
2. eine Abbildung γ der Menge der vektoriellen Ausgangszustände z^* des Netzes auf die abstrakte Menge D_z^A der inneren Zustände des Automaten A existiert derart, daß für ein beliebiges Element $(x^*, z^*) \in D_\odot$ wenigstens ein vollständiger Zustand des Netzes $(x^*, y^*) \in D_\psi$ gefunden wird, der folgenden Beziehungen genügt:

$$\gamma(\varphi(y^*)) = z^*$$
und
$$\odot(x^*, z^*) = \gamma(\varphi(\psi(x^*, y^*))) .$$

Gegeben sei ein Automat $A = (X, \odot, z)$ mit einer abstrakten Menge innerer Zustände und ein Boolescher Automat $B = (y, \alpha, z)$, wobei $y = (y_1, \ldots, y_k)$ und $\underline{z} = (z_1, \ldots, z_l)$ gilt. Es sei ein den gegebenen Automaten A realisierendes zweitaktiges Boolesches Netz $N = (W, F, \underline{z})$

zu konstruieren, bei dem die Menge der Eingangsvariablen mit der Menge der Eingangs-variablen des Automaten A zusammenfällt und der Ausgangsautomat der Automat B ist, d.h. $W = \{X \cup Y \cup Z\}$:

$$F = \{\underline{z} = \alpha(\underline{y}, \underline{z}),\ y_1 = f_1(\underline{x}, \underline{y}, \underline{z}),\ \ldots,\ y_K = f_K(\underline{x}, \underline{y}, \underline{z})\}.$$

Der nachstehend angegebene Satz über die Existenz des Netzes N ist analog zu Satz 3.

<u>Satz 3a.</u> Ein Boolesches Netz N, das den Automaten A in einem abstrakten Alphabet reali-siert, existiert dann und nur dann, wenn

1. eine Abbildung γ der Menge der vektoriellen Zustände $\underline{z}$ des Automaten B auf die Menge D_z^A der Zustände des Automaten A existiert derart, daß für ein beliebiges Element $(\underline{x}^*, z^*) \in D_{\ominus}$ ein Element $(\underline{y}^*, \underline{z}) \in D_\alpha$ gefunden wird, das der Bedingung

$$\ominus(\underline{x}^*, z^*) = \gamma(\alpha(\underline{y}^*, z^*))$$

genügt

2. für beliebiges $z^* \in D_z^A$ ein $(\underline{y}^*, \widetilde{z}^*) \in D_\alpha$ gefunden wird, derart, daß $\gamma(\alpha(y^*, \widetilde{z}^*)) = z^*$ ist.

Der Beweis des Satzes geschieht analog zum Beweis von Satz 3. Der Algorithmus zur Konstruktion des Netzes N, das den Automaten A realisiert, besitzt im Vergleich zum all-gemeinen Algorithmus folgende Besonderheiten: Beim Aufbau der symbolischen Übergangs-tabelle des Automaten B werden symbolische Eingangs- und innere Zustände eingeführt (und nicht nur Eingangssignale wie im allgemeinen Algorithmus). Bei der Aufstellung der logi-schen Gleichung, die die Bedingungen für die Existenz des gesuchten Netzes festlegt, werden zusätzliche Bedingungen berücksichtigt, denen die symbolischen inneren Zustände des Auto-maten B genügen müssen. Wenn keine zusätzlichen Forderungen an die Abschwächung der funktionellen Abhängigkeit der inneren Variablen des Automaten B gestellt werden, d.h., wenn jede innere Variable wesentlich von allen anderen inneren Variablen abhängen kann, dann werden diese Forderungen darauf zurückgeführt, daß verschiedenen Zuständen des Automaten A verschiedene Zustände des Automaten B entsprechen. Wenn aber für jede innere Variable eine Teilmenge wesentlicher Argumente angezeigt ist, dann werden der Gleichung Bedingungen hinzugefügt, die die Unwesentlichkeit der übrigen inneren Variablen gewähr-leisten. Wie diese Bedingungen auf bequeme Art und Weise in Form von logischen Gleichun-gen ausgedrückt werden, haben wir bereits betrachtet.

<u>Beispiel 8.</u> Wir dekomponieren den Automaten A (Tafel 7.27) in ein zweitaktiges Boole-sches Netz, dessen Verbindungsgraph im Bild 7.6 dargestellt ist. Unter Verwendung der Menge symbolischer Eingangs- und innerer Zustände (Tafel 7.28) bauen wir die symbolische Übergangstabelle des Ausgangsautomaten B des gesuchten Netzes auf (Tafel 7.29). Die Etap-

Tafel 7.27

x_1	x_2	x_3	z	$z = \ominus(\underline{x}, z)$
0	0	0	2	1
0	0	0	3	4
0	0	1	1	5
0	0	1	2	3
0	0	1	3	3
0	0	1	4	1
0	0	1	5	2
0	1	0	1	2
0	1	0	3	4
0	1	1	1	5
0	1	1	2	3
0	1	1	4	1
0	1	1	5	4
1	0	0	1	2
1	0	0	3	4

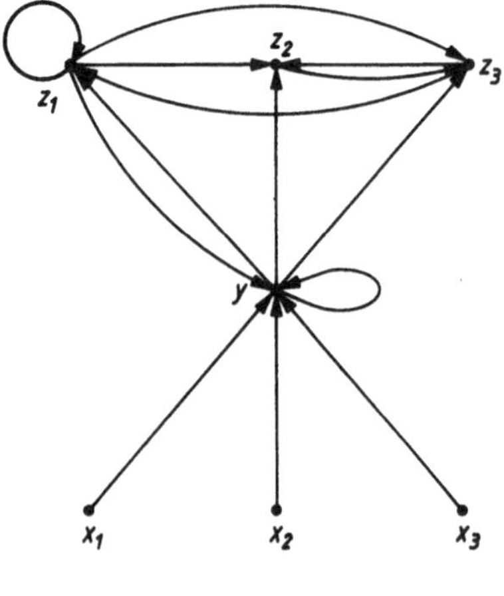

Bild 7.6

Tafel 7.28

z_1 z_2 z_3	$z = \gamma(z_1, z_2, z_3)$
q_{11} q_{12} q_{13}	1
q_{21} q_{22} q_{23}	2
q_{31} q_{32} q_{33}	3
q_{41} q_{42} q_{43}	4
q_{51} q_{52} q_{53}	5

Tafel 7.30

y	z_1	z_2	z_3	$\alpha(\underline{y}, \underline{z}) = (z_1, z_2, z_3)$		
0	0	0	0	1	0	0
0	0	1	0	1	0	0
1	1	0	0	0	0	0
1	0	1	1	0	0	0
1	0	0	0	0	0	1
1	0	0	1	0	0	1
0	0	0	1	0	1	0
0	0	1	1	0	1	0
0	1	0	0	0	1	1

Tafel 7.29

y	z_1	z_2	z_3	$(z_1, z_2, z_3) = \alpha(\underline{y}, \underline{z})$		
ε_1	q_{21}	q_{22}	q_{23}	q_{11}	q_{12}	q_{13}
ε_1	q_{41}	q_{42}	q_{43}	q_{11}	q_{12}	q_{13}
ε_2	q_{11}	q_{12}	q_{13}	q_{21}	q_{22}	q_{23}
ε_2	q_{51}	q_{52}	q_{53}	q_{21}	q_{22}	q_{23}
ε_3	q_{21}	q_{22}	q_{23}	q_{31}	q_{32}	q_{33}
ε_3	q_{31}	q_{32}	q_{33}	q_{31}	q_{32}	q_{33}
ε_4	q_{31}	q_{32}	q_{33}	q_{41}	q_{42}	q_{43}
ε_4	q_{51}	q_{52}	q_{53}	q_{41}	q_{42}	q_{43}
ε_5	q_{11}	q_{12}	q_{13}	q_{51}	q_{52}	q_{53}

Tafel 7.31

x_1	x_2	x_3	z_1	y	$y = (\underline{x}, z_1, y)$
0	0	0	1	1	0
0	0	0	0	1	0
0	0	1	1	0	1
0	0	1	0	0	0
0	0	1	1	1	1
0	0	1	0	1	1
0	1	0	0	0	1
0	1	0	0	1	0
0	1	1	1	0	0
0	1	1	1	1	1
0	1	1	0	0	0
0	1	1	0	1	0
1	0	0	0	0	1
1	0	0	0	1	1

pen des Aufbaus der symbolischen Übergangstabelle des Netzes und der Aufstellung und Lösung der logischen Gleichung werden analog zu den früher betrachteten Beispielen durchgeführt und deshalb weggelassen. Die als Ergebnis entstandene Übergangstabelle des Ausgangsautomaten ist in Tafel 7.30 angegeben, die des zweiten Teilautomaten in Tafel 7.31.

7.6. Spezielle Netzarten und Automatendekomposition

7.6.1. Dekomposition kombinatorischer Automaten

Im vorliegenden Abschnitt wird der Zusammenhang zwischen den Aufgaben der Dekomposition sequentieller und kombinatorischer Automaten hergestellt und gezeigt, daß man einen Algorithmus zur Konstruktion der Dekomposition eines kombinatorischen Automaten als Spezialfall des allgemeinen Dekompositionsalgorithmus erhalten kann, der im Abschn. 4.1. angeführt ist. Als Verhaltensmodell eines kombinatorischen Automaten verwenden wir ein geordnetes System Boolescher Funktionen oder eine vektorielle Boolesche Funktion $\underline{z} = \bigcirc(\underline{x}) = (\bigcirc_1(\underline{x}), \ldots, \bigcirc_m(\underline{x}))$. Zur Vereinfachung der Überlegungen werden wir voraussetzen, daß sowohl die Werte der Funktion $\bigcirc(\underline{x})$ als auch die Werte ihrer Argumente Boolesche Variablen, aber keine Ternärvektoren sind. Das Ergebnis der Dekomposition ist ein kombinatorisches Boolesches Netz, d.h. ein Netz, in dessen Verbindungsgraph keine Zyklen auftreten und alle Automatenkomponenten kombinatorische Boolesche Automaten sind.

Die Konstruktion eines beliebigen kombinatorischen Netzes kann man auf die iterative Anwendung des Verfahrens zur Konstruktion des zweikomponentigen Netzes zurückführen, dessen Struktur im Bild 7.7 dargestellt ist. Die Eingangsvariablen $x_{r+1}, \ldots, x_n$ gelangen über Verzögerungselemente an den Eingang des Ausgangsautomaten des Netzes. Bei einem solchen Aufbau ist das Netz zweitaktig, unter der Bedingung, daß die kombinatorischen Automatenkomponenten des Netzes auch eine Verzögerung besitzen, und alle früher erhaltenen Ergebnisse können darauf angewandt werden. Man kann sich jedoch leicht davon überzeugen, daß sich das Verhalten des Netzes, d.h. seine Übergangs- und Ausgangsfunktion, nicht ändert, wenn die Verzögerungen an den Eingängen und in den Netzelementen entfernt werden. Wir bezeichnen die Teilmenge $\{x_1, \ldots, x_r\}$ der unabhängigen Veränderlichen des Netzes durch $T = \{t_1, \ldots, t_r\}$ und die Teilmenge $\{x_{r+1}, \ldots, x_n\}$ durch $S = \{s_1, \ldots, s_{n-r}\}$ und setzen voraus, daß die Variablen in diesen Teilmengen auf irgendeine Weise geordnet sind. Dann kann man die Funktionen, die durch den Ausgangsautomaten B des Netzes und den Eingangsautomaten C realisiert werden, auf folgende Art und Weise in vektorieller Form schreiben:

$$z = \alpha(\underline{y}, \underline{s}), \qquad \underline{y} = f(\underline{t}) .$$

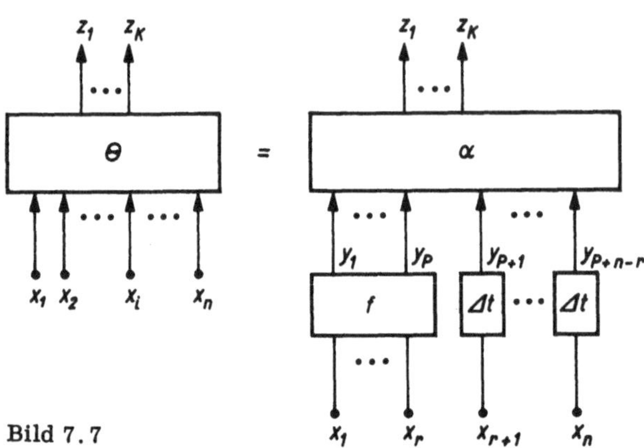

Bild 7.7

Wir betrachten einen kombinatorischen Booleschen Automaten A, dessen Verhalten durch eine Boolesche Funktion $z = \odot(\underline{x})$ gegeben ist, und ein kombinatorisches Boolesches Netz $N = (W, F, \underline{z})$, wobei $F = \{\underline{z} = \alpha(\underline{y}, \underline{s}), \underline{y} = f(\underline{t})\}$, $W = \{S \cup T \cup Y\}$ gilt. In weiteren werden wir in diesem Abschnitt der Kürze halber die Werte „kombinatorisch" und „Boolesch" weglassen, weil nur solche Automaten und Netze betrachtet werden. Das Netz N wird als Paar von vektoriellen Booleschen Funktionen geschrieben: $N = \{\underline{z} = \alpha(\underline{y}, \underline{s}), \underline{y} = f(\underline{t})\}$, der Automat A als vektorielle Boolesche Funktion: $A = \{\underline{z} = \odot(\underline{x})\}$.

Die Realisierungsrelation wird für den vorliegenden Fall auf folgende Weise bestimmt. Das Netz $N = \{\underline{z} = \alpha(\underline{y}, \underline{s}), \underline{y} = f(\underline{t})\}$ realisiert den Automaten $A = (\underline{z} = \odot(\underline{x}))$ dann und nur dann, wenn für jedes Eingangssignal $\underline{x}^* = (\underline{t}^*, \underline{s}^*)$ des Automaten A die Bedingung $\odot(\underline{x}^*) = \alpha(\underline{y}^*, \underline{s}^*)$ erfüllt ist, wobei $\underline{y}^* = f(\underline{t}^*)$ gilt. Für die Existenz eines realisierenden Netzes gilt der folgende, zu Satz 3 analoge Satz.

<u>Satz 4</u>. Ein Netz N, das den Automaten A realisiert, existiert dann und nur dann, wenn eine Abbildung γ des Definitionsbereichs $D_\odot$ des Automaten A auf den Definitionsbereich D_α des Ausgangsautomaten des Netzes existiert derart, daß

1. $\odot(\underline{x}^*) = \alpha(\gamma(\underline{x}^*))$ für beliebiges $\underline{x}^* \in D_\odot$
2. für jedes Paar $\underline{x}_1^* = (\underline{t}_1^*, \underline{s}_1^*)$, $\underline{x}_2^* = (\underline{t}_2^*, \underline{s}_2^*) \in D_\odot$ mit $\underline{t}_1^* = \underline{t}_2^*$ die Werte $\gamma(\underline{x}_1^*) = (\underline{y}_1^*, \underline{s}_1^*)$ und $\gamma(\underline{x}_2^*) = (\underline{y}_2^*, \underline{s}_2^*)$ die Bedingung $\underline{y}_1^* = \underline{y}_2^*$ erfüllen müssen.

<u>Beweis</u>. Notwendigkeit. Wir nehmen an, daß das Netz N, das den Automaten A realisiert, konstruiert ist. Wir stellen die Funktionen $\odot(\underline{x})$ und $\alpha(\underline{y}, \underline{s})$ als Funktionen der Eingangs- und der inneren Variablen dar, unter Hinzunahme der unwesentlichen Argumente $z_1, \ldots, z_l$. Als Ergebnis erhalten wir $\underline{z} = \odot(\underline{x}^*, \underline{z})$ und $\underline{z} = \alpha(\underline{y}, \underline{s}, \underline{z})$. Nach Satz 3 muß man für jedes Paar von Übergängen $\odot(\underline{x}^*, \underline{z}^*) = \underline{z}^*$ im Automaten A ein Eingangssignal $(\underline{y}^*, \underline{s}^*)$

134

des Automaten B des Netzes N finden, derart, daß $\alpha(\underline{y}^*, \underline{s}^*, \underline{z}^*) = \widetilde{\underline{z}}^*$ gilt. Wegen der Unwesentlichkeit der Argumente $z_1, \ldots, z_1$ für die Funktionen $\odot$ und α kann dieses Eingangssignal für alle Vektoren $\underline{z}^*$ das gleiche sein, d.h., für jeden Vektor $\widetilde{\underline{z}}^* \in D_{\underline{z}}^A$ muß ein Eingangssignal $(\underline{y}^*, \underline{s}^*) \in D_{\alpha}$ so gefunden werden, daß $\alpha(\underline{y}^*, \underline{s}^*) = \widetilde{\underline{z}}^*$ ist. Mit $\odot^{-1}(\underline{z}^*)$ bezeichnen wir die Menge aller solcher $\underline{x}^* \in D_{\odot}$, für die $\odot(\underline{x}^*) = \widetilde{\underline{z}}^*$ ist, und setzen $\gamma(\underline{x}^*) = (\underline{y}^*, \underline{s}^*)$ für alle $\underline{x}^* \in \odot^{-1}(\underline{z}^*)$. Weil aus $\underline{z}_1^* = \underline{z}_2^*$ folgt, daß $(\underline{y}_1^*, \underline{s}_1^*) \neq (\underline{y}_2^*, \underline{s}_2^*)$ gilt, ist die auf diese Weise gefundene Beziehung $\gamma(\underline{x}) = (\underline{y}, \underline{s})$ eine Abbildung. Die Erfüllung der Bedingung 2, der die Abbildung $\gamma(x^*)$ genügen muß, folgt für die konstruierte Abbildung daraus, daß $f(\underline{t})$ eine Funktion ist, und aus der Vorschrift für die Berechnung der Werte der Übergangsfunktion des Netzes.

Die Hinlänglichkeit der Bedingung des Satzes wird durch Angabe des folgenden einfachen Algorithmus zur Konstruktion des Netzes N entsprechend einer gegebenen Abbildung $\gamma(\underline{x}) = (\underline{y}, \underline{s})$ bewiesen, die der Bedingung des Satzes genügt. Die·Konstruktion des Netzes wird auf die Konstruktion der Funktion $f(t)$ zurückgeführt, die von der zweiten Komponente des Netzes realisiert wird, weil der Ausgangsautomat gegeben ist. Den Definitionsbereich D_f der Funktion $f(\underline{t})$ setzen wir gleich $\{\underline{t}^*/(\underline{t}^*, \underline{s}^*) \in D_{\odot}\}$. Den Wert $f(\underline{t}^*)$ für $\underline{t}^* \in D_f$ setzen wir gleich $\underline{y}^*$, wobei $(\underline{y}^*, \underline{s}^*) = \gamma(\underline{t}^*, \underline{s}^*) = \gamma(\underline{x}^*)$ ist. Aus der Eigenschaft 2 der Abbildung γ folgt, daß die Funktion $f(\underline{t})$ widerspruchsfrei gegeben ist, weil $\underline{t}_1^* = \underline{t}_2^*$ die Gleichung $f(\underline{t}_1^*) = f(\underline{t}_2^*)$ zur Folge hat. Es ist offensichtlich, daß das auf diese Weise konstruierte Netz den Automaten A realisiert, weil für jedes $\underline{x}^* = (\underline{t}^*, \underline{s}^*) \in D_{\odot}$ die Beziehung $\alpha(\underline{y}^*, \underline{s}^*) = \odot(\underline{x}^*)$ gilt, wobei $\underline{y}^* = f(\underline{t}^*)$ ist.

Aus der Eigenschaft der Abbildung γ folgt, daß für ein beliebiges Vektorpaar $\underline{x}_1^* = (\underline{t}_1^*, \underline{s}_1^*)$, $\underline{x}_2^* = (\underline{t}_2^*, \underline{s}_2^*) \in D_{\alpha}$ mit $\underline{s}_1^* = \underline{s}_2^*$ und $\odot(\underline{x}_1^*) \neq \odot(\underline{x}_2^*)$ die Bedingung $\underline{y}_1(\underline{t}_1^*) \neq \underline{y}_2(\underline{t}_2^*)$ erfüllt sein muß. In [11] wird ein solches Vektorpaar als unvereinbar bezüglich der Funktion $\odot(\underline{x})$ bezeichnet, und die letzte Eigenschaft, die aus Satz 4 erfolgt, ist als Satz über die Existenz einer Dekomposition der vektoriellen Booleschen Funktion $\odot(\underline{x})$ nach einer gegebenen Zerlegung T/S der Argumentmenge formuliert.

Eine Dekomposition der vektoriellen Booleschen Funktion $\underline{z} = \odot(\underline{x})$ nach einer gegebenen Zerlegung T/S der Menge X der Argumente existiert dann und nur dann, wenn für jedes Vektorpaar $\underline{t}_1^*$, $\underline{t}_2^*$ das bezüglich der Funktion $\odot(\underline{x})$ unvereinbar ist, die Werte der Funktion $h(\underline{t})$ voneinander verschieden sind.

Der Algorithmus zur Konstruktion eines Netzes N, das einen Automaten A realisiert, ist eine vereinfachte Version des Hauptalgorithmus zur Dekomposition. Die Konstruktion der symbolischen Tabelle des Ausgangsautomaten B des Netzes wird darauf zurückgeführt, in der Tabelle des ursprünglichen Automaten A die Vektoren $\underline{t}_i^*$ durch symbolische Vektoren $\varepsilon_i = (\varepsilon_{i1}, \ldots, \varepsilon_{ip})$ zu ersetzen, deren Komponenten Boolesche Variablen sind. Hierbei müssen identischen Vektoren $\underline{t}_i^*$, $\underline{t}_j^*$ identische symbolische Vektoren ε_i, ε_j entsprechen. Die Bedingungen, die den symbolischen Kodes ε_i der Vektoren $\underline{t}_i$ auferlegt werden, werden auf die Ungleichheit der Kodes für Paare unvereinbarer Vektoren zurückgeführt.

Beispiel 9. Wir wollen den Algorithmus zur Konstruktion des Netzes N am Beispiel des kombinatorischen Automaten A (Tafel 7.32) unter der Bedingung illustrieren, daß die Menge $T = \{x_1, x_2, x_3\}$ ist, $S = \{x_4, x_5\}$ gilt und die Zahl p der inneren Variablen gleich ist. Die symbolische Tabelle des Ausgangsautomaten B des Netzes, die entstanden ist durch Ersatz der Vektoren $\underline{t}_i^*$ der Variablenwerte aus der Menge T durch symbolische Kodes ε_i in der Tabelle des ursprünglichen Automaten, wird in Tafel 7.34 gezeigt. Der Graph der Unvereinbarkeitsrelation auf der Menge $\{\underline{t}_i^*\}$, der bei der Konstruktion der logischen Gleichung benutzt wird, die die Existenzbedingungen des Netzes definiert, ist im Bild 7.8 dargestellt. Für jedes Paar $\underline{t}_i^*$, $\underline{t}_j^*$ benachbarter Knoten dieses Graphen müssen die Kodes ε_i, ε_j ungleich sein. Die Bedingung für die Ungleichheit der Kodes ε_i, ε_j wird mit Hilfe der folgenden Gleichung ausgedrückt:

$$D_{ij} = \bigvee_{l=1}^{p} (\varepsilon_{il} \oplus \varepsilon_{jl}) = 1 .$$

Beispielsweise ist für $\underline{t}_1^* = (000)$ und $\underline{t}_2^* = (001)$

$$D_{12} = (\varepsilon_{11} \oplus \varepsilon_{21}) \vee (\varepsilon_{12} \oplus \varepsilon_{22}) = 1 .$$

Tafel 7.32

x_1	x_2	x_3	x_4	x_6	$\odot(\underline{x})$
1	0	0	0	1	0
0	0	0	1	0	0
1	1	1	1	0	0
1	1	0	1	0	0
0	1	1	1	0	0
0	0	1	1	0	0
0	1	0	1	1	0
0	0	1	0	1	0
0	0	0	0	0	0
0	0	1	0	0	1
0	1	0	0	0	1
0	1	0	0	1	1
0	1	0	1	0	1
0	0	0	1	1	1
1	0	0	1	0	1
0	1	1	0	1	1

Tafel 7.33

t_1	t_2	t_3	$\underline{y} = f(\underline{t})$
0	0	0	$\varepsilon_{11}\ \varepsilon_{12}$
0	0	1	$\varepsilon_{21}\ \varepsilon_{22}$
0	1	0	$\varepsilon_{31}\ \varepsilon_{32}$
0	1	1	$\varepsilon_{41}\ \varepsilon_{42}$
1	0	0	$\varepsilon_{51}\ \varepsilon_{52}$
1	0	1	$\varepsilon_{61}\ \varepsilon_{62}$
1	1	0	$\varepsilon_{71}\ \varepsilon_{72}$
1	1	1	$\varepsilon_{81}\ \varepsilon_{82}$

Tafel 7.34

y_1	y_2	s_1	s_2	$\alpha(\underline{y}, \underline{s})$
ε_{51}	ε_{52}	0	1	0
ε_{11}	ε_{12}	1	0	0
ε_{81}	ε_{82}	1	0	0
ε_{71}	ε_{72}	1	0	0
ε_{41}	ε_{42}	1	0	0
ε_{21}	ε_{22}	1	0	0
ε_{31}	ε_{32}	1	1	0
ε_{21}	ε_{22}	0	1	0
ε_{11}	ε_{12}	0	0	0
ε_{21}	ε_{22}	0	0	1
ε_{31}	ε_{23}	0	0	1
ε_{31}	ε_{32}	0	1	1
ε_{31}	ε_{32}	1	0	1
ε_{11}	ε_{12}	1	1	1
ε_{51}	ε_{52}	1	0	1
ε_{41}	ε_{42}	0	1	1

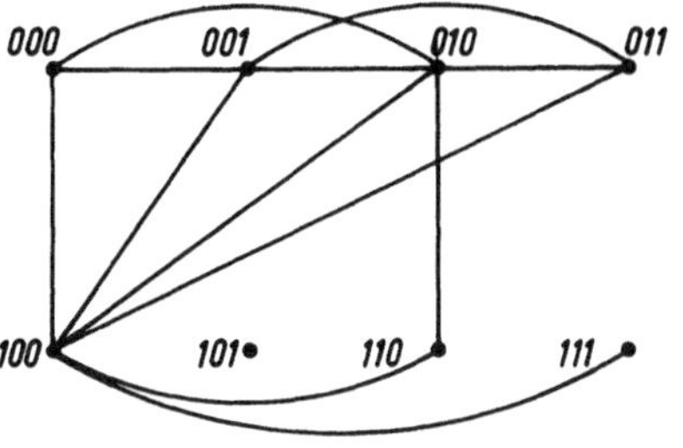

Bild 7.8

Die Konjunktion der Disjunktionen D_{ij} für alle Paare benachbarter Knoten liefert die gesuchte Gleichung:

$$D_{12} \wedge D_{13} \wedge D_{15} \wedge D_{23} \wedge D_{24} \wedge D_{25} \wedge D_{34} \wedge D_{35} \wedge D_{37} \wedge D_{38} \wedge D_{45} \wedge D_{57} \wedge D_{58} = 1\ .$$

Für die entstandene Gleichung erhalten wir die Lösung $\varepsilon_{11} = \varepsilon_{32} = \varepsilon_{41} = \varepsilon_{51} = \varepsilon_{52} = \varepsilon_{31} = 1$; alle übrigen Variablen sind gleich 0. Das Einsetzen der gefundenen Werte in die symbolischen Tabellen der Automatenkomponenten des Netzes ergibt die Funktionen $f(\underline{t})$ (Tafel 7.35) und $\alpha(\underline{y}, \underline{s})$ (Tafel 7.36).

Die Verwendung logischer Gleichungen erlaubt es, die Aufgabe der Dekomposition auch dann zu lösen, wenn jede Komponente $f_i(\underline{t})$ der vektoriellen Funktion $f(\underline{t})$ nur von einer gegebenen Teilmenge $T_i \subseteq T$ der Argumente wesentlich abhängt [12]. In diesem Fall werden - analog dazu, wie dies in den vorhergehenden Beispielen gemacht wurde - in die logische Hauptgleichung, die die Existenzbedingungen des Netzes bestimmt, zusätzliche Beschränkungen für die symbolischen Kodes $\underline{\varepsilon}_i$ aufgenommen, die das Vorhandensein der geforderten Teilmengen nichtwesentlicher Argumente für die Funktionen $f_i(\underline{t})$ gewährleisten.

Abschließend werden wir zeigen, daß die bekannten Sätze von Ashenhurst und Curtis über die Existenz der Dekomposition einer überall bestimmten Booleschen Funktion für $p = 1$ ein

Tafel 7.35				
t_1	t_2	t_3	$y = f(\underline{t})$	
0	0	0	1	0
0	0	1	0	0
0	1	0	0	1
0	1	1	1	0
1	0	0	1	1
1	0	1	0	0
1	1	0	0	0
1	1	1	1	0

Tafel 7.36				
y_1	y_2	s_1	s_2	$\alpha(\underline{y}, \underline{s})$
1	1	0	1	0
1	0	1	0	0
0	0	1	0	0
0	1	1	1	0
0	0	0	1	0
1	0	0	0	0
0	0	0	0	1
0	1	0	0	1
0	1	0	1	1
0	1	1	0	1
1	0	1	1	1
1	1	1	0	1
1	0	0	1	1

Spezialfall des oben angeführten Theorems sind. Die Bedingung der Unvereinbarkeit der Vektoren $\underline{t}_i^*$, $\underline{t}_j^* \in D_f$ werden für den Fall einer überall bestimmten Funktion f(x) auf folgende Bedingung zurückgeführt: $f_i(\underline{s})$ und $f_j(\underline{s})$ sind nicht gleich, wobei $f_i(\underline{s})$ die Funktion ist, die aus der ursprünglichen entsteht, indem man anstelle der Variablen $t_1, \ldots, t_r$ vom Vektor $\underline{t}_i^*$ bestimmte Konstanten einsetzt. Bei p = 1 muß die Menge aller Vektoren $\underline{t}_i^*$ nur in zwei Teilmengen F^0 und F^1 paarweise vereinbarer Vektoren zerlegt werden, d.h. solcher Vektoren, bei denen die Funktionen $f_i(\underline{s})$ gleich sind. Hieraus folgt, daß nur zwei verschiedene Funktionen $f_0(\underline{s})$ und $f_1(\underline{s})$ auftreten können, was auch in diesen Sätzen ausgedrückt wird, unter Zuhilfenahme einer speziellen Art der Darstellung der ursprünglichen Funktion.

7.6.2. Konstruktion eines Netzes mit kombinatorischem Ausgangsautomaten

Wir betrachten das Netz N = (W, F, z), bei dem der Ausgangsautomat kombinatorisch, die übrigen Automatenkomponenten aber sequentiell sind. Aus Folgerung 1 ist bekannt, daß für die Existenz des Netzes N die Funktion α des Automaten B folgender Bedingung genügen muß: Für einen beliebigen Zustand z^* des ursprünglichen Automaten A = $(X, \odot, z)$ aus der Menge D_α muß man wenigstens einen Vektor $\underline{y}^*$ finden, der die Gleichung $(\underline{y}^*) = z^*$ erfüllt. Ebenso wie im Fall kombinatorischer Netze ändert sich das Verhalten des betrachteten Netzes (d.h. seine Übergangs- und Ausgangsfunktionen) nicht, wenn die Verzögerung im Ausgangselement des Netzes vernachlässigt wird. Auf diese Weise werden im vorliegenden Spezialfall zweitaktige Netze in eintaktige Netze umgewandelt, die in den Arbeiten von Hartmanis und Stearns [5] und Pu [6], aber auch in einer ganzen Reihe weiterer Arbeiten untersucht wurden. Wenn der Ausgangsautomat des Netzes, der der Folgerung 1 genügt, gegeben ist, dann wird die Konstruktion des Netzes mit Hilfe des Algorithmus durchgeführt, der im Beweis von Satz 3 angeführt ist. Für den betrachteten Spezialfall vereinfacht sich dieser Algorithmus etwas, wie im Beispiel 5 gezeigt wurde, und stimmt mit dem in [6] angeführten Algorithmus überein. Der Typ des Ausgangsautomaten (kombinatorisch oder sequentiell) kommt nur in dem Verfahren der Konstruktion der Übergangsfunktion des Netzes zum Ausdruck.

Zur Gewährleistung der geforderten Struktur des Netzes ist es notwendig, daß alle seine abhängigen Variablen vom Verbindungsgraphen gegebene Teilmengen wesentlicher Argumente besitzen. Zur Illustration des Zusammenhangs der in der vorliegenden Arbeit erhaltenen Ergebnisse mit bekannten Ergebnissen zeigen wir, daß bei eindeutiger Kodierung der Zustände des Ausgangsautomaten A durch vektorielle Zustände des Netzes für den Fall eines parallelen Netzes aus der Forderung der Gewährleistung gegebener Teilmenten von wesentlichen Argumenten für jeden Teilautomaten die Existenz einer orthogonalen Menge von Zerlegungen mit der **Einsetzungseigenschaft** [5] folgt. Wir erinnern daran, daß eine Zerlegung $\pi = \{B_1, \ldots, B_e\}$ der **Menge** D_Z^A der Zustände des Automaten $A = (X, \ominus, z)$ die Eigenschaft der Substitution genau dann besitzt, wenn für ein beliebiges Eingangssignal $\underline{x}^*$ und einen beliebigen Block $B_i \in \pi$ ein Block $B_j \in \pi$ existiert, derart, daß $\{z^*/\ominus(\underline{x}^*, \tilde{z}^*) = z^*, \tilde{z}^* \in B_i\} \subseteq B_j$. Die Menge $Q = \{\pi_1, \ldots, \pi_k\}$ von Zerlegungen der Menge D_Z^A von Zuständen des Automaten A wird orthogonal genau dann genannt, wenn für ein beliebiges nichtgeordnetes Paar $\{z^*, \tilde{z}^*\}$ von Elementen aus der Menge D_Z^A in der Menge Q wenigstens eine Zerlegung gefunden werden kann, bei der kein Block das Paar $\{z^*, \tilde{z}^*\}$ enthält. Die eindeutige Kodierung der Zustände des Automaten A durch vektorielle Zustände des Netzes entspricht in dem in der vorliegenden Arbeit vorgeschlagenen Algorithmus bei der Konstruktion des Automaten B der Angabe eines einzigen Eingangssignals für jeden inneren Zustand des Automaten A. In den Termini wesentlicher Argumenteteilmengen wird das Netz N als parallel bezeichnet, genau dann, wenn jede abhängige Variable $y_i \in W$ nur von sich selbst wesentlich und von den übrigen Variablen y_j, $j \neq i$, nicht abhängt. Wir ordnen der Funktion $\alpha(y_1, \ldots, y_k)$ des Ausgangsautomaten B des Netzes N, das den Automaten A realisiert, eine Menge $Q = \{\pi y_1, \ldots, \pi y_K\}$ von Zerlegungen der Menge D_Z^A der Zustände des Automaten A nach folgender Regel zu: Das Zustandspaar $\{z^*, \tilde{z}^*\}$ des Automaten A gehört zum Block B_i der Zerlegung $\pi y_i \in Q$ genau dann, wenn in den Vektoren $\alpha^{-1}(z^*) = (y_1^*, \ldots, y_i^*, \ldots, y_K^*), \alpha^{-1}(\tilde{z}^*) = (\tilde{y}_1^*, \ldots, \tilde{y}_i^*, \ldots, \tilde{y}_K^*)$ die Komponenten y_i^* und $\tilde{y}_i^*$ gleich sind.

Wir zeigen jetzt, daß bei den oben aufgezählten Voraussetzungen aus der Selbstabhängigkeit $y_i = f_i(\underline{x}, y_i)$ der inneren Variablen folgt, daß jede Zerlegung π_{y_i} die Einsetzungseigenschaft besitzt. Tatsächlich wird per definitionem die Teilmenge $Y^i = Y \setminus \{Y_i\}$ von Argumenten für die Funktion $y_i = f_i(\underline{x}, \underline{y})$ unwesentlich sein, genau dann, wenn für jedes Vektorpaar $(\underline{x}_1^*, \underline{y}_1^*)$, $(\underline{x}_2^*, \underline{y}_2^*) \in D_{f_1}$, bei dem $\underline{x}_1^* = \underline{x}_2^*$ und $y_{i1}^* = y_{i2}^*$ gilt (y_{ij}, $j = 1, 2$, ist die i-te Komponente des Vektors y_j), die Werte der Funktion f_i gleich sind. Hieraus folgt, daß in der Übergangstabelle des Netzes N bei beliebigem Eingangssignal $\underline{x}^*$ das Vektorpaar (y_1^*, y_2^*) mit gleichem Wert in der Komponente y_i in das Vektorpaar $\psi(\underline{x}^*, \tilde{y}_1^*) = \tilde{y}_1^*$, $\psi(\underline{x}^*, y_2^*) = \tilde{y}_2^*$ übergeht, das auch in dieser Komponente den gleichen Wert besitzt. Weil das Netz N den Automaten A realisiert bei gegenseitiger Entsprechung der Zustände des Automaten und des Netzes, folgt aus den letzten Gleichungen, daß die Zustände des Automaten A, die zu einem von der Variablen y_i erzeugten Block der Zerlegung gehören, bei einem beliebigen Eingangssignal in ein Zustandspaar übergehen, das auch zu einem Block dieser Zerlegung gehört, d.h., die Zerlegung π_{y_i} besitzt die Substitutionseigenschaft.

7.7. Zusammenfassung

Das betrachtete mehrtaktige logische Netz ist ein allgemeines Modell für eine breite Klasse von Automatennetzen, die bei der Lösung von Dekompositionsaufgaben für kombinatorische und sequentielle Automaten untersucht werden. Die unterschiedlichen Dekompositionsaufgaben, die bisher absolut unabhängig voneinander und mit völlig verschiedenen Mittel gelöst wurden, werden in der vorliegenden Arbeit mit Hilfe eines einheitlichen Apparats logischer Gleichungen gelöst. Die Verwendung logischer Gleichungen erlaubte es, die Lösung von Aufgaben der Automatendekomposition zu vereinheitlichen und eine einheitliche algorithmische Grundlage zu schaffen, die auf der Verwendung von Methoden und Algorithmen zur Lösung logischer Gleichungen beruht. Man muß jedoch feststellen, daß bei der Lösung von Dekompositionsaufgaben spezielle Klassen logischer Gleichungen entstehen, für die spezielle hocheffektive Lösungsmethoden geschaffen werden können.

Die in der Arbeit vorgeschlagenen Methoden zur Konstruktion mehrtaktiger Boolescher Netze können bei der Lösung einer wenig untersuchten Aufgabe Anwendung finden, bei der Synthese logischer Netze aus programmierbaren logischen Matrizen mit Rückführungen. Der Apparat der logischen Gleichungen ist möglicherweise nicht das effektivste Mittel zur Lösung aller betrachteten Aufgaben; ihre Anwendung erlaubt es jedoch, von einem einheitlichen Standpunkt aus die Lösung unterschiedlicher Aufgaben ins Auge zu fassen und ihre allgemeine Natur zu klären, was zur Erarbeitung effektiver Mittel zur Lösung dieser Aufgaben zweifellos außerordentlich wichtig ist.

8. Hazardanalyse in asynchronen logischen Schaltungen

A. N. Čebotarev

Die Theorie der Schaltnetzwerke hat mit abstrakten Modellen zu tun, die im wesentlichen den Apparat der Booleschen Algebra benutzen und die Zeitcharakteristika der Signale nicht berücksichtigen. Deshalb können Situationen entstehen, in denen das Verhalten des gewählten Modells nicht dem Verhalten der realen Schaltung entspricht. Um den daraus entstehenden negativen Folgen zu begegnen, sind zwei Wege möglich:

1. die Möglichkeit, solche Situationen vorauszusagen
2. das Modell so zu präzisieren, daß es die Faktoren berücksichtigt, die zum Auftreten unerwünschter Situationen führen.

Der Begriff des Hazards tauchte zuerst in Verbindung mit dem ersten Weg auf und widerspiegelte den Versuch, die Situationen zu formalisieren, die nicht in den Rahmen des benutzten Modells passen. Dabei erlangte die Lösung von Analyseaufgaben große Bedeutung. Die Untersuchung führte zum Aufbau eines präzisierten Modells einer physikalischen Schaltung - der asynchronen logischen Schaltung. Im Unterschied zum Modell der synchronen Schaltung trägt es nichtdeterministischen Charakter, der sich in der Menge der möglichen Beziehungen zwischen den Zeitcharakteristika der Elemente widerspiegelt. Für dieses Modell wird der Begriff des Hazards zum grundlegenden Begriff, der das Verhalten der Schaltung charakterisiert und der nicht nur bei Analyseaufgaben, sondern auch schon bei Syntheseaufgaben benutzt wird. Die Nichtdeterminiertheit des Modells führte dazu, daß die Komplexität der Lösung von Analyseaufgaben (wie übrigens auch von Syntheseaufgaben) stark anstieg. In dieser Arbeit werden für einige Sonderfälle effektivere Lösungsmethoden angegeben.

8.1. Asynchrone logische Schaltung

Eine asynchrone logische Schaltung ist ein Tripel $\langle Z, Z_0, F \rangle$. $Z = \{z_1, z_2, \ldots, z_n\}$ ist eine Menge binärer Variabler, die als Variablenmenge der Schaltung bezeichnet wird. $Z_0 = \{z_1, z_2, \ldots, z_m\}$, $0 \leq m \leq n$, ist die Menge der Eingangsvariablen der Schaltung. F ist ein System Boolescher Gleichungen der Form $z_i = f_i(z_1, z_2, \ldots, z_n)$, $i = m + 1, \ldots, n$. Wenn man voraussetzt, daß Z die Menge aller Variablen ist, die in den linken und den rechten Teilen der Gleichungen aus F auftreten, und Z_0 sich aus genau den Variablen von Z zusammensetzt, die nicht in den linken Teilen der Gleichungen auftreten, dann bestimmt das Gleichungssystem F die Schaltung S eindeutig. Im weiteren werden wir eine Schaltung S mit einem Gleichungssystem F gleichsetzen.

Die Menge Z wird als linear geordnet angenommen; deshalb werden wir die Menge Z und den Vektor $\underline{Z}$ gemeinsam betrachten. Der Vektor $p = \langle \alpha_1, \alpha_2, \ldots, \alpha_n \rangle$ mit den momentanen Werten aller Variablen der Menge Z wird als Zustand der Schaltung bezeichnet. Eine Variable z_i im Zustand p werden wir mit $z_i(p)$ bezeichnen. Eine Variable z_i ist im Zustand p erregt, wenn $z_i(p) \neq f_i(p)$ gilt. Mit $W(p)$ bezeichnen wir die Menge aller Variablen, die in p erregt sind. Wenn $W(p) = 0$ gilt, dann wird der Zustand p als stabil bezeichnet. Offensichtlich sind alle stabilen Zustände und nur sie Lösungen des Gleichungssystems F.

Über der Menge E aller Zustände der Schaltung S definieren wir die Nachfolgerelation m. Es sei $p_1, p_2 \in E$; dann gilt $p_1 m p_2$ (wird gelesen: p_2 folgt nach p_1) genau dann, wenn die Werte aller nicht zu $W(p)$ gehörenden Variablen in den Zuständen p_1 und p_2 übereinstimmen. Die Beziehung m^{-1} wird als Vorgängerrelation bezeichnet. Die Menge aller Zustände, die auf p folgen, bezeichnen wir durch $m(p)$ und die Menge aller p vorausgehenden Zustände durch $m^{-1}(p)$. Für eine beliebige Menge von Zuständen P setzen wir

$$m(P) = \bigcup_{p \in P} m(p) \quad \text{und} \quad m^{-1}(P) = \bigcup_{p \in P} m^{-1}(p) \,.$$

Mit dem Symbol M bezeichnen wir die Erreichbarkeitsrelation, die die transitive Abschließung der Relation m darstellt. Mit $M(P)$ und $M^{-1}(P)$ bezeichnen wir entsprechend die Menge aller Zustände, die von P aus erreichbar sind, und die Menge aller Zustände, von denen aus P erreichbar ist.

<u>Definition 1</u>. Die Zustände p_1 und p_2 sind dann und nur dann μ-äquivalent, wenn $p_1 M p_2$ und $p_2 M p_1$ gilt. Die Klassen μ-äquivalenter Zustände werden wir μ-Klassen nennen. Eine μ-Klasse wird als kritisch bezeichnet, wenn keine Variable existiert, die in allen Zuständen dieser μ-Klasse ein und denselben Wert hat und erregt ist.

Wir werden sagen, daß eine Variable z die μ-Klasse C teilt, wenn Zustände $p_1, p_2 \in C$ existieren, in denen z verschiedene Werte annimmt.

<u>Definition 2</u>. Eine Folge $p_1' p_2' \ldots p_k' \ldots$ von Werten des Vektors $\underline{Z}'$ mit $Z' \leqq Z$, wird als Weg des Vektors $\underline{Z}'$ bezeichnet, wenn $p_{i+1}' = p_i'$ gilt für jedes $i = 1, 2, \ldots, k, \ldots$

Einen Weg $p_1 p_2 \ldots p_k \ldots$ des Vektors $\underline{Z}$ werden wir einfach als Weg bezeichnen, der im Zustand p_1 beginnt.

<u>Definition 3</u>. Ein endlicher Weg $l = p_1 p_2 \ldots p_k$ ist für die Schaltung S (das Gleichungssystem F) zulässig, wenn $p_i m p_{i+1}$ gilt für jedes $i = 1, 2, \ldots, k - 1$. Ein unendlicher Weg $l = p_1 p_2 \ldots p_k \ldots$ ist für die Schaltung S (das Gleichungssystem F) zulässig, wenn jeder beliebige Anfangsabschnitt zulässig ist und wenn für einen beliebigen Abschnitt $p_k p_{k+1} \ldots$ keine einzige Variable z_j, die in allen Zuständen dieses Abschnitts ein und denselben Wert annimmt, zu $\bigcap\limits_{i=k}^{\infty} W(p_i)$ gehört.

Jede nichttriviale (d.h. mehr als einen Zustand enthaltende) kritische μ-Klasse ist mit der Zulässigkeit eines oder einiger unendlicher Wege verbunden, während das Vorhandensein einer nichtkritischen μ-Klasse nicht zum Auftreten eines unendlichen zulässigen Weges führt.

<u>Definition 4</u>. Ein zulässiger Weg heißt vollständig, wenn er entweder unendlich ist oder durch einen stabilen Zustand abgeschlossen wird.

Die Menge aller zulässigen Wege, die im Zustand p beginnen, bestimmt das Verhalten einer Schaltung im Zustand p. Zur grafischen Beschreibung des Verhaltens einer asynchronen logischen Schaltung wird das Erregungsdiagramm [1] benutzt, das einen gerichteten Graphen G darstellt, der auf einem die Menge E aller Zustände der Schaltung angegebenen Karnaugh-Plan liegt. Die Knotenmenge des Graphen G stimmt mit der Menge E überein, wobei vom Knoten p_1 zum Knoten p_2 dann und nur dann ein Zweig führt, wenn sich der Zustand p_2 von p_1 durch den Wert nur einer Variablen z_i unterscheidet und $z_i \in W(p_1)$ gilt. Man muß unterstreichen, daß die Erreichbarkeitsrelation auf der Knotenmenge des Graphen G nicht mit der bereits eingeführten Beziehung M übereinstimmt; nichtsdestoweniger spiegelt das Erregungsdiagramm das Schaltungsverhalten hinreichend anschaulich wider.

Als Beispiel betrachten wir eine asynchrone logische Schaltung, die durch das folgende Gleichungssystem gegeben ist:

$$\left.\begin{array}{l} a = a \vee b \\ b = ad \\ c = \bar{a}b \\ d = b \vee \bar{c} \,. \end{array}\right\}$$

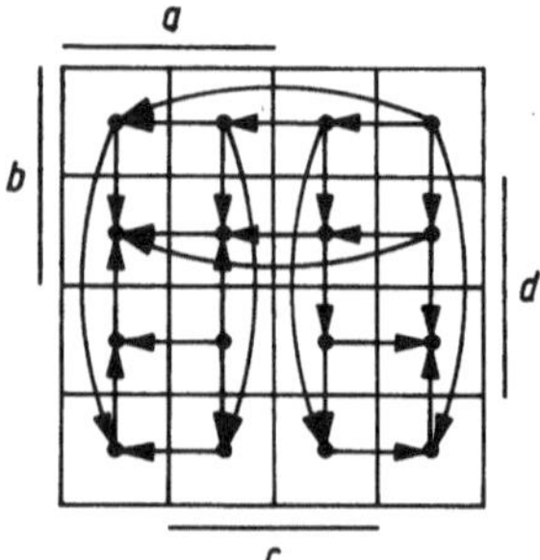

Bild 8.1

Hier sind $Z = \{a, b, c, d\}$ und $Z_0 = \emptyset$. Das Erregungsdiagramm für diese Schaltung ist im Bild 8.1 angegeben.

Die Zustände 1 1 1 0 und 1 0 1 1 sind μ-äquivalent und bilden eine μ-Klasse; diese μ-Klasse ist jedoch nicht kritisch.

8.2. Begriff des Hazards

Wir definieren die Projektion des Weges $l = p_1 p_2 \ldots p_k \ldots$ auf die Menge der Variablen $Z' \subset Z$:

$$\mathrm{Pr}_{Z'} \, l = q_1 q_2 \ldots q_k \ldots,$$

wobei $q_i = \mathrm{Pr}_Z, p_i$, $i = 1, 2, \ldots, k, \ldots$, gilt.

Wir werden sagen, daß ein Weg des Vektors Z' einem Weg l entspricht, wenn er nach Streichung der in jeder Gruppe hintereinander stehenden gleichen Werte des Vektors Z' - alle Werte außer einem - erhalten wird.

Offensichtlich kann einem unendlichen Weg l ein endlicher Weg des Vektors Z' entsprechen.

<u>Definition 5</u>. Ein Weg des Vektors Z' heißt zulässig für das System F, wenn er einem bestimmten Weg entspricht, der für das System F zulässig ist. Ein zulässiger Weg l' des Vektors Z' heißt vollständig, wenn ein vollständiger Weg l der Art existiert, daß l' dem Weg l entspricht.

Wenn die Teilmenge Z' aus einer Variablen z besteht, werden wir einen Weg des Vektors Z' als Weg der Variablen z bezeichnen.

Wir betrachten alle möglichen Wege einer Variablen, nachdem wir sie in vier Gruppen aufgeteilt haben. Zur ersten Gruppe zählen wir vier Wege: 1; 0; 1, 0; 0, 1. Zur zweiten Gruppe zählen wir alle endlichen Wege der Form 1, 0, ..., 1; 0, 1, ..., 0. Wegen der Definition 2 müssen die Symbole 0 und 1 im Weg einer Variablen aufeinander folgen.

Zur dritten Gruppe zählen wir alle endlichen Wege der Form 1, 0, ..., 0; 0, 1, ..., 1 und zu zur vierten Gruppe alle unendlichen Wege, von denen es nur zwei gibt: 1, 0, 1, 0, ...; 0, 1, 0, 1, ... Offensichtlich kann es keine anderen Wege einer Variablen geben.

Die Anzahl der Symbole in einem endlichen Weg werden wir als Länge dieses Weges bezeichnen.

Wir bezeichnen durch $L_Z(p)$ die Menge der Wege der Variablen z, die allen zulässigen vollständigen Wegen entsprechen, die im Zustand p beginnen.

<u>Definition 6</u>

1. Eine Schaltung S ist im Zustand p dann und nur dann frei von einem Hazard bezüglich der Variablen z, wenn $L_Z(p)$ aus einem einzigen Weg besteht, der zur ersten Gruppe gehört.
2. Eine Schaltung S hat im Zustand p dann und nur dann einen statischen Hazard bezüglich der Variablen z, wenn die Menge $L_Z(p)$ wenigstens einen Weg enthält, der zur zweiten Gruppe gehört.
3. Eine Schaltung S hat im Zustand p dann und nur dann einen dynamischen Hazard bezüglich der Variablen z, wenn die Menge $L_Z(p)$ wenigstens einen Weg enthält, der zu dritten Gruppe gehört.
4. Eine Schaltung S hat im Zustand p dann und nur dann einen Hazard des stabilen Zustands bezüglich einer Variablen z, wenn $L_Z(p)$ entweder einen unendlichen Weg oder mindestens

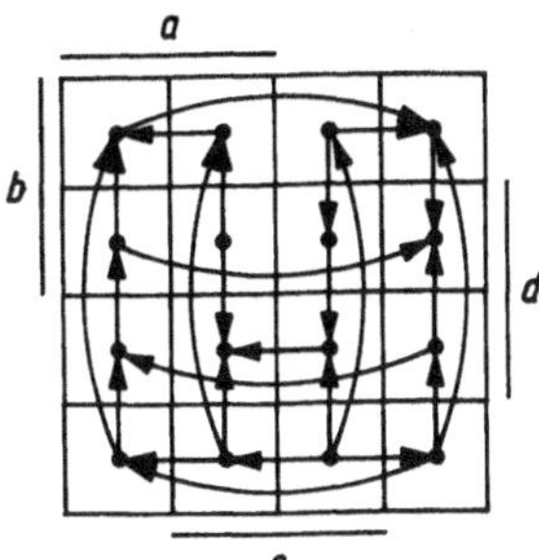

Bild 8.2

zwei Wege enthält, die Längen verschiedener Paarigkeit haben. Wenn $L_Z(p)$ einen unendlichen Weg enthält, werden wir auch vom Vorhandensein einer Generierung bezüglich der Variablen z sprechen.

Beispiel. Eine Schaltung ist gegeben durch das Gleichungssystem

$$\left.\begin{aligned}
a &= \bar{b} \vee ac \\
b &= \bar{d} \vee \bar{c} \\
c &= cd \\
d &= \bar{a} \vee \bar{b}
\end{aligned}\right\}$$

Das Erregungsdiagramm für diese Schaltung ist im Bild 8.2 angegeben.

Im Zustand 1 1 1 0 ist die Schaltung bezüglich aller Variablen frei von einem Hazard. Es existiert ein einziger vollständiger zulässiger Weg, der in diesem Zustand beginnt, und alle ihm entsprechenden Wege einer Variablen gehören zur ersten Gruppe. Im Zustand 1 1 0 1 hat die Schaltung einen statischen Hazard bezüglich der Variablen d. Im Zustand 1 0 0 0 hat die Schaltung einen dynamischen Hazard bezüglich der Variablen d. Im Zustand 0 1 1 0 hat die Schaltung einen Hazard eines stabilen Zustands bezüglich der Variablen a, b, c. Im Zustand 1 1 1 1 hat die Schaltung einen Hazard des stabilen Zustands bezüglich aller Variablen, wobei bezüglich der Variablen b und d eine Generierung stattfindet.

8.3. Grundlegende Aufgaben der Hazardanalyse

Die Hazardanalyse ist eine der grundlegenden Aufgaben bei der Untersuchung des Verhaltens einer asynchronen logischen Schaltung. Diese Aufgabe kann verschieden formuliert werden; am charakteristischsten davon sind jedoch zwei: die Zustands-Hazardanalyse und die Übergangs-Hazardanalyse. In der ersten dieser Aufgaben wird für eine gegebene Schaltung S, einen Zustand p_1 und eine Variablenmenge $Z_1 \subseteqq Z$ gefordert, zu bestimmen, ob in p_1 ein Hazard des stabilen Zustands bezüglich der Variablen aus Z und ein Hazard irgendeiner Form bezüglich der Variablen aus Z_1 auftritt. Für jede Variable aus Z_1, bezüglich der es einen Hazard gibt, ist die Art dieses Hazards zu bestimmen. Bei der zweiten Aufgabe wird außer dem Anfangszustand p_1 noch der von ihm aus erreichbare stabile Zustand p_2 angegeben. Zu bestimmen ist, ob die Schaltung im Zustand p_1 bezüglich aller Variablen aus Z_1 frei von einem Hazard ist, auch von Hazards eines stabilen Zustands. Hier hat der Zustand p_2 die Aufgabe, das geforderte Schaltungsverhalten vorzugeben, und die Analyseaufgabe besteht im Auffinden der möglichen Abweichung des Schaltungsverhaltens vom geforderten.

In der ersten Formulierung findet man die Aufgabe der Hazardanalyse beim Aufbau eines Automaten, der durch eine gegebene Schaltung realisiert wird [2], in der zweiten Formulierung bei der Synthese einer Schaltung, die einen gegebenen Automaten realisiert [3].

8.3.1. Zustands-Hazardanalyse

Wir schlagen folgenden Weg vor:

1. Wir bilden $M(p_1)$. Die Methoden zur Bildung dieser Menge werden unten betrachtet.
2. Wir finden alle Lösungen des Systems F, die zu $M(p_1)$ gehören. Den Methoden zur Lösung logischer Gleichungen ist die Monografie [4] gewidmet.
3. Wir bestimmen alle nichttrivialen kritischen μ-Klassen, die in $M(p_1)$ enthalten sind. Ein Algorithmus zur Lösung dieser Aufgabe ist in [2] angegeben.

Nach dem Abarbeiten aller aufgezählten Prozeduren können folgende Situationen entstehen.

a) $M(p_1)$ enthält bestimmte Lösungen oder eine nichttriviale kritische μ-Klasse. In diesem Fall tritt ein Hazard eines stabilen Zustands auf. Beim Vorhandensein einer nichttrivialen kritischen μ-Klasse findet eine Generierung bezüglich aller Variablen statt, die diese μ-Klasse teilen.
Wenn das System F keine einzige Lösung im Gebiet $M(p_1)$ hat, kann man zeigen, daß $M(p_1)$ eine kritische μ-Klasse enthält.

b) $M(p_1)$ enthält eine einzige Lösung p_2, und in $M(p_1)$ fehlen nichttriviale kritische μ-Klassen. In diesem Fall werden für jede Variable z_i aus Z_1 folgende Bedingungen geprüft.

Wenn $z_i(p_1) = z_i(p_2)$ gilt, ist die Schaltung dann und nur dann frei von allen Formen eines Hazards bezüglich z_i, wenn in allen Zuständen aus $M(p_1)$ die Variable z_i ein und denselben Wert annimmt. Andernfalls gibt es einen statischen Hazard bezüglich der Variablen z_i.

Wenn $z_i(p_1) \neq z_i(p_2)$ gilt, ist die Schaltung dann und nur dann frei von allen Formen eines Hazards bezüglich z_i, wenn die Variable z_i in keinem einzigen Zustand aus $M(p_1)$, in dem z_i einen Wert annimmt, der gleich $z_i(p_2)$ ist, erregt ist. Andernfalls gibt es einen dynamischen Hazard bezüglich der Variablen z_i.

Die Richtigkeit der angegebenen Behauptungen ergibt sich unmittelbar aus der Definition des Begriffs Hazard.

8.3.2. Übergangs-Hazardanalyse

Wir betrachten zuerst den Fall, daß $Z_1 = Z$ gilt.

Es sei $p_2 = \langle \alpha_1, \alpha_2, \ldots, \alpha_n \rangle$ und F_0 ein Gleichungssystem folgender Form:

$$\left. \begin{array}{l} z_1 = \alpha_1 \\ z_2 = \alpha_2 \\ \vdots \\ z_n = \alpha_n \, . \end{array} \right\}$$

In der Schaltung S_0, die durch dieses Gleichungssystem gegeben wird, ist der Zustand p_2 aus einem beliebigen Zustand erreichbar, und die Schaltung ist in jedem Zustand frei von einem Hazard. Wir bezeichnen durch $L(p_1)$ und $L_0(p_1)$ die Mengen aller im Zustand p_1 beginnenden vollständigen Wege für die Schaltungen S bzw. S_0. Es ist offensichtlich, daß die Schaltung S im Zustand p_1 dann und nur dann frei von einem Hazard ist, wenn $L(p_1) \subseteqq L_0(p_1)$ gilt. Hierzu ist notwendig, daß in jedem Zustand $p \in M(p_1)$ $W(p) \subseteqq W_0(p)$ gilt, wobei $W(p)$ und $W_0(p)$ die Mengen von Variablen sind, die im Zustand p in den Schaltungen S bzw. S_0 erregt sind.

$Q(p_2)$ sei eine Zustandsmenge, in der $W(p) \subseteqq W_0(p)$ gilt für jedes $p \in Q(p_2)$. Dann gilt $\omega_i^S \cap Q(p_2) \subseteqq \omega_i^{S_0} \cap Q(p_2)$ für jedes $i = 1, 2, \ldots, n$. Hierin ist ω^S die Menge aller Zustände der Schaltung S, in denen die Variable z_i erregt ist. Eine beliebige Menge P der Schaltungszustände werden wir durch eine Boolesche Funktion von Variablen der Schaltung angeben, die in allen Zuständen der Menge P den Wert 1 und in allen übrigen Zuständen den Wert 0 annehmen. Wenn man zur Angabe der Zustandsmengen in Form Boolescher Funktionen übergeht, kann man schreiben:

$$\omega_i^S \cdot Q(p_2) \cdot \omega_i^{S_0} = \omega_i^S \cdot Q(p_2) \, ,$$

wobei $\omega_i^S = f_i \cdot \bar{z}_i \vee \bar{f}_i \cdot z_i$ und $\omega_i^{S_0} = \alpha_i \bar{z}_i \vee \bar{\alpha}_i z_i$ gilt.

Nachdem wir anstelle von ω_i^S und $\omega_i^{S_0}$ die entsprechenden Ausdrücke eingesetzt haben, erhalten wir

$$f_i \alpha_i \bar{z}_i Q(p_2) \vee \bar{f}_i \bar{\alpha}_i z_i Q(p_2) = f_i \bar{z}_i Q(p_2) \vee \bar{f}_i z_i Q(p_2) \, .$$

Nachdem wir den rechten Teil der Gleichung in gleicher Weise umgewandelt haben, ergibt sich

$$f_i \alpha_i \bar{z}_i Q(p_2) \vee \bar{f}_i \bar{\alpha}_i z_i Q(p_2) = f_i \bar{z}_i \alpha_i Q(p_2) \vee f_i \bar{z}_i \bar{\alpha}_i Q(p_2) \vee \bar{f}_i z_i \alpha_i Q(p_2) \vee \bar{f}_i z_i \bar{\alpha}_i Q(p_2) \, .$$

Hieraus folgt $(f_i \bar{\alpha}_i \bar{z}_i \vee \bar{f}_i \alpha_i z_i) Q(p_2) = 0$.

Weil diese Gleichung für alle i = 1, 2, ..., n erfüllt wird, kann man schreiben:

$$\bigvee_{i=1}^{n} (f_i \bar{\alpha}_i \bar{z}_i \vee \bar{f}_i \alpha_i z_i) \, Q(p_2) = 0 \; .$$

Der maximale Bereich $Q_m(p_2)$, der diese Bedingung befriedigt, wird bestimmt durch den Ausdruck

$$Q_m(p_2) = \bigwedge_{i=1}^{n} ((f_i \vee \bar{z}_i) \, \alpha_i \vee (\bar{f}_i \vee z_i) \, \bar{\alpha}_i) \; .$$

<u>Satz 1</u>. Eine Schaltung S ist im Zustand p_1 dann und nur dann frei von einem Hazard, wenn

a) $M(p_1) \subseteqq Q_m(p_2)$ gilt

b) p_2 der einzige stabile Zustand ist, der zu $M(p_1)$ gehört.

   <u>Beispiel</u>. Eine Schaltung S ist gegeben durch das Gleichungssystem

$$\left.\begin{array}{l} a = \bar{b}c \\ b = d \vee c \\ c = a \vee \bar{b} \\ d = b \vee c \; . \end{array}\right\}$$

Das Erregungsdiagramm für diese Schaltung ist im Bild 8.3 angegeben. Es sei p_2 = 0101. Wir bilden die Menge $Q_m(p_2)$ und überzeugen uns, daß sie tatsächlich die Bedingung $p \in Q_m(p_2) \Longrightarrow W(p) \subseteqq W_0(p)$ befriedigt:

$$Q_m(0101) = (a \vee b \vee \bar{c}) \, (\bar{b} \vee d \vee \bar{c}) \, (c \vee \bar{a}b) \, (d \vee b \vee c)$$

$$= \bar{a}bd \vee \bar{a}b\bar{c} \vee adc \vee bdc \vee a\bar{b}c = \bar{a}b\bar{c} \vee bdc \vee a\bar{b}c \; .$$

Wenn $Z_1 \neq Z$ gilt, ändern sich die im Satz 1 formulierten notwendigen und hinreichenden Bedingungen etwas.

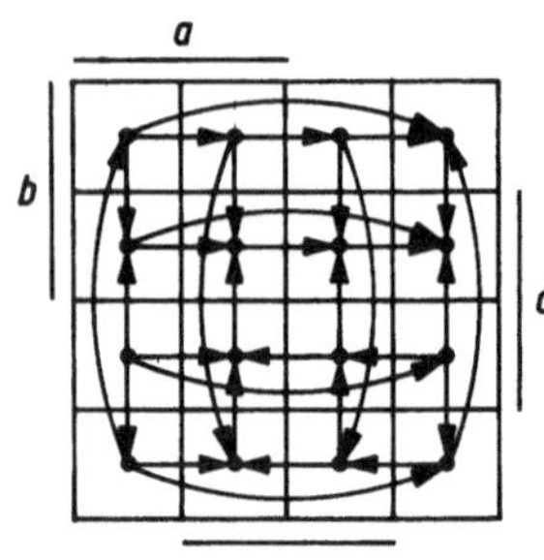

Bild 8.3

<u>Satz 2</u>. Eine Schaltung S ist im Zustand p_1 dann und nur dann frei von einem Hazard bezüglich aller Variablen aus der Menge Z_1 und bezüglich des Hazards eines stabilen Zustands, wenn

a) $M(p_1) \subseteqq Q_m(p_2)$ gilt

b) p_2 die einzige in $M(p_1)$ enthaltene kritische μ-Klasse ist.

   Der Bereich $Q_m(p_2)$ für diesen Fall wird bestimmt durch den Ausdruck

$$Q_m(p_2) = \bigwedge_{i \in Z_1} ((f_i \vee \bar{z}_i) \, \alpha_i \vee (\bar{f}_i \vee z_i) \, \bar{\alpha}_i) \; .$$

144

8.4. Möglichkeiten, die Lösung von Aufgaben zu vereinfachen

Wie aus den oben aufgeführten Betrachtungen folgt, sind die grundlegenden Prozeduren bei der Lösung von Aufgaben zur Hazardanalyse die Prozedur zum Aufbau von $M(P)$ und die Prozedur des Findens aller kritischen μ-Klassen im vorgegebenen Bereich. Im Abschn. 8.5. wird ein Algorithmus zum Aufbau der Menge $m(P)$ betrachtet. Hier werden wir solche praktisch wichtigen Fälle untersuchen, bei denen der Lösungsweg vereinfacht werden kann.

Der Arbeitsaufwand zur Lösung jeder der aufgezählten Aufgaben wächst exponentiell mit der Dimension der Aufgabe, d.h. mit der Mächtigkeit der Menge Z; deshalb muß den Möglichkeiten, die Dimension der Ausgangsaufgabe durch Zurückführen auf einfachere Fälle zu verringern, die Hauptaufmerksamkeit gewidmet werden. Eine der grundlegenden Umformungen, durch die die Dimension einer Aufgabe verringert wird, ist die Superposition der Funktion $f_i(z_1, z_2, \ldots, z_n)$. Sie besteht darin, daß die Funktion $f_i(z_1, \ldots, z_n)$ anstelle der Variablen z_i in alle Funktionen in den rechten Teilen der Gleichungen von F eingesetzt wird.

<u>Definition 7</u>. Eine Variable z_i heißt unabhängig von sich selbst, wenn die Funktion $f_i(z_1, \ldots, z_n)$ nicht wesentlich von dieser Variablen abhängt.

Wenn eine Variable z_i unabhängig von sich selbst ist, kann die Gleichung $z_i = f_i(z_1, \ldots, z_n)$ nach dem Ausführen der Superposition der Funktion $f_i(z_1, z_2, \ldots, z_n)$ aus dem Gleichungssystem F gestrichen werden. Dies ist dem Eliminieren einer Unbekannten in einem algebraischen Gleichungssystem analog. Offensichtlich kann bei der Hazardanalyse die beschriebene Umformung nur dann angewandt werden, wenn die Analyseresultate der nach der Superposition erhaltenen Schaltung mit den Analyseresultaten der Ausgangsschaltung übereinstimmen. Deshalb muß geprüft werden, wann bei der Hazardanalyse die Superposition angewandt werden kann. Zur präziseren Formulierung dieser Frage sind einige zusätzliche Definitionen nötig.

<u>Definition 8</u>. Eine Schaltung S mit einem ausgezeichneten Anfangszustand p_1 heißt Initialschaltung. Eine Initialschaltung werden wir in Form eines geordneten Paares $\langle S, p_1 \rangle$ oder $\langle F, p_1 \rangle$ angeben. Die Menge der für eine Initialschaltung $\langle S, p_1 \rangle$ zulässigen Wege enthält alle Wege, die für die Schaltung S zulässig sind und die im Zustand p_1 beginnen.

<u>Definition 9</u>. Zwei Wege sind streng äquivalent bezüglich der Variablenmenge $Z' \subseteqq Z$, wenn ihnen ein und derselbe Weg des Vektors Z' entspricht.

<u>Definition 10</u>. Die Initialschaltungen $\langle F_1, p_1 \rangle$ und $\langle F_2, p_2 \rangle$ sind streng äquivalent bezüglich der Variablenmenge Z', wenn die Mengen aller zulässigen Wege des Vektors Z' für beide Schaltungen übereinstimmen.

Wie aus dieser Definition folgt, existiert für zwei bezüglich Z' streng äquivalente Schaltungen $\langle F_1, p_1 \rangle$ und $\langle F_2, p_2 \rangle$ für jeden Weg, der für eine von beiden zulässig ist, ein diesem streng äquivalenter Weg bezüglich Z', der für die andere Schaltung zulässig ist, und umgekehrt. So ergibt sich: Wenn eine Variable z_i nicht zu der Zahl jener Variablen gehört, für die gefordert wird, das Vorhandensein aller möglichen Formen eines Hazards zu bestimmen, d.h. $z_i \notin Z_1$, und bezüglich der Variablen z_i kein Hazard eines stabilen Zustandes vorliegt, dann werden die Ergebnisse der Hazardanalyse für die Schaltungen, die bezüglich $Z \setminus \{z_i\}$ streng äquivalent sind, übereinstimmen. Jetzt kann man die oben aufgeworfene Frage präziser formulieren: Wann ist eine im Ergebnis der Superposition der Funktion $f_i(z_1, \ldots, z_n)$ erhaltene Schaltung $\langle F^i, p_1^i \rangle$ der Ausgangsschaltung $\langle F, p_1 \rangle$ streng äquivalent? Der folgende Satz charakterisiert den Zusammenhang zwischen den Schaltungen F und F^i.

<u>Satz 3</u>. Wenn eine Variable z_i im Zustand p der Schaltung F nicht erregt ist, d.h., wenn $z_i \notin W(p)$ gilt, dann gilt $W(p) = W^i(p)$, wobei $W^i(p)$ die Menge der Variablen ist, die im Zustand p der Schaltung F^i erregt sind. Wenn $z_i \in W(p)$ gilt, dann ist $W^i(p) = W(p') \cup \{z_i\}$, wobei p' ein Zustand ist, der sich von p nur durch den Wert der Variablen z_i unterscheidet.

Es sei z_i eine von sich selbst unabhängige Variable, und $f_{i_1}, f_{i_2}, \ldots, f_{i_k}$ seien alle Funktionen in den rechten Teilen der Gleichungen aus F, die wesentlich von z_i abhängen. Wir bezeichnen durch Q_j^i den Bereich, in dem f_{i_j} wesentlich von z_i abhängt, und durch ω_i wie bereits früher die Menge aller Zustände, in denen die Variable z_i erregt ist.

<u>Theorem 1</u>. Eine Schaltung $\langle F^i, p_1^i \rangle$, die im Ergebnis der Superposition der Funktion

$f_i(z_1, \ldots, z_n)$ aus $\langle F, p_1 \rangle$ erhalten wird, ist der Schaltung $\langle F, p_1 \rangle$ streng äquivalent bezüglich $Z \backslash \{z_i\}$, wenn für jedes $i = 1, 2, \ldots, k$ die Bedingung $\omega_{ij} \cdot \omega_i \cdot Q_j^i \cdot M(p_1) = 0$ erfüllt wird.

Der Beweis der strengen Äquivalenz von Schaltungen, die den Bedingungen des Theorems 1 genügen, stützt sich in einer Richtung auf das folgende Lemma.

Lemma. Wenn z_i eine von sich selbst unabhängige Variable ist, wird für jeden Weg, der für die Schaltung $\langle F^i, p_1^i \rangle$ zulässig ist, ein ihm bezüglich $Z \backslash \{z_i\}$ streng äquivalenter Weg gefunden, der für die Schaltung $\langle F, p_1 \rangle$ zulässig ist.

Der Beweis dieses Lemmas ist nicht schwierig, und wir werden ihn hier nicht anführen.

Nun verbleibt noch zu zeigen, daß bei Erfüllung der Bedingung des Theorems 1 jedem für $\langle F, p_1 \rangle$ zulässigen Weg ein ihm streng äquivalenter Weg bezüglich $Z \backslash \{z_i\}$ entspricht, der für $\langle F^i, p_1^i \rangle$ zulässig ist. Die Bedingung des Theorems 1 kann in folgender Form umformuliert werden: Für beliebige zwei Zustände $p', p'' \in M(p_1)$, die sich nur durch den Wert der Variablen z_i unterscheiden und für die $z_i \in W(p')$ gilt, ist $W(p') \backslash \{z_i\} \subseteq W(p'')$ richtig. Hieraus und aus Satz 3 folgt, daß für jeden Zustand $p \in M(p_1)$ gilt $W(p) \subseteq W^i(p)$ - und das bedeutet, daß die zu beweisende Behauptung über die strenge Äquivalenz von Wegen richtig ist. Damit ist der Beweis des Theorems 1 abgeschlossen.

Wir bemerken, daß die im Theorem 1 angegebene hinreichende Bedingung der strengen Äquivalenz von entsprechenden Initialschaltungen auch notwendig ist.

Aus Theorem 1 folgt eine Menge der verschiedensten schwächeren hinreichenden Bedingungen, z.B.

a) $\omega_{ij} \omega_i M(p_1) = 0, \qquad j = 1, 2, \ldots, k$

b) $Q_j^i \cdot M(p_1) = 0, \qquad j = 1, 2, \ldots, k$

c) $\omega_{ij} \cdot \omega_i \cdot Q_j^i = 0, \qquad j = 1, 2, \ldots, k .$

Die letzte Bedingung ist die günstigste, weil sie bis zur Berechnung von $M(p_1)$ benutzt werden kann. Offensichtlich ist bei Erfüllung der Bedingung c die Superposition für eine beliebige Initialteilschaltung F zulässig.

Beispiel. Eine Schaltung F sei durch das Gleichungssystem

$$a = a\bar{b}$$
$$b = b\bar{a} \vee \bar{c}a$$
$$c = ba$$

gegeben, und es sei $Z_1 = \{a, b\}$.

Wir betrachten die Möglichkeit der Superposition der Funktion $f_c \cdot Q_b^c = \overline{ab}$, $\omega_c = c\bar{f}_c \vee \bar{c} f_c = c\overline{ab} \vee \bar{c}b \vee \bar{c}a$, $\omega_b = ab \vee abc$, und folglich ist $\omega_b \cdot \omega_c \cdot Q_b^c = 0$. Somit ist die durch die Gleichungen

$$a = a\bar{b}\Big\}$$
$$b = \bar{a}$$

gegebene Schaltung F^c der Ausgangsschaltung bezüglich $\{a, b\}$ streng äquivalent. Die Erregungsdiagramme für die Schaltungen F und F^c sind im Bild 8.4 angegeben.

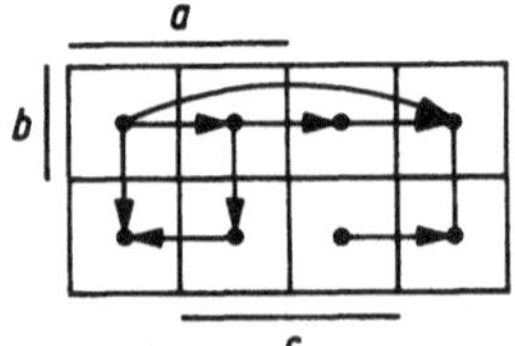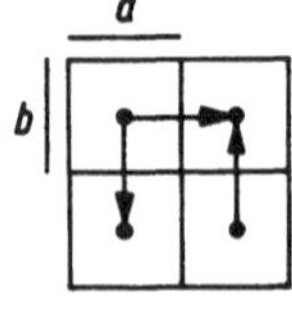

Bild 8.4

Jetzt betrachten wir bestimmte wichtige Sonderfälle des Theorems 1. Man muß anmerken, daß uns bei der Hazardanalyse der Initialschaltung $\langle F, p_1 \rangle$ das Verhalten der Schaltung nur im Bereich $M(p_1)$ interessiert. Das bedeutet, daß in den übrigen Zuständen das Verhalten der

Schaltung so überbestimmt sein kann, daß die Gleichungen zu vereinfachen sind. Die Funktion f_i sei von der Art, daß sie in allen Zuständen aus $M(p_1)$ denselben Wert annimmt. Hieraus folgt, daß man die Gleichung $z_i = f_i(z_1, z_2, \ldots, z_n)$ durch die Gleichung $z_i = \alpha$ ersetzen kann. Offensichtlich ist eine solche Schaltung in allen Zuständen bezüglich der Variablen z_i frei von einem Hazard. Wenn außerdem noch $p_1 \in Z_i^\alpha (z_i^1 = z_i, z_i^0 = \bar{z}_i)$ gilt, ist die Superposition der Konstanten α an die Stelle der Variablen z_i in allen Gleichungen der Schaltung F zulässig. Die Zulässigkeit einer solchen Superposition folgt daraus, daß in diesem Fall $M(p_1) \cdot \omega_i = 0$ gilt.

Wenn die Funktion f_i die Form $z_i \cdot \varphi$ oder $z_i \vee \varphi$ hat, wobei φ eine von z_i unabhängige Funktion ist und p_1 zu $\bar{z}_i$ bzw. z_i gehört, dann nimmt f_i in allen Zuständen aus $M(p_1)$ denselben Wert an. Deshalb kann man, nachdem man anstelle von z_i die entsprechende Konstante eingesetzt hat, zur Analyse einer anderen Schaltung übergehen. Hierher gehört offensichtlich auch der Fall $f_i = \alpha$, weil $0 = z_i \cdot 0$ und $1 = z_i \vee 1$ gilt.

Wenn im oben betrachteten Fall $p_1 \in \bar{z}^\alpha$ und $W(p_1) = \{z_i\}$ gilt, kann man ebenfalls die Superposition der Konstanten α ausführen, nachdem dabei der Zustand p_1 in einen Zustand verändert wurde, der sich von ihm durch den Wert z_i unterscheidet.

Ein entarteter Fall einer Superposition der Funktion f_i liegt vor, wenn keine einzige der Funktionen f_j, $j \neq 1$, wesentlich von z_i abhängt. Wenn in diesem Fall $z_i \notin Z_1$ gilt, kann die Gleichung $z_i = f_i(z_1, z_2, \ldots, z_n)$ aus dem System F gestrichen werden.

Wenn es dabei in einer beliebigen Initialteilschaltung $\langle F, p_1 \rangle$ einen Hazard eines stabilen Zustands gibt, tritt er auch in der entsprechenden Initialteilschaltung auf, die im Ergebnis der Streichung der Gleichung $z_i = f_i(z_1, \ldots, z_n)$ erhalten wurde.

Wir betrachten jetzt die Möglichkeiten, die Berechnung von $M(P)$ zu vereinfachen. P sei eine beliebige Zustandsmenge der Schaltung F, die in Form einer Booleschen Gleichung gegeben ist, und $z_i = f_i(z_1, \ldots, z_n)$ sei eine Gleichung, die zu F gehört. Wir bezeichnen durch $F_{z_i} = \alpha$ und $P_{z_i} = \alpha$ das System F bzw. den Ausdruck, der P angibt, nachdem die Konstanten α anstelle der Variablen z_i eingesetzt wurden.

Wenn $f_i = z_i \vee \varphi$ gilt, wobei φ nicht von z_i abhängt, und $P \cdot z_i \neq 0$ ist, kann $M(P)$ günstig in Teilen berechnet werden. Zuerst werden $M_1 = M(P_1 = P_{z_i=0})$ und $P_2 = m(M_1 \omega_i)$ im System $F_{z_i=0}$ berechnet. Danach wird $M_2 = M(P_2 \vee P_{z_i=1})$ im System $F_{z_i=1}$ berechnet.

$$M(P) = M_1 \bar{z}_i \vee M_2 \cdot z_i$$

Auf analoge Weise wird vorgegangen, wenn $f_i = z_i \varphi$ und $P z_i \neq 0$ gilt. In diesem Fall gilt $M(P) = M_1 z_i \vee M_2 \bar{z}_i$, wobei $M_1 = M(P_{z_i=1})$ ist und im System $F_{z_i=0}$ berechnet wird, während M_2 im System $F_{z_i=0}$ berechnet wird. Im Fall $f_i = \alpha$ muß P_2 nicht berechnet werden, weil es mit M_1 übereinstimmt, wie man sich leicht überzeugen kann.

<u>Beispiel</u>. Zu berechnen ist $M(\bar{a}\,\bar{b}\,\bar{c}\,\bar{d}\,\bar{f})$ im System

$$\left.\begin{aligned}
a &= 0 \\
b &= \bar{a} \\
c &= db \\
d &= c \vee \bar{f}\,b \\
f &= af \vee \bar{a}\bar{b}\,.
\end{aligned}\right\}$$

Das Berechnungsschema ist im Bild 8.5 in Form eines Baumes dargestellt. Hier sind in den

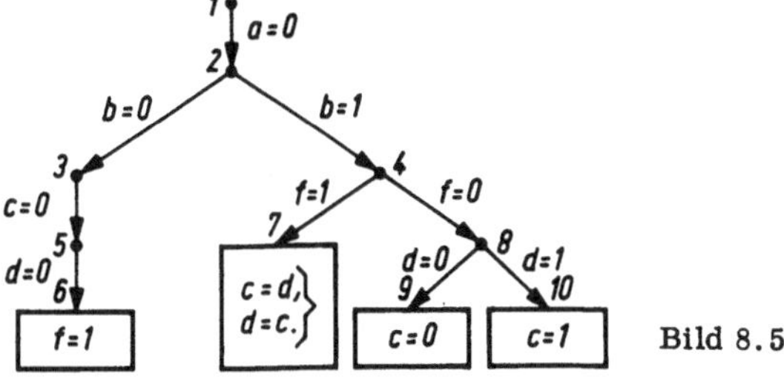

Bild 8.5

Rechtecken Minimalschaltungen beschrieben, die mit den betrachteten Regeln ermittelt wurden und auf die diese Regeln nicht mehr anwendbar sind. Die Berechnungsschritte sind:

$$P_6 = \bar{f}, \quad M_6 = 1, \quad M_3 = \bar{c}\bar{d} \cdot M_6 = \bar{c}\bar{d}, \quad P_4 = M_3 = \bar{c}\bar{d}, \quad P_7 = \bar{c}\bar{d}, \quad M_7 = \bar{c}\bar{d},$$

$$P_8 = M_7 = \bar{c}\bar{d}, \quad P_9 = \bar{c}, \quad M_9 = \bar{c}, \quad P_{10} = M_9 = \bar{c}, \quad M_{10} = 1,$$

$$M_8 = \bar{d} \cdot M_9 \vee d \cdot M_{10} = \bar{c} \vee d, \quad M_4 = \bar{f}M_7 \vee fM_8 = \bar{c}\bar{d} \vee \bar{f}c \vee \bar{f}d,$$

$$M_2 = \bar{b}M_3 \vee bM_4 = \bar{c}\bar{d} \vee bf\bar{c} \vee bf d, \quad M(\overline{abcdf}) = M_2\bar{a} = \bar{a}cd \vee \bar{a}bf\bar{c} \vee \bar{a}bf d .$$

Der zur Berechnung von $M(P)$ betrachtete Ablauf kann auch verwendet werden, um die kritischen μ-Klassen zu bestimmen, die in einem vorgegebenen Bereich Q enthalten sind. Wenn bekannt ist, daß die Variable z_i keine einzige μ-Klasse trennt, kann die Existenz kritischer μ-Klassen für die Systeme $F_{z_i=0}$ und $F_{z_i=1}$ unabhängig voneinander untersucht werden. Wir führen einige hinreichend einfache Bedingungen dafür an, daß eine Variable z_i keine einzige in Q enthaltene μ-Klasse trennt.

1. f_i nimmt in allen Zuständen der Menge Q denselben Wert α an. In diesem Fall muß man das Vorhandensein von μ-Klassen nur für das System $F_{z_i=\alpha}$ prüfen.

2. $f_i = z_i \vee \varphi$ oder $f_i = z_i \varphi$, wobei φ nicht von z_i abhängt. Aus diesen Bedingungen folgt z.B. sofort, daß die im vorherigen Beispiel berechnete Menge $M(\overline{abcdf})$ keine einzige kritische μ-Klasse enthält.

Wir betrachten jetzt eine kompliziertere Bedingung dafür, daß z_i keine einzige μ-Klasse im Bereich Q trennt.

Q_1 und Q_2 seien zwei sich nicht schneidende Teilmengen der Menge Q derart, daß beim Vorhandensein einer μ-Klasse in Q, die durch die Variable z_i getrennt wird, jede der Teilmengen wenigstens einen Zustand aus dieser μ-Klasse enthält. Wir bilden die Folge der Mengen $Q_1, Q_2, Q_3 = M(Q_2) \cap Q_1, Q_4 = M(Q_3) \cap Q_2, \ldots$ Es sei K die kleinste natürliche Zahl, für die $Q_K = \emptyset$ oder $Q_K = Q_{K-2}$ gilt.

<u>Theorem 2.</u> $Q_K = \emptyset$ gilt dann und nur dann, wenn die Menge Q keine μ-Klasse enthält, die durch die Variable z_i getrennt wird. Der Beweis dieses Theorems ist unkompliziert und wird hier nicht angeführt.

Als Mengen Q_1 und Q_2 kann man z.B. die Mengen Qz_i und $Q\bar{z}_i$ oder $Qz_i\omega_i = Qz_if_i$ und $Q\bar{z}_i\omega_i = Q\bar{z}_if_i$ nehmen. Man kann sich leicht überzeugen, daß diese Mengen die oben formulierten Bedingungen befriedigen. Wenn man den Wert K und die Art der Ausgangsmengen festlegt, kann man verschiedene hinreichende Bedingungen für das Fehlen von μ-Klassen im Bereich Q erhalten, die durch die Variable z_i getrennt werden, insbesondere die oben angeführten Bedingungen 1 und 2. Bei $Q_1 = Qz_i\bar{f}_i$ und $k = 1$ erhalten wir z.B. $Qz_i\bar{f}_i = 0$, was im Einklang damit steht, daß auf der Menge Q die Funktion f_i mit einer Funktion der Form $z_i \vee \varphi$ übereinstimmt.

8.5. Algorithmus zur Bildung von m(P)

Bevor wir zur Beschreibung des Algorithmus zur Bildung von $m(P)$ kommen, führen wir einige Bezeichnungen ein.

Es möge eine Folge aus n Booleschen Funktionen $\langle f_1, f_2 \ldots, f_n \rangle$ vorliegen. Jeder Kombination C_n^k, $k = 1, 2, \ldots, n$, ordnen wir ein entsprechendes Produkt aus k Booleschen Funktionen zu. Wir werden diese Produkte als k-Produkte bezeichnen.

Betrachten wir eine Methode zur Bildung aller k-Produkte aus n Booleschen Funktionen für $k = 1, 2, \ldots, n$

Die Elemente der Folge mögen die Funktionen $\varphi_1, \varphi_2, \ldots, \varphi_m$ ($m > 1$) sein. Wir legen das erste Element der Folge fest und bilden die nächste Folge, deren Elemente die Produkte $\varphi_1\varphi_i$, mit $2 \leqq i \leqq m$, sind. Danach legen wir das zweite Element der Folge fest und bilden die Folge der Produkte $\varphi_2\varphi_i$, mit $3 \leqq i \leqq m$. So verfahren wir, bis wir zum Element φ_{m-1} gelangt sind, das eine Folge aus nur einem Element $\varphi_{m-1}\,\varphi_m$ liefert. Danach gehen wir zur nächsten Folge über usw., bis die beschriebene Prozedur auf alle gebildete Folgen angewandt wurde, die aus mehr als einem Element bestehen.

<u>Beispiel</u>. Es sei $n = 4$. Die Bildung beginnt mit der Folge $\langle f_1, f_2, f_3, f_4 \rangle$. Danach werden die nächsten Folgen gebildet:

$$\langle f_1 f_2,\ f_1 f_3,\ f_1 f_4 \rangle$$
$$\langle f_2 f_3,\ f_2 f_4 \rangle$$
$$\langle f_3 f_4 \rangle$$
$$\langle f_1 f_2 f_3,\ f_1 f_2 f_4 \rangle$$
$$\langle f_1 f_3 f_4 \rangle$$
$$\langle f_2 f_3 f_4 \rangle$$
$$\langle f_1 f_2 f_3 f_4 \rangle .$$

Man kann die k-Produkte auch in anderer Reihenfolge bilden. Die gewählte Methode ist günstig, wenn nur die von Null verschiedenen Produkte aufzunehmen sind. Ist irgendein k-Produkt gleich Null, dann wird es weggelassen. Dadurch werden alle k-Produkte aus der Betrachtung ausgeschlossen, die dieses Produkt als Faktor enthalten. Wir demonstrieren das am Beispiel bei $n = 5$ und $f_1 f_5 = f_2 f_4 = f_3 f_5 = f_1 f_2 f_4 = f_1 f_3 f_4 = 0$. In diesem Fall hat die Reihe der gebildeten Folgen folgende Form:

$$\langle f_1,\ f_2,\ f_3,\ f_4,\ f_5 \rangle$$
$$\langle f_1 f_2,\ f_1 f_3,\ f_1 f_4 \rangle$$
$$\langle f_2 f_3,\ f_2 f_5 \rangle$$
$$\langle f_3 f_4 \rangle$$
$$\langle f_4 f_5 \rangle$$
$$\langle f_1 f_2 f_3 \rangle$$
$$\langle f_2 f_3 f_5 \rangle .$$

Nun beschreiben wir den Algorithmus zur Bildung der Menge $m(P)$. Eine Schaltung S sei in Form des Gleichungssystems $z_i = f_i(z_1, z_2, \ldots, z_n)$, $i = 1, 2, \ldots, n$, eine Zustandsmenge P in Form einer Booleschen Funktion der Variablen $z_1, z_2, \ldots, z_n$ gegeben.

1. Wir bilden die Menge der Funktionen $\varphi_i = P \cdot \omega_i$, $i = 1, 2, \ldots, n$, $\omega_i = f_i \bar{z}_i \vee \bar{f}_i z_i$.
2. Wir bilden alle von Null verschiedenen k-Produkte aus φ_i, $i, k = 1, 2, \ldots, n$, entsprechend den folgenden Regeln.

$\langle \psi_1, \psi_2, \ldots, \psi_m \rangle$ sei eine beliebige Folge, die bei der Bildung der k-Produkte erhalten wurde, während $\langle \psi_i \psi_{i+1}, \ldots, \psi_i \psi_m \rangle$ eine Folge ist, deren Elemente wiederum Produkte von Elementepaaren dieser Folge sind. Die erste Folge bezeichnen wir gegenüber der zweiten als erzeugende Folge und ein Element ψ_i dieser Folge als erzeugendes Element.

Bei der Bildung der nächsten Folge wird das Element $\psi_i \psi_{i+k}$, $k = 1, \ldots, m - 1$, mit dem Element ψ_{i+k} verglichen, und falls sie gleich sind, wird das Element ψ_{i+k} aus der erzeugenden Folge gestrichen. Nachdem die nächste Folge gebildet wurde, werden alle ihre Elemente mit dem erzeugenden Element verglichen. Wenn ein Element $\psi_i \psi_{i+j}$ gefunden wird, das gleich ψ_i ist, dann wird das Element ψ_i aus der erzeugenden Folge gestrichen.

3. In jedem k-Produkt der Form $\varphi_{i_1} \varphi_{i_2} \ldots \varphi_{i_k}$ streichen wir alle auftretenden Variablen $z_{i_1}, z_{i_2}, \ldots, z_{i_k}$.

4. Die Disjunktion von P und allen sich ergebenden Produkten ist gleich $m(P)$.
   Wenn die Menge P bekanntermaßen keine isolierten stabilen Zustände enthält (d.h. Zustände, die von keinem anderen Zustand erreichbar sind), dann ist $m(P)$ gleich der Disjunktion der erhaltenen Produkte.

Der Sinn dieses Algorithmus wird klar, wenn man betrachtet, was jedes k-Produkt darstellt:

$$\varphi_{i_1} \cdot \varphi_{i_2} \ldots \varphi_{i_k} = \omega_{i_1} \cdot \omega_{i_2} \ldots \omega_{i_k} \cdot P = P'.$$

Offensichtlich ist P' die Menge aller jener Zustände aus dem Bereich P, in denen die Variablen $z_{i_1}, z_{i_2}, \ldots, z_{i_k}$ erregt sind. Nachdem wir diese Variablen an allen Stellen, an denen sie in der Booleschen Funktion, die P' angibt, vorkommen, gestrichen haben, erhalten wir die Menge all jener Zustände aus $m(P')$, die sich von den Zuständen der Menge P' durch die Variablen aus $\{z_{i_1}, z_{i_2}, \ldots, z_{i_k}\}$ unterscheiden. Die erste Regel des Punktes 2 beseitigt die Dublierung von Elementen. Die zweite Regel hat keinen Einfluß auf die Erzeugung der Elemente und wird nur in der Schlußetappe bei der Berechnung der resultierenden Menge wirksam.

Beispiel. Eine Schaltung S ist gegeben durch das Gleichungssystem

$$\left. \begin{aligned} a &= c(d \vee \bar{b}) \\ b &= \bar{c}d \\ c &= \bar{d} \\ d &= b \vee c \, . \end{aligned} \right\}$$

Das Erregungsdiagramm für diese Schaltung ist im Bild 8.6 angegeben. Eine Menge P sei durch den Ausdruck $P = abc \vee a\bar{c}d$ bestimmt.

Wir bilden zuerst die Funktionen ω:

$$\omega_a = a(\bar{c} \vee b\bar{d}) \vee \bar{a}(c \vee d)$$

$$\omega_b = b\bar{d} \vee bc \vee \bar{b}\bar{c}d$$

$$\omega_c = cd \vee \bar{c}\bar{d}$$

$$\omega_d = d\bar{b}\bar{c} \vee \bar{d}b \vee \bar{d}c \, .$$

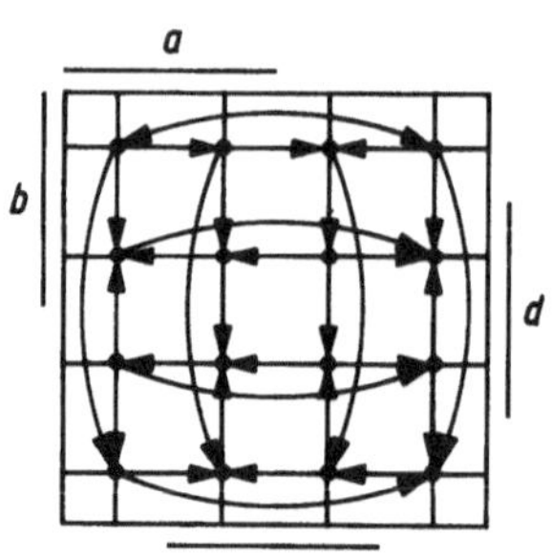

Bild 8.6

Die k-Produkte der Funktionen φ werden wir untereinander schreiben und die Folgen durch einen waagerechten Strich trennen:

$$\varphi_a = abc\bar{d} \vee a\bar{c}d \longrightarrow bcd \vee \bar{c}d$$

$$\varphi_b = abc \vee a\bar{b}\bar{c}d \longrightarrow ac \vee ad$$

$$\varphi_c = abcd$$

$$\varphi_d = abc\bar{d} \vee a\bar{b}\bar{c}d$$

<hr>

$$\varphi_a\varphi_b = abc\,\bar{d} \vee a\bar{b}\bar{c}d$$

$$\varphi_a\varphi_d = abc\,\bar{d} \vee a\bar{b}\bar{c}d$$

<hr>

$$\varphi_b\varphi_c = abcd \longrightarrow ad$$

<hr>

$$\varphi_a\varphi_b\varphi_d = abc\bar{d} \vee a\bar{b}\bar{c}d \longrightarrow 1 \, .$$

Somit gilt $m(P) = 1$, d.h., es stimmt mit der Menge aller Schaltungszustände überein.

9. Kompliziertheitsprobleme Boolescher Funktionen und Gleichungen

A. Albrecht

9.1. Einleitung

Der Entwurf leistungsfähiger hochintegrierter Schaltkreise ist heute ohne rechnergestützte Methoden nicht mehr denkbar. Neben numerischen Aufgaben, wie z.B. die Überprüfung eines Layouts hinsichtlich physikalischer Bedingungen, erfordern Probleme des Vergleichs von Layout mit dem Stromlaufplan, der Logiksimulation, der Testsatzgenerierung u.v.a. den Rechnereinsatz.

Vielfältige Anstrengungen sind darauf gerichtet, für hochintegrierte Schaltkreise mit mehreren zehntausend Transistoreinheiten effiziente Programme zur Behandlung dieser Probleme zu entwickeln, die Entwurfszeiten zu verkürzen und dadurch die schnelle Nutzung neuer Technologien der Schaltkreisherstellung zu ermöglichen.

Die diesen Programmen zugrunde liegenden Algorithmen sind kombinatorischer Natur, d.h., sie operieren über diskreten Objekten wie Graphen und Booleschen Funktionen und betreffen mengentheoretische sowie aussagenlogische Operationen.

Als Beispiel einer kombinatorischen Aufgabe sei folgender Spezialfall der Lösung Boolescher Gleichungen genannt, der bei verschiedenen Fragen der Schaltkreisanalyse von Bedeutung ist.

SAT-Problem: Gegeben ist eine konjunktive Normalform $KNF(x_1, x_2, \ldots, x_s)$, d.h.

$$KNF = \bigwedge_{\sigma_{i_1} \cdots \sigma_{i_l}} x_{i_1}^{\sigma_{i_1}} \vee x_{i_2}^{\sigma_{i_2}} \vee \ldots \vee x_{i_l}^{\sigma_{i_l}}, \quad 1 \leq s .$$

Existiert eine Belegung der Variablen derart, daß

$$KNF(\sigma_1, \sigma_2, \ldots, \sigma_s) = 1$$

erfüllt ist?

Die Optimierung kombinatorischer Algorithmen in bezug auf Zeitaufwand und Speicherplatzbedarf wurde umfassend und tiefgehend untersucht (s. hierzu [1]). Bei schnellen und speicherplatzsparenden Algorithmen müssen die Zeitschranken bzw. der geschätzte Speicherplatzbedarf für möglichst große Objektmengen eingehalten werden. Damit kann man für eine größere Objektmenge einheitliche Programme verwenden, was eine feinere Klassifizierung der jeweiligen Objekte überflüssig macht, die jeweils Eigenschaften einer Klassifizierung der Objekte wesentlich benutzen. Für das obengenannte Lösungsproblem Boolescher Gleichungen würde das z.B. zu der Frage führen, ob ein Programm existiert, das für beliebige konjunktive Normalformen mit zehn oder einhundert Variablen das SAT-Problem in „angemessener" Rechenzeit löst. Für dieses Entscheidungsproblem wie für eine Vielzahl anderer algorithmischer Aufgabenstellungen, die in den Anwendungen eine wichtige Rolle spielen, zeichnen sich jedoch prinzipielle Schwierigkeiten bei der Synthese allgemeiner zeit- und speicherplatzeffektiver Programme ab. Diese Schwierigkeiten laufen darauf hinaus, daß die Durchmusterung einer hohen Anzahl von Einzelfällen zu Rechenzeiten führt, die auch durch hypothetische superschnelle Computer nicht mehr zu bewältigen sind.

Ziel dieser Arbeit ist es, in kurz gefaßter Form einige Grundlagen kompliziertheitstheoretischer Untersuchungen kombinatorischer Algorithmen zu vermitteln und wichtige Beziehungen zwischen unterschiedlichen Charakterisierungen der Kompliziertheit von Algorithmen darzustellen. Das geschieht im Rahmen der Theorie Boolescher Funktionen, die in enger Verbindung mit der Modellierung digitaler Schaltkreise steht.

Im Mittelpunkt der Betrachtungen stehen insbesondere die Kompliziertheit der Realisierung Boolescher Funktionen durch (rückkopplungsfreie) Schaltkreise und der Berechnungsaufwand zur Lösung Boolescher Gleichungen. Beide Problemkreise haben wesentlich zur Formierung der Kompliziertheitstheorie diskreter Objekte beigetragen und sind Gegenstand intensiver Untersuchungen.

9.2. Schaltkreiskompliziertheit

Wir beschäftigen uns mit Schaltkreisen, die „rückkopplungsfrei" sind, und führen sie in üblicher Weise auf graphentheoretischer Grundlage ein. Die Kompliziertheitsmaße werden in einfachster Form als Anzahl der zur Realisierung einer Funktion benötigten Gates definiert.

Für einen gerichteten Graphen $G = [V, E]$, $E \subseteq V \times V$, definieren wir die Eingangsvalenz $\alpha(v)$ und die Ausgangsvalenz $\omega(v)$ eines Knotens $v \in V$ mit

$$\alpha(v) =_{Df} Anz(\{[w, v] \mid [w, v] \in E\})$$
$$\omega(v) =_{Df} Anz(\{[v, w] \mid [v, w] \in E\}) .$$

Wir gehen aus von gerichteten Graphen G, die folgende Eigenschaften erfüllen:

a) Für alle $v \in V$ ist $\alpha(v) \leq 2$.
b) Es gibt n Knoten $v \in V$, für die $\alpha(v) = 0$ ist, wobei $n \geq 1$ gilt.
c) G ist azyklisch, d.h., es gibt keinen Weg $[v, w_1]$, $[w_1, w_2]$, $\ldots, [w_s, v]$ in G.
d) Es gibt einen Knoten $v \in V$, so daß für jedes $w \in V$ ein Weg $[w, u_1]$, $[u_1, u_2]$, $\ldots, [u_r, v]$ existiert, d.h., G ist zusammenhängend.

Durch c) wird gesichert, daß keine „Rückkopplungen" auftreten, und d) schließt von vornherein das Vorhandensein unabhängiger Komponenten des Graphen aus.

Definition 1. Das geordnete Paar $S = [G, \beta]$ heißt Schaltkreis, falls G ein gerichteter Graph ist, der a) bis d) erfüllt, und $\beta: V \to \{\wedge, \vee, -\}$ jedem Knoten v mit $\alpha(v) \neq 0$ ein aussagenlogisches Symbol zuordnet, das der Eingangsvalenz entspricht.

Diejenigen Knoten w aus S, für die $\alpha(w) = 0$ gilt, werden Eingangsknoten genannt. Belegt man die Eingangsknoten mit Werten aus $\{0, 1\}$, kann für jeden Knoten v von S in kanonischer Weise ein Wert $W_S(v)$ aus $\{0, 1\}$ bestimmt werden, indem man sukzessive für alle Vorgängerknoten von v in übereinstimmung mit β die entsprechenden Werte bestimmt.

Definition 2. Ein Schaltkreis S realisiert eine n-stellige Boolesche Funktion f: $\{0, 1^n\} \to \{0, 1\}$, falls S genau n Eingangsknoten besitzt (die in festgelegter Weise numeriert sind) und ein Knoten v mit $\omega(v) = 0$ derart existiert, daß für alle $[\sigma_1, \sigma_2, \ldots, \sigma_n] \in \{0, 1\}^n$ die Gleichung

$$W_S(v) = f(\sigma_1, \sigma_2, \ldots, \sigma_n)$$

erfüllt ist.

Mit dieser Definition erhalten wir den allgemein verwendeten Begriff der Realisierung Boolescher Funktionen durch Schaltkreise, wobei diese über einem vollständigen Basissystem mit zweistelligen AND- sowie OR-Gates und einstelligen NOT-Gates aufgebaut sind.

Es sei $\mathcal{B}^n$ die Menge aller n-stelligen Booleschen Funktionen. Wir bezeichnen mit C(S) die Anzahl der Knoten $v \in V$ in $S = [G, \beta]$ mit $\alpha(v) \neq 0$ und führen außerdem ein

$$C(f) =_{Df} \min_{S \text{ real. } f} C(S)$$

$$C(n) =_{Df} \max_{f \in \mathcal{B}^n} C(f) .$$

Die Funktion C(f) gibt die minimale Anzahl der zur Realisierung von $f(x_1, x_2, \ldots, x_n)$ notwendigen AND-, OR- bzw. NOT-Gates an und C(n) die maximale Kompliziertheit minimaler Realisierungen n-stelliger Boolerscher Funktionen.

Verbunden mit der Entwicklung der digitalen Rechentechnik setzte mit den Arbeiten von

Shannon [10] - diese beziehen sich auf Kontaktschaltungen - ein intensives und umfassendes Studium der Kompliziertheitsfunktionen C(f) bzw. C(n) ein.[1]

Für Schaltkreisrealisierungen Boolescher Funktionen ist im allgemeinen nicht ein Kompliziertheitskriterium allein ausschlaggabend, sondern Geschwindigkeit (d.h. „Tiefe" des Schaltkreises) und bei hochintegrierten Schaltkreisen die „Energiedichte" spielen ebenfalls eine wichtige Rolle. So können Realisierungen mit minimaler Gateanzahl C(f) beispielsweise zu Hazardproblemen führen.

Zur Veranschaulichung kompliziertheitstheoretischer Probleme, insbesondere der Beziehung zwischen Schaltkreiskompliziertheit und algorithmischen Problemen des Schaltkreisentwurfs, wollen wir uns auf die Gateanzahl als Kompliziertheitsmaß beschränken.

Von Lupanov wurden in [5] grundlegende Ergebnisse über den Verlauf der Shannonfunktion C(n) dargelegt, aus denen unter anderem folgt, daß „fast alle" n-stelligen Booleschen Funktionen asymptotisch die Kompliziertheit der kompliziertesten n-stelligen Funktionen besitzen, d.h., es gilt der folgende Satz:

Satz 1 [5]. Für $n \to \infty$ ist

$$C(n) \sim \frac{2^n}{n}$$

erfüllt, wobei für jedes $\varepsilon > 0$ das Verhältnis der Anzahl n-stelliger Funktionen f mit

$$C(f) < (1 - \varepsilon) \frac{2^n}{n}$$

zur Gesamtanzahl 2^{2^n} der n-stelligen Funktionen gegen Null geht.[2]

In der Folgezeit wurden Methoden entwickelt, die für gewisse Teilmengen Boolescher Funktionen den Beweis ähnlicher asymptotischer Aussagen wie im Satz 1 gestatten.

Aus diesen Aussagen folgt die Existenz von Booleschen Funktionen f_n, $n = n_0, n_0 + 1, \ldots$, deren minimale Realisierungen von exponentieller Kompliziertheit sind, die auf $\mathcal{B}^n$ bezogen z.B. asymptotisch die Kompliziertheit $C(f_n) \sim 2^n/n$ besitzen.

Es erweist sich jedoch als schwieriges mathematisches Problem, Folgen Boolescher Funktionen mit „großer" Kompliziertheit konstruktiv - etwa in Form eines aussagenlogischen Ausdrucks - anzugeben.

Obwohl schon über einen relativ langen Zeitraum Anstrengungen unternommen werden, Boolesche Funktionen mit „großer" Kompliziertheit konstruktiv zu beschreiben, ist man bis jetzt bei Realisierungen über vollständigen Basissystemen nicht über lineare untere Schranken hinausgekommen:

Satz 2 [8]. Sei $u(\alpha_1, \alpha_2, \ldots, \alpha_s) = \sum_{i=0}^{s-1} \alpha_i 2^i$ und $n = m + 2 \lceil \log_2 m \rceil + 1$.[3]

Für die Boolesche Funktion

$$f_n(\mu_1, \mu_2, \ldots, \mu_{\lceil \log m \rceil}, \nu_1, \nu_2, \ldots, \nu_{\lceil \log m \rceil}, \delta, z_1, z_2, \ldots, z_m) \underset{Df}{=}$$

$$\delta \bigvee_{j=1}^{m} z_j \wedge (u(\mu_1, \ldots, \mu_{\lceil \log m \rceil}) = j \vee u(\nu_1, \ldots, \nu_{\lceil \log m \rceil}) = j$$

$$\vee \bigoplus_{j=1}^{m} z_j \wedge (u(\mu_1, \ldots, \mu_{\lceil \log m \rceil}) = j \vee u(\nu_1, \ldots, \nu_{\lceil \log m \rceil}) = j$$

gilt folgende untere Schranke minimaler Realisierungen:

$$C(f_n) \geq 3 \cdot n - 6 \lceil \log_2 n \rceil - 5 .$$

Die Aussage von Satz 2 bezieht sich auf Realisierungen über beliebigen vollständigen Basissystemen aus Funktionen, die von zwei Variablen abhängig sind.

---

[1] Diese Funktionen werden auch als Shannonfunktionen bezeichnet.

[2] $a(n) \sim b(n)$ bedeutet $a(n)/b(n) \to 1$, $n \to \infty$.

[3] $\lceil a \rceil$ bezeichnet die kleinste natürliche Zahl, die größer als a ist.

Für Einschränkungen an das Basissystem (z.B. monotone Funktionen) bzw. für andere Realisierungsmodelle (z.B. spezielle Kontaktschaltungen) wurden bisher untere Schranken der Form $c_1 \cdot n^{c_2}$ nachgewiesen, die bestimmte Funktionenfolgen einhalten ($c_2 > 1$). Die Konstante c_2 nimmt hierbei „kleine" Werte an, z.B. $c_2 = 2$.

Im Satz 1 ist implizit eine Aussage über eine Synthesemethode enthalten, die für „fast alle" Booleschen Funktionen zur asymptotisch minimalen Kompliziertheit führt. In Anwendungen sind jedoch Boolesche Funktionen durch Schaltkreise zu realisieren, von denen anzunehmen ist - veranschaulicht man sich die Definition der Funktion in Satz 2 -, daß sie eine „polynomiale" (z.B. lineare) Kompliziertheit besitzen, die durch die Synthesemethode für exponentielle Kompliziertheit nach Satz 1 nicht erreicht wird.

Damit im Zusammenhang stellt sich die Frage nach Verfahren, die aus der Kenntnis des Werteverlaufs oder eines aussagenlogischen Ausdrucks einer Booleschen Funktion die Synthese minimaler Realisierungen gestatten.

Schon frühzeitig hat man untersucht, welche Möglichkeiten dafür der Einsatz von Rechenmaschinen bietet bzw. wie derartige Verfahren in ihrem Aufwand einzuschätzen sind.

Ausführlich wird auf diese Probleme erstmals in der Arbeit von Jablonski [11] über algorithmische Schwierigkeiten der Synthese minimaler Schaltungen eingegangen. Der Autor formuliert darin die Hypothese, daß im Rahmen natürlicher Voraussetzungen an den Algorithmenbegriff jeder Algorithmus zur Synthese minimaler Schaltkreise im Aufwand vergleichbar ist mit dem Durchmustern von Schaltungskonfigurationen.

Beim Durchmusterungsverfahren für die minimale Realisierung einer Booleschen Funktion werden sukzessive alle Schaltkreise mit vorgegebener Anzahl von Eingängen daraufhin untersucht, ob sie die Funktion realisieren, wobei die Knotenanzahl als Parameter dient. Auf Grund der großen Anzahl in Frage kommender Schaltkreise (d.h. Graphen mit entsprechender Knotenanzahl) führt das Durchmustern zu exponentiellem Aufwand hinsichtlich Zeit bzw. Speicherplatz im Verhältnis zur Beschreibung der Funktion als aussagenlogischer Ausdruck, wenn man beliebige Funktionen in Betracht zieht.

Versucht man die Nichtexistenz von Algorithmen nachzuweisen, also gemäß der obengenannten Hypothese z.B. schnellere Algorithmen als die Durchmusterung auszuschließen, muß eine Präzisierung des Algorithmenbegriffs bzw. Berechnungsmodells vorgenommen werden. Wir verwenden hier den Begriff der Turingmaschine, der den Anforderungen an eine Formalisierung des Algorithmenbegriffs gerecht wird und äquivalent zu anderen grundlegenden Berechnungsmodellen ist (s. hierzu [9]).

9.3. Berechnungen auf Turingmaschinen

Eine Turingmaschine widerspiegelt in einfachster Weise die Berechnungsmöglichkeiten einer Rechenmaschine. Im Unterschied zu realen Berechnungsstrukturen verfügt die Turingmaschine jedoch über potentiell unbegrenzte Speichermöglichkeiten. Im einzelnen sind die Bestandteile der Turingmaschine

- ein beiderseitig unendliches Band, das in Zellen unterteilt ist
- ein Lese-Schreib-Kopf, der den Inhalt der Zellen lesen und in diese etwas hineinschreiben kann
- ein endliches Alphabet $A = \{a_1, a_2, \ldots, a_k\}$, wobei in jeder Zelle des Bandes entweder ein Element aus A oder das Leerzeichen λ steht
- eine endliche Zustandsmenge $Q = \{q_1, q_2, \ldots, q_l\}$.

Die Turingmaschine arbeitet in diskreter Zeit und befindet sich in jedem Takt in genau einem Zustand aus Q. Der Lese-Schreib-Kopf wertet je Takt genau eine Zelle aus und kann beim Übergang zum nächsten Takt zu einer der beiden Nachbarzellen rücken oder über der Zelle verbleiben.

Die Arbeitsweise wird bestimmt durch ein endliches Programm, das aus Befehlen der Form

$$qx \longrightarrow q'x'B \tag{9.1}$$

mit $B \in \{L, R, N\}$ besteht. Befindet sich die Maschine im Zustand q und der Kopf liest in der auszuwertenden Zelle den Buchstaben x, dann wird

- in die Zelle x' geschrieben
- eine Bewegung des Kopfes gemäß B ausgeführt (N keine Bewegung)
- der Zustand q' angenommen.

Für die Maschine ist ein Anfangs- und ein Endzustand festgelegt; für Q sei das q_1 bzw. q_1. Die Maschine beginnt immer mit q_1 und beendet die Arbeit nur dann, wenn der Übergang zu q_1 erfolgt. Wir setzen voraus, daß der Kopf zu Beginn rechts neben dem „Eingabewort" steht und - falls die Berechnung abbricht - auf der ersten Zelle rechts neben dem „Ergebniswort".

Die Festlegung der Befehle nach (9.1) führt zur determinierten Turingmaschine, bei der der Nachfolgezustand eindeutig bestimmt ist. Im weiteren greifen wir auf diese Bezeichnung jedoch nur zurück, wenn es im Kontext notwendig ist.

Wir verzichten hier auf eine formale Definition der Berechenbarkeit und Entscheidbarkeit, d.h. gehen von der obengenannten Erläuterung der Arbeitsweise aus. Im Bild 9.1 ist eine Anfangssituation dargestellt. Wir fordern nicht, daß nach Abschluß der Berechnung das Eingabewort noch auf dem Band steht.

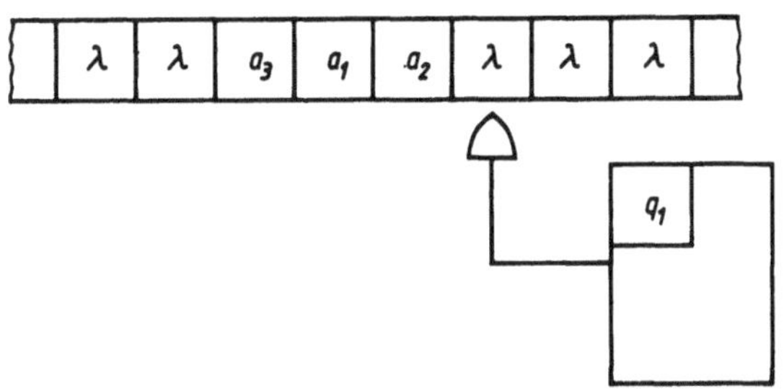

Bild 9.1. Anfangssituation auf einer Turingmaschine

Legt man das Alphabet $\{I\}$ zugrunde und kodiert die natürlichen Zahlen durch $\big|^{n+1} \hateq n$, so kann man folgendes Turingprogramm für die Addition zweier natürlicher Zahlen angeben (die Operanden sind durch ein λ getrennt):

$$
\begin{aligned}
P_{Add}: \quad q_1 \lambda &\longrightarrow q_2 \lambda L \\
q_2 | &\longrightarrow q_2 | L \\
q_2 \lambda &\longrightarrow q_3 | R \\
q_3 | &\longrightarrow q_3 | R \\
q_3 \lambda &\longrightarrow q_4 \lambda L \\
q_4 | &\longrightarrow q_5 \lambda L \\
q_5 | &\longrightarrow q_6 \lambda N \, .
\end{aligned}
$$

Die Berechnungen auf Turingmaschinen vollziehen elementare Schritte bei der Ausführung von Algorithmen. Obwohl in Rechenmaschinen viele komplexe arithmetische und logische Operationen in „einem Takt" stattfinden, lassen sich die nachfolgend aufgeführten Kompliziertheitsaussagen in der Größenordnung auf reale Maschinen übertragen.

Wir bezeichnen wie üblich mit W(A) die Menge aller endlichen Wörter über dem Alphabet A, d.h. $W(A) = \bigcup_n A^n$.

Gegeben sei eine auf $L \subseteq W(A)$ definierte Wortfunktion $F: L \longrightarrow W(A)$ und eine Turingmaschine M_F, die F berechnet, d.h. für jedes $w \in L$ mit F(w) stoppt.

Es sei $T_{M_F}(w)$ die Anzahl der Takte und $S_{M_F}(w)$ die Anzahl der Speicherzellen, die M_F bei der Eingabe von $w \in L$ bis zum Stopzustand durchläuft (offensichtlich ist $S_{M_F}(w) \leq T_{M_F}(w)$).

Wir definieren die Zeit- und Raumkompliziertheit von Turingberechnungen durch

$$T_{M_F}(n) =_{Df} \max_{\substack{l(w)=n \\ \wedge\, w \in L}} T_{M_F}(w)$$

$$S_{M_F}(w) =_{Df} \max_{\substack{l(w)=w \\ \wedge\, w \in L}} S_{M_F}(w)$$

In dieser Definition wird auf die Abtrennung der Eingabespeicherung beim Kompliziertheits-maß verzichtet.

Im obigen Beispiel P_{Add} ist $T_{Add}(n) \leq 2n$ erfüllt (die Summanden sind nicht größer als $n - 3$).

Bei Kompliziertheitsaussagen für Berechnungsprobleme nimmt die Einteilung in Problem-klassen, deren Kompliziertheit sich wesentlich (um „Größenordnungen") unterscheidet, einen wichtigen Platz ein. Aus dieser Zugehörigkeit zu Problemklassen sind Schlußfolgerungen auf die Ausführbarkeit der Berechnungen durch Computer möglich. Wir definieren zunächst in der Terminologie der Turingberechnungen diejenige Kompliziertheitsklasse, deren Lösungs-algorithmen in Abhängigkeit von der Beschreibungsgröße des Problems für rechentechnisch realisierbar gehalten werden.

<u>Definition 3</u>. Die Funktion $F: L \longrightarrow W(A)$ heißt in Polynomialzeit berechenbar, wenn ein Polynom $p(x) = a_s x^s + a_{s-1} x^{s-1} + \ldots + a_0$ und eine Turingmaschine M_F derart existieren, daß

$$T_{M_F}(n) \leq p(n)$$

für alle n erfüllt ist, die zum Definitionsbereich von $T_{M_F}(n)$ gehören.

Davon ausgehend führen wir folgende Komplexitätsklasse ein:

$\mathcal{P} =_{Df} \{F \mid F \text{ ist auf einer determinierten Turingmaschine in Polynomialzeit berechenbar}\}$.

Es sei darauf hingewiesen, daß für verschiedene $F \in \mathcal{P}$ unterschiedliche zeitbegrenzende Polynome zugelassen sind.

Analog zur Polynomialzeit lassen sich Berechnungen mit exponentieller Kompliziertheit definieren, d.h., es gilt $T_{M_F}(n) \leq c^n$ für $c > 1$.

In Tafel 9.1 (nach [3]) ist der prinzipielle Unterschied des Rechenaufwands bei polynomia-ler und exponentieller Kompliziertheit für kleine Eingabegrößen veranschaulicht. Es wird deutlich, daß selbst bei exponentieller Kompliziertheit mit „kleinen" Exponenten Schwierig-keiten bei der Bewältigung der Rechenzeit auftreten können.

Tafel 9.1. Anzahl der Operationen je Sekunde = 10^6

$l(w)$ $T(n)$	20	40	60
n^2	0,0004 Sekunden	0,0016 Sekunden	0,0036 Sekunden
n^5	3,2 Sekunden	1,7 Minuten	13 Minuten
2^n	11 Sekunden	12,7 Tage	366 Jahrhunderte
3^n	58 Minuten	3855 Jahrhunderte	$1,3 \cdot 10^{13}$ Jahrhunderte

Für das eingangs erwähnte SAT-Problem sind bisher nur Algorithmen mit exponentieller Kompliziertheit bekannt, und es wird vielfach in der Literatur die Vermutung geäußert, daß kein Algorithmus mit Polynomialzeit existiert.

Obwohl die Berechnungsstrukturen „Schaltkreis" und „Turingmaschine" sehr unterschiedlich erscheinen – verdeutlich man sich z.B. die Speicherung auf dem Band –, bestehen interessante Beziehungen zwischen den Kompliziertheitsmaßen dieser Modelle.

Um die Darstellung der Eingabewerte in Übereinstimmung zu bringen, führt man eine binäre Kodierung der Funktionen aus, die durch Turingmaschinen berechnet werden ($A = \{0, 1\}$). Dadurch ändert sich nicht die Größenordnung der Berechnungskompliziertheit. Für das SAT-Problem müssen z.B. die Variablenzeichen $x_1, x_2, \ldots, x_S$ und die Zeichen für aussagenlogische Verknüpfungen $\wedge, \vee, ^-$ binär kodiert werden. Der Funktionswert aus $\{0, 1\}$ gibt an, ob die konjunktive Normalform erfüllbar ist.

Bei der Berechnung einer n-stelligen Booleschen Funktion ist $L = \{0, 1\}^n$, d.h., für die Länge der Eingabewörter gilt $l(w) = n$. Der folgende Satz setzt die Schaltkreiskompliziertheit $C(f)$ als untere Schranke in Relation zur Programmlänge $l(P_{M_f})$ sowie zum Zeit- und Raumaufwand T_{M_f} bzw. S_{M_f}. Die Aussage des Satzes bezieht sich auf Turingmaschinen, die gewisse Zusatzinformationen (z.B. Spezifikation der Maschine für eine vorgegebene Boolesche Funktion) im Berechnungsprozeß abfragen können, d.h., M_f verfügt über ein „Orakel". Dieses Orakel ist auf einem zusätzlichen Band gespeichert, dem sich die Maschine in bestimmten Frage-Zuständen zuwendet.

<u>Satz 3</u> [7]. Für beliebige Turingmaschinen M_f mit Orakel, die $f: \{0, 1\}^n \longrightarrow \{0, 1\}$ berechnen, ist die Ungleichung

$$C(f) \leqq 0(T_{M_f} \cdot (l(P_{M_f}) + \log_2 S_{M_f}))$$

erfüllt.[1]

Mit diesem Satz ist die Möglichkeit gegeben, aus der Kompliziertheit minimaler Realisierungen Rückschlüsse auf den Aufwand der Turingberechnungen zu ziehen.

In Ergänzung zu Satz 3 sei festgestellt, daß für jede Boolesche Funktion f eine Orakel-TM existiert für die das Produkt $T_{M_f} \cdot (l(P_{M_f}) + \log_2 S_{M_f})$ nach oben durch $0(C(f)^3)$ beschränkt ist.

Aus Satz 3 könnte man den Versuch ableiten, für Aufgaben wie das SAT-Problem die Existenz polynomialer Algorithmen dadurch auszuschließen, daß man exponentielle untere Schranken für deren Schaltkreiskompliziertheit nachweist. Wie im Zusammenhang mit Satz 2 bereits bemerkt, bereitet jedoch schon die Ableitung linearer unterer Schranken große Schwierigkeiten. Sollten für diese Probleme Schaltkreise mit polynomialer Kompliziertheit existieren, stellt sich die Frage nach dem Berechnungsaufwand für die Information auf dem Orakelband.

9.4.   Universelle Durchmusterungsprobleme

Die für Lösungen des SAT-Problems und des Problems der Synthese minimaler Schaltkreise existierenden Algorithmen, die keine Einschränkung der Problemstellung vornehmen, beruhen auf dem Durchmustern der Variablenbelegungen bzw. der in Frage kommenden Graphen. Der Begriff „Durchmusterung" ist intuitiv; er kann jedoch im Hinblick auf die hier betrachteten kombinatorischen Algorithmen mathematisch handhabbar gemacht werden, indem man nichtdeterminierte Turingmaschinen betrachtet. Der Unterschied zu den im vorangegangenen Abschnitt betrachteten determinierten TM besteht in zwei Punkten:

- Die „Befehle" sind von der Form $qx \to \{q_1'x_1'B_1, q_2'x_2'B_2, \ldots, q_r'x_r'B_r\}$, wobei in der Situation qx jeweils ein Tripel der rechten Seite ausgewählt wird.
- Eine nichtdeterminierte TM berechnet $F: L \longrightarrow W(A)$, falls für jedes $w \in L$ wenigstens ein Berechnungsverlauf existiert, der zum Abbruch mit $F(w)$ führt.

Bei dieser Wahl des Berechnungsbegriffs wird die Durchmusterung durch die verschiedenen Möglichkeiten der Weiterführung einer Berechnung erfaßt.

---

[1] $a(n) \leqq 0(b(n))$, falls $a(n) \leqq c \cdot b(n)$ für eine Konstante c.

Als Berechnungszeit $T_{M_f}(w)$ gilt die Länge eines kürzesten Berechnungsverlaufs

$q_{i_1}x_{i_1}$, $q_{i_2}x_{i_2}$, ..., $q_{i_s}x_{i_s}$ ($i_1 = 1$ und $i_s = 1$), der zu F(w) führt.

Wie für determinierte Turingmaschinen ist die Berechnung in Polynomialzeit zu definieren, und wir führen folgende Kompliziertheitsklasse ein:

$\mathcal{NP} = \Big\{ F \,\Big|\, F$ ist auf einer nichtdeterminierten Turingmaschine in Polynomialzeit berechenbar $\Big\}$.

Von Cook wurden in [2] die Klassen $\mathcal{P}$ und $\mathcal{NP}$ untersucht und wesentliche Aussagen über die Zugehörigkeit von Berechnungsproblemen zu $\mathcal{NP}$ und über die Beziehungen von Problemen aus $\mathcal{NP}$ untereinander getroffen.

<u>Satz 4</u> [2]. Das Erfüllbarkeitsproblem ist in Polynomialzeit auf einer nichtdeterminierten Turingmaschine entscheidbar, d.h.

$\qquad$ SAT $\in \mathcal{NP}$.

Unter den Elementen aus $\mathcal{NP}$ nimmt das SAT-Problem eine zentrale Stellung ein. Betrachten wir den Fall, daß für ein Element $F \in \mathcal{NP}$ die Beziehung $F \in \mathcal{P}$ nachgewiesen sei. Unter welchen Voraussetzungen könnte daraus $F' \in \mathcal{P}$ für weitere Elemente $F' \in \mathcal{NP}$ gezeigt werden? Das würde möglich sein, falls die Berechnung von F' auf einer determinierten Turingmaschine in Polynomialzeit auf die Berechnung von F reduzierbar ist.

<u>Definition 4</u>. Die Funktion $F : L' \longrightarrow W(A)$ heißt polynomial reduzierbar auf $F: L \longrightarrow W(A)$, falls es eine Funktion $R_{F'} \in \mathcal{P}$ gibt, die

$$F(R_{F'}(w)) = F'(w)$$

für alle $w \in L'$ erfüllt.

Wir setzen in dieser Definition voraus, daß der Bildbereich von F' im Bildbereich von F enthalten ist, was durch Rückführung eines Berechnungs- auf ein Entscheidungsproblem erreicht werden kann.

Die besondere Stellung des Erfüllbarkeitsproblems für konjunktive Normalformen drückt sich aus in folgendem Satz:

<u>Satz 5</u> [2]. Alle Elemente aus $\mathcal{NP}$ sind polynomial auf das SAT-Problem reduzierbar.

Berechnungsprobleme aus $\mathcal{NP}$ mit der im Satz 5 für SAT formulierten Eigenschaft heißen $\mathcal{NP}$-vollständig.

Für $\mathcal{NP}$-vollständige Probleme ist die Bezeichnung universelles Durchmusterungsproblem gerechtfertigt (s. [9]); denn aus der Existenz eines determinierten Polynomialzeitalgorithmus für diese Probleme folgt die determinierte polynomiale Berechenbarkeit für alle Elemente aus $\mathcal{NP}$, d.h., die Gleichung $\mathcal{P} = \mathcal{NP}$ würde erfüllt sein.

Durch die Arbeit [2] von Cook wurde eine bemerkenswerte Vielzahl von Untersuchungen induziert, die für verschiedenste Berechnungsprobleme die Zugehörigkeit zu $\mathcal{NP}$ bzw. die $\mathcal{NP}$-Vollständigkeit behandeln. So sind Probleme der Zahlentheorie, der ganzzahligen Optimierung, der Lösung diophantischer Gleichungen und anderer mathematischer Gebiete als $\mathcal{NP}$-vollständig nachgewiesen.

Neben der Lösung Boolescher Gleichungen vom Typ des SAT-Problems gibt es weitere Aufgaben, die mit Schaltkreisrealisierungen im Zusammenhang stehen und $\mathcal{NP}$-vollständig sind.

<u>Satz 6</u> [4]. Folgende Berechnungsprobleme sind $\mathcal{NP}$-vollständig:

(1) Synthese eines minimalen Schaltkreises für eine vorgegebene Boolesche Funktion
(2) Generierung eines minimalen Testsatzes zur Prüfung eines Schaltkreises auf Festfehler an Ein- und Ausgängen von Gates.

Aus beiden Problemen ist die $\mathcal{NP}$-Vollständigkeit weiterer Aufgaben der Analyse von Schaltkreisen ableitbar, wie z.B. der der Redundanzprüfung.

Das Problem (1) stellt die Beziehung zur bereits erwähnten Hypothese von Jablonski her, die in der von Cook vorgenommenen Formalisierung die Vermutung $\mathcal{P} \neq \mathcal{NP}$ zum Inhalt hat.

9.5. Schlußbemerkungen

Verbunden mit der Annahme $\mathscr{P} \neq \mathscr{NP}$ konzentrieren sich viele Bemühungen auf die Charakterisierung von Teilklassen eines Berechnungsproblems, für die determinierte Algorithmen existieren, die in Polynomialzeit zur Lösung führen.

Betrachtet man das SAT-Problem, gibt es beispielsweise für

– monotone konjunktive Normalformen (ohne negierte Variablen)
– unate konjunktive Normalformen (jede Variable entweder negiert oder unnegiert)

sogar lineare Algorithmen zur Entscheidung der Erfüllbarkeit. Darüber hinaus geht man vielfach davon aus, daß die in praktischen Aufgaben auftretenden (Teil-)Probleme in Polynomialzeit lösbar sind, d.h. ein „worst case" sehr unwahrscheinlich ist.

Dennoch werden Versuche fortgesetzt, zeitgünstige Verfahren zur Lösung $\mathscr{NP}$-vollständiger Probleme zu finden. So gibt es prinzipiell die Möglichkeit, durch eine exponentielle Vergrößerung der Anzahl von Berechnungseinheiten (= Prozessoren) einen polynomialen Zeitaufwand zu erreichen.

In [6] wird z.B. eine Baumrechnerstruktur für bestimmte $\mathscr{NP}$-vollständige Probleme angegeben, die diese in linearer Zeit mit exponentiellem Platzbedarf löst. Angeregt wird eine Implementierung dieser Struktur durch höchstintegrierte Schaltkreise. Inwieweit diese Untersuchungen tatsächlich zu praktischen Realisierungen „$\mathscr{NP}$-vollständiger" Berechnungsstrukturen durch VLSI-Schaltkreise führen werden, bleibt jedoch unbestimmt.

10. Lösung von Kodierungs- und Dekodierungsaufgaben mittels logischer Gleichungen

J. L. Sagalovič

10.1. Einführung

Aufgaben, die auf logische Gleichungen führen, erfordern fast immer eine Durchmusterung zahlreicher Varianten zu ihrer Lösung. Man muß jede Möglichkeit nutzen, um eine Durchmusterung zu vermeiden oder wenigstens wesentlich zu verkürzen. Es fragt sich, ob eine Aufgabe, die man ursprünglich mit der Methode logischer Gleichungen löst, aufhört, zu dieser Klasse zu gehören, wenn es gelingt, das Element der Durchmusterung, d.h. ein wichtiges Charakteristikum der Methode, auszuschließen. Die Kodierung und Dekodierung von Informationen, der Entwurf logischer Funktionen des kombinatorischen Blockes eines asynchronen Automaten bei störungsgeschützter und/oder wettlaufsicherer Kodierung seiner Zustände führen auf logische Gleichungen.

Andererseits bemüht man sich in der Praxis, mit allen möglichen mathematischen Mitteln solche Lösungsmethoden für die angegebenen Aufgaben zu erhalten, die entweder eine Durchmusterung gar nicht benutzen oder sie auf ein Minimum reduzieren. Die Situation ist widersprüchlich: Nachdem sich die Lösungsmethode mit logischen Gleichungen herausgebildet hat, die sich meist auf die Durchmusterung stützt, drängt diese Methode nach Bestrebungen, sie wieder abzulösen und solche Mittel zu erhalten, die aus ihr eines ihrer wichtigsten Charakteristika eliminieren, und schränkt damit selbst ihr Anwendungsgebiet in seiner reinen Form ein.

Aber gerade durch diese Negation des Durchmusterungswesens wird die Methode weiterentwickelt. So war es z.B. mit der erwähnten Aufgabe der störungsgeschützten Kodierung von Informationen. Die Aufgabe bestand darin, jedem binären Vektor der Länge k einen binären Vektor der Länge n zuzuordnen. Die Vektoren der Länge n müssen alle voneinander verschieden sein und zueinander eine Hamming-Distanz besitzen, die nicht kleiner als $d \geq 2t + 1$ ist. Wenn bei einer solchen Kodierung t Fehler oder weniger auftreten, wird der verstümmelte Vektor richtig in den nächstliegenden dekodiert. Der Mechanismus eines solchen Vergleichs ist nichts anderes als das Lösen einer logischen Gleichung. Jedoch ist dabei im allgemeinen das Aufstellen eines Kodewörterbuchs nötig, in dem bei der Kodierung

eine von 2^k Zeilen und bei der Dekodierung $2^k \sum_{i=0}^{t} C_n^i$ Zeilen zu suchen sind.

Ohne zusätzliche Eigenschaften des Kodes ist eine solche Kodierung und um so mehr eine Dekodierung wegen des exponentiellen Umfangs der Durchmusterung undenkbar. Der entscheidende Schritt in Richtung einer bedeutenden Verringerung des Durchmusterungsumfangs – von einer exponentiellen zu einer polynomialen Abhängigkeit – wurde auf dem Wege linearer, danach zyklischer und schließlich von Kaskadenkodes getan. Dabei wurde jedoch die Methode der logischen Gleichungen endgültig verdeckt. Nur in einem bestimmten, sehr kleinen Teil des Dekodierungsprozesses verbleibt sie noch in reiner Form.

In diesem Aufsatz wird das natürliche Bemühen gezeigt, durch bedeutende Verkürzung der Durchmusterung die Berechnungen zu vereinfachen.

Nachstehend werden die für das Verständnis des Aufsatzes notwendigen grundlegenden Angaben über lineare Kodes zusammengestellt.

10.2. Einige Angaben zur algebraischen Kodierung

Zum besseren Verständnis erinnern wir an einige grundlegende Begriffe aus der algebraischen Kodierungstheorie, die im weiteren benutzt werden.

Eine Menge von Elementen wird Körper genannt, wenn in ihr zwei assoziative Operationen definiert sind - die Addition und die Multiplikation, wobei für alle Elemente die Subtraktion als Umkehroperation der Addition und für alle von Null verschiedenen Elemente die Division als Umkehroperation der Multiplikation definiert sind. Anders gesagt: Summe und Differenz, Produkt und (für von Null verschiedene Elemente) Quotient zweier Elemente der Menge gehören auch zu ihr. Ein Körper wird als endlich bezeichnet, wenn er aus einer endlichen Zahl von Elementen besteht. Alle endlichen Körper enthalten $q = p^m$ Elemente, wobei p eine Primzahl und m eine natürliche Zahl ist. Die Zahl q wird als Ordnung des Körpers bezeichnet. Alle endlichen Körper derselben Ordnung sind zueinander isomorph. Ein endlicher Körper wird Galois-Feld genannt und durch das Symbol GF(q) bezeichnet. Die Elemente eines endlichen Körpers können durch Vektoren der Länge m dargestellt werden, deren Komponenten unabhängig voneinander die Zahlen 0, 1, ..., p - 1 durchlaufen. Die Addition von Elementen des Feldes wird als stellenweise Addition der Vektoren modulo p definiert, während die Multiplikation gesondert für jedes Zahlenpaar p und m mit Hilfe noch nicht eingeführter Polynome vom Grade m definiert wird.

Als linearer Kode über einem Körper GF(q) der Länge n und der Mächtigkeit $M = q^k$ wird die Gesamtheit M von Vektoren der Länge n bezeichnet, von denen jeder sich als Linearkombination $a_1\vartheta_1 + a_2\vartheta_2 + \ldots + a_k\vartheta_k$ der Basisvektoren $\vartheta_1, \vartheta_2, \ldots, \vartheta_k$ ergibt. Die Komponenten der Vektoren $\vartheta_1, \vartheta_2, \ldots, \vartheta_k$ gehören wie die Größen $a_1, a_2, \ldots, a_k$ zu dem Körper GF(q), und der Ausdruck $a_i\vartheta_i$ bedeutet, daß jede Komponente des Vektors ϑ_i mit a_i entsprechend den Multiplikationsregeln im Feld GF(q) multipliziert wird. Wenn k < n gilt, dann durchlaufen bestimmte k (alle n, wenn k = n gilt) Komponenten $a_1, a_2, \ldots, a_k$ der Kodevektoren alle möglichen q^k Kombinationen ihrer Werte. Diese Komponenten werden als Informationssymbole des Kodes bezeichnet. Die restlichen n - k Symbole $b_1, b_2, \ldots, b_{n-k}$ sind Linearkombinationen der Informationssymbole und werden als Prüfsymbole bezeichnet. Auf diese Weise kann man einen linearen Kode in Form von n - k linearen Gleichungen mit den Koeffizienten $p_{ij} \in GF(q)$ angeben, und jeder Kodevektor wird eindeutig durch seine k Informations-

symbole definiert: $b_j = \sum_{i=1}^{k} a_i p_{ij}$ (j = 1, 2, ..., n - k). Ein linearer Kode mit k Informations-

symbolen wird linearer (n, k)-Kode genannt. Wenn q = 2 und m = 1 gilt, besteht der Körper GF(2) aus zwei Elementen 0 und 1, und der lineare (n, k)-Kode über GF(2) ist die Gesamtheit von 2^k binären Vektoren der Länge n. Die Summe modulo 2 beliebiger derartiger Vektoren gehört wiederum zum Kode.

Die Anzahl von Komponenten, in denen zwei Kodevektoren nicht zusammenfallen, wird als Abstand zwischen den Vektoren bezeichnet. Der minimale Abstand bezüglich aller Paare von Kodevektoren wird Kodeabstand oder minimaler Kodeabstand genannt und durch das Symbol d bezeichnet. Der Kodeabstand bestimmt die Korrekturfähigkeit eines Kodes.

Sind alle Abstände d zwischen den Kodevektoren gleich, wird der Kode als äquidistant bezeichnet. Eine der grundlegenden Aufgaben der Kodierungstheorie besteht im Aufbau von Kodes mit maximal möglichem Abstand bei gegebenem k und umgekehrt. Diese Größen und die ihnen entsprechenden Verhältnisse k/n und d/n sind durch bestimmte Ungleichungen verknüpft, die als obere und untere Grenze bezeichnet werden.

Die untere Grenze wird als Existenzgrenze bezeichnet und ist nach Varšamov-Gilbert benannt.

Die Größen k/n und 1 - k/n werden als Übertragungsgeschwindigkeit bzw. Redundanz eines Kodes bezeichnet. In einem linearen Kode ist der minimale Abstand gleich dem minimalen Gewicht des Kodevektors, d.h. der Zahl der von Null verschiedenen Elemente des Vektors. Tatsächlich ist bei einem linearen Kode die Differenz zweier Vektoren erneut ein Kodevektor, dessen Gewicht der Anzahl nicht zusammenfallender Komponenten der Ausgangsvektoren (d.h. gleich dem Abstand zwischen ihnen) gleich ist.

Näheres über lineare Kodes und andere Begriffe findet man in [1].

10.3. Asynchroner Automat und Wettlauferscheinungen von Speicherelementen

Ein endlicher Automat sei durch eine normale Übergangstabelle gegeben. Ferner nehmen wir an, daß der Automat asynchron ist und daß die Ausgangszustände erst dann wechseln, wenn alle Übergangsprozesse beendet sind. Anders gesagt: Ein neuer Zustand der Eingänge tritt erst dann auf, wenn der Automat in einen neuen stabilen Zustand übergegangen ist. Infolge des asynchronen Charakters können beim Übergang des Automaten von einem inneren Zustand S_1 in einen anderen Zustand S_2 einzelne Speicherelemente ihre individuellen Zustände ungleichzeitig ändern.

Gerade dadurch wird die Erscheinung von Wettläufen von Speicherelementen charakterisiert. Im Ergebnis von Wettläufen entstehen Zwischenzustände. Die Besonderheit der Organisation des kombinatorischen Blockes eines asynchronen Automaten beim Vorhandensein von Wettläufen der Speicherelemente besteht darin, daß bei einem beliebigen Zwischenzustand $\widetilde{S}$, der während des Übergangs entsteht, der Automat sich genauso steuern muß wie beim Vorhandensein des Zustandes S_1. Das bedeutet, daß in die vollständige disjunktive Normalform (VDNF) einer beliebigen, den kombinatorischen Block eines Automaten beschreibenden Booleschen Funktion zusammen mit der Konjunktion, die dem Zustand S_1 entspricht, gleichzeitig alle Konjunktionen eingehen bzw. nicht eingehen müssen, die den beim Übergang $S_1 \longrightarrow S_2$ möglichen auftauchenden Zwischenzuständen $\widetilde{S}$ entsprechen.

Wenn bei zwei Übergängen $S_1 \longrightarrow S_2$ und $S_3 \longrightarrow S_4$, die bei ein und demselben Eingangszustand ϱ erfolgen, der gleiche Zwischenzustand $\widetilde{S}$ entsteht, dann nennt man eine solche Erscheinung einen kritischen bzw. gefährlichen Wettlauf; das Determiniertheitsprinzip wird gestört, weil unbekannt ist, in welchen Zustand S_2 oder S_4 der Automat übergehen muß, wenn er sich beim Eingangszustand ϱ im Zwischenzustand $\widetilde{S}$ befindet. Ein konkreter Ausdruck der Unbestimmtheit besteht in folgendem: Weil die Zustände S_2 und S_4 verschieden sind, existiert wenigstens eine Komponente, wo (ohne Beschränkung der Allgemeinheit) in S_2 eine 0 und in S_4 eine 1 steht. Diese Stelle möge die Nummer i haben. Dann gehen in die VDNF der i-ten Ansteuerfunktion alle Konjunktionen ein, die dem Zustand S_4 und allen Zwischenzuständen entsprechen, die beim Übergang $S_3 \longrightarrow S_4$ auftreten können, und es gehen alle die Konjunktionen nicht ein, die dem Zustand S_1 und allen Zwischenzuständen entsprechen, die beim Übergang $S_1 \longrightarrow S_2$ entstehen können. Kann bei beiden Übergängen ein und derselbe Zwischenzustand $\widetilde{S}$ entstehen, dann bedeutet dies, daß in der VDNF der i-ten Ansteuerfunktion die dem Zustand $\widetilde{S}$ entsprechende Konjunktion gleichzeitig sowohl enthalten als auch nicht enthalten ist, was sinnlos ist. Wir führen dazu ein Beispiel an. Es sei $S_1 = 110101$, $S_2 = 111010$, $S_3 = 011011$, $S_4 = 100111$.

Wir setzen voraus, daß sich beim Übergang $S_1 \longrightarrow S_2$ der Zustand des fünften Speicherelements änderte und die restlichen Speicherelemente ihre Zustände noch nicht veränderten und daß beim Übergang $S_3 \longrightarrow S_4$ das erste, dritte und fünfte Speicherelement ihren Zustand veränderten, während das zweite Speicherelement noch ungeändert ist. Sowohl bei dem einen als auch bei dem anderen Übergang tritt der Zwischenzustand $\widetilde{S} = 110111$ auf. Der gemeinsame Zwischenzustand trat deshalb auf, weil die Zustände des Automaten „schlecht" kodiert wurden. Um gemeinsame Zwischenzustände auszuschließen, d.h. zum Ausschließen gefährlicher Wettläufe bzw. Wettrennen, wird eine wettlaufsichere Kodierung angewendet. Dabei kann die Kodierung typisiert (universell), d.h. ohne die konkrete Aufgabe des Automaten zu berücksichtigen, oder umgekehrt so beschaffen sein, daß die konkrete Aufgabe des Automaten berücksichtigt wird. Im zweiten Fall kann sich die Kodierung (jedoch auch nicht immer) als ökonomischer erweisen als im ersten Fall, d.h., sie erfordert eine geringere Anzahl von Speicherelementen.

Manchmal wird nur gefordert, daß sich keiner der Zustände des Automaten bei irgendeinem Übergang als Zwischenzustand erweist. Das Ausschließen gefährlicher Wettläufe wird durch sogenannte (2, 2)- und (2, 1)-teilende Systeme erreicht. Als (2, 2)-teilendes System

(TS) wird eine Menge der Mächtigkeit M solcher Vektoren über $GF(p^m)$ der Länge n bezeich
net, daß jedes geordnete Quadrupel verschiedener Vektoren

$$S_1 = a_1^{(1)}, a_2^{(1)}, \ldots, a_n^{(1)}$$

$$S_2 = a_1^{(2)}, a_2^{(2)}, \ldots, a_n^{(2)}$$

$$S_3 = a_1^{(3)}, a_2^{(3)}, \ldots, a_n^{(3)} \tag{10.1}$$

$$S_4 = a_1^{(4)}, a_2^{(4)}, \ldots$$

mindestens eine Spalte folgender Form enthält:

$$a_i^{(j)} \neq a_i^{(1)}, \qquad j = 1, 2, \quad 1 = 3, 4 . \tag{10.2}$$

Meistens ist selbstverständlich $p = 2$ und $m = 1$. Es ist jedoch ein Fall zulässig, der neue
Resultate liefert, wie unten gezeigt wird.

Ein (2, 1)-TS erhält man, wenn in (1) $S_1 = S_2$ gesetzt wird. Nach einer Umnumerierung
$(S_1 = S_2 = S_1', S_3 = S_2', S_4 = S_3')$ erhalten wir das Tripel von Vektoren S_1', S_2', S_3', die Striche
werden im weiteren weggelassen.

Als redundante (2, 2)- und (2, 1)-TS werden auch solche Systeme bezeichnet, in denen es
nicht weniger als $\ominus \geq 2t + 1$ Spalten vom Typ (10.2) gibt.

Wie in [2] bis [5] gezeigt, erweist sich ein Automat, dessen Zustände durch (2, 2)- und
(2, 1)-TS kodiert sind, bei entsprechender Organisation des kombinatorischen Blockes als
stabil nicht nur gegenüber Wettläufen, sondern auch gegenüber dem Ausfall von t oder weniger Speicherelementen (dort werden teilende Systeme als A(M, n, t)-Kodes bezeichnet).

Wenn (2, 2)- und (2, 1)-TS (redundante oder nicht) lineare Unterräume sind, dann werden
sie als lineare TS bezeichnet. Wenn ein TS linear ist, dann kann z.B. der Vektor S_1 von
allen Vektoren des Quadrupels subtrahiert werden.

Das neue Quadrupel, in dem jetzt der erste Vektor ein Nullvektor ist, gehört infolge
seiner Linearität zu demselben TS. Deshalb werden alle Eigenschaften aller Quadrupel von
Vektoren auch durch die Eigenschaften der Quadrupel vollständig ausgeschöpft, in denen
$S_1 = 0$ gilt. Wenn das so ist, kann man den Vektor S_1 bei linearen TS von vornherein gleich
Null setzen. Dann kann man anstelle von Quadrupeln und Tripeln von Vektoren für (2, 2)-
und (2, 1)-TS entsprechend Tripel und Paare von Vektoren betrachten. Wir werden künftig
nur lineare (2, 2)- und (2, 1)-TS betrachten und deshalb folgende Definitionen benutzen: Als
linearer redundanter (2, 2)-TS (bzw. (2, 1)-TS) wird ein solcher linearer Kode bezeichnet,
bei dem jedes geordnete Tripel (bzw. Paar) von Vektoren dieses Kodes

$$S_1 = a_1^{(1)}, a_2^{(1)}, \ldots, a_n^{(1)}$$

$$S_2 = a_1^{(2)}, a_2^{(2)}, \ldots, a_n^{(2)} \tag{10.3}$$

$$S_3 = a_1^{(3)}, a_1^{(3)}, \ldots, a_n^{(3)}$$

bzw.

$$S_1 = a_1^{(1)}, a_2^{(1)}, \ldots, a_n^{(1)}$$

$$S_2 = a_1^{(2)}, a_2^{(2)}, \ldots, a_n^{(2)} \tag{10.4}$$

nicht weniger als $\ominus \geq 2t + 1$ Spalten folgender Form enthält:

$$a_i^{(1)} \neq 0, a_i^{(1)}, \qquad 1 = 2, 3 \quad (\text{bzw. } 1 = 2) . \tag{10.5}$$

Für (2, 1)-TS wird nicht gefordert, daß ein Paar geordnet werden kann.

10.4. Wettläufe, Überdeckungen, Intervalle

Wir betrachten zwei unterschiedliche binäre, von Null verschiedene Vektoren S_2 und S_3, die zu einem binären linearen (2, 2)-TS (redundant oder nicht) gehören. In einem Automaten entspricht ihnen ein Übergang $S_2 \to S_3$ von einem Zustand in den anderen (oder $S_3 \to S_2$, was ein und dasselbe ist), und es seien $a_{i_1}, a_{i_2}, \ldots, a_{i_\vartheta}$ die Komponenten, in denen die Vektoren S_2 und S_3 zusammenfallen. Die Menge dieser Komponenten ist wegen (10.5) nichtleer. Das bedeutet, daß die Zustände S_2 und S_3, aber ebenso alle Zwischenzustände, die beim Übergang $S_2 \to S_3$ entstehen, durch das Intervall

$$x_{i_1}^{a_{i_1}} \, x_{i_2}^{a_{i_2}} \ldots x_{i_\vartheta}^{a_{i_\vartheta}} \tag{10.6}$$

überdeckt werden.

Wir werden zeigen, daß alle Intervalle, die von den Übergängen im Automaten herrühren, sehr einfach nur durch die Konfiguration von Nullen in den Vektoren des (2, 2)-TS beschrieben werden.

Wir bilden die Summe modulo 2:

$$S_2 + S_3 = S_4 . \tag{10.7}$$

Der Vektor S_4 ist verschieden von Null, gehört zu unserem (2, 2)-TS infolge dessen Linearität, und seine Nullkomponenten haben die Indizes $i_1, i_2, \ldots, i_\vartheta$.

<u>Lemma 1</u>. Jeder von Null verschiedene Vektor S_4, der zu einem linearen (2, 2)-TS mit der Dimension k gehört, kann in der Form (10.7) durch 2^{k-1} Arten dargestellt werden. Mit anderen Worten: Es gibt genau 2^{k-1} sich nicht schneidender Paare von verschiedenen Vektoren S_2 und S_3, deren Summe gleich S_4 ist. In der Tat! - Nehmen wir einen beliebigen Vektor S_4. Zusammen mit dem Nullvektor bildet er einen Raum der Ordnung 2 unseres linearen Raumes der Ordnung 2^k. Betrachten wir eine beliebige angrenzende Klasse S_2, S_3 bei Zerlegung des Raumes nach dem Unterraum $0, S_4$. Die Vektoren S_2 und S_3 sind untereinander und von Null verschieden, und ihre Summe $S_2 + S_3$ ist bekanntlich gleich dem Vektor des Unterraums, nach dem die Zerlegung erfolgt. Aber sie können nicht gleich Null sein, weil die Vektoren S_2 und S_3 voneinander verschieden sind. Es verbleibt die einzige Möglichkeit $S_2 + S_3 = S_4$. Die Überlegungen werden dadurch vervollständigt, daß die Anzahl von angrenzenden Klassen bei der Zerlegung des Raumes nach seinem Unterraum dem Index des Unterraums gleich ist (den Unterraum selbst eingeschlossen), d.h. dem Quotienten der Ordnung des Raumes und der Ordnung des Unterraums.

Weil alle Teilräume $0, S_4$ sich nur durch den Vektor S_4 unterscheiden, werden wir künftig nicht mehr von der Zerlegung nach dem Unterraum $0, S_4$, sondern von der nach dem Vektor S_4 sprechen.

<u>Lemma 2</u>. Es seien $i_1, i_2 \ldots, i_\vartheta$ die Indizes der Nullkomponenten des Vektors S_4, nach dem die Zerlegung des linearen (2, 2)-TS in angrenzende Klassen erfolgt. Dann sind alle Intervalle (10.6) verschieden. Tatsächlich bedeutet das Vorhandensein zweier gleicher Intervalle (6), daß die zusammenfallenden Komponenten zweier verschiedener Paare von Vektoren S_2, S_3 und S_2, S_3 gleich sind, was wegen der Definition eines (2, 2)-TS nicht möglich sein kann.

<u>Folgerung 1</u>. In der Gesamtheit aller $2^k = M$ Vektoren eines linearen (2, 2)-TS wird jede Folge von Komponenten $a_{i_1}, a_{i_2}, \ldots, a_{i_\vartheta}$, in der die Indizes $i_1, i_2, \ldots, i_\vartheta$ durch die Nullen des Vektors S_4 definiert sind, genau zweimal angetroffen, und es gibt 2^{k-1} solcher verschiedenen Folgen.

Es möge jedem Paar von Vektoren S_2, S_3 eines linearen binären (2, 2)-TS ein Übergang $S_2 \to S_3$ entsprechen. Dann definiert jedes Paar von Vektoren S_2, S_3 ein Intervall, das die Menge von Zwischenzuständen des Übergangs $S_2 \to S_3$ überdeckt, die Zustände S_2, S_3 selbst eingeschlossen. Ferner mögen $i_1, i_2, \ldots, i_\vartheta$ die Indizes der Nullkomponenten eines beliebigen, von Null verschiedenen Vektors des zugehörigen linearen (2, 2)-TS sein.

<u>Satz 1</u>. Die Indexfolge $i_1, i_2, \ldots, i_\vartheta$ der Nullkomponenten eines beliebigen, von Null ver-

schiedenen Vektors eines linearen (2, 2)-TS der Mächtigkeit 2^k definiert 2^{k-1} verschiedene Intervalle, die in die vollständigen disjunktiven Normalformen der Booleschen Funktionen des kombinatorischen Blockes eines Automaten eingehen, dessen Zustände durch die gegebenen Vektoren des (2, 2)-TS kodiert sind, und es gibt genau 2^k (2^{k-1}) solcher Intervalle.

Für den Beweis des Satzes genügt es, die Lemmata 1 und 2 sowie die Folgerung anzuwenden, aber auch zu beachten, daß jeder der 2^{k-1} von Null verschiedenen Vektoren des (2, 2)-TS nicht weniger als $\ominus$ Nullkomponenten hat. Hieraus resultiert folgender Algorithmus zum Aufbau aller erwähnten Intervalle.

1. Schreibe alle von Null verschiedenen Kodevektoren des linearen (2, 2)-TS in Form einer Tabelle mit 2^k Zeilen und n Spalten auf.
2. Nimm den Vektor, der sich in der ersten Zeile der Tabelle befindet, und bezeichne jene Spalten der Tabelle, in denen Nullkomponenten des Vektors auftreten. Dies mögen die Spalten mit den Indizes i_1, i_2, ..., i_ϑ sein.
3. Nimm aus jedem Vektor S_i der Tabelle (i = 1, 2, ..., 2^{k-1}) seine Komponenten mit den Indizes i_1, i_2, ..., i_ϑ; dies mögen die Komponenten $a_{i_1}(S_i)$, $a_{i_2}(S_i)$, ..., $a_{i_\vartheta}(S_i)$ sein.
4. Jede der Belegungen dieser Komponenten außer der Nullkomponente wiederholt sich zweimal; deshalb nimm nur jeweils eine aus jedem Paar.
5. Schreibe für jeden Index i = 1, 2, ..., 2^{k-1} die Konjunktion $x_{i_1}^{a_{i_1}} x_{i_2}^{a_{i_2}} \ldots x_{i_\vartheta}^{a_{i_\vartheta}}$ auf.
6. Wenn die angegebene Prozedur für alle Vektoren S_j (j = 1, 2, ...) abgearbeitet ist, gehe zum Vektor S_{j+1} über, wenn $j < 2^k - 1$ gilt. Anderenfalls beende den Prozeß.

Beispiel. Ein lineares (2, 2)-TS mit n = 7 und k = 3, aufgeschrieben in Form einer Tabelle, sei wie folgt gegeben:

```
0 0 0 0 0 0 0
1 0 1 0 1 0 1
0 1 1 0 0 1 1
1 1 0 0 1 1 0
0 0 0 1 1 1 1
1 0 1 1 0 1 0
0 1 1 1 1 0 0
1 1 0 1 0 0 1 .
```

Wir lassen die Nullzeile weg. Dann werden die Komponenten mit den Indizes 2, 4, 6 zu Nullkomponenten in der ersten Zeile. Wir erhalten folgende Belegungen von Komponenten, die in den Spalten mit den gefundenen Indizes in allen Vektoren der Tabelle enthalten sind, wobei sich wiederholende Belegungen weggelassen wurden:

```
0 0 0
1 0 1
0 1 1
1 1 0 .
```

Die Konjunktionen, die Intervalle darstellen, sind somit

$$\overline{X}_2 \overline{X}_4 \overline{X}_6 \qquad \overline{X}_2 X_4 X_6$$

$$X_2 \overline{X}_4 X_6 \qquad X_2 X_4 \overline{X}_6 \, .$$

In der zweiten Zeile sind die Komponenten mit den Indizes 1, 4, 5 Nullkomponenten. Wir erhalten folgende Belegungen von Komponenten, die in den Spalten mit den gefundenen Indizes in allen Vektoren der Tabelle enthalten sind, wobei sich wiederholende Belegungen weggelassen wurden:

```
0 0 0
1 0 1
0 1 1
1 1 0 .
```

Die Konjunktionen, die Intervalle darstellen, sind damit

$$\bar{X}_1 \bar{X}_4 {}_5 \qquad \bar{X}_1 X_4 {}_5$$

$$X_1 \bar{X}_4 X_5 \qquad X_1 X_4 \bar{X}_5 .$$

Im vorliegenden Fall schneiden die Nullkomponenten jedes Vektors Mengen von Belegungen $a_{i_1}(S_i) a_{i_2}(S_i) a_{i_3}(S_i)$ aus allen Vektoren S_i heraus, und alle sieben Intervallmengen mit jeweils vier Intervallen stimmen bis auf die Numerierung der Variablen überein. Diese Indizes, außer den bereits angegebenen, sind

$$3, 4, 6; \quad 1, 2, 3; \quad 2, 5, 7; \quad 1, 6, 7; \quad 3, 5, 6 .$$

<u>Bemerkung</u>. Verbleibt der Automat beim Wechsel der Eingangszustände in demselben inneren Zustand S, in den er beim vorhergehenden Eingangszustand übergegangen ist, dann ist klar, daß es bei dem neuen Eingangszustand keinerlei Zwischenzustände geben wird, und das Intervall enthält nur einen Zustand S. Die oben erwähnte Prozedur hat zu diesem Fall keine Beziehung. Alles oben Gesagte wird ohne Änderung auf den Fall linearer (2, 1)-TS übertragen. In der Tat erlaubt die ganze Prozedur eine wesentliche Vereinfachung, besonders wenn der Fall ausgeschlossen wird, der in der Bemerkung angesprochen wurde. Die Indexmengen der Nullkomponenten aller Vektoren eines linearen (2, 2)-TS seien vorher bekannt, und es sei seine erzeugende Matrix G gegeben, d.h. die Basis des linearen Raumes, der ein (2, 2)-TS ist. Dann muß man, um alle gesuchten Intervalle zu erhalten, für jede der 2^{k-1} Indexmengen der Nullkomponenten 2^{k-1} lineare Kombinationen nicht ganzer Zeilen der erzeugenden Matrix nehmen, wie das beim Aufbau aller Kodevektoren getan wird, sondern nur von Teilen der Zeilen, und zwar gerade jener Komponenten der Zeilen, die durch die gegebene Indexmenge „herausgeschnitten" werden. Das bedeutet, daß anstelle der ganzen Matrix G nur ihre Spalten mit den Indizes $i_1, i_2, \ldots, i_\vartheta$ für jede der 2^{k-1} von Null verschiedenen Vektoren genommen werden müssen.

Selbstverständlich kann man alle Belegungen der 2^{k-1} Nummern der Nullkomponenten der von Null verschiedenen Vektoren eines linearen Kodes fast immer erst dann erhalten, wenn alle Kodevektoren aufgestellt wurden. Dadurch kann die erwähnte Vereinfachung keinen großen Nutzen bringen. In den nachfolgenden Arbeitsetappen des Algorithmus jedoch ist es durchaus nicht obligatorisch, den gesamten Kode in Form einer Tabelle im Speicher aufzubewahren und aus ihr Intervalle „herauszuschneiden". Es genügt, sich die Indexmengen der Nullkomponenten zu merken und nur mit Hilfe der festgelegten Spalten der erzeugenden Matrix automatisch alle möglichen Intervalle zu ermitteln. Ein solches Vorgehen erlaubt es, den Speicheraufwand und den Speicherzugriff wesentlich zu reduzieren.

Bevor wir ein Beispiel behandeln, erinnern wir uns, daß wegen Folgerung 1 jede Folge $a_{i_1}, a_{i_2}, \ldots, a_{i_\vartheta}$ bei einer festgelegten Menge $i_1, i_2, \ldots, i_\vartheta$ zweifach auftritt. Das bedeutet, daß es nur 2^{k-1}, aber nicht 2^k verschiedene Folgen werden. Das bedeutet seinerseits, daß k Zeilen einer neuen „herausgeschnittenen" erzeugenden Matrix G', die nur von den Spalten mit den Nummern $i_1, i_2, \ldots, i_\vartheta$ gebildet wird, linear abhängig sind, und eine Zeile kann man weglassen.

<u>Beispiel</u>. Erzeugende Matrix eines (2, 1)-TS bei n = 9 und k = 4 sei die Matrix

$$G = \begin{bmatrix} 0 & 1 & 1 & 1 & 0 & 1 & 0 & 0 & 0 \\ 0 & 0 & 0 & 0 & 1 & 1 & 1 & 0 & 1 \\ 0 & 0 & 0 & 1 & 0 & 1 & 1 & 1 & 0 \\ 1 & 0 & 1 & 1 & 1 & 0 & 0 & 0 & 0 \end{bmatrix} .$$

Zu unserem (2, 1)-TS gehört z.B. der Vektor 110101011; die Indizes seiner Nullkomponenten sind 3, 5, 7. Die neue Matrix ist

$$G' = \begin{bmatrix} 1 & 0 & 0 \\ 0 & 1 & 1 \\ 0 & 0 & 1 \\ 1 & 1 & 0 \end{bmatrix} .$$

Die erste Zeile dieser Matrix ist die Summe der restlichen drei. Sie kann weggelassen werden. Man erhält die Matrix

$$G'' = \begin{bmatrix} 0 & 1 & 1 \\ 0 & 0 & 1 \\ 1 & 1 & 0 \end{bmatrix} .$$

Sie erzeug alle acht binären Folgen. Alle Intervalle, die diesen Folgen entsprechen, haben die Form $\widetilde{X}_3 \widetilde{X}_5 \widetilde{X}_7$, wobei die Negationszeichen durch alle möglichen acht Varianten angeordnet werden. Wenn man den Vektor 000110011 nimmt, der ebenfalls zum gegebenen (2, 1)-TS gehört, dann schneiden seine Nullkomponenten aus der Matrix G folgende Matrix heraus:

$$G' = \begin{bmatrix} 0 & 1 & 1 & 1 & 0 \\ 0 & 0 & 0 & 1 & 1 \\ 0 & 0 & 0 & 1 & 1 \\ 1 & 0 & 1 & 0 & 0 \end{bmatrix} .$$

Zwei Zeilen dieser Matrix sind gleich. Nachdem eine davon gestrichen wurde. erhalten wir die Matrix

$$G'' = \begin{bmatrix} 0 & 1 & 1 & 1 & 0 \\ 0 & 0 & 0 & 1 & 1 \\ 1 & 0 & 1 & 0 & 0 \end{bmatrix} .$$

Sie erzeugt acht binäre Folgen der Länge 5 (die einen linearen Kode mit dem Abstand 3 darstellen). Wir bemerken bei dieser Gelegenheit, daß jede solche Matrix G'', die entsprechend einem beliebigen Kodevektor eines (2, 2)-TS oder eines (2, 1)-TS aufgebaut wurde, einen linearen Kode mit dem Abstand $d \geqq \ominus$ erzeugt. Damit kann man eine obere Grenze erhalten, die die Parameter n, $\ominus$ und k des TS verknüpft.

Somit wurde gezeigt, daß das Aufsuchen der Überdeckungen und Intervalle bei vorhandener Linearitätseigenschaft der (2, 2)- und (2, 1)-TS auf einfache algebraische Operationen zurückgeführt werden kann, die das Element der Durchmusterung ausschließen. Die Gesamtheit dieser Operationen kann als Äquivalent zur Lösung logischer Gleichungen dienen. Aus dem Vorangegangenen ist klar, daß die vorgeschlagene Prozedur die Möglichkeit beinhaltet, die verschiedensten Intervalle zu erhalten, die für die verschiedensten Automaten mit einer durch (2, 2)- oder (2, 1)-TS gegebenen Kodierung nur auftreten können. Anders gesagt: Durch diese Prozedur werden $(2^k - 1) \, 2^{k-1}$ Intervalle für einen Automaten erhalten, in dem Übergänge für jedes Zustandspaar stattfinden. In der Praxis jedoch ist dies ein hinreichend seltener Fall. Aber das bedeutet nur, daß der Anteil der Intervalle zurückgedrängt werden muß. E. A. Jankovskaja schuf einen Algorithmus, der es erlaubt, unnötige Stellen des (2, 1)- und (2, 2)-TS wegzulassen, wenn nicht für jedes Zustandspaar im Automaten Übergänge stattfinden. Die Werte der Parameter von redundanten (2, 2)- und (2, 1)-TS kann man aus den asymptotischen Grenzen erhalten, die die Verhältnisse k/n und $\ominus$/n verknüpfen. Für (2, 2)-TS sind diese Grenzen in [2] und für (2, 1)-TS in [4] sowie im Abschn. 10.7. dieses Aufsatzes veröffentlicht.

10.5. Über die Entstehung von Automatenmodellen, die die Anwendung von (2,1)-TS erfordern

Die Theorie von (2, 2)-TS ist in [2] bis [5] [14] [15] [17] [21] ausführlich dargelegt.

Alles, was für (2, 2)-TS richtig ist, gilt auch für (2, 1)-TS. Jedoch sind letztere ein Objekt mit weniger schwerwiegenden Beschränkungen und ermöglichen bedeutungsvollere Resultate. Die Theorie von (2, 1)-TS wurde bedeutend später als die Theorie von (2, 2)-TS ausgearbeitet. Dieser Fakt kann dadurch erklärt werden, daß Modelle asynchroner Automaten, in denen das Problem des Ausschließens kritischer Wettläufe von Speicherelementen durch (2, 1)-TS gelöst wird, erst zu Beginn der 70er Jahre beschrieben wurden. Anscheinend war das erste derartige Modell das von E. A. Jakubaitis vorgeschlagene Automatenmodell mit zweistufigem Speicher [6]. Daß (2, 1)-TS diesem Modell entsprechen, wurde in [7] gezeigt. Danach erschienen die Arbeiten [8] [9]. Ohne Verbindung mit realen Automatenmodellen wurde der Begriff des (2, 1)-TS in [10] formuliert, während bestimmte Eigenschaften von (2, 1)-TS (ebenfalls ohne Verbindung mit realen Automatenmodellen) in [2] beschrieben wurden. Der Terminus „(2, 1)-TS" wird dort allerdings nicht benutzt. In einigen der aufgezählten Arbeiten, aber ebenfalls in [11] [12] wurden universelle (d.h. typisierte) (2, 1)-TS aufgebaut.

Bei der Kodierung der inneren Zustände eines konkreten Automaten kann sich ein universeller (2, 1)-TS als redundant erweisen, d.h. eine größere Anzahl von Speicherelementen erfordern als für den gegebenen Algorithmus der Funktionsweise des Automaten notwendig ist. Dieser Mangel von universellen (2, 1)-TS wird jedoch behoben, wenn sie für die Kodierung der Eingangszustände angewendet werden (wie das in der Arbeit von J. V. Glebskij [13] vorgeschlagen wird). In diesem Fall (wie auch bei der Informationsübertragung auf Kanälen) kann man alle Eingangszustände des Automaten a priori als gleichwahrscheinlich und voneinander unabhängig annehmen. Auf diese Weise wird die Aufgabe des Aufbaus universeller (2, 1)-TS ebenso aktuell, wie die Aufgabe des Aufbaus von Kodes für die Informationsübertragung auf Nachrichtenkanälen. Sie wird dadurch noch wichtiger, daß universelle (2, 1)-TS bei der Informationsübertragung von Automat zu Automat, d.h. innerhalb von Automatennetzen, benutzt werden können.

In den Arbeiten [2] [7] [10] [19] wurden erste Methoden zum Aufbau universeller (2, 1)-TS beschrieben. (Im weiteren wird nur von universellen (2, 1)-TS gesprochen, deshalb wird das Wort „universell" weggelassen.) Ein allgemeiner Mangel dieser Methoden ist, daß die Redundanz (n - k)/n der erhaltenen Kodes gegen 1 strebt.

Diesen Mangel kann man beseitigen, indem man zu Kodes auf einer Basis q > 2 übergeht oder indem man den (2, 1)-TS Störstabilität verleiht. Der Übergang zur Basis q > 2 ist keine formale Verallgemeinerung auf den Fall irgendeines hypothetischen q-wertigen Speicher- oder logischen Elements. Ein solcher Übergang erlaubte im Grunde genommen, Kaskadenkodes anzuwenden, in deren Resultat die gegenwärtig in einem großen Parameterbereich besten (2, 1)-TS aufgebaut wurden. Der Aufbau von (2, 1)-TS wird mit Hilfe algebraischer Mittel bedeutend vorangebracht.

Wir betonen, daß wir nur solche q-wertigen Elemente betrachten, die beim Übergang $a_i^{(1)} \longrightarrow a_i^{(2)}$ aus dem Zustand $a_i^{(1)}$ in den Zustand $a_i^{(2)}$ in keinen dritten Zustand $a_i^{(3)}$ gelangen können; $a_i^{(1)}$, $a_i^{(2)}$, $a_i^{(3)} \in GF(q)$. Die verschiedenen Übergänge dürfen nur nicht zeitlich zusammenfallen. Für andere in [3] [14] [15] betrachtete Wettlaufmodelle von mehrwertigen Elementen existieren keine lineare (2, 1)-TS.

10.6. Zusammenhang zwischen einem linearen (2,1)-TS und einem gewöhnlichen linearen Kode

Die Wahrscheinlichkeit P dafür, daß in einem zufällig ausgewählten linearen (n, k)-Kode über GF(q) wenigstens ein Vektorpaar (10.4) die Bedingungen (10.5) nicht befriedigt, genügt der Ungleichung

$$P < q^{2(k-n)} \sum_{i=0}^{2t} (q - 1)^{2i} (2q - 1)^{n-i} C_n^i . \tag{10.8}$$

Tatsächlich gibt es unter allen q^2 möglichen Spalten genau $(q - 1)^2$ Spalten des Typs (10.2) und $(2q - 1)$ restliche Spalten. Jedes „schlechte" Vektorpaar (10.1) enthält nicht mehr als 2t Spalten des Typs (10.5), und beliebige i Spalten können in einem Vektorpaar auf C_n^i Arten untergebracht werden. Schließlich gibt es in einem Kode mit der Mächtigkeit 2^k nicht mehr als 2^{2k} Vektorpaare.

Aus der Ungleichung (10.8) erhält man durch Dividieren die Existenzgrenze redundanter linearer (2, 1)-TS zu 2t + 1. Ihre asymptotische Form bei $n \longrightarrow \infty$ und 2t/n = const hat das Aussehen

$$\frac{k}{n} \geq \frac{1}{2} \left(2 - \left(1 - \frac{2t}{n} \right) \log_q (2q - 1) - \frac{2t}{n} \log_q (q - 1)^2 - H \frac{2t}{n} \right), \tag{10.9}$$

wobei $H(x) = -x \log_q x - (1 - x) \log_q (1 - x)$ ist.

Die scheinbare Unhandlichkeit und Spezifik des erhaltenen Ausdrucks verschwindet sofort, wenn wir zu q = 2 übergehen:

$$\frac{k}{n} \geq \frac{1}{2}\left(2 - \left(1 - \frac{2t}{n}\right)\log 3 - H\left(\frac{2t}{n}\right)\right).$$

Außerdem kann die Ungleichung (10.8) in asymptotischer Form durch

$$P < q^{n\left(\frac{2t}{n}\log_q (q-1)^2 + \left(1 - \frac{2t}{n}\right)\log_q (2q-1) + H\left(\frac{2t}{n}\right) - 2\left(1 - \frac{k}{n}\right)\right)} \tag{10.10}$$

dargestellt werden.

Diese Ungleichung kann in Analogie zu [16] wie folgt gedeutet werden: Die Wahrscheinlichkeit dafür, daß in einem zufällig ausgewählten linearen (n, k)-Kode bei gegebenem Verhältnis k/n das minimale Verhältnis 2t/n kleiner als der bei der Lösung der Gleichung

$$\frac{k}{n} = \frac{1 - \left(1 - \frac{2t}{n}\right)\log (2q - 1) - \frac{2t}{n}\log_q (q - 1)^2 - H\left(\frac{2t}{n}\right)}{2} \tag{10.11}$$

erhaltene Wert wird, strebt mit wachsendem n exponentiell gegen Null.

Wir folgen [16] und verfahren mit der Varšamov-Gilbert-Grenze für gewöhnliche störungsgeschützte Kodes über GF(q) ebenso. Die Wahrscheinlichkeit P dafür, daß in einem zufällig ausgewählten linearen (n, k)-Kode über GF(q) wenigstens ein von Null verschiedener Vektor ein Gewicht kleiner als d hat, wird durch die Ungleichung

$$P < q^{k-n} \sum_{i=0}^{d-1} C_n^i (q - 1)^i \tag{10.12}$$

nach oben abgeschätzt.

Aus der Ungleichung (10.12) ergibt sich die Existenzgrenze von linearen (n, k)-Kodes, d.h. die Varšamov-Gilbert-Grenze. Ihre asymptotische Form bei $n \longrightarrow \infty$ und d/n = const hat das Aussehen

$$\frac{k}{n} \geq 1 - H\left(\frac{d}{n}\right) - \frac{d}{n}\log_q (q - 1) . \tag{10.13}$$

Beim Übergang zu q = 2 erhalten wir die gewohnte Form der Varšamov-Gilbert-Grenze

$$k/n \geq 1 - H\left(\frac{d}{n}\right).$$

Außer der in [16] verwendeten Form (10.13) kann die Ungleichung (10.12) in asymptotischer Form wie folgt dargestellt werden:

$$P < q^{n\left(H\frac{d}{n}\right) + \frac{d}{n}\log_q (q-1) - \left(1 - \frac{k}{n}\right)} . \tag{10.14}$$

Diese Ungleichung wird so gedeutet: Die Wahrscheinlichkeit P dafür, daß in einem zufällig ausgewählten linearen (n, k)-Kode über GF(q) bei gegebenem Verhältnis k/n das minimale Verhältnis d/n kleiner wird als der Wert, der sich aus der Lösung der Gleichung

$$\frac{k}{n} = 1 - H\left(\frac{d}{n}\right) - \frac{d}{n}\log_q (q - 1) \tag{10.15}$$

ergibt, strebt mit wachsenden n gegen Null.

Wir stellen jetzt fest, daß die Gleichung (10.11) bei $\frac{2t}{n} = 0$

$$\frac{k}{n} = 1 - \frac{\log_q (2q - 1)}{2} \tag{10.16}$$

liefert.

Mit wachsendem Verhältnis $2t/n$ bis $(1 - \frac{1}{q})^2$ verringert sich der Wert k/n bis auf Null. Auf der einen Seite erweist sich das minimale Verhältnis d/n bei $k/n < 1 - \frac{\log q \, (2q - 1)}{2}$ für fast alle (n, k)-Kodes über GF(q) als nicht kleiner als das, was sich aus Gleichung (10.15) bei der Bedingung (10.16) ergibt, wie aus der Ungleichung (10.14) folgt. Aber auf der anderen Seite sind fast alle (n, k)-Kodes, die über GF(q) linear sind, bei denselben Werten k/n redundante (2, 1)-TS, wenn sich der Wert $2t/n$ als Lösung von Gl. (10.11) bei entsprechenden Werten k/n ergibt, wie aus der Ungleichung (10.10) folgt. Abschließend erhalten wir folgende wichtige Behauptung.

Fast alle linearen (n, k)-Kodes über GF(q), bei denen ein minimales d/n-Verhältnis die Bedingung

$$\frac{\log_q (2q - 1)}{2} \leqq H\left(\frac{d}{n}\right) + \frac{d}{n} \log_q (q - 1) \tag{10.17}$$

erfüllt, sind (2, 1)-TS, darunter auch redundante. Anders gesagt: Der Teil von linearen (n, k)-Kodes über GF(q), die redundante (2, 1)-TS sind, strebt bei $n \longrightarrow \infty$ und Erfüllung der Bedingung (10.17) gegen 1. Für den Fall $q = 2$ liefert die Ungleichung (10.17) folgenden „Garantiewert" für den minimalen Kode-Abstand:

$$d \geqq 0,2335 \, n . \tag{10.18}$$

Die Grenzen (10.9) und (10.13) haben die Kraft objektiver Gesetzmäßigkeiten. Beide, besonders die Grenze (10.9), stimulierten wirksam die Bemühungen um das Finden von Kodes, die hinsichtlich ihrer Parameter praktische Bedürfnisse befriedigen könnten. Für den Fall $q = 2$ ergibt sich aus [2] [3] [5] [14] [15] leicht das Resultat

$$2D - d \geqq \ominus \geqq 2d - D , \tag{10.19}$$

wobei d und D der minimale bzw. maximale Abstand eines linearen (n, k)-Kodes sind. Hieraus folgt sofort, daß bei

$$2d > D \tag{10.20}$$

der gegebene Kode ein (2, 1)-TS ist. Aus (10.19) ergibt sich in Analogie zu [2] sofort, daß im Fall von äquidistanten Kodes $\ominus = d/2$ gilt. So sind z.B. Kodes, die durch Hadamard-Matrizen geliefert werden (darunter auch Kodes, die durch Folgen der maximalen Länge $n = 2^m - 1$ gebildet werden), (2, 1)-TS mit $d/2$-Teilung. In [2] wird gezeigt, daß beide Behauptungen ebenfalls auch für nichtlineare binäre (2, 1)-TS richtig sind.

Die Bedingungen (10.19) und (10.20) sind nur hinreichend, und im Vergleich zu (10.18) sehen sie zu schwierig aus. Tatsächlich ist es nicht schwer, zu zeigen, daß fast alle (binären linearen) Kodes mit minimalem Abstand (10.18) einen maximalen Abstand von $D \approx (1 - 0,2335) \, n$ haben. Diese Kodes befriedigen die Ungleichungen (10.19) und (10.20) nicht, obgleich sie, wie oben gezeigt wurde, fast alle (2, 1)-TS sind.

Das erhaltene Resultat gestattet, das Suchgebiet linearer (2, 1)-TS zu erweitern, wenn man sich nicht auf die Eigenschaften des minimalen und maximalen Kodeabstandes stützt. Das ist dadurch besonders wichtig, daß für Kodes mit einer Basis $q > 2$ die zu (10.19) und (10.20) analoge Bedingung nicht gefunden wird, wenn sie überhaupt existiert.

10.7. Kaskaden-(2,1)-TS

Analog zu [17] ist leicht zu zeigen, daß bei $q \geqq 2$ Kodes, die durch Folgen mit der maximalen Länge $n = q^m - 1$ gebildet werden, redundante (2, 1)-TS sind, für die $\ominus = q^{m-2}(q - 1)^2$ gilt. Obwohl auch sie dem Aufbau von Kaskadenkodes zugrunde gelegt werden können, sind die bemerkenswertesten (2, 1)-TS auf der Basis $q > 2$ die sogenannten Kodes mit maximal erreichbarem Kodeabstand (MEA-Kodes). Der Kodeabstand d dieser Kodes erfüllt die Bedingung

$$d = n - (k - 1) . \tag{10.21}$$

Zu den MEA-Kodes gehören die Reed-Solomon-Kodes (RS-Kodes), die eine Länge von $n = q - 1$ haben. RS-Kodes kann man verkürzen, wenn man die Anzahl von Informationssymbolen um ebensoviel verringert und um ein oder zwei Stellen verlängert, unter Beibehaltung der Anzahl von Informationssymbolen. Dabei hören RS-Kodes nicht auf, MEA-Kodes zu sein. Durch Methoden, die in [3] [4] entwickelt wurden, kann man leicht feststellen, daß einerseits für einen beliebigen linearen Kode

$$\ominus \leqq n - 2(k - 1) \tag{10.22}$$

gilt, aber andererseits für einen RS-Kode (wie auch für einen beliebigen MEA-Kode)

$$\ominus \geqq n - 2(k - 1) \tag{10.23}$$

ist, weil wegen (10.21) die Gesamtzahl von Nullen im Vektorpaar (10.5) nicht größer sein kann als $2(k - 1)$. Aus (10.22) und (10.23) folgt für einen MEA-Kode

$$\ominus = n - 2(k - 1) \; . \tag{10.24}$$

Somit besitzen MEA-Kodes, darunter auch RS-Kodes, ebenfalls einen maximalen Parameter $\ominus$. Wir setzen jetzt $q \leqq p^{k_1}$, wobei p eine Primzahl ist (meistens ist natürlich $p = 2$) und $k_1 > 0$ gilt. Wenn man jede Komponente eines Vektors des MEA-Kodes, der ein redundantes $(2, 1)$-TS mit den Parametern n_2, k_2, $\ominus_2$ ist, als p-adischen Vektor der Länge k_1 darstellt und jeden solchen Vektor in einen Vektor eines redundanten $(2, 1)$-TS mit den Parametern n_1, k_1, $\ominus_1$ kodiert, dann ergibt sich ein sogenannter Kaskaden- oder Superkode mit den Parametern $N = n_1 n_2$, $K = k_1 k_2$, $\ominus \geqq \ominus_1 \ominus_2$. Der Beweis dieser Behauptung erfolgt analog dem in [4] für $(2, 2)$-TS. In einem Kaskadenkode wird der RS-Kode mit den Parametern n_2, k_2, $\ominus_2$ als äußerer Kode und der Kode mit den Parametern n_1, k_1, $\ominus_1$ als innerer Kode bezeichnet. Als äußeren Kode kann man natürlich einen beliebigen anderen Kode über GF(q) nehmen; den besten Effekt liefern jedoch MEA-Kodes. Ihr hauptsächlicher Vorzug besteht, wie das aus (10.24) folgt, in der linearen Abhängigkeit zwischen den Werten $\ominus_2/n_2$ und k_2/n_2. (Bezüglich der störungsgeschützten Kodierung von Nachrichten mit Kaskadenkodes kann man in [18] [19] [20] nachlesen.) Für die Variation der Längen von Kaskadenkodes kann man die inneren und äußeren Kodes außer der Verkürzung und Verlängerung noch einer anderen Operation unterziehen; das sogenannte Abschneiden (oder Maskieren). Dabei werden i Prüfstellen weggelassen und die Werte von n und $\ominus$ werden um ebensoviel verringert. Die Zahl der Informationssymbole, d.h. auch die Mächtigkeit des Kodes, bleibt dabei unverändert. Nachfolgend werden in einer Tafel einige binärer Kaskaden-$(2, 1)$-TS angegeben, die man nach beschriebenen Verfahren erhält.

Tafel 10.1. Parameter innerer, äußerer und Kaskadenkodes

Inneres, binäres (2, 1)-TS			Äußeres (2, 1)-TS über GF(q^m)				Binäres Kaskaden-(2, 1)-TS		
n_1	k_1	$\ominus_1$	n_2	k_2	$\ominus_2$	q	$N = n_1 n_2$	$K = k_1 k_2$	$\ominus \geqq \ominus_1 \ominus_2$
3	2	1	3 d1	2	1	4	9	4	1
3	2	1	4 d1	2	2	4	12	4	2
3	2	1	5 d2	3	1	4	15	6	1
7	3	2	3	2	1	4	21	6	2
7	3	2	4 d1	2	2	4	28	6	4
6*	3	1	5 d2	3	1	4	30	9	1
6*	3	1	5 d2	2	3	4	30	6	3
7	3	2	5 d2	2	3	4	35	6	6
7	3	2	5 d2	3	1	4	35	9	2
6*	3	1	7	4	1	8	42	12	1
7	3	2	6 k1	3	2	8	42	9	4
7	3	2	6 k1	2	4	8	42	6	8
6*	3	1	8 d1	4	2	8	48	12	2
7	3	2	7	3	3	8	49	9	6

Tafel 10.1 (Fortsetzung)

Inneres, binäres (2, 1)-TS			Äußeres (2, 1)-TS über GF(q^m)				Binäres Kaskaden-(2, 1)-TS		
n_1	k_1	Θ_1	n_2	k_2	Θ_2	q	$N = n_1 n_2$	$K = k_1 k_2$	$\Theta \geqq \Theta_1 \Theta_2$
7	3	2	7	2	5	8	49	6	10
6	3	1	9 d2	5	1	8	54	15	1
6*	3	1	9 d2	4	3	8	54	12	3
9*	4	1	8 d1	4	2	8	72	16	2
9	4	1	9 d2	4	3	8	81	16	3
9	4	1	9 d2	5	2	8	81	20	1
9	4	1	9 d2	3	5	8	81	12	5
9	4	1	10 k5	4	4	16	90	16	4
15	4	4	6 k1	3	2	8	90	12	8
13*	4	2	7	3	3	8	91	12	6
14*	4	3	7	3	3	8	98	12	9
9	4	1	11 k4	4	5	16	99	16	5
15	4	4	7	3	3	8	105	12	12
9	4	1	12 k3	4	6	16	108	16	6
9	4	1	13 k2	7	1	16	117	28	1
9	4	1	13 k2	6	3	16	117	24	3
9	4	1	13 k2	5	5	16	117	20	5
9	4	1	14 k1	7	2	16	126	28	2
9	4	1	14 k1	6	4	16	126	24	4
14*	4	3	9 d2	3	5	8	126	12	15
9	4	1	15	8	1	16	135	32	1
9	4	1	15	7	3	16	135	28	3
9	4	1	15	6	5	16	135	24	5
9	4	1	15	5	7	16	135	20	7
15	4	4	14 k1	7	2	16	210	28	8
15	4	4	15	8	1	16	225	32	4
15	4	4	16 d1	8	2	16	240	32	8
15	4	4	16 d1	7	4	16	240	28	16
15	4	4	17 d2	8	3	16	255	32	12

Erläuterung zur Tafel. Durch den Buchstaben k mit Ziffer sind verkürzte äußere RS-Kodes bezeichnet. Die Ziffer gibt an, um wieviel Stellen verkürzt wurde. Durch den Buchstaben d mit Ziffer sind verlängerte RS-Kodes bezeichnet. Durch das Zeichen * sind innere Kodes bezeichnet, die man durch Abschneiden von Kodes größerer Länge erhält, die in der nächstfolgenden Zeile angegeben sind. Als Basis für den Aufbau der Tabelle wurden drei innere binäre Kodes der maximalen Länge 3, 7, 15 und drei RS-Kodes über GF(2^2), GF(2^3), GF(2^n) jeweils der Länge 3, 7, 15 verwendet. Außerdem ist der innere Kode mit $n = 9$, $k_1 = 4$ und $\Theta_1 = 1$ ein in der ersten Zeile der Tafel angegebener Kaskadenkode.

In [11] [12] sind ebenfalls Tafeln von (2, 1)-TS über linearen Räumen angegeben. Ein einfacher Vergleich mit ihnen zeigt, daß innerhalb der Längengrenzen bis einschließlich 135 die Kodes in der Tafel des vorliegenden Aufsatzes „dichter" liegen; der Längenbereich ist größer, und die Mehrheit der hier angegebenen Kodes fehlt in [11] [12]. Man kann die Tafel durch Kodes erweitern, die länger als 135 sind, und sie ohne Mühe genauso „dicht" machen wie auch bei kleineren Längen.

Die Tafel kann auch durch Längen kleiner als 135 erweitert werden. Die Vorteile der in der Tafel angegebenen Kodes erklärten sich daraus, daß es gelang, anstelle der in [11] [12] benutzten hinlänglichen Bedingungen (10.19) und (10.20) eine genauere Konstruktion von Kaskadenkodes anzuwenden. Die Effektivität dieser Konstruktion wird noch deutlicher bei wachsender Kodelänge, obwohl das nur von theoretischem Interesse ist. Als Beispiel nehmen wir drei Kodes aus [12] (ungeachtet dessen, daß in [12] eine unendliche Familie von (2, 1)-TS erhalten wurde, sind diese drei Kodes hinreichend repräsentativ):

1. $n = 378$, $k = 42$, $\ominus = 7$
2. $n = 762$, $k = 88$, $\ominus = 3$
3. $n = 1520$, $k = 114$, $\ominus = 17$.

Wir zeigen, daß die Konstruktion von Kaskadenkodes eine bedeutende Einsparung an Kodelänge bei derselben Mächtigkeit und Korrekturfähigkeit liefert.

Als inneren Kode nehmen wir in allen drei Fällen den Kode, der in der dritten Zeile der Tafel 10.1 steht:

$$n_1 = 15, \qquad k_1 = 6, \qquad \ominus_1 = 1 .$$

Zum Erhalten des äußeren Kodes nehmen wir den RS-Kode $n_2 = 31$, $k_2 = 19$. Daraus ergibt sich der verkürzte Kode mit den Parametern $n_2 = 19$, $k_2 = 7$, $\ominus_2 = 7$. Der Kaskadenkode des ersten Gegenbeispiels hat die Parameter $N = 285$, $K = 42$, $\ominus = 7$.

Nachdem wir ferner einen RS-Kode mit $n_2 = 31$, $k_2 = 15$, $\ominus_2 = 3$ als äußeren Kode genommen haben, erhalten wir einen Kaskadenkode mit den Parametern $N = 465$, $K = 90$, $\ominus = 3$. Schließlich erhalten wir aus dem RS-Kode mit $n_2 = 63$, $k_2 = 29$ durch seine Verkürzung um zehn Stellen einen äußeren Kode mit $n_2 = 53$, $k_2 = 19$, $\ominus_2 = 17$. Der Kaskadenkode hat die Parameter $N = 795$, $K = 114$, $\ominus = 17$. Damit ist der erhaltene Kode bei im übrigen gleichen Bedingungen fast zweimal kürzer als in [12].

Als Beispiel für den Aufbau eines Kaskaden-(2, 1)-TS über einem linearen Raum dechiffrieren wir die erste Zeile der Tafel. Die Komponenten der Vektoren des äußeren Kodes sind Elemente des Körpers $GF(2^2)$; sie werden durch die Symbole $0, 1, \alpha, \alpha^2$ bezeichnet. Ihre Vektordarstellung ist

$$0 = 00, \qquad 1 = 01, \qquad \alpha = 10, \qquad \alpha^2 = 11 . \qquad (10.25)$$

Die Additions- und Multiplikationsregeln dieser Elemente werden wie folgt definiert:

$$0 + x = x, \qquad x + x = 0$$
$$1 \cdot x = x, \qquad x \in GF(2^2), \qquad \alpha \cdot \alpha^2 = \alpha^3 = 1 .$$

Addition und Multiplikation sind assoziativ und kommutativ. Das einzige Prüfsymbol a_3 des äußeren Kodes wird mittels einer einzigen Gleichung aus den Informationssymbolen a_1 und a_2 ermittelt:

$$a_3 = a_1 \alpha^2 + a_2 \alpha .$$

Wenn wir darin anstelle von a_1 und a_2 die 16 möglichen Elementepaare aus (10.25) einsetzen und das Resultat rechts vom entsprechenden Paar von Informationssymbolen aufschreiben, erhalten wir alle 16 Vektoren des äußeren RS-Kodes:

$$
\begin{array}{ccc@{\qquad}ccc}
0 & 0 & 0 & 1 & 0 & \alpha^2 \\
0 & 1 & \alpha & \alpha^2 & 1 & 0 \\
1 & \alpha & 0 & \alpha & 1 & \alpha^2 \\
0 & \alpha & \alpha^2 & \alpha^2 & \alpha & 1 \\
\alpha & \alpha^2 & 0 & \alpha^2 & \alpha^2 & \alpha^2 \\
1 & \alpha^2 & \alpha & \alpha & 0 & 1 \\
0 & \alpha^2 & 1 & \alpha^2 & 0 & \alpha \\
\alpha & \alpha & \alpha & 1 & 1 & 1
\end{array}
$$

Zum Erhalten des äußeren Kodes wurden alle 48 arithmetischen Operationen im Körper $GF(2^2)$ benötigt.

Der innere Kode ergibt sich, wenn zu jedem Vektor der Länge 2, der die Elemente des Körper $GF(2^2)$ darstellt (10.25), rechts die Summe modulo 2 seiner zwei Symbole hinzugefügt wird:

$$0 = 000, \qquad 1 = 011, \qquad \alpha = 101, \qquad \alpha^2 = 110 . \qquad (10.26)$$

(Dieser Kode ist allgemein bekannt.)

Der gesuchte Kode ergibt sich, wenn jedes Symbol in den Vektoren des RS-Kodes durch die entsprechenden Vektoren der Länge 3 des inneren Kodes (10.26) ersetzt wird:

```
0 0 0 0 0 0 0 0 0        0 1 1 0 0 0 1 1 0
0 1 1 1 0 1 0 0 0        1 1 0 0 1 1 0 0 0
0 0 0 0 1 1 1 0 1        1 1 0 0 1 1 0 0 0
0 0 0 0 1 1 1 0 1        1 0 1 0 1 1 1 1 0
0 0 0 1 0 1 1 1 0        1 1 0 1 0 1 0 1 1
1 0 1 1 1 0 0 0 0        1 1 0 1 1 0 1 1 0
0 1 1 1 1 0 1 0 1        1 0 1 0 0 0 0 1 1
0 0 0 1 1 0 0 1 1        1 1 0 0 0 0 1 0 1
1 0 1 1 0 1 1 0 1        0 1 1 0 1 1 0 1 1 .
```

Infolge der Eigenschaften des äußeren und des inneren Kodes ist der angegebene Kaskadenkode ein (2, 1)-TS über einem linearen Raum mit den Parametern N = 9, K = 4, $\ominus$ = 1.

Einige in dem Aufsatz dargestellte Fakten sind in [21] angegeben.

10.8. Zusammenfassung

In dem Aufsatz wird gezeigt, wie man bei der Lösung der praktischen Aufgabe der Synthese asynchroner Automaten, die mit dem Suchen der Überdeckungen und Intervalle zu tun hat, auf die Schwierigkeiten des Durchmusterns stößt, nachdem man zur Methode der logischen Gleichungen Zuflucht genommen hat.

Auf der Suche nach einem Ausweg aus der Situation muß man sich algebraischen Mitteln zuwenden, mit deren Hilfe zunächst die Existenzgrenzen der uns interessierenden Objekte erhalten werden, die Suchbereiche dieser Objekte definiert und schließlich ein Apparat zum faktischen Aufbau von Objekten errichtet wird. Im vorliegenden Fall sind die Objekte selbst lineare teilende Systeme. Sie besitzen solche regulären Eigenschaften, die es gestatten, den Umfang der Durchmusterung bedeutend zu verkürzen; die Komplexität der Lösung der Aufgabe wird nicht exponentiell, sondern polynomial.

Man muß die besondere Rolle der Existenzgrenzen hervorheben. Sie stimulieren immer die Suche von Objekten und zeigen genau an, welche Wechselbeziehungen zwischen den Parametern der Objekte sicherlich erreicht werden können.

Der Autor benutzt die Möglichkeit, A. D. Zakrevskij seine aufrichtige Dankbarkeit für die Mühe des erstmaligen Lesens des Manuskripts und eine Reihe wertvoller Hinweise auszudrücken.

11. Analyse und Synthese stabiler binärer Automaten mit Hilfe logischer Gleichungen

G. P. Agibalov, V. B. Lipskij

11.1. Einführung

Unter stabilen binären Automaten werden asynchrone binäre Schaltnetzwerke verstanden, die bezüglich statischer Wettläufe an ihren Eingangs- und Ausgangselementen stabil sind, unabhängig von deren zeitlichen Parametern. Die Funktionsweise solcher Schaltnetzwerke wird durch das Modell Eichelbergers [1] beschrieben. In der vorliegenden Arbeit wird dieses Modell (von kombinatorischen Schaltungen) auf Funktionen und Automaten erweitert, wodurch die Formulierung und Lösung der Aufgabe der Synthese eines funktionellen Schaltnetzwerks möglich wird, dessen Eichelberger-Modell einen vorgegebenen asynchronen Automaten realisiert. Falls die Funktionen des Automaten bei einem bestimmten Übergang frei von (funktionellen) statischen Wettläufen sind, ist das entstandene Schaltnetzwerk stabil bezüglich (logischer) statischer Wettläufe bei dem entsprechenden Übergang, bei beliebigen Verzögerungen und Filtereigenschaften seiner Elemente. Bei der Lösung der umgekehrten Aufgabe - der Analyse - wird ein Automat geschaffen, dessen Funktionsweise (nach Eichelberger) in gewissem Sinne der Funktionsweise (nach Eichelberger) des vorgegebenen Schaltnetzwerkes adäquat ist.

Automaten und Schaltnetzwerke sind durch ihre kanonischen Gleichungen gegeben. Ihre Funktionen und ihre Argumente sind Variablen, deren Werte nichtleere Teilmengen bestimmter endlicher Alphabete darstellen. Sie sind Funktionen einer endlichwertigen Logik, in der alle mengentheoretischen Operationen und Beziehungen angewandt werden. In der vorliegenden Arbeit werden solche Funktionen und die durch sie gegebenen Automaten als Intervallfunktionen bzw. Intervallautomaten bezeichnet. Unter Beachtung der realen Elementebasis beschränkten wir uns auf die Synthese von funktionellen Schaltnetzwerken, deren Funktionen Werte der nichtleeren Teilmengen eines zweiwertigen Alphabets annehmen. Kanonische Gleichungen solcher Schaltnetzwerke sind Gleichungen in dreiwertiger Logik.

Der Aufsatz besteht aus sechs Abschnitten. Im Abschn. 11.2. werden die Begriffe der Intervallfunktion und des Intervallautomaten eingeführt, monotone und quasimonotone Intervallfunktionen und Automaten definiert und Kriterien für die Quasimonotonie aufgestellt. In den Abschnitten 11.3. und 11.4. werden die Begriffe des asynchronen Automaten und des funktionellen Schaltnetzwerks eingeführt und ihre Funktionsweise nach Eichelberger definiert. In einem asynchronen Automaten hängen die Übergangs- und Ausgangsfunktionen vom vorausgegangenen vollständigen und vom laufenden Eingangszustand ab, während funktionelle Schaltnetzwerke wie Netzwerke aus Elementen mit monotonen Intervallfunktionen aufgebaut werden (z.B. Elemente NAND, NOR u.dgl.). Der Abschn. 11.5. ist der Analyse gewidmet, während Abschn. 11.6. die Synthese (in den oben angegebenen Formulierungen) behandelt. Dabei ist im Abschn. 11.5. die Hauptaufmerksamkeit auf die äquivalente Umwandlung eines Systems kanonischer Gleichungen eines Schaltnetzwerks gerichtet, mit dem Ziel, sie zu vereinfachen. Die Aufgabe der Synthese im Abschn. 11.6. wird für quasimonotone Automaten gelöst, weil die Intervallfunktionen, die durch Schaltnetzwerke (aus realen Elementen) realisiert werden, quasimonoton sind.

11.2. Intervallfunktionen und -automaten

Wir vereinbaren, Vektoren, deren Komponenten Symbole eines bestimmten Alphabets sind, als Belegungen und Vektoren, deren Komponenten Mengen solcher Symbole sind, als Intervalle zu bezeichnen. Letztere werden wir als Bezeichnungen für Mengen von ersteren verwenden und davon ausgehen, daß ein Intervall $u = u_1 \ldots u_n$ eine Menge von Belegungen $a = a_1 \ldots a_n$ bedeutet (darstellt), in denen $a_i \in u_i$ für jedes $i = 1, \ldots, n$ gilt. Gerade dadurch ist es möglich, über die Zugehörigkeit einer Belegung zu einem Intervall, über das Einschließen eines Intervalls in ein Intervall und über alle mengentheoretischen Operationen mit Intervallen zu sprechen. Wir vereinbaren ferner, keine Unterschiede zwischen einelementigen Intervallen und jenen Belegungen zu machen, die ihnen angehören. Dementsprechend werden wir ein beliebiges einelementiges Intervall wie eine in ihr enthaltene Belegung schreiben, und mit letzterer werden wir wie mit dem sie enthaltenden einelementigen Intervall umgehen. Außerdem werden wir die Menge aller nichtleeren (mit nichtleeren Komponenten) Intervalle mit Belegungen aus einer bestimmten Menge P durch P^- bezeichnen.

Vektorfunktionen, die Abbildungen der Art

$$f: D_f \subseteq X^- \longrightarrow Y^-$$

sind, wobei X und Y Kreuzprodukte bestimmter endlicher Alphabete sind, werden Intervallfunktionen genannt (definiert auf D_f). Die Anzahl der Komponenten eines Vektors in X wird Ordnung und die Anzahl der Komponenten eines Vektors in Y wird Dimension der Funktion f genannt. Eine Funktion der Ordnung n und der Dimension m wird entsprechend n-stellig und m-komponentig genannt. Die einkomponentigen Funktionen $f_1, f_2, \ldots, f_m$ einer beliebigen m-komponentigen Funktion f, die auf D_f definiert sind und mit f durch die Beziehungen

$$f_1(u) \ldots f_m(u) = f(u) , \qquad u \in D_f$$

verbunden sind, werden als Komponenten dieser Funktion bezeichnet. Wie üblich wird die Funktion f im Fall $D_f = X^-$ als überall bestimmt und im entgegengesetzten Fall als partielle Funktion bezeichnet. Sind X und Y Potenzen ein und desselben Alphabets M, dann wird f Intervallfunktion über M genannt. Intervallfunktionen über dem dualen Alphabet $\{0, 1\}$ werden im weiteren Ternärfunktionen genannt.

In Übereinstimmung mit der Vereinbarung, einelementige Intervalle und in ihnen enthaltene Belegungen von Symbolen nicht zu unterscheiden, vereinbaren wir folgende Bezeichnungen für nichtleere Teilmengen der Menge $\{0, 1\}$:

$$0 = \{0\}, \quad 1 = \{1\} , \quad \emptyset = \{0, 1\} .$$

Es möge ebenfalls $C = \{0, 1, \emptyset\}$ gelten. Auf diese Weise erhält man als ternäre n-stellige, m-komponentige Funktionen alle möglichen Darstellungen der Form

$$f: D_f \subseteq C^n \longrightarrow C^m .$$

Auf Intervallfunktionen sind offensichtlich beliebige mengentheoretische Operationen anwendbar; man kann auch über die Einschließung einer Intervallfunktion in eine andere, über die Zugehörigkeit einer solchen Funktion zu einer anderen u. dgl. sprechen. Im weiteren werden wir davon ohne irgendwelche zusätzliche Vorbehalte Gebrauch machen.

Von den Intervallfunktionen f und g sagen wir, daß g die Funktion f realisiert bzw. daß f durch die Funktion g realisiert wird, wenn $g \subseteq f$ gilt, d.h., wenn $g(u) \subseteq f(u)$ für ein beliebiges Intervall u aus dem Definitionsbereich von f gilt. Die überall definierte Funktion f: $X^- \longrightarrow Y^-$ wird monoton genannt, wenn für beliebige u und $v \in X^-$ gilt, daß aus $u \subseteq v$ $f(u) \subseteq f(v)$ folgt. Die Intervallfunktion f (die nicht unbedingt überall definiert ist) wird als quasimonoton bezeichnet, wenn sie durch eine bestimmte monotone Funktion realisiert wird. Offensichtlich ist eine Intervallfunktion dann und nur dann monoton oder quasimonoton, wenn jede ihrer Komponenten monoton bzw. quasimonoton ist.

<u>Satz</u>. Es sei f: $D_f \subseteq X^- \longrightarrow Y^-$ eine bestimmte einkomponentige Intervallfunktion und $k = |Y|$. Die Funktion f ist dann und nur dann quasimonoton, wenn für beliebige (nicht unbedingt verschiedene) Intervalle $u_1, \ldots, u_k \in D_f$ mit $u_1 \cap \ldots \cap u_k = u \neq \emptyset$ und $u \in D_f$ gilt, daß $f(u_1) \cap \ldots \cap f(u_k) \neq \emptyset$ ist.

<u>Beweis</u>. Die Bedingung ist notwendig. Die monotone Funktion g möge f realisieren. Dann kann man für die Intervalle u und u_i des Satzes $g(u) \subseteq g(u_i) \subseteq f(u_i)$ für jedes $i = 1, \ldots, k$ schreiben. Folglich ist $f(u_1) \cap \ldots \cap f(u_k) \supseteq g(u) \neq \emptyset$.

Die Bedingung ist hinreichend. Wir erweitern die Funktion f so zu einer überall definierten Funktion h, daß für beliebige $u_1, \ldots, u_k \in X^-$ aus $u_1 \cap \ldots \cap u_k \neq \emptyset$ folgt: $h(u_1) \cap \ldots \cap h(u_k) \neq \emptyset$. Offensichtlich ist, daß jede h realisierende Funktion g auch f realisiert. Deshalb ist es hinreichend, die Quasimonotonie von h zu zeigen. Wir benutzen das folgende Lemma.

Lemma. Wenn unter den Teilmengen $M_1, \ldots, M_l$ einer bestimmten k-elementigen Menge für $k < l$ beliebige k Teilmengen einen gemeinsamen Durchschnitt haben, dann haben alle Untermengen $M_1, \ldots, M_l$ einen gemeinsamen Durchschnitt.

Wenn man die Induktion bezüglich l durchführt und voraussetzt, daß beliebige (l - 1) Teilmengen Durchschnitte haben, aber $M_1 \cap \ldots \cap M_l = \emptyset$ gilt, kann man durch Einführen von Mengen $N_i = M_1 \cap \ldots \cap M_{i-1} \cap M_{i+1} \cap \ldots \cap M_l$ für $i = 1, \ldots, l$ tatsächlich sehen, daß jedes N_i nichtleer ist und alle N_i paarweise disjunkt sind - infolgedessen ist die gemeinsame Anzahl verschiedener Elemente in ihnen nicht kleiner als l, was aber wegen $k < l$ unmöglich ist.

Es seien $u_1, \ldots, u_e \in X^-$, $l > k$ und $u_1 \cap \ldots \cap u_l \neq \emptyset$. Dann haben beliebige k unter den $u_1, \ldots, u_l$ Intervallen Durchschnitte, und entsprechend der Eigenschaft der Funktion h haben auch beliebige k Intervalle unter den $h(u_1), \ldots, h(u_l)$ Durchschnitte. Folglich ist nach dem Lemma $h(u_1) \cap \ldots \cap h(u_l) \neq \emptyset$. Damit wurde gezeigt, daß für beliebige Intervalle $u_1, \ldots, u_l$ in X^- aus $u_1 \cap \ldots \cap u_l \neq \emptyset$ folgt, daß $h(u_1) \cap \ldots \cap h(u_l) \neq \emptyset$ gilt. Es sei $u \in X^-$. Wir betrachten alle jene Intervalle $u_1, \ldots, u_l$ in X^-, die u enthalten, und setzen $g(u) = h(u_1) \cap \ldots \cap h(u_l)$ voraus. Es ist leicht zu sehen, daß die damit definierte Funktion g monoton ist und h realisiert (und damit auch f), w.z.b.w.

Folgerung. Eine einkomponentige Ternärfunktion f ist dann und nur dann quasimonoton, wenn für zwei beliebige Intervalle u_1, u_2 in D_f aus $u_1 \cap u_2 \neq \emptyset$ und $u_1 \cap u_2 \in D_f$ folgt, daß $f(u_1) \cap f(u_2) \neq \emptyset$ gilt.

Unter einem Automaten wird ein endlicher Automat verstanden, der wie üblich durch ein Quintupel $\mathcal{A} = (A, Q, B, \psi, \varphi)$ gegeben ist, wobei A, Q und B endliche Alphabete sind, die entsprechend als Eingangsalphabet, als Zustandsmenge und als Ausgangsalphabet bezeichnet werden, während ψ und φ die Übergangs- bzw. Ausgangsfunktionen sind, die auf $A \times Q$ (nicht unbedingt überall) definiert sind und entsprechend Werte in Q bzw. B annehmen. Ein Automat $\mathcal{A}$ wird als Intervallautomat bezeichnet, wenn für ihn $A \subseteq X^-$, $Q \subseteq Z^-$, $B \subseteq Y^-$ für bestimmte Kreuzprodukte X, Z und Y gilt sowie ψ und φ Intervallfunktionen sind, die in den entsprechenden Bereichen definiert sind. Die Komponenten dieser Funktionen werden als strukturelle Übergangs- bzw. Ausgangsfunktionen des Automaten $\mathcal{A}$ bezeichnet. Ein Intervallautomat mit monotonen oder quasimonotonen Übergangs- und Ausgangsfunktionen wird als monotoner bzw. quasimonotoner Automat bezeichnet. Wenn in den Kreuzprodukten X, Z und Y alle Faktoren zusammenfallen und gleich einem bestimmten Alphabet M sind, dann wird der Automat $\mathcal{A}$ als Intervallautomat über M bezeichnet. Intervallautomaten über dem Alphabet $\{0, 1\}$ werden im weiteren als Ternärautomaten bezeichnet. Für einen Intervallautomaten $\mathcal{A}$ mit den strukturellen Übergangsfunktionen $\psi_1, \ldots, \psi_k$ und den strukturellen Ausgangsfunktionen $\varphi_1, \ldots, \varphi_m$ werden die Gleichungen

$$y_i = \varphi_i(x_1, \ldots, x_n, z_1, \ldots, z_k), \qquad i = 1, \ldots, m$$

$$z_j = \psi_j(x_1, \ldots, x_n, z_1, \ldots, z_k), \qquad j = 1, \ldots, k$$

als kanonische Gleichungen dieses Automaten bezeichnet, wobei n die Dimension des Vektors in X ist. Die darin enthaltenen Variablen $x_1, \ldots, x_n; z_1, \ldots, z_k; y_1, \ldots, y_m$ werden entsprechend als Eingangs-, innere und Ausgangsvariablen des Automaten $\mathcal{A}$ bezeichnet. Man sagt auch, daß letzterer n Eingänge, m Ausgänge und k Rückkopplungen besitzt.

11.3. Asynchrone Automaten und deren Funktionsweise nach Eichelberger

Ein Intervallautomat der Form $\mathcal{A} = (X^-, X^- \times Z^-, Y^-, \psi, \varphi)$, wobei für jede Kombination $(\beta, \alpha q) \in X^- \times (X^- \times Z^-)$ des zugehörigen Definitionsbereichs der Funktion ψ die Beziehung $\psi(\beta, \alpha q) = \beta s$ für ein bestimmtes $s \in Z^-$ gilt, wird als asynchroner Automat bezeichnet. Die Paare $xz \in X^- \times Z^-$ sind offensichtlich die Zustände des asynchronen Automaten $\mathcal{A}$. Die Komponente x wird als Eingangs- und die Komponente z als innerer Zustand des Automaten $\mathcal{A}$ bezeichnet. Um eventuelle Verwirrungen zu vermeiden, werden die Zustände eines asynchronen Automaten, d.h. die Paare $xz \in X^- \times Z^-$, manchmal als vollständige Zustände bezeichnet. Ein vollständiger Zustand xz wird als stabil bezeichnet, wenn $\psi(x, xz) = xz$. Die Paare von vollständigen Zuständen $(\alpha q,\ \beta s)$, die in $\mathcal{O}$ durch die Beziehung $\psi(\beta,\ \alpha q) = \beta s$ verknüpft sind, werden als Übergänge im Automaten $\mathcal{O}$ bezeichnet. Der Wert $\varphi(\beta,\ \alpha q)$ wird als Ausgangszustand des Automaten $\mathcal{O}$ beim Übergang $(\alpha q,\ \beta s)$ bezeichnet. Eine Tabelle, in der für jeden Übergang $(\alpha q,\ \beta s)$ im Automaten $\mathcal{O}$ dessen zugehöriger Ausgangszustand angegeben ist, wird als Automatentabelle bezeichnet. Die kanonischen Gleichungen eines asynchronen Automaten mit n Eingängen, m Ausgängen und k Rückkopplungen haben offensichtlich folgende Form:

$$y_i = \varphi_i(X,\ z^{(1)},\ z^{(2)}),\qquad i = 1,\ldots,m$$

$$z_c^{(1)} = X_c,\qquad\qquad\qquad c = 1,\ldots,n$$

$$z_j^{(2)} = \psi_j(X,\ z^{(1)},\ z^{(2)}),\qquad j = 1,\ldots,1,$$

wobei $1 = k - n$, $X = (x_1 \ldots x_n)$, $Z^{(1)} = (z_1^{(1)} \ldots z_n^{(1)})$, $Z^{(2)} = (z_1^{(2)} \ldots z_1^{(2)})$.

Wenn die Funktionen $\psi(\beta,\ \alpha q)$ und $\varphi(\beta,\ \alpha q)$ nur fiktiv von dem Argument α abhängen, wird der asynchrone Automat $\mathcal{O}$ als pseudoasynchroner Automat bezeichnet.

$\mathcal{O} = (X^-,\ X^- \times Z^-,\ Y^-,\ \psi,\ \varphi)$ sei ein beliebiger asynchroner Automat; es sei $\gamma \in X^-$ und $\alpha q \in X^- \times Z^-$. Wir bilden die Zustandsfolgen $w_1 w_2 \ldots$ und $v_1 v_2 \ldots$ der Zustände des Automaten $\mathcal{O}$, in denen $w_1 = v_1 = \alpha q$, $w_{i+1} = \psi^+(\gamma,\ w_i) \cup w_i$, $v_{i+1} = \psi^+(\gamma,\ v_i) \cap v_i$ für jedes $i = 1,\ldots$ und $f^{(+)}(u) = \bigcup_{v \subseteq u} f(v)$ gilt.

Entsprechend dem Aufbau der Zustandsfolgen gilt $w_1 \subseteq w_2 \subseteq \ldots$ und $v_1 \supseteq v_2 \supseteq \ldots$ Folglich kann man solche natürlichen s, $t \geqq 1$ finden, daß $w_s = w_{s+1}$ und $v_t = v_{t+1}$ gilt. Offensichtlich gilt $w_s = (\alpha \cup \gamma)p$ und $v_t = (\alpha \cap \gamma)c$ für bestimmte p, $c \in Z^-$, wobei $q \subseteq p$ und $c \subseteq q$ ist. Gemäß Definition nehmen wir an, daß gilt

$$A_\alpha(\gamma,\ \alpha q) = p,\qquad B_\alpha(\gamma,\ \alpha q) = c\ .$$

Die damit eingeführten Funktionen $A_\alpha \colon X^- \times (X^- \times Z^-) \longrightarrow Z^-$ und $B_\alpha \colon X^- \times (X^- \times Z^-) \longrightarrow Z^-$ werden entsprechend als Eichelberger-Prozeduren A und B für den Automaten $\mathcal{O}$ bezeichnet. Wir definieren durch sie die Darstellungen

$$\Psi \colon X^- \times (X^- \times Z^-) \longrightarrow X^- \times Z^-$$

$$\Phi \colon X^- \times (X^- \times Z^-) \longrightarrow Y^-$$

mit Hilfe der folgenden Beziehungen:

$$\Psi(\beta,\ \alpha q) = \beta B_\alpha(\beta,\ (\alpha \cup \beta)\, A_\alpha(\alpha \cup \beta,\ \alpha q))$$

$$\Phi(\beta,\ \alpha q) = \varphi^+(\alpha \cup \beta,\ (\alpha \cup \beta)\, A_\alpha(\alpha \cup \beta,\ \alpha q))\ .$$

Wir bezeichnen sie als die Eichelberger-Übergangs- bzw. -Ausgangsfunktionen des Automaten $\mathcal{O}$. Der durch sie gegebene asynchrone Automat $(X^-, X^- \times Z^-, Y^-, \Psi, \Phi)$ wird als Eichelberger-Modell des Automaten $\mathcal{O}$ bezeichnet, während seine Funktionsweise, d.h. die Menge von Quadrupeln $(\beta,\ \alpha q,\ \Psi(\beta,\ \alpha q)\, \Phi(\beta,\ \alpha q))$ für alle $\beta \in X^-$ und $\alpha q \in X^- \times Z^-$, als Funktionsweise des Automaten $\mathcal{O}$ nach Eichelberger bezeichnet wird. Der Teil dieser Menge, der aus Quadrupeln mit stabilen Zuständen αq besteht, d.h., mit solchen αq, für die $\Psi(\alpha,\ \alpha q) = \alpha q$ gilt, wird als Funktionsweise des Automaten $\mathcal{O}$ nach Eichelberger bei stabilen Zuständen bezeichnet. Entsprechend wird ein Automat $(X^-, W, Y^-, \Psi, \Phi)$, in dem W die Menge vollständiger stabiler Zustände des Automaten $\mathcal{O}$ und Ψ', Φ' Einschränkungen der Funktionen Ψ, Φ auf $X^- \times W$ sind, als Eichelberger-Modell des Automaten $\mathcal{O}$ bei stabilen Zuständen bezeichnet. Wenn die Funktion $\Phi(\beta,\ \alpha q)$ nur fiktiv vom Argument q abhängt, wird der Automat $\mathcal{O}$ als kombinatorischer Automat bezeichnet, und seine Funktionsweise nach Eichelberger entartet zu einer Menge von Tripeln der Form $(\beta,\ \alpha,\ f(\alpha \cup \beta))$ für $\alpha, \beta \in X^-$ und $f \colon X^- \longrightarrow Y^-$. Automaten, die keine kombinatorischen Automaten sind, werden als sequentielle Automaten bezeichnet.

Man sagt, daß der Automat $\mathcal{A} = (X^-,\ X^- \times Z^-,\ Y^-,\ \psi,\ \varphi)$ durch den Automaten $\mathcal{B} = (X^-,\ X^- \times U^-,\ Y^-,\ \psi',\ \varphi')$ realisiert wird, wenn eine Abbildung $\varrho : Z^- \longrightarrow U^-$ der Art existiert, daß gilt

$$\psi'(\beta,\alpha\,\varrho(q)) \cong \varrho(\psi(\beta,\alpha\,q))$$

$$\varphi'(\beta,\alpha\,\varrho(q)) \cong \psi(\beta,\alpha\,q)\ .$$

In diesem Fall wird ϱ als Abbildung der Realisierung des Automaten $\mathcal{A}$ durch den Automaten $\mathcal{B}$ bezeichnet. Der Automat $\mathcal{A}$ ist homomorph zum Automaten $\mathcal{B}$, wenn eine Abbildung $\eta : U^- \longrightarrow Z^-$ der Art existiert, daß gilt $\eta(U^-) = Z^-$ und

$$\eta\,(\psi'(\beta,\alpha\,q)) = \psi(\beta,\alpha\,\eta(q'))$$

$$\varphi'(\beta,\alpha\,q') \quad = \varphi\,(\beta,\alpha\,\eta\,(q'))\ .$$

Der Automat $\mathcal{A}$ wird durch den Automaten $\mathcal{B}$ dargestellt, wenn $\mathcal{A}$ zu einem bestimmten Unterautomaten des Automaten $\mathcal{B}$ homomorph ist.

11.4. Funktionelle Schaltnetzwerke

Bei der Definition eines funktionellen Schaltnetzwerks folgen wir im wesentlichen der Definition eines logischen Netzes in [2]. Funktionelle Schaltnetzwerke werden aus funktionellen Elementen aufgebaut. Letztere sind Quadrupel von Objekten der Form $e = (A, B, P, \mathcal{A})$, wobei A und B endliche Mengen von Eingängen bzw. Ausgängen eines Elements sind; P ist ein Satz natürlicher Zahlen, die den Ausgängen in B zugeordnet sind und deren Belastungsfähigkeit bezeichnen, und $\mathcal{A}$ ist ein asynchroner monotoner Automat mit Eingangs- und Ausgangsvariablen, die eineindeutig den Ein- bzw. Ausgängen aus den Mengen A und B zugeordnet sind. Das Alphabet der Werte einer Variablen, die einem bestimmten Ein- oder Ausgang eines Elements entspricht, wird als Zustandsalphabet dieser Variablen bezeichnet. Ein Element wird als kombinatorisch oder sequentiell in Abhängigkeit davon bezeichnet, ob sein Automat $\mathcal{A}$ kombinatorisch oder sequentiell ist. Außerdem wird, wenn $\mathcal{A}$ ternär ist, auch das Element e als ternär bezeichnet.

Funktionelle Schaltnetzwerke werden aus Elementen durch Gleichsetzen ihrer Eingänge bzw. Ausgänge mit identischen Zustandsalphabeten so aufgebaut, daß niemals zwei Ausgänge von Elementen gleichgesetzt werden und daß die Zahl der Eingänge von Elementen, die mit einem bestimmten Ausgang eines Elements identisch sind, dessen Belastbarkeit nicht übersteigt. Die Ein- bzw. Ausgänge der Elemente im Schaltnetzwerk werden auch als Knoten des gegebenen Schaltnetzwerks bezeichnet. Dabei werden alle identischen Ein- bzw. Ausgänge von Elementen als ein Knoten des Schaltnetzwerks betrachtet, und deren gemeinsames Zustandsalphabet wird als Zustandsalphabet dieses Knotens angenommen. Bestimmte Knoten des Schaltnetzwerks werden als seine Ausgänge gekennzeichnet, und die Knoten des Schaltnetzwerks, die keine Ausgänge seiner Elemente sind, werden als Eingänge dieses Schaltnetzwerks bezeichnet.

Jedem Knoten des funktionellen Schaltnetzwerks wird eine der Variablen mit Werten im Alphabet der Zustände dieses Knotens zugeordnet, wobei verschiedenen Knoten verschiedene Variablen zugeordnet werden. Diejenigen, die den Ein- oder Ausgängen des Schaltnetzwerks zugeordnet sind, werden entsprechend als Eingangs- bzw. Ausgangsvariablen bezeichnet. Jedem Element des Schaltnetzwerks entspricht ein System kanonischer Gleichungen seines Automaten, in dem anstelle der Eingangs- und Ausgangsvariablen die Variablen auftauchen, die im Schaltnetzwerk den entsprechenden Ein- und Ausgängen des Elements zugeordnet sind, und alle inneren Variablen unterscheiden sich von den Variablen in den Gleichungen der anderen Elemente.

Die Gesamtheit aller Gleichungen, die auf diese Weise in Übereinstimmung mit den Elementen des funktionellen Schaltnetzwerks N aufgestellt wurden, ist offensichtlich ein System von kanonischen Gleichungen eines bestimmten asynchronen monotonen Automaten. Wir werden diesen Automaten als dem Schaltnetzwerk N entsprechend bezeichnen. Diesem Automaten kann man ein Eichelberger-Modell gegenüberstellen, das wir als Eichelberger-Modell des gegebenen Schaltnetzwerks bezeichnen werden. Die Funktionsweise dieses Modells wird als

Funktionsweise des Schaltnetzwerks N nach Eichelberger bezeichnet. Auf funktionelle Schaltnetzwerke werden auch alle anderen Begriffe erweitert, die für die ihnen entsprechenden
Automaten definiert werden. Insbesondere werden funktionelle Schaltnetzwerke, denen kombinatorische Automaten entsprechen, als kombinatorische Schaltnetzwerke bezeichnet; alle
anderen Schaltnetzwerke werden als sequentiell bezeichnet.

11.5. Analyse

Von Analyse sprechen wir hier, wenn wir die Funktionsweise des Schaltnetzwerks ermitteln,
d.h. die kanonischen Gleichungen des Schaltnetzwerks angeben. Das mit der oben beschriebenen Methode aufgebaute System kann sich als unnötig umfangreich erweisen. Mit Hilfe der
folgenden drei Operationen wird es vereinfacht.

1. Gleichsetzen nicht zu unterscheidender Variablen

Innere Variablen werden nichtunterscheidbar genannt, wenn die rechten Seiten ihrer kanonischen Gleichungen zusammenfallen. Das Gleichsetzen solcher Variablen besteht darin, daß
sie in allen Gleichungen des Systems durch eine Variable ersetzt und die sich dadurch ergebenden identischen Gleichungen ausgeschlossen werden.

2. Ausschließen von unerreichbaren Variablen

U bezeichne die Menge aller inneren Variablen, die (wesentlich) in die rechten Teile der
kanonischen Gleichungen des Schaltnetzwerks eingehen. Die Variablen in U werden als
Speichervariablen des Schaltnetzwerks bezeichnet. Wir definieren eine Teilmenge $U_0 \subseteq U$
mit Hilfe der folgenden induktiven Definition:

a) Die Variablen in U aus den Gleichungen für die Ausgangsvariablen gehören zu U_0.
b) Wenn $u \in U_0$ gilt, gehören die Variablen in U aus den Gleichungen für u ebenfalls zu U_0.
c) Andere Variablen gibt es in U_0 nicht.

Die Variablen in U_0 werden als erreichbar bezeichnet, während die nicht zu U_0 gehörenden inneren Variablen als unerreichbar (von den Ausgangsvariablen) bezeichnet werden. Das
Ausschließen von unerreichbaren Variablen besteht darin, daß aus dem kanonischen System
alle Gleichungen für diese Variablen ausgeschlossen werden.

3. Superposition

Wir bauen einen Graphen G für die Abhängigkeit der Variablen in U_0 auf; die Knoten des
Graphen G sind Variablen in U_0, und ein Variablenpaar $u_1 \cdot u_2$ ist eine Kante in G, wenn u_2
in die Gleichung für u_1 eingeht (d.h. u_1 hängt von u_2 ab). Eine Teilmenge von Knoten des
Graphen G bezeichnen wir als seine ausschließende Menge, wenn jeder Zyklus des gegebenen Graphen wenigstens einen dieser Knoten enthält. Die Teilmenge der Speichervariablen
des Schaltnetzwerks, die alle Knoten einer ausschließenden Menge des Graphen G enthält,
wird als ausschließende Menge des gegebenen Schaltnetzwerks bezeichnet. Eine ausschließende Menge minimaler Mächtigkeit wird als kleinste Menge bezeichnet. Nachdem eine bestimmte ausschließende Menge von Variablen V des Schaltnetzwerks festgelegt wurde, können alle Ausgangs- und inneren Variablen des Schaltnetzwerks durch seine Eingangsvariablen
und die Speichervariablen der Menge V ausgedrückt werden, indem man in die rechten Teile.
der kanonischen Gleichungen anstelle der restlichen Speichervariablen ihre Ausdrücke aus
den ihnen entsprechenden Gleichungen einsetzt. Danach kann jede Gleichung, die auf eine
innere Variable bezogen ist, die nicht zu V gehört, aus dem kanonischen System wie eine
Gleichung ausgeschlossen werden, die von den Ausgangsvariablen unerreichbar ist. Die auf
diese Weise erfolgte Umbildung des Gleichungssystems bezeichnen wir als Superposition
nach der ausschließenden Menge V. Superpositionen nach den kleinsten ausschließenden
Mengen führen offensichtlich zu Systemen mit einer minimalen Anzahl kanonischer Gleichungen. Die für sie geforderten ausschließenden Mengen des Graphen G kann man als kleinste

Spaltenüberdeckungen der Zyklenmatrix dieses Graphen erhalten. Algorithmen zum Aufbau solcher Überdeckungen kann man z. B. in [3] [4] finden.

Die eingeführten Operationen sind keine äquivalenten Transformationen; ein Automat, der durch ein als Ergebnis der Umformungen entstandenes Gleichungssystem gegeben ist, wird im allgemeinen nicht den Automaten darstellen, der durch das Ausgangssystem gegeben ist. Anders gesagt: Wenn man das kanonische Gleichungssystem des Schaltnetzwerkes mit Hilfe der angegebenen Operationen vereinfacht, kann die Vorstellung von seiner Funktionsweise verlorengehen. Dies passiert jedoch nicht, wenn von der Funktionsweise eines Schaltnetzwerks nach Eichelberger bei stabilen Zuständen gesprochen wird. Dies ergibt sich aus dem folgenden Satz.

Satz. Ein kanonisches Gleichungssystem 1 eines Automaten α_1 sei aus einem kanonischen System P eines monotonen Automaten α_2 durch Superposition, durch Gleichsetzen von nicht-unterscheidbaren und Ausschließen von unerreichbaren Variablen hervorgegangen, und die Automaten $\mathcal{B}_1$ und $\mathcal{B}_2$ seien Eichelberger-Modelle mit den stabilen Zuständen der Automaten α_1 bzw. α_2. Dann wird $\mathcal{B}_2$ durch den Automaten $\mathcal{B}_1$ dargestellt.

Beweis. Wir beweisen das Theorem für die Superposition. Bezüglich der anderen Operationen wird das Theorem analog bewiesen. Ohne Beschränkung der Allgemeinheit mögen die Systeme 1 und 2 folgende Form haben:

$$1.\ y\ = g(x,\ z_1,\ f_2(x,\ z_1)) \qquad\qquad 2.\ y\ = g(x,\ z_1,\ z_2)$$

$$z_2 = f_1(x,\ f_2(x,\ z_1)) \qquad\qquad z_1 = f_1(x,\ z_2)$$

$$z_2 = f_2(x,\ z_1)\ .$$

W_1 und W_2 sollen die Mengen der vollständigen stabilen Zustände der Automaten α_1 bzw. α_2 bezeichnen; Ψ_1, Φ_1 und Ψ_2, Φ_2 seien entsprechend die Übergangs- und Ausgangsfunktionen der Automaten $\mathcal{B}_1$ und $\mathcal{B}_2$. Wir betrachten ein beliebiges $\delta_q \in W_2$. In ihm ist δ der Wert einer Variablen x, $q = q_1 q_2$, und q_1, q_2 sind entsprechend die Werte der Variablen z_1, z_2. Aus der Stabilität von δq in α_2 folgt $q_1 = f_1(\delta,\ q_2)$ und $q_2 = f_2(\delta,\ q_1)$, infolgedessen gilt:

$$g(\delta,\ q_1 f_2(\delta,\ q_1)) = g(\delta,\ q)$$

$$f_1(\delta,\ f_2(\delta,\ q_1))\ = f_1(\delta,\ q_2) = q_1,$$

d. h. $\delta q_1 \in W_1$ und $\varphi_1(\delta,\ \delta q_1) = \varphi_2(\delta,\ \delta q)$, wobei φ_1 und φ_2 entsprechend die Funktionen der Ausgänge der Automaten α_1 und α_2 sind. Außerdem kann man im Fall monotoner Übergangsfunktionen der Automaten α_1 und α_2 zeigen, daß, falls $\delta \leqq \gamma$ oder $\gamma \leqq \delta$ ist und ε_1 und ε_2 Eichelberger-Prozeduren A bzw. B der Automaten α_1 bzw. α_2 sind, $\varepsilon_1(\gamma,\ \delta q_1)$ die erste Komponente in dem Paar ist, das den Wert $\varepsilon_2(\gamma, \delta q)$ hat.

Somit ist dann, wenn α und β Eingangssymbole der betrachteten Automaten sind sowie $\alpha q \in W_2$ und $p = p_1 p_2 = A_{\alpha_2}(\alpha \cup \beta,\ \alpha q)$ gilt, $p_1 = A_{\alpha_1}(\alpha \cup \beta,\ \alpha q_1)$ gültig, und wegen $(\alpha \cup \beta) p \in W_2$ und der Monotonie der Funktionen φ_1 und φ_2 kann man schreiben

$$(\alpha \cup \beta) p_1 \in W_1\ \Phi_1(\beta,\ \alpha q_1) = \varphi_1(\alpha \cup \beta,\ (\alpha \cup \beta) p_1) = \varphi_2(\alpha \cup \beta,\ (\alpha \cup \beta) p) = \Phi_2(\beta,\ \alpha q)\ .$$

Wenn außerdem $s = s_1 s_2 = B_{\alpha_2}(\beta(\alpha \cup \beta) p)$ gilt, dann ist $s_2 \in B_{\alpha_2}(\beta,\ (\alpha \cup \beta) p_1)$, und wegen $\beta s \in W_2$ kann man schreiben $\Psi_1(\beta,\ \alpha q_1) = \beta \cdot s_1 \in W_1$.

W möge aus all jenen vollständigen stabilen Zuständen αq_1 des Automaten α_1 bestehen, für die es in α_2 einen vollständigen stabilen Zustand der Form αq gibt, wobei $q = q_1 q_2$ für ein bestimmtes q_2 gilt. Dann folgt aus dem oben Geschriebenen unmittelbar, daß die Teilmenge $X^- \times W \subseteqq X^- \times W_1$ in $\mathcal{B}_1$ einen Teilautomaten erzeugt, der homomorph auf den Automaten $\mathcal{B}_2$ abgebildet wird, d. h., $\mathcal{B}_1$ stellt tatsächlich $\mathcal{B}_2$ dar, w. z. b. w.

11.6. Synthese

Gemeint ist die Synthese funktioneller Schaltnetzwerke, die vorgegebene quasimonotone asynchrone Automaten realisieren. Bezüglich der letzteren wird vorausgesetzt, daß ihre Eingangs- und Ausgangszustände Intervalle binärer Belegungen sind, d. h. Belegungen von Symbolen aus $C = \{0, 1, \emptyset\}$, und die inneren Zustände sind Symbole eines bestimmten abstrakten Alphabets Q, die mit seinen einelementigen Teilmengen gleichgesetzt werden. Damit werden Intervallautomaten folgender Form betrachtet:

$$\mathcal{A} = (C^n, C^n \times Q, C^m, \psi, \varphi) \ .$$

Dabei sind ψ und φ quasimonotone Funktionen. Man sagt, daß der Automat $\mathcal{A}$ durch ein funktionelles Schaltnetzwerk N realisiert wird, wenn er durch das Eichelberger-Modell des Automaten realisiert wird, der diesem Schaltnetzwerk entspricht. Ein quasimonotoner Automat $\mathcal{A}$ wird normal genannt, wenn in ihm

$$\psi^+(\beta, (\alpha \cup \beta) A_{\mathcal{A}}(\alpha \cup \beta, \alpha q)) = \psi(\beta, \alpha q) = \beta s$$

$$\varphi^+(\alpha \cup \beta, (\alpha \cup \beta) A_{\mathcal{A}}(\alpha \cup \beta, \alpha q)) = \varphi(\beta, \alpha q)$$

für einen beliebigen Übergang $(\alpha q, \beta s)$ gilt. Offensichtlich wird jeder normale Automat durch sein Eichelberger-Modell dargestellt.

Die Aufgabe wird wie folgt gestellt: Gegeben ist ein normaler Automat $\mathcal{A}$ der gezeigten Form und eine vollständige Elementebasis K; gefordert ist, aus den Elementen in K ein funktionelles Schaltnetzwerk N aufzubauen, das $\mathcal{A}$ realisiert.

Die Aufgabe wird mit der kanonischen Methode [5] gelöst, die bekanntlich aus mehreren Etappen besteht:

1. Kodierung der inneren Zustände des Automaten $\mathcal{A}$, die als eine bestimmte Abbildung $\varrho : Q \longrightarrow C^l$ für $l \geqq 1$ verstanden wird
2. Konstruktion der strukturellen Übergangs- und Ausgangsfunktionen des geeigneten quasimonotonen pseudoasynchronen Automaten $\mathcal{B} = (C^n \varrho(Q), C^m, (\psi_1 \ldots \psi_1), (\varphi_1 \ldots \varphi_m))$ bei ausgewählter Kodierung
3. Synthese eines kombinatorischen Schaltnetzwerks S in der Basis K, das die Strukturfunktionen $\psi_1, \ldots, \psi_1, \varphi_1, \ldots, \varphi_m$ des Automaten $\mathcal{B}$ realisiert.

Nachdem diese Etappen ausgeführt wurden, erhält man das gesuchte Schaltnetzwerk N durch Schließen der Rückkopplungen in S entsprechend den kanonischen Gleichungen des Automaten $\mathcal{B}$.

Die Kodierung ϱ der inneren Zustände des Automaten $\mathcal{A}$ und der gleichzeitige Aufbau der Kodierung der Strukturfunktionen des Automaten $\mathcal{B}$ werden so verwirklicht, daß das Eichelberger-Modell eines beliebigen Automaten $\mathcal{B}' = (C^n, C^l, C^m, (\psi_1' \ldots \psi_1'), (\varphi_1' \ldots \varphi_m'))$, in dem alle Funktionen ψ_j' und φ_i' monoton sind und entsprechend die Funktionen ψ_j'' und φ_i realisieren, den gegebenen Automaten $\mathcal{A}$ bei einer Realisierungsabbildung realisiert. (Was den Automaten $\mathcal{B}$ betrifft, so darf sein Eichelberger-Modell auch $\mathcal{A}$ nicht realisieren.)

Es sei für einen beliebigen Übergang $t = (\alpha q, \beta s)$ im Automaten $\mathcal{A}$:

$$\langle t \rangle = A_{\mathcal{A}}(\alpha \cup \beta, \alpha q), \qquad \varrho \langle t \rangle = \bigcup_{\vartheta \in \langle t \rangle} \varrho \ (v), \qquad \varphi(t) = \varphi(\beta, \alpha q) \ ;$$

dann wird die notwendige Kodierung der inneren Zustände des Automaten $\mathcal{A}$ als eine solche Abbildung $\varrho : Q \longrightarrow C^l$ definiert, bei der für beliebige zwei Übergänge $t_1 = (\alpha_1 q_1, \beta_1 s_1)$ und $t_2 = (\alpha_2 q_2, \beta_2 s_2)$ in $\mathcal{A}$ folgender Satz erfüllt ist:

Wenn

$$\beta_1 \cap \beta_2 \neq \emptyset \qquad \text{und} \qquad s_1 \neq s_2$$

oder

$$\beta_1 \cap (\alpha_2 \cup \beta_2) \neq \emptyset \qquad \text{und} \qquad s_1 \notin \langle t_2 \rangle$$

oder

$$(\alpha_1 \cup \beta_1) \cap (\alpha_2 \cup \beta_2) \neq \emptyset \qquad \text{und} \qquad \varphi(t_1) \cap \varphi(t_2) = \emptyset \ ,$$

dann gilt

$$\varrho \langle t_1 \rangle \cap \varrho \langle t_2 \rangle = \emptyset \; .$$

Die Existenz und die Möglichkeit des Aufbaus der Kodierung mit bekannten Methoden ergibt sich unmittelbar aus den Eigenschaften der Normalität des Automaten $\mathcal{O}$ und der Stabilität des Zustands $(\alpha_2 \cup \beta_2) \langle t_2 \rangle$.

Die Strukturfunktionen $\psi_1, \ldots, \psi_l$ für die Übergänge und $\varphi_1, \ldots, \varphi_m$ für die Ausgänge des Automaten $\mathcal{B}$ werden durch Intervallmengen gegeben, in denen sie die Werte 0 und 1 annehmen, und nach den folgenden Regeln a bis d aufgebaut, die für jeden Übergang $t = (\alpha q, \beta s)$ in $\mathcal{O}$ erfüllt werden:

a) Wenn $\varrho \langle t \rangle [j] = c$ gilt, dann ist $(\alpha \cup \beta) \varrho \langle t \rangle \in U^c_{\psi_j}$.

b) Wenn $\varrho (s) [j] = c$ gilt, dann ist $\beta \varrho \langle t \rangle \in U^c_{\psi_j}$.

c) Wenn $\varphi (t) [i] = c$ gilt, dann ist $(\alpha \cup \beta) \varrho \langle t \rangle \in U^c_{\varphi_i}$.

d) Andere Intervalle in $U^c_{\psi_j}$ und $U^c_{\varphi_i}$ gibt es nicht.

Hier ist $c \in \{0, 1\}$, $j \in \{1, \ldots, l\}$, $i \in \{1, \ldots, m\}$; $a[k]$ bezeichnet die k-te Komponente des Vektors a und U^c_f die Menge von Intervallen, in denen $f = c$ gilt.

Es zeigt sich, daß die so aufgebauten Funktion ψ_j und φ_i quasimonoton sind.

Die Synthese eines kombinatorischen Schaltnetzwerks S, das die Strukturfunktionen des Automaten $\mathcal{B}$ realisiert, wird mit Dekompositionsmethoden ausgeführt, wie sie in [6] dargelegt sind.

12. Algorithmische Strukturbeschreibung von Kommunikationsprozessen

S. Gerber, K. Haubold

12.1. Einführung

Beim klassischen Rechnermodell nach Neumann und Gluškov werden die aktiven Funktionseinheiten bekanntlich in einen Verarbeitungs- und einen Steuerteil unterteilt.

Die Funktionseinheiten des Verarbeitungsteils führen die Elementaroperationen des Rechners durch.

Die Funktionseinheiten der Steuerungsteile legen die Reihenfolge der auszuführenden Elementaroperationen und die Zuordnung der Speicher gemäß einem gegebenen Programm fest [3]. Moderne Rechnerkonzepte gehen von einem System von Prozessoren (Verarbeitungsprozessoren, Ein- und Ausgabeprozessoren u.a.) aus, die miteinander in Kommunikation treten und dadurch den gewünschten Berechnungsprozeß realisieren. Der Steuerungsteil umfaßt dabei sowohl die im allgemeinen dezentrale Steuerung der einzelnen Prozessoren als auch die Steuerung der Kommunikation zwischen den Prozessoren. Dabei sei dahingestellt, ob diese Steuerung als Hardware oder als Software realisiert ist. Wichtig dagegen ist die Steuerungsstruktur, die nach gewissen Hierarchieprinzipien aufgebaut wird [10].

Eine analoge Situation ergibt sich bei der Betrachtung von Betriebssystemen für derartige Rechner. Als Kern des Betriebssystems stellt sich die Steuerung der Kommunikation realer oder virtueller Prozessoren bzw. Prozesse dar, die die Peripherie des Betriebssystems bilden und solche Verarbeitungsprozesse wie Compiler, Verbinder, aber auch Nutzerprogramme als Prozeßbeschreibungen umfassen. Betriebssystem und Rechner können damit in einem einheitlichen Prozeßmodell beschrieben werden [5] [9].

Dasselbe Prozeßmodell kann aber prinzipiell auch beim Entwurf digitaler Steuerungen zugrunde gelegt werden. Hier ist der zu steuernde Prozeß in geeigneter Weise in Teilprozesse zu zerlegen, und es sind entsprechende Kommunikationssignale einzuführen. Die zu beschreibende Steuerung hat im wesentlichen den Kommunikationsprozeß zum Gegenstand.

Die in Rechner- und Steuerungssystemen im Dialog mit ihrer Umwelt ablaufenden Vorgänge lassen sich also als Kommunikationsprozesse zwischen den beteiligten Systemkomponenten (Prozessoren oder Prozesse) auffassen [12]. Dabei interessieren uns diese Komponenten nur hinsichtlich ihres Verhaltens innerhalb der Kommunikation. Es ist völlig gleichgültig, ob es sich dabei um reale Prozessoren, durch Software realisierte virtuelle Prozessoren, Nutzerprogramme, real ablaufende Prozesse, fiktive Abhängigkeiten, Dialog-Ein- und -Ausgaben oder Teilprozesse der Kommunikation selbst handelt. Wir werden sie daher im weiteren Prozesse nennen.

Der Ablauf solcher Kommunikationsprozesse erzeugt Folgen von Zustandsübergängen, die wir uns in einem Speicher als Belegungen dokumentiert denken. Die Beschreibung eines Kommunikationsprozesses verlangt demnach die Angabe einer Vorschrift zur Erzeugung der entsprechenden Folgen von Speicherbelegungen, d.h. der Prozeßprotokolle.

Während der Kommunikation können verschiedene Teilprozesse gleichzeitig oder nebenläufig ablaufen; andere Teilprozesse (z.B. Eingabevorgänge) sind in ihrem Verhalten nicht eindeutig festlegbar oder besitzen unterschiedliche Ausführungsmöglichkeiten. Man wird demnach nicht damit rechnen können, die durch die Kommunikation erzeugten Zustandsübergänge eindeutig in eine strenge Zeitordnung zu zwingen. Es wird vielmehr ein nicht notwendig eindeutiges Kausalgefüge entstehen, bei dem die einzelnen Zustandsübergänge im Ursache-Wirkungs-Verhältnis stehen und eine Ursache mehrere unterschiedliche Wirkungen haben kann. Wir benutzen deshalb zur Beschreibung der Kommunikationsprozesse ein nichtdeterministisches Modell, d.h., wir betrachten jeweils Mengen von Prozeßprotokollen als Belegungsfolgen eines fiktiven Speichers.

Bei jedem realen Kommunikationsvorgang wird eines dieser Prozeßprotokolle durchlaufen. Für die Prozeßbeschreibung sei es gleichgültig, ob dies vorausbestimmbar ist oder nicht.

Letzteres wird z.B. dann eintreten, wenn Teilprozeßabläufe für sich oder untereinander von
Einflüssen abhängen, die im Rahmen der zu beschreibenden Kommunikation nicht erfaßt
werden.

Zur Beschreibung der Zustandsübergänge werden Operationen benötigt, die die Belegungsänderung des fiktiven Speichers bewirken. Zur Erzeugung der Prozeßprotokolle sind Manipulationen an den Folgen von Zustandsübergängen auszuführen. Wir werden dabei zunächst
offenlassen, wie die Speicherinhalte beschaffen sind und wie diese erzeugt werden. Später
sollen hier, auf die Verhältnisse bei Steuerungsprozessen Bezug nehmend, Boolesche Werte
und Ausdrücke als Verarbeitungssprache betrachtet werden. Zunächst soll aber die Struktur
der Kommunikationsprozesse beschrieben werden. Dazu wird eine Rahmensprache angegeben,
deren Wörter (hier als Programme bezeichnet) die syntaktische Charakterisierung der Kom-
munikationsstruktur darstellen. Bei der Interpretation der Programme entstehen Mengen
von Prozeßprotokollen als Belegungsfolgen des fiktiven Speichers.

Diese Rahmensprache kann je nach Einsatzgebiet mit einer geeigneten, weitgehend frei
wählbaren Verarbeitungssprache verbunden werden. Ausgehend von den Ausdrucksmöglich-
keiten der Rahmensprache können weitere Sprachebenen eingeführt werden, je nachdem,
welche Beschreibungsstufe gewünscht wird. Damit stehen für unterschiedliche Entwurfs-
stufen digitaler Steuerungen z.B. unterschiedliche Ausdrucksmittel zur Verfügung, die jeweils auf die Rahmensprache als einheitliche Basis transformierbar sind. Es wäre aber auch
denkbar, für unterschiedliche Teilprozesse als Kommunikationspartner unterschiedliche
Sprachebenen zu verwenden, sofern diese nur auf die gemeinsame Basis zurückführbar sind.

Es sollen hier einige Elemente einer solchen Rahmensprache vorgestellt und an Beispielen deren Anwendung demonstriert werden. Zur Beschreibung der Prozeßprotokolle gehen
wir dabei aus von partiellen Belegungen einer Menge von Variablen (Adressen oder Namen)
mit Elementen einer zunächst noch nicht näher bestimmten Wertmenge (Signale, Meßwerte,
Zahlwerte, Programme u.a.). Auf der Menge dieser Belegungen bzw. der daraus gebildeten
Folgen werden die Operationen Überlagerung (Überspeicherung einer Belegung durch eine
andere), Sequentialisierung (sequentielles Verketten zweier Belegungsfolgen) und Konkurrenz
(verzahntes Verketten zweier Belegungsfolgen nach dem Shuffle-Produkt) eingeführt. Die
Kommunikationsprozesse selbst werden inhaltlich durch Funktionen repräsentiert, die den
vorher eingeführten Belegungen als Initialzustände Mengen von Belegungsfolgen zuordnen.
Die vorgenannten Operationen werden anschließend auf diese Funktionen übertragen.

Die syntaktische Charakterisierung der Kommunikation erfolgt durch Programme, die
ausgehend von Prozeßkonstanten und Prozeßvariablen zusammengesetzt werden und durch
bedingte Prozeßausführung, Verzweigung, Hintereinanderausführung, parallele Prozeßfüh-
rung und Modularisierung von Teilprozessen entstehen. Zur Interpretation der aus diesen
Sprachelementen gebildeten Prozeßbeschreibungen wird jedem dieser Programme eindeutig
eine Funktion der oben angegebenen Art zugeordnet, die dann in Abhängigkeit von der Anfangsbelegung (Initialzustand) die jeweiligen Belegungsfolgen (Prozeßprotokolle) erzeugt.
Diese Interpretation entspricht der üblichen Abarbeitung von Programmen durch ein Mehr-
prozessorsystem.

Durch Vergleich der semantischen Interpretationsfunktionen werden Äquivalenz- und
Pseudoäquivalenzrelationen für Programme eingeführt und syntaktische Umformungen zwischen äquivalenten bzw. pseudoäquivalenten Programmen ermöglicht. Dabei sind in bestimmter Weise Normalformdarstellungen zu erreichen, die die Übersichtlichkeit des beschriebenen Kommunikationsprozesses verbessern.

Die angegebenen Elemente der Rahmensprache entsprechen einer abstrakten Strukturebene, die zwar auf jedem Beschreibungsniveau verwendet werden kann, aber in vielen Fällen der Problemstellung nicht angepaßt sein dürfte. Man wird deshalb zweckmäßigerweise
eine der gewählten Beschreibungsstufe bzw. der gegebenen Problemstellung angepaßte Makro-
bildung vornehmen. Die Sprachelemente der Rahmensprache bilden dann eine gemeinsame
Bezugsbasis, über die mögliche Sprachtransformationen und die Interpretation erfolgen. An
Beispielen wird die Wirkungsweise von Makrokonstruktionen demonstriert. Der Verarbeitungsteil der Sprache ist dann jeweils so zu formulieren, daß die der entsprechenden Be-
schreibungsebene adäquate Ausdrucksfähigkeit sichergestellt wird. Auf jeder Ebene sind nur
die Programme für die strukturell zu beschreibenden Teilprozesse anzugeben. Die restlichen

Teilprozesse können ohne Kenntnis ihrer Struktur bereits funktionell über Konstanten benutzt werden. Außerdem ist eine Blockstrukturierung durch ein Unterprogrammkonzept möglich.

Für die oben angegebenen Sprachelemente wurden am Beispiel einer einfachen Verarbeitungssprache, die die hier verwendete beinhaltet, mit Hilfe eines Sprachverarbeitungssystems aus den Programmen der Rahmensprache semantiktreue Maschinenprogramme eines virtuellen Mehrprozessorsystems erzeugt und anschließend durch EC-1040-Assembler-Programme interpretiert.

Die eingeführten Sprachelemente sind als gemeinsame Basis für unterschiedliche Notationsformen von Kommunikationsprozessen anzusehen. Da die in der Rahmensprache formulierten Prozeßbeschreibungen gleichzeitig als Rechnerprogramme interpretiert bzw. in solche formal transformiert werden können, kommt diese Notationsform insbesondere rechnergestützten Entwurfsverfahren für Kommunikationsprozesse entgegen.

Als Beispiel für eine Verarbeitungssprache wurden Ausdrucksmenge und Wertemenge auf einer zweibasigen semantischen Struktur konkretisiert, die typisch für Steuerungsprozesse ist. Grundmengen sind dabei die ganzen Zahlen GZ (z. B. für Zähler) und die Wortmenge $M^* = \{0, 1, \emptyset\}^*$, die zur Darstellung von Belegungen der Steuervariablen in der Art von Ternärvektoren verwendet wird. Die Werte 0 und 1 entsprechen wie üblich den bekannten logischen Werten, und $\emptyset$ steht für die Menge $\{0, 1\}$. In einigen höheren Programmiersprachen (speziell für Mikrorechner, z. B. PLZ, CHILL usw.) sind diese beiden grundlegenden Datentypen in ähnlicher Weise festgelegt; so INTEGER (im allgemeinen 2 byte) für ganze Zahlen und BYTE (bzw. Mehrfach-BYTE) für Mengen von Steuervariablen, die dann bitweise belegt und abgefragt werden können. Bei der Festlegung der Verarbeitungssprache und deren Interpretation soll hier aber nicht direkt mit solchen Datentypen gearbeitet werden, d. h. keine feste Länge der Wörter aus M^* und Verzicht auf die Zweiwertigkeit bei der Belegung der Steuervariablen, wodurch rein rechentechnische Gesichtspunkte zurückgedrängt werden. Als Operationen sind die semiotische Verkettung vk, die Komponentenauswahl pr, die (erweiterten) logischen Operationen non, et und vel und die arithmetischen Operationen add und sub zugelassen. Zusammen mit der Identität id und einer Kleiner-als-Beziehung kl für die ganzen Zahlen ergibt sich als allgemeine semantische Grundlage die Struktur

$$S = ((M^*, GZ), (vk, pr, non, et, vel, add, sub), (id, kl)) \, .$$

Die Definition dieser semantischen Operationen und Relationen sowie der Ausdrucksmenge der Verarbeitungssprache wird im Abschn. 12.3. angegeben. Damit sind vollständige Prozeßbeschreibungen möglich, wobei die einheitliche Grundauffassung bei der Festlegung von Rahmen- und Verarbeitungssprache zu einer geschlossenen Darstellung des Problems führt und außerdem interessante Umformungen ermöglicht werden.

Abschließend soll die Anwendung der vorgeschlagenen Sprachelemente an zwei Beispielen illustriert werden. Am Beispiel einer Transportsteuerung wird der über mehrere Stufen vorzunehmende Prozeßentwurf demonstriert. Anhand des Leser-Schreiber-Problems [8] soll insbesondere die Beschreibung der Parallelarbeit und der entsprechenden Synchronisation der Teilprozesse dargestellt werden.

12.2. Rahmensprache

Unter einem diskret ablaufenden algorithmischen Prozeß über einem vorgegebenen Bereich Ob von Objekten (Zuständen) und einer Menge O auf Ob erklärter partieller Operationen versteht man eine Funktion, die Objekten aus Ob Folgen auszuführender Operationen aus O zuordnet. Nach dem oben Gesagten sind bei Kommunikationsprozessen die Mengen auszuführender Operationen nicht mehr voll geordnet, sondern es entsteht nur ein halbgeordnetes Kausalgefüge. Verschiedene Operationen aus O sind dann gleichzeitig oder nebenläufig ausführbar. Die Prozesse tragen nichtsequentiellen Charakter und können unterschiedliche Ausführungsfolgen erzeugen. In jedem konkreten Fall wird eine dieser Ausführungsfolgen angenommen. Um die unterschiedlichen Reaktionsmöglichkeiten der Prozesse zu erfassen, betrachten wir Funktionen, die Objekten aus Ob Mengen auszuführender Operationsfolgen zuordnen. Wir benutzen also ein nichtdeterministisches Modell.

Als Objekte b aus Ob verwenden wir partielle Belegungen einer Menge V von Variablen

(Namen) mit Elementen (Signalwerte, Zahlwerte, Sprachelemente) einer Wertmenge W. In
jedem konkreten Fall werden wir es nur mit endlichen Variablenmengen V zu tun haben. Wir
unterscheiden zwischen Datenvariablen und Programmvariablen. Letzteren werden Sprachelemente als Werte zugeordnet. Die Wertmenge W wird später im Rahmen der Verarbeitungssprache weiter spezifiziert.

Mit $\underline{Seq}$ bezeichnen wir die Menge aller endlichen Folgen über $\underline{Ob}$ (Wortmenge über $\underline{Ob}$),
d.h. $\underline{Seq} = \bigcup_{n \in Nz} \underline{Ob}^n$. Durch e bzw. ε wird die Belegung mit leerem Definitionsbereich
(keiner Variablen wird ein Wert zugeordnet) bzw. die leere Folge (Wort der Länge 0) notiert.
Die Identitäts- bzw. Inklusionsrelationen für Objekte bzw. Objektmenten werden auf Teilmengen V' von V verallgemeinert, indem die entsprechenden Belegungen nur bezüglich der
Werte der Variablen aus V' verglichen werden. (Inhaltlich spielen dann die nicht zu V' gehörenden Variablen die Rolle von Hilfsvariablen.) Wir notieren die Relationen in Abhängigkeit von der betrachteten Variablenmenge V' durch das Zeichen $=_{V'}$ bzw. $\leq_{V'}$, d.h., für Belegungen b_1, b_2 bzw. Belegungsmengen B_1, B_2 ist $b_1 =_{V'} b_2$ genau dann, wenn für alle $v \in V'$
gilt $b_1(v) = b_2(v)$. (Da b_i partielle Belegungen sind, ist die Gleichheit der Werte $b_i(v)$ als
starke Gleichheit aufzufassen, d.h., die rechte Seite ist genau dann definiert, wenn die linke
Seite definiert ist und in diesem Fall Identität besteht.) Weiter sei $B_1 \leq_{V'} B_2$ genau dann,
wenn zu jedem $b_1 \in B_1$ ein $b_2 \in B_2$ existiert, so daß $b_1 =_{V'} b_2$ gilt, und $B_1 =_{V'} B_2$ genau dann,
wenn $B_1 \leq_{V'} B_2$ und $B_2 \leq_{V'} B_1$ zutrifft.

Beispiel 1. Für die als Ternärvektoren notierten Belegungen b_i der Variablen aus
$V = \{v_1, \ldots, v_6\}$ mit
$$b_1 = (0, 1, \emptyset, 1, \emptyset, 0), \quad b_2 = (0, \emptyset, 0, 1, 1, 1), \quad b_3 = (0, 0, 1, 1, \emptyset, \emptyset), \quad b_4 = (\emptyset, 1, 0, \emptyset, 1, 0)$$
und $V' = \{v_1, v_4\}$

gilt
$$b_1 =_{V'} b_3, \quad b_2 =_{V'} b_3, \quad \{b_1, b_2\} =_{V'} \{b_3\}, \quad \{b_1, b_2\} \leq_{V'} \{b_3, b_4\} \quad \text{und} \quad b_4 =_{V'} e \,.$$

Analog dazu erweitern wir die entsprechenden Relationen für Objektfolgen, wobei beim Vergleich der Folgen die bezüglich V' mit e identischen Glieder unberücksichtigt bleiben. Bezeichnen wir durch $r^{V'}$ die aus r durch Streichen aller bezüglich V' mit e identischen Belegungen entstehende Folge, dann definieren wir für Belegungsfolgen r, s aus $\underline{Seq}$ bzw. Mengen
R, S von Belegungsfolgen $r =_{V'} s$ genau dann, wenn $r^{V'} = s^{V'} = \varepsilon$ oder für alle $k \leq 1$ gilt:
$$r_k^{V'} =_{V'} s_k^{V'} \,.$$

($r^{V'}$ und $s^{V'}$ sind damit als längengleich vorausgesetzt.)

$R \leq_{V'} S$ bzw. $R =_{V'} S$ analog zu den entsprechenden Relationen für Belegungsmengen, unter
Benutzung der vorgenannten Gleichheit für Folgen.

Beispiel 2. Bei den im letzten Beispiel benutzten Belegungen mit der Variablenteilmenge
V' erhalten wir für $r = b_1 b_2 b_3 b_4$ und $s = b_2 b_4 b_3 b_1$:
$$r^{V'} = b_1 b_2 b_3, \quad s^{V'} = b_2 b_3 b_1 \quad \text{und} \quad r =_{V'} s \,.$$

Wir vermerken, daß die Relationen $=_{V'}$ Äquivalenzrelationen und $\leq_{V'}$ Halbordnungsrelationen
bezüglich $=_{V'}$ als Identität, beide monoton bezüglich Vereinigung sind und die Relationen be-

züglich V' diejenigen bezüglich $V'' \subseteq V'$ umfassen. Für $=$ bzw. $\subseteq$ schreiben wir außerdem vereinfachend $\underset{V}{=}$ bzw. $\underset{V}{\subseteq}$.

Im Laufe des Kommunikationsprozesses werden die Objekte (Belegungen) durch Ausführung von Teilprozeßoperationen verändert. Diese Änderungen wirken in unterschiedlicher Weise auf den Kommunikationsprozeß ein. Dazu werden die in der Einleitung genannten Operationen Überlagerung (Überspeicherung), Sequentialisierung (Verkettung) und Konkurrenz (Verzahnung) eingeführt.

Überlagerung von Belegungen b_i bzw. Belegungsmengen B_i:

$$b_1 \bigcirc b_2(v) = \begin{cases} b_1(v) & \text{falls} \quad v \in Df\, b_1 \quad \text{und} \quad v \notin Df\, b_2 \\ b_2(v) & v \in Df\, b_2 \end{cases} \quad \text{(Df b bezeichnet den Definitionsbereich von b)}$$

$$B_1 \bigcirc B_2 = \left\{ b_1 \bigcirc b_2 / b_i \in B_i \right\}.$$

Beispiel 3. In Übereinstimmung mit den Bezeichnungen aus den vorstehenden Beispielen gilt

$$b_1 \bigcirc b_2 = (0, 1, 0, 1, 1, 1)$$

$$\left\{ b_1, b_2 \right\} \bigcirc \left\{ b_3, b_4 \right\} = \left\{ (0, 0, 1, 1, \emptyset, 0),\ (0, 1, 0, 1, 1, 0),\ (0, 0, 1, 1, 1, 1) \right\}.$$

Sequentialisierung von Belegungsfolgen s_i und Mengen S_i von Belegungsfolgen:

$$s_1 \cdot s_2 = \text{Verkettung der Folgen } s_1 \text{ und } s_2 \text{ zu } s_1 s_2 \text{ im üblichen Sinne.}$$

$$S_1 \cdot S_2 = \left\{ s_1 \cdot s_2 / s_i \in S_i \right\} \text{(Produkt von } S_1 \text{ mit } S_2 \text{).}$$

Beispiel 4. Für die oben benutzten Folgen r und s ist

$$r \cdot s = b_1 b_2 b_3 b_4 b_2 b_4 b_3 b_1 .$$

Konkurrenz von Belegungsfolgen s_i und Mengen S_i von Belegungsfolgen:

$$s_1 * s_2 = \text{Verzahnung (Shuffle-Produkt) der Folgen } s_1 \text{ und } s_2 \text{ nach}$$

$$s * \varepsilon = \varepsilon * s = s, \quad as * bt = a(s * bt) \cup b(t * as)$$

$$S_1 * S_2 = \bigcup_{s_i \in S_i} s_1 * s_2 .$$

Beispiel 5. $b_1 b_2 * b_3 b_4 = \{ b_1 b_2 b_3 b_4,\ b_1 b_3 b_2 b_4,\ b_1 b_3 b_4 b_2,$
$$b_3 b_4 b_1 b_2,\ b_3 b_1 b_4 b_2,\ b_3 b_1 b_2 b_4 \},$$

d.h., b_1 bzw. b_3 steht immer vor b_2 bzw. b_4.

Die eingeführten Operationen sind Halbgruppenoperationen mit Null- und Einselement; sie sind monoton bezüglich $\underset{V'}{\subseteq}$ für beliebige $V' \subseteq V$ und distributiv bezüglich Vereinigung.

Weitere Möglichkeiten semantischer Operationen zur Manipulation von Belegungen, die die vorgenannten Eigenschaften erfüllen, bestehen z.B. im Zusammenhang mit konkret gewählten Verarbeitungssprachen. So ist es für die im Beispiel gewählte Beschreibungssprache möglich, Belegungen variablenweise mittels einer erweiterten Alternative (s. Abschn. 12.3.) wertmäßig zu verknüpfen.

Mit Funkt bezeichnen wir die Menge der durch die Kommunikationsprozesse erzeugten Funktionen f und erweitern diese durch $f(B) = \bigcup_{b \in B} f(b)$ auf Belegungsmengen B, so daß $f(B_1 \cup B_2) = f(B_1) \cup f(B_2)$ gilt.

188

Die vorher für Belegungen bzw. Belegungsfolgen definierten Operationen werden auf die Funktionen aus $\underline{\text{Funkt}}$ in folgender Weise übertragen:

Überlagerung der Funktionen f_i, angewandt auf Belegungen b:

$f_1 \bigcirc f_2(b) = f_2(b \bigcirc f_1(b)^0)$, wobei durch s^0 die nach sukzessiver Überlagerung der Glieder von s entstehende Belegung bezeichnet wird und $f_1(b)^0 = \left\{ s^0/s \in f_1(b) \right\}$ ist.

Sequentialisierung der Funktionen f_i:

$f_1 \cdot f_2(b) = \left\{ s_1 \cdot s_2/s_1 \in f_1(b) \text{ und } s_2 \in f_2(b \bigcirc s_1^0) \right\}$.

Konkurrenz der Funktionen f_i:

$f_1 * f_2(b) = f_1(b) * f_2(b)$.

Unter der Funktionsvereinigung verstehen wir die durch Vereinigung der Funktionswerte gebildeten Funktionen, d.h. $f_1 \cup f_2(B) = f_1(B) \cup f_2(B)$. Die für Teilmengen V' von Variablen erweiterte Inklusionsbeziehung $\underset{V'}{\leqq}$ kann auf Funktionen f_i aus $\underline{\text{Funkt}}$ übertragen werden, indem die entsprechenden Beziehungen zwischen den Funktionswerten für alle Belegungen b gefordert werden, d.h. $f_1 \underset{V'}{\leqq} f_2$ genau dann gilt, wenn $f_1(b) \underset{V'}{\leqq} f_2(b)$ für alle b aus $\underline{\text{Ob}}$.

Als spezielle Funktionen verwenden wir $\mathcal{J}$ (eins) und $\mathcal{Z}$ (null) mit $\mathcal{J}(b) = \{ \varepsilon \}$ und $\mathcal{Z}(b) = \emptyset$ (leere Menge) für alle Belegungen b. Die Zeichen $\cup$ bzw. $\times$ stehen für die mehrstellige Vereinigung bzw. Konkurrenz.

Die Funktionsvereinigung ist monoton bezüglich $\underset{V'}{\leqq}$ für alle Variablenteilmengen V'. (Die Funktionen f aus $\underline{\text{Funkt}}$ werden bezüglich einer Variablenteilmenge $V' \leqq V$ monoton genannt, wenn für alle Belegungsmengen $B_i \leqq \underline{\text{Ob}}$ aus $B_1 \underset{V'}{\leqq} B_2$ folgt $f(B_1) \underset{V'}{\leqq} f(B_2)$, d.h., die nicht zu V' gehörigen Variablen beeinflussen die Funktionswerte auf der Variablenmenge V' nicht. Bezüglich der vollen Variablenmenge V sind die Funktionen definitionsgemäß monoton.)

Die Überlagerung ist darüber hinaus stetig bezüglich Vereinigung und besitzt $\mathcal{Z}$ als Nullelement. Außer diesen Eigenschaften besitzt die Sequentialisierung Halbgruppeneigenschaft mit $\mathcal{J}$ als Einselement, und die Konkurrenz ist außerdem kommutativ. Diese Eigenschaften sichern die später anzugebende Interpretation der syntaktischen Prozeßbeschreibungen (Programme).

Zur Strukturbeschreibung des Prozeßverhaltens führen wir die folgenden Sprachelemente ein:

$\underline{\text{Prozeßkonstanten}}$ k_i vertreten funktionell gegebene Teilprozesse, die fest vorgegebene Mengen von Belegungsfolgen aus $\underline{\text{Seq}}$ erzeugen. Auf diese Weise können äußere Einflüsse auf den zu beschreibenden Prozeß erfaßt werden, deren Prozeßstruktur selbst nicht oder noch nicht von Interesse ist. Hierzu gehören unter anderem Änderungsverteilungen im Sinne von Janov, E/A-Prozesse, Referenzierungen. Als spezielle Konstanten werden die Leeranweisung I (keine Belegungsänderungen) und die Loopanweisung Z (Endlosschleife ohne Belegungsänderung) verwendet.

$\underline{\text{Prozeßvariable}}$ v_i repräsentieren Prozeßbeschreibungen (Programme) und werden wie CALL-Anweisungen ohne Parameter als Teilprozeßinitialisierung interpretiert. Am Ende des Programms wirken sie wie Sprünge.

$\underline{\text{Prozeßdeklaration}}$ v:p beschreibt die Zuordnung zwischen einer Prozeßvariablen v und dem Programm p als Zeichenreihe. Nach Ausführung dieser Deklaration hat die Variable v den Wert p.

$\underline{\text{Bedingte Prozeßausführungen}}$ $(l_B \rightarrow p)$, wobei l_B die syntaktische Charakterisierung einer Belegungsmenge B als Teilmenge von $\underline{\text{Ob}}$, d.h. ein Attribut über $\underline{\text{Ob}}$ und p die Strukturbeschreibung eines Teilprozesses (Programms) vertritt, ermöglichen die Ausführung des durch p beschriebenen Prozesses unter der Bedingung l_B. Für Belegungen, die nicht zu B gehören, wo l_B also nicht erfüllt ist, bleibt der Prozeß stehen, d.h. tritt in eine Endlosschleife ohne Belegungsänderung ein.

Prozeßverkettungen $p_1;p_2$ charakterisieren die Hintereinanderausführung von p_2 nach p_1 in der üblichen Weise.

Prozeßverzweigungen $\{p_1, p_2, \ldots, p_n\}$ beschreiben das Verzweigen nach gleichberechtigten Teilprozessen, die durch p_i beschrieben sind. Im Ergebnis der Abarbeitung dieser Verzweigung entsteht die Menge aller der von den Programmen p_i unabhängig voneinander erzeugten Belegungsfolgen. Durch sich gegenseitig ausschließende Bedingungen kann auch nur eines der Programme p_i ausgewählt werden.

Prozeßkonkurrenzen $[p_1, p_2, \ldots, p_n]$ beschreiben das nebenläufige Ausführen der Programme p_i mit Endsynchronisation. Die von den Programmen p_i zunächst unabhängig erzeugten Belegungsfolgen werden im Ergebnis verzahnt. Gegenseitige Beeinflussung der durch p_i beschriebenen Prozesse kann durch Prozeßkonstanten erfolgen. Im Spezialfall disjunkter Variablenmengen kann durch dieses Sprachelement Simultanarbeit beschrieben werden.

Prozeßmodularisierungen $v(p_1, p_2)$ nach der Prozeßvariablen v rufen das durch v referierte Programm auf. Vorher ist das Preprogramm (Konfigurationsprozeß) p_1 und danach das Postprogramm (Rekonfigurationsprozeß) p_2 auszuführen. Im Ergebnis wirken nur die Belegungsänderungen, die durch p_2 erzeugt werden. Das Programm p_1 führt die vor Aufruf des durch v referierten Programms (Unterprogramm) erforderlichen Belegungsänderungen aus. Die Programme p_1 und p_2 beschreiben demnach Organisationsprozesse, z.B. Parametervermittlung, Kellerung, Speichermanipulationen.

Weitere Syntaxelemente sind entsprechend der Bemerkung über zusätzliche semantische Operationen möglich. Den erwähnten Fall notieren wir durch $(p_1, p_2, \ldots, p_n)$.

Verarbeitungsprozesse sind abhängig von der verwendeten Verarbeitungssprache und können z.B. in Form von Anweisungen $w := a$ dargestellt werden, wobei w eine Variable und a ein Ausdruck der Verarbeitungssprache ist. In diesem Fall wird die Belegungsänderung erzeugt, die der Variablen w den Wert des Ausdrucks a zuordnet - vorausgesetzt, es ist eine Interpretation der Verarbeitungssprache vorgegeben.

Beispiel 6. Für die ganzzahligen Datenvariablen z_1, z_2, die Prozeßvariable v und ALGOL-ähnlichen Verarbeitungsausdrücken mit den ganzzahligen Konstanten 1 und 0 ist

$$p = \left[(v: \left\{(z_1 \neq 0 \longrightarrow z_2 := z_1 * z_2; \; z_1 := z_1 - 1; \; v), \; (z_1 = 0 \longrightarrow I)\right\}), \; z_2 := 1\right]; \; v$$

ein zulässiges Programm der Rahmensprache.

Ausgehend von einer Interpretation Int der Konstanten, wo Int $(I) = \mathcal{I}$ und Int $(Z) = \mathcal{Z}$, wird jedem Programm unter Benutzung der vorgenannten semantischen Operationen eine monotone Folge von Funktionen $\mathrm{Comp}_i p$ aus Funkt zugeordnet mit $\mathrm{Comp}_i p \leqq \mathrm{Comp}_{i+1} p$. Die Folge beginnt für jedes Programm p mit der Funktion $\mathrm{Comp}_0 p = \mathcal{Z}$. Als Gesamtbedeutung des Programms p wird die auf Grund der oben erwähnten semantischen Eigenschaften eindeutig erklärte Grenzfunktion $\mathrm{Comp}\, p = \bigcup_{i \in Nz} \mathrm{Comp}_i p$ dieser Folge bestimmt. Die einzelnen Sprachelemente werden dann in Übereinstimmung mit der oben angegebenen Erklärung für $i > 0$ wie folgt interpretiert:

$$\mathrm{Comp}_i k = \mathrm{Int}(k)$$

$$\mathrm{Comp}_i v(b) = \begin{cases} \mathrm{Comp}_{i-1} b(v)(b), & \text{falls } b(v) \text{ erklärt und ein Programm darstellt} \\ \emptyset, & \text{sonst} \end{cases}$$

$$\mathrm{Comp}_i (1_B \longrightarrow p)(b) = \begin{cases} \mathrm{Comp}_i p(b), & \text{falls } b \in B, \text{ d.h. } 1_B \text{ bei } b \text{ erfüllt} \\ \emptyset, & \text{sonst} \end{cases}$$

$$\mathrm{Comp}_i p_1; p_2 = \mathrm{Comp}_i p_1 \cdot \mathrm{Comp}_i p_2$$

$$\mathrm{Comp}_i \left\{p_1, \ldots, p_n\right\} = \bigcup_{k=1}^{n} \mathrm{Comp}_i p_k \quad \text{(n-fache Vereinigung)}$$

$$\mathrm{Comp}_i \left[p_1, \ldots, p_n\right] = \bigtimes_{k=1}^{n} \mathrm{Comp}_i p_k \quad \text{(n-fache Verzahnung)}$$

$$\text{Comp}_i\,(p_1, \ldots, p_n) = \bigvee_{k=1}^{n} \text{Comp}_i\,p_k \quad \text{(n-fache Alternative; s. S. 196)}$$

$$\text{Comp}_i\,v(p_1, p_2) = \text{Comp}_i\,p_1\ O\ (\text{Comp}_i\,v\ O\ \text{Comp}_i\,p_2)\ \text{und speziell}$$

$$\text{Comp}_i\,(v:p) = f\ \text{ mit }\ f(b)\,(v) = p$$

$$\text{Comp}_i\,w := s = f\ \text{ mit }\ f(b)\,(w) = \text{Wert des Ausdrucks a bei der Belegung b.}$$

Der Index i gibt die jeweilige Aktivierungsstufe von Teilprozessen an. Entsteht auf einer
dieser Stufen im Ergebnis der Funktion Comp_i die leere Menge, dann bedeutet dies einen
Abbruch des Programms ohne Ergebnis; die weitere Prozeßausführung wird unwirksam,
d.h., der Prozeß schläft ein. Teilprogramme mit dieser Eigenschaft in Verzweigungen
liefern keinen Beitrag zum Gesamtergebnis. Alle für einen Index i entstehenden Belegungsfolgen werden auch bei jedem Index $j > i$ erzeugt. Für übliche Rechnerprogramme würden
die Ergebnisbelegungen bei einem Index i gemeinsam entstehen, während für alle $j < i$ nur
die leere Menge erzeugt wird. Es ist im allgemeinen unentscheidbar, bis zu welchem i ak-
tiviert werden muß, um das durch Comp p erklärte Resultat ungleich der leeren Menge zu
erhalten.

 Beispiel 7. Bei der Interpretation des im letzten Beispiel angegebenen Programms ent-
steht für eine Anfangsbelegung b und alle $i < b(z_1) + 2$ die Funktion $\text{Comp}_i\,p = \mathcal{Z}$, da beim
Aufruf der Variablen v jeweils auf $\text{Comp}_{i-1}\,p$ zurückgegriffen und von $\text{Comp}_0\,p = \mathcal{Z}$ ausgegangen wird. Erst bei $\text{Comp}_{b(z_1)+2}\,p$ werden für die Anfangsbelegungen b die Folgen

$$b^0_{z_2},\ b^0_v,\ b^1_{z_2},\ b^1_{z_1},\ \ldots,\ b^{b(z1)}_{z_2},\ b^{b(z1)}_{z_1}$$

$$b^0_v,\ b^0_{z_2},\ b^1_{z_2},\ b^1_{z_1},\ \ldots,\ b^{b(z1)}_{z_2},\ b^{b(z1)}_{z_1} \quad \text{ mit }\quad b^0_{z_2}(z_2) = 1$$

$$b^0_v(v) = \left\{ (z_1 = 0 \longrightarrow I),\ (z_1 \neq 0 \longrightarrow z_2 := z_2 * z_1;\ z_1 := z_1 - 1;\ v) \right\}$$

$$b^i_{z_2}(z_2) = b^{i-1}_{z_1}(z_1) * b^{i-1}_{z_2}(z_2)$$

$$b^i_{z_1}(z_1) = b^{i-1}_{z_1}(z_1) - 1$$

für $i \geq 1$ $\left(b^0_{z_1}(z_1) = b(z_1) \right)$ erzeugt, d.h., in beiden Fällen entsteht

$$b^{b(z1)}_{z_2}(z_2) = \prod_{i=1}^{b(z_1)} b^{i-1}_{z_1}(z_1) \quad \text{und}\quad b^i_{z_1}(z_1) = b^0_{z_1}(z_1) - i,\quad \text{also}$$

$$b^{b(z1)}_{z_2}(z_2) = b(z_1)!,\quad b^{b(z1)}_{z_1}(z_1) = 0\ .$$

Da die Definitionsbereiche von $b^0_{z_2}$ und b^0_v disjunkt sind, die Konkurrenz demnach als Simultanarbeit aufgefaßt werden kann, wird bei beiden Folgen durch gliedweises Überlagern dieselbe Endbelegung b' mit $b'(z_2) = b(z_1)!$ erzeugt. Für alle $i > b(z_1) + 2$ entsteht wieder dieselbe Funktion, d.h. $\text{Comp}_{b(z_1)+2}\,p = \text{Comp}_i\,p$, so daß die Bedeutungsfunktion Comp p von p
mit $\text{Comp}_{b(z_1)+2}\,p$ übereinstimmt.

 Die Sprachelemente der vorgeschlagenen Rahmensprache beschreiben eine sehr abstrakte
Strukturebene. Dies begründet einerseits ihre universelle Verwendbarkeit, erschwert aber
andererseits die Beschreibung im konkreten Anwendungsfall. Man wird deshalb geeignete
Makrobildungen einführen, die den problemseitig gegebenen Strukturen besser angepaßt sind.
Folgende aus den Programmiersprachen bekannte Strukturelemente könnten z.B. eingeführt
werden:

Bedingte Anweisungen: Die Anweisung if l_B then p_1 else p_2 fi, wo l_B logischer
Ausdruck und p_1, p_2 Programme sind, kann durch $\{(l_B \longrightarrow p_1), (\sim(l_B) \longrightarrow p_2)\}$ dargestellt
werden. Die Anweisung if l_B then p fi in verkürzter Form wird durch das Programm
$\{(l_B \longrightarrow p), (\sim(l_B) \longrightarrow I)\}$ beschrieben (Spezialfall $p_2 = I$ des vorhergehenden Programms).

Laufanweisungen while l_B do p od kann man beschreiben durch
$(v: \{(l_B \longrightarrow p); v, (\sim(l_B) \longrightarrow I)\})$, so daß bei der Aktivierung der Programmvariablen v die
entsprechende Laufanweisung ausgeführt wird. Analog dazu wird die Anweisung repeat p
while l_B durch das Programm $(v:p; \{(l_B \longrightarrow v), (\sim(l_B) \longrightarrow I)\})$ vertreten.

Warteschleifen: Das Warten auf die Bedingung l_B, die durch eine Prozeßkonstante k
gesteuert wird, als Anweisung durch k wait 1 notiert, kann durch $(v:k; \{(l_B \longrightarrow I), (\sim(l_B) \longrightarrow v)\})$
über den Aufruf der Programmvariablen v realisiert werden. Eine Endlosschleife mit Aus-
gang, bei der wiederholt das Programm p abgearbeitet wird, vertreten durch die Anweisung
spoon p endsp, ist analog dem vorhergehenden Fall durch $(v:p; \{v, I\})$ charakterisierbar.

Es sind aber auch nichtlineare Prozeßbeschreibungen in Form von Strukturdiagrammen
(d.h. bewertete gerichtete Graphen) als Makrobildungen denkbar. Dem Diagramm im Bild 12.1
entspricht z.B. das Programm im Beispiel 8.

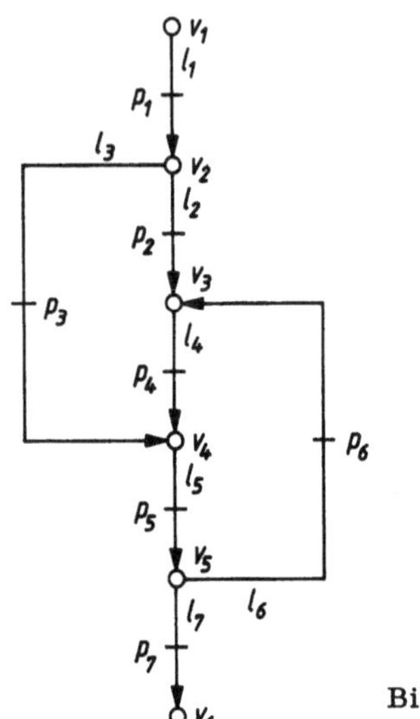

Bild 12.1

<u>Beispiel 8</u>. Programm zu Bild 12.1

$$p = (v_1: (l_1 \longrightarrow p_1); v_2);$$
$$(v_2: \{(l_2 \longrightarrow p_2); v_3, (l_3 \longrightarrow p_3); v_4\});$$
$$(v_3: (l_4 \longrightarrow p_4); v_4);$$
$$(v_4: (l_5 \longrightarrow p_5); v_5);$$
$$(v_5: \{(l_6 \longrightarrow p_6); v_3, (l_7 \longrightarrow p_7); v_6\});$$
$$(v_6: I); v_1$$

Dabei werden den Knoten des Graphen Programmvariable zugeordnet. Die den Kanten-
bewertungen entsprechenden Programme - im einfachsten Fall wird es sich um einfache Anweisungen handeln - werden durch die Variablen der Anfangsknoten dieser Kanten markiert.
Nach Abarbeitung des Bewertungsprogramms einer Kante wird die Variable des Eingangs-
knotens initialisiert.

Die Interpretation der Makrobeschreibungen erfolgt über die Interpretation der den Makros
zugeordneten Programme der Rahmensprache. Makrobildungen können in unterschiedlichen
Beschreibungsebenen angewandt werden, so daß abgeleitet aus der Rahmensprache Beschrei-
bungsmittel verschiedener Darstellungsebenen entstehen.

<u>Beispiel 9</u>. Verwendung von Makrooperationen

Das Programm aus Beispiel 7 kann nach äquivalenten
Umformungen in Makrooperationen als

$p' \equiv z_2 := 1;$ <u>while</u> $z_1 \neq 0$ <u>do</u> $z_2 := z_1 * z_2; z_1 := z_1 - 1$ <u>od</u>

oder in Diagrammform wie im Bild 12.2 geschrieben
werden.

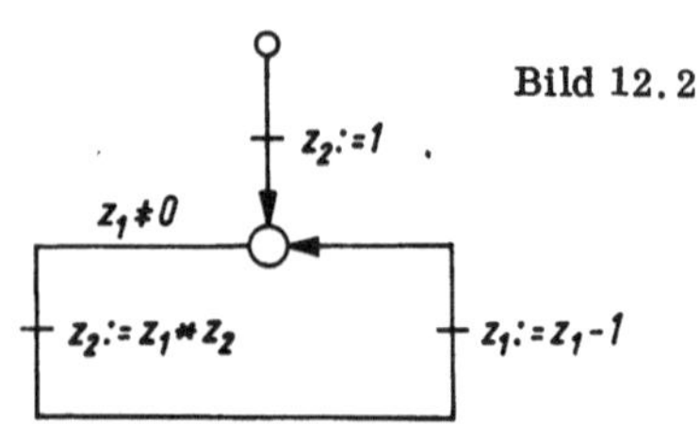

Bild 12.2

Die früher für die semantischen Funktionen eingeführten Relationen $\leqq_{V'}$ und $=_{V'}$ können über die Bedeutungsfunktionen auf die Programme selbst übertragen werden. Wir nennen ein Programm p_1 bezüglicher einer Variablenteilmenge V' p s e u d o ä q u i v a l e n t zu einem Programm p_2 (in Zeichen $p_1 \leqq_{V'} p_2$), wenn für die Bedeutungsfunktionen dieser Programme $\mathrm{Comp}\, p_1 \leqq_{V'} \mathrm{Comp}\, p_2$ gilt. Falls die Relation nur für die Funktion $\mathrm{Comp}^0\, p$, die die bei Abarbeitung von p erzeugten Endbelegungen bestimmen, zutrifft, dann soll das Programm p_1 zu dem Programm p_2 bezüglich V' s c h w a c h - p s e u d o ä q u i v a l e n t heißen (in Zeichen $p_1 \lesssim_{V'} p_2$).

Gelten die Beziehungen für die Bedeutungsfunktionen in beiden Richtungen, dann nennen wir die Programme ä q u i v a l e n t (in Zeichen $p_1 =_{V'} p_2$) bzw. s c h w a c h - ä q u i v a l e n t (in Zeichen $p_1 \approx_{V'} p_2$). Beispielsweise gelten die folgenden Beziehungen bezüglich jeder Variablenteilmenge:

$$(l_1 \longrightarrow (l_2 \longrightarrow p)) = ((l_1 \wedge l_2) \longrightarrow p), \quad \left[(l_1 \longrightarrow p), \ldots, (l_n \longrightarrow p)\right] \approx (\bigwedge_{i=1}^{n} l_i \longrightarrow p)$$

$$\left\{(l_1 \longrightarrow p), \ldots, (l_n \longrightarrow p)\right\} = (\bigvee_{i=1}^{n} l_i \longrightarrow p)$$

$$(l \longrightarrow \left[p_1, \ldots, p_n\right]) = \left[(l \longrightarrow p_1), \ldots, (l \longrightarrow p_n)\right]$$

$$v(p, I) \leqq I, \quad v(p, Z) = Z, \quad p; Z = Z; p = p$$

$$\left[p_1; p_2\right] = \left[p_2, p_1\right], \quad p; \left\{p_1, \ldots, p_n\right\} = \left\{p; p_1, \ldots, p; p_n\right\}$$

$$\left[p_1, \ldots, \left[p_{i-1}, p_{i1}, \ldots, p_{im}\right], p_{i+1}, \ldots, p_n\right] = \left[p_1, \ldots, p_{i-1}, p_{i1}, \ldots, p_{im}, p_{i+1}, \ldots, p_n\right]$$

$$v(\left\{p_1, \ldots, p_n\right\}, p) = \left\{v(p_1; p), \ldots, v(p_n, p)\right\}$$

$$v(p, \left[p_1, \ldots, p_n\right]) = \left[v(p, p_1), \ldots, v(p, p_n)\right].$$

Wenn $p \leqq_{V'} q$, dann ist auch $(l_B \longrightarrow p) \leqq_{V'} (l_B \longrightarrow q)$ für alle Bedingungen l_B.

Wenn $p_i \leqq_{V'} q_i$ für $1 \leqq i \leqq n$, dann ist auch

$$\left\{p_1, \ldots, p_n\right\} \leqq_{V'} \left\{q_1, \ldots, q_n\right\} \quad \text{und} \quad \left[p_1, \ldots, p_n\right] \leqq_{V'} \left[q_1, \ldots, q_n\right].$$

Wenn $p_1 \leqq_{V'} q_1$ und $p_2 \leqq_{V'} q_2$, dann ist auch $v(p_1, p_2) \leqq_{V'} v(q_1, q_2)$.

Solche Beziehungen zwischen den Programmen können für Umformungen zwischen äquivalenten bzw. pseudoäquivalenten Programmen genutzt werden. Unter bestimmten Voraussetzungen sind verschiedene Ersetzbarkeitstheoreme gültig.

Als Teilprogramme eines Programms p bezeichnen wir Teilzeichenreihen von p, die selbst Programme sind und in p außerhalb von Ausdrücken der Verarbeitungssprache, von Deklarationen für Programme und Modularisierungen stehen. Die Programme q aus Deklarationen $(v: q)$, die Teilzeichenreihen von p sind, werden im weiteren Unterprogramme von p genannt. In Analogie zu den Begriffsbildungen für semantische Funktionen aus <u>Funkt</u> nennen wir ein Programm m o n o t o n   b e z ü g l i c h   e i n e r   V a r i a b l e n t e i l m e n g e V', wenn seine Bedeutungsfunktion $\mathrm{Comp}\, p$ monoton bezüglich V' ist. Falls dies auch für alle Teilprogramme von p gilt, nennen wir p s t r e n g - m o n o t o n   b z g l. V'. Für $V' = V$ ist diese Monotonie wieder definitionsgemäß gegeben

Damit sind Ersetzbarkeitstheoreme für unterschiedliche Syntaxelemente beweisbar:

Ersetzbarkeitstheorem für Teilprogramme

Wird in dem bezüglich V' streng-monotonen Programm p ein Teilprogramm q durch ein bezüglich V' pseudoäquivalentes Programm q $(q \overset{=}{\leq} q')$ ersetzt, dann entsteht ein zu p bezüglich V' pseudoäquivalentes Programm p' $(p \underset{V'}{\overset{=}{\leq}} p')$.

Ersetzbarkeitstheorem für Unterprogramme

Wird in dem Teilprogramm (v:q) des Programms p das Unterprogramm q durch ein bezüglich der vollen Variablenmenge pseudoäquivalentes Programm q' ersetzt, dann entsteht aus p ein bezüglich $V' = V \setminus \{v\}$ pseudoäquivalentes Programm p' $(p \underset{V'}{\overset{=}{\leq}} p')$.

Die genannten Theoreme gelten natürlich sinngemäß auch für äquivalente bzw. schwach-äquivalente Ersetzungen.

Ersetzbarkeitstheorem für Programmvariable

Entsteht aus dem Programm p_1 durch Ersetzen des Teilprogramm v durch das Programm q das Programm p_1' und entsteht aus dem Programm p_2 durch Ersetzung des Teilprogramms $(v_1:p_1)$ durch $(v_1:p_1')$ das Programm p_2' und wird die Variable v von den Programmen p, p_1 und p_2 nicht belegt, dann erhält man $(v:q); p_1' = (v:q); p_1$ und $(v:q); p_2 \underset{V'}{=} (v:q); p_2'$ mit $V' = V \setminus \{v_1\}$.

Die angegebenen Ersetzungen können auch in den Unterprogrammen beliebiger Schachtelungsstufe durchgeführt werden, falls die entsprechenden Programme, in denen diese Unterprogramme auftreten, die vorgenannten Eigenschaften besitzen. Weitere Ersetzungen sind in Verbindung mit der Verarbeitungssprache gegeben, die später beschrieben wird.

Mit Hilfe der vorher erwähnten Transformationsregeln können die Programme der Rahmensprache in gewisser Weise normalisiert werden. Zu jedem Programm kann ein äquivalentes bzw. bezüglich der Datenvariablen äquivalentes Programm angegeben werden, das Z nicht als echtes Teilprogramm bzw. Unterprogramm enthält. Die Programme können äquivalent so umgeformt werden, daß alle Verzweigungen aus Teilprogrammen vollständig ausgeklammert werden, das Gesamtprogramm also als Verzweigung unverzweigter Programme darstellbar ist. Weiter können alle Programme äquivalent so transformiert werden, daß in Teilprogrammen der Form $(l_B \longrightarrow q)$ die Bedingung l_B keine logische Konstante ist und das Programm q eine Prozeßkonstante, Prozeßvariable, Referenz- oder Verarbeitungsanweisung darstellt, d.h. hinsichtlich seiner Struktur einfachste Form besitzt. Die entsprechenden Normalformdarstellungen sind durch Anwendung von Transformationsregeln effektiv herstellbar.

Beispiel 10. Das Programm

$$p \equiv \left\{ (l_1 \longrightarrow [I, v := a_1 ; Z)](1 \longrightarrow \{(l_1 \longrightarrow Z), v := a_2\}) \right\}$$

kann wie folgt äquivalent transformiert werden:

$$p = \left\{ (l_1 \longrightarrow [I, Z]), (1 \longrightarrow \{Z, v := a_2\}) \right\}$$

$$= \left\{ (l_1 \longrightarrow Z), (1 \longrightarrow \{v := a_2\}) \right\}$$

$$= \left\{ Z, (1 \longrightarrow v := a_2) \right\}$$

$$= \left\{ (1 \longrightarrow v := a_2) \right\}$$

$$= (1 \longrightarrow v := a_2)$$

$$= v := a_2 .$$

12.3. Verarbeitungssprache

Mit der im Abschn. 12.2. angegebenen Rahmensprache wurde auf die Struktur der Steuerung von Prozessen Bezug genommen. Die Verarbeitungssprache, die die Art und Weise der Belegungsänderungen beschreibt, war dabei noch weitgehend offen geblieben.

Jetzt soll anhand eines konkreten Beispiels auch dieser Teil in Form eines Kalküls angegeben und somit die Möglichkeit, einen Prozeß vollständig zu beschreiben, geschaffen werden. Es entsteht dadurch eine einheitliche Beschreibungssprache, mit der es möglich wird, den Gesamtprozeß als Steuerungs- und Verarbeitungsteil entsprechend der Realisierungsbasis syntaktisch darzustellen und verschiedene Beschreibungen äquivalent ineinander zu transformieren. Wie schon in der Einleitung angegeben, wurde eine zweibasige Struktur gewählt, die für Steuerungsprozesse typisch ist. Außerdem lehnt sich die hier betrachtete Verarbeitungssprache bezüglich der Datentypen an höhere Programmiersprachen an, die z.B. besonders auf die Implementationsbasis Mikrorechner zugeschnitten sind. Trotzdem soll in diesem Beispiel nur auf wesentliche Merkmale der Verarbeitungssprache eingegangen werden, so daß technische Details einer Implementation weitgehend unberücksichtigt bleiben. Ausgehend von der Menge der ganzen Zahlen GZ und der Menge $M^* = \{0, 1, \emptyset\}^*$, die zur Darstellung von Belegungen der Steuervariablen in der Art von Ternärvektoren verwendet wird, betrachten wir als allgemeine semantische Grundlage die Struktur

$$S = ((M^*, GZ), (vk, pr, non, et, vel, add, sub), (id, kl)) .$$

Die Operationen und Relationen dieser Struktur S werden wie folgt definiert:

1. **Verkettung** vk zweier Wörter aus M^*

$$vk: M^* \times M^* \rightsquigarrow M^*$$
$$vk(p, q) = pq ,$$

d.h. dasjenige Wort aus M^*, das im Sinn der Halbgruppenoperation in M^* aus p und q entsteht.

2. **Auswahl** pr eines Zeichens aus $p \in M^*$ (Auswahl der q-ten Komponente von p)

$$pr: M^* \times GZ \rightsquigarrow M \cup \{\varepsilon\}$$
$$pr(p, q) = \begin{cases} x , & \text{falls} \quad \exists r\ \exists s(r, s \in M^* \wedge p = s \times r \wedge \text{Länge } (r) = q - 1) \\ \varepsilon & \qquad\quad \text{Länge } (p) < q \vee q \leqq 0 \end{cases}$$

3. **Addition** zweier ganzer Zahlen
   add: $GZ \times GZ \rightsquigarrow GZ$ (wie aus der Arithmetik bekannt)
4. **Subtraktion** sub zweier ganzer Zahlen
   sub: $GZ \times GZ \rightsquigarrow GZ$ (wie aus der Arithmetik bekannt)
5. **Identität** id zweier Wörter aus M^* bzw. die Gleichheit zweier ganzer Zahlen

$$id \subseteqq M^* \times M^* \cup GZ \times GZ$$
$$id = \{(p, p)/p \in M^* \vee p \in GZ\}$$

6. **Kleiner-als-Beziehung** kl zweier ganzer Zahlen

$$kl \subseteqq GZ \times GZ$$
$$kl = \{(p, q)/p, q \in GZ \wedge \exists r(r \in GZ \wedge r > 0 \wedge add(p, r) = q)\} .$$

Mit der Aufnahme von Wahrheitswerten in die Semantik (in Form der Menge M) sind sinnvollerweise auch die Funktionen non, et, vel der klassischen zweiwertigen Aussagenlogik zu übernehmen, wobei die Erweiterung um $\emptyset$ (entspricht der Menge $\{0, 1\}$) zu einer dreiwertigen Logik, z.B. verwendbar zur Behandlung von Ternärvektoren, und die Erweiterung auf beliebige Wörter aus M^* zu partiellen Funktionen führt.

7. **Negation** non eines Wortes p aus M^*

$$non: M^* \underset{\text{part.}}{\rightsquigarrow} M$$
$$non(p) = \begin{cases} 0 & \text{falls} \quad P = 1 \\ 1 & \qquad\quad p = 0 \\ \emptyset & \qquad\quad p = \emptyset \\ n.d. & \qquad\quad p \in M^* \backslash M \quad \text{(n.d. bedeutet „nicht definiert")} \end{cases}$$

8. Konjunktion et zweier Wörter aus M^*

et: $M^* \times M^* \underset{\text{part.}}{\curvearrowright} M^*$

et	0	1	$\emptyset$	$p_1 \in M^*\backslash M$
0	0	0	0	0
1	0	1	1	p_1
$\emptyset$	0	1	$\emptyset$	p_1
$p_2 \in M^*\backslash M$	0	p_2	p_2	n.d.

9. Alternative vel zweier Wörter aus M^*

vel: $M^* \times M^* \underset{\text{part.}}{\curvearrowright} M^*$

vel	0	1	$\emptyset$	$p_1 \in M^*\backslash M$
0	0	1	$\emptyset$	p_1
1	1	1	$\emptyset$	1
$\emptyset$	$\emptyset$	$\emptyset$	$\emptyset$	n.d.
$p_2 \in M^*\backslash M$	p_2	1	n.d.	n.d.

(Für die Definition der et- und vel-Funktion bezüglich Wörter aus $M^*\backslash M$ gibt es verschiedene Möglichkeiten, die mit der Deutung (Anwendung) der Wörter in engem Zusammenhang stehen. Zum Beispiel ist es in einigen Fällen günstiger, bei mindestens einem Argument dieser Funktion aus $M^*\backslash M$ stets n.d. zu erhalten.)

Nun soll auf dieser semantischen Basis ein Kalkül entwickelt werden, der die im Abschnitt 12.2. noch vorhandenen Lücken bezüglich der konkreten Struktur der Verarbeitungsprozesse schließt.

Als Grundzeichen werden verwendet: Konstante (0, 1, $\emptyset$, eps), logische Funktoren ($\sim$; $\wedge$, $\vee$), arithmetische Funktoren (+, -), Relationskonstanten (<, =), technische Zeichen und Variablen, (Für V gelten die gleichen Bedingungen wie im Abschn. 12.2. Konkret ist $\{S, Z, L, P\}$ eine Zerlegung von V, wobei S Menge von Mengenvariablen, Z die Menge von Zahlenvariablen, L die Menge der logischen Variablen und P die Menge der Programmvariablen sind.

Mit Hilfe der folgenden Definition wird die Menge aller Terme bzw. Ausdrücke angegeben:

a) 0, 1, $\emptyset$, eps sind Terme und Ausdrücke.
b) Wenn T Term und H, H_1, H_2 Ausdrücke, so sind auch $\sim$(H), $\vee$(H), $(H_1 \wedge H_2)$, $(H_1 \vee H_2)$, $(H_1 + H_2)$, $(H_1 - H_2)$, $(H_1 = H_2)$ und $(H_1 < H_2)$ Terme.
c) Wenn T Term und H Ausdruck, so ist auch HT Ausdruck.

Die Unterteilung in Terme und Ausdrücke ist wegen der syntaktischen Eindeutigkeit notwendig. Sie liefert eine Art kanonische Klammerung und wurde vom theoretischen und beweistechnischen Standpunkt aus aufgenommen.

Nun kann mit Hilfe der schon oben definierten Belegung der Variablen die Interpretation der eingeführten Ausdrücke angegeben werden. Dabei beschränken wir uns hier auf den in der Praxis des Steuerungsentwurfs allgemein üblichen Fall, daß stets nur eine aktuelle Belegung auftritt. Die Funktion Wert ist eine partielle Abbildung aus H $\times$ B in die Menge $M^* \cup GZ$ und wie folgt erklärt:

Wert(0, b) = 0
Wert(1, b) = 1
Wert($\emptyset$, b) = $\emptyset$
Wert(eps, b) = ε
Wert(v, b) = b(v)   für alle $v \in V$
Wert($\sim$(H, b) = non(Wert(H, b))
Wert(v(H), b) = pr(b(v), Wert(H, b))
Wert($H_1 \wedge H_2$), b) = et(Wert(H_1, b), Wert(H_2, b))

$$\text{Wert}((H_1 \vee H_2), b) = \text{vel}(\text{Wert}(H_1, b), \text{Wert}(H_2, b))$$

$$\text{Wert}((H_1 + H_2), b) = \text{add}(\text{Wert}(H_1, b), \text{Wert}(H_2, b))$$

$$\text{Wert}((H_1 - H_2), b) = \text{sub}(\text{Wert}(H_1, b), \text{Wert}(H_2, b))$$

$$\text{Wert}((H_1 = H_2), b) = \begin{cases} 1, & \text{Wert}(H_1, b) \text{ und } \text{Wert}(H_2, b) \in M^* \vee GZ \\ & \text{falls} \quad (\text{Wert}(H_1, b), \text{Wert}(H_2, b)) \in \text{id} \\ 0, & \text{Wert}(H_1, b) \text{ und } \text{Wert}(H_2, b) \in M^* \vee GZ \\ & (\text{Wert}(H_1, b), \text{Wert}(H_2, b)) \notin \text{id} \end{cases}$$

$$\text{Wert}((H_1 \quad H_2), b) = \begin{cases} 1, & \text{Wert}(H_1, b) \text{ und } \text{Wert}(H_2, b) \in GZ \\ & \text{falls} \quad (\text{Wert}(H_1, b), \text{Wert}(H_2, b)) \in \text{kl} \\ 0, & \text{Wert}(H_1, b) \text{ und } \text{Wert}(H_2, b) \in GZ \\ & (\text{Wert}(H_1, b), \text{Wert}(H_2, b)) \notin \text{kl} \end{cases}$$

$$\text{Wert}(HT, b) = \text{vk}(\text{Wert}(H, b), \text{Wert}(T, b)).$$

Aus der syntaktischen Eindeutigkeit der Ausdrucksmenge der Verarbeitungssprache, der Eindeutigkeit der Wertfunktion für die Grundzeichen und der Eindeutigkeit der zur Interpretation verwendeten Funktionen folgt auch die semantische Eindeutigkeit der Ausdrucksmenge H. Jetzt ist es auch möglich, die schon eingeführten Begriffe Äquivalenz und Pseudoäquivalenz in analoger Weise bezüglich der vollen Variablenmenge für Ausdrücke zu definieren. Dabei ist sofort zu sehen, daß weitere Pseudoäquivalenzen als Kombinationen der Äquivalenz- bzw. Pseudoäquivalenzbegriffe in Programmen und in Ausdrücken der Verarbeitungssprache betrachtet werden könnten. Hier ist entsprechend der gedanklichen Grundlage aller Begriffsbestimmungen noch eine gewisse Freiheit vorhanden (z.B. bei der Herbrand-Interpretation von Programmen). Zu beachten ist nur, daß bei unterschiedlichen Definitionen im allgemeinen auch unterschiedliche Axiome (bzw. in Teilmengenbeziehung stehende) zur Umformung zur Verfügung stehen.

In unserem Beispiel einer Verarbeitungssprache werden Äquivalenz bzw. Pseudoäquivalenz wie folgt festgelegt:

Ein Ausdruck H_1 heißt pseudoäquivalent zu H_2 genau dann, wenn für jede Belegung $b \in B$ gilt:

$$(H_1, b) \in \text{DF Wert} \longrightarrow \text{Wert}(H_1, b) = \text{Wert}(H_2, b).$$

Zwei Ausdrücke H_1 und H_2 heißen äquivalent genau dann, wenn die Pseudoäquivalenz in beiden Richtungen gilt. Aufbauend auf diesen semantischen Relationen kann ein Axiomensystem (eine Menge von Äquivalenzen bzw. Pseudoäquivalenzen) angegeben werden, das Grundlage für die Umformung ist. Zum Teil ist es günstig, vorher noch spezielle Ausdrucksmengen (Teilmengen der Verarbeitungssprache) festzulegen, für die die Wertfunktion z.B. stets eine Menge bzw. eine ganze Zahl oder immer einen logischen Wert aus M liefert. Damit ist eine qualitative Verbesserung des Axiomensystems möglich, da spezielle Eigenschaften der Grundmengen zur Umformung erhalten bleiben. Ausführlich ist diese Problematik in 4 behandelt worden.

Zusammen mit den üblichen Schlußregeln, wie Ersetzung und Anwendung der Relationseigenschaften, kann ein Ableitungsbegriff angegeben werden, der für die hier betrachtete semantische Basis und syntaktische Darstellung widerspruchsfrei und (bis auf die bekannten Probleme der ganzzahligen Arithmetik) vollständig ist. Aus Platzgründen soll hier nicht

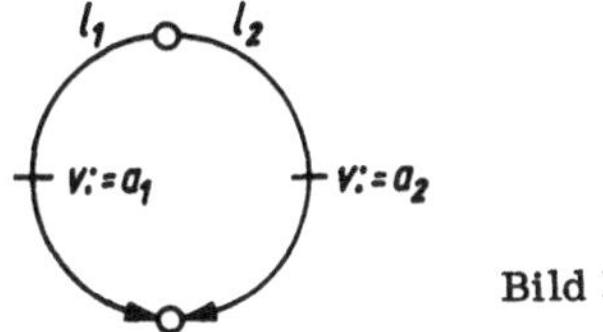

Bild 12.3

näher darauf eingegangen werden. Vielmehr betrachten wir jetzt die Verbindung zum Steuerungsteil der Rahmensprache. Da sich dabei weder Syntax noch Interpretation der Programme ändert, gilt das besondere Interesse den äquivalenten Umformungen. Bisher wurden nur Transformationen der jeweils getrennt betrachteten Ausdrücke bzw. Programme behandelt. Jetzt interessieren uns weitere Umformungsmöglichkeiten in der gesamten Beschreibungssprache, also Rahmen- und Verarbeitungssprache einbeziehende äquivalente bzw. pseudoäquivalente Umformungen. Betrachten wir dazu das Programm $((l_1 \longrightarrow v : a_1), (l_2 \longrightarrow v : a_2))$ oder, in grafischer Form, Bild 12.3.

Diese deterministische Mehrfachverzweigung liefert nach der Abarbeitung bei einer Belegung b laut Definition die Alternative der Werte der Ausdrücke a_1 und a_2, wobei stets $Wert(l_i, b) = 1$, d. h. in dem auf zwei Zweige vereinfachten Beispiel $vel(Wert(a_1, b), Wert(a_2, b))$, falls beide Durchlaufbedingungen erfüllt sind (die anderen Fälle sind trivial). Andererseits ist dies aber genau die Wertbestimmung des Ausdrucks $A \equiv ((l_1 \wedge a_1) \vee (l_2 \wedge a_2))$. Man kann deshalb für das obige Programm auch das äquivalente Programm $p' = v := ((l_1 \wedge a_1) \vee (l_2 \wedge a_2))$ notieren, also eine Ergibtanweisung in einer linearen Steuerungsstruktur. Damit erzielen wir den schon anfangs erwähnten Effekt, daß eine Auswertung mittels der Wertfunktion im Steuerteil transformiert werden kann (und zwar äquivalent) in die Auswertung eines Ausdrucks der Verarbeitungssprache und umgekehrt. Damit ergeben sich neue, über die bisher getrennten Umformungen für Programme und Ausdrücke hinausgehende Möglichkeiten der Beschreibung des Entwurfs von Steuerungen. Die zur Realisierung zur Verfügung stehenden Bauelemente (Prozessoren) können besser bei der Notation der Gesamtaufgabe und folgenden äquivalenten Transformationen berücksichtigt werden. Zusammen mit den äquivalenten bzw. pseudoäquivalenten Umformungen der Rahmen- und Verarbeitungssprache an sich und der Unterprogramm- bzw. Modulbildung mittels des Sprachelements (v : p) kann auf die verschiedensten Komplexitätsstufen von Steuer- und Verarbeitungsteil übergegangen und damit deren Schnittstellen im Automatenmodell variabel gestaltet werden.

12.4. Implementation

Für die hier beschriebene Rahmensprache wurden mittels des Sprachverarbeitungssystems μ [1] über eine spezielle Zwischensprache und deren Interpreter Programme auf dem EC 1040 abgearbeitet. Das dabei benutzte Sprachverarbeitungssystem μ ist ein hypothetischer Einadreßautomat, der als PL/1-Programm auf dem EC 1040 simuliert ist. Er kann natürliche Zahlen und Wörter über einem vorgegebenen Alphabet verarbeiten, die Eingangsgrößen in einem die Syntax der Rahmensprache charakterisierenden Automatennetz sind.

Jedem Sprachelement (Automat des Netzes) wird eine Folge von Befehlen der Zwischensprache zugeordnet, die nach dem Kellerprinzip abzuarbeiten ist. Zur Übersetzung in die Zwischensprache werden vom Sprachverarbeitungssystem entsprechende Bänder und Relationen erzeugt, die alle Informationen des Programms der Rahmensprache beinhalten. Die Definition wird sowohl von der Rahmensprache als auch dem Zielrechner beeinflußt, enthält aber im allgemeinen für die ALGOL-ähnlichen Programmiersprachen eine Menge von etwa 50 bis 70 Elementaroperationen. Erweiterungen dieses „Kern" der Zwischensprache ergeben sich durch spezielle Sprachelemente (bzw. deren Semantik) der Rahmensprache. Ausführlicher wurde dieses Problem in [1] untersucht.

Zur Abarbeitung der Programme in der Zwischensprache wurde ein Interpreter in ASSEMBLER-Code für den Rechner EC 1040 entworfen. Jeder Befehl der Zwischensprache wird als Makrobefehl der ASSEMBLER-Sprache aufgefaßt. Auf Grund der so festgelegten Möglichkeiten der Interpretation wurde die Abarbeitung sequentialisiert. Die quantitativen Aussagen sind damit durch die bekannten Probleme beeinflußt, die bei Simulationen auftreten. Hauptsächlich ging es bei dieser Implementation aber um prinzipielle Fragen, wie Angabe des Automatennetzes der Rahmensprache, Definition der Befehle der Zwischensprache und weitere Testung und Vervollkommnung des Sprachverarbeitungssystems μ.

12.5. Beispiele

In diesem Abschnitt wollen wir abschließend an zwei Beispielen die Anwendung der beschriebenen Sprache demonstrieren.

1. Leser-Schreiber-Problem

Als einfacher Anwendungsfall soll das Leser-Schreiber-Problem mit exklusivem Speicherzugriff und einem Schreib-Lese-Puffer der Länge n dargestellt werden [8]. Das Problem sei durch das folgende Netz beschrieben:

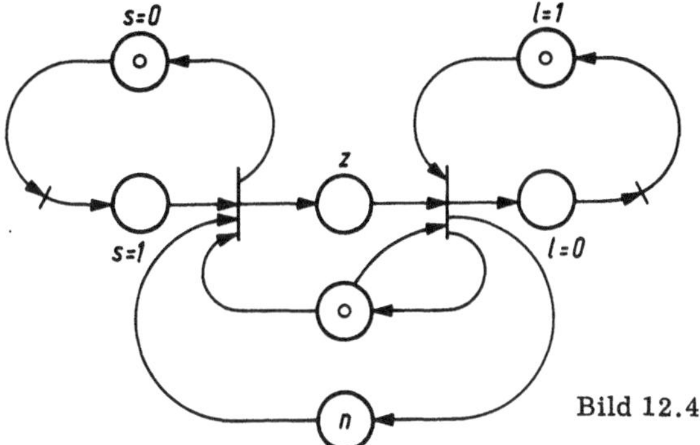

Bild 12.4

Die Bedingung s = 1 (l = 1) bzw. s = 0 (l = 0) bedeutet Schreiber (Leser) angefordert bzw. Anforderung erfüllt. Die Variable z gibt die Anzahl der besetzten Pufferplätze an. Die gegebene Markierung im Netz zeigt eine mögliche Anfangssituation. Das Teilnetz mit dem immer mit einer Marke besetzten mittleren Platz beschreibt den gegenseitigen Ausschluß von Schreiber- und Leseraktivität. Der Schreiberprozeß kann durch das Programm

$$p_S \equiv (s = 1 \wedge z < n \longrightarrow s := 0;\ z := z + 1)$$

beschrieben werden. Analog gilt für den Leserprozeß

$$p_L \equiv (l = 1 \wedge z > 0 \longrightarrow l := 0;\ z := z - 1)\ .$$

Dabei wurde vorausgesetzt, daß als Werte von z und n natürliche Zahlen verwendet werden.

Der Gesamtprozeß kann dann unter Zuhilfenahme der vorher beschriebenen Makros durch das Programm

$$\underline{\text{spoon}}\ \Big[k_S,\ k_L\Big];\ \underline{\text{if}}\ l\ \underline{\text{then}}\ p_S,\ p_L\ \underline{\text{fi}}\ \underline{\text{endsp}}$$

beschrieben werden. Dabei wurden k_S, k_L als Prozeßkonstanten, p_S, p_L als Abkürzungen für die oben Programme verwendet und besitzen die folgende Bedeutung:
k_S Schreiberanforderung; k_L Leseranforderung; p_S Schreiberaktivität; p_L Leseraktivität.

Der logische Ausdruck hat die Gestalt

$$l \equiv (s = 1 \wedge z < n) \vee (l = 1 \wedge z > 0)\ .$$

2. Förderanlage

Betrachtet wird die Steuerung einer Förderanlage nach Bild 12.5 [11].

Durch die Wagen 1 bzw. 2 wird ein Schüttgut vom Lager zum Bunker transportiert. Dazu werden die Wagen mit Hilfe einer Winde auf den kreuzungsfreien Wegen 1 bzw. 2 zwischen Waage und Kippe (Endlagen) hin- und herbewegt (Winde rechts- bzw. linksdrehend, wenn sich der Wagen 1 bzw. 2 zur Kippe bewegt).

Das Entleeren (Füllen) des Lagers (Bunkers) wird durch die Kontakte $y_1 = 1$ ($y_2 = 1$) eingeleitet und durch die Kontakte $x_3 = 1$ ($x_4 = 1$) beendet.

Es ist eine Steuerung zu entwerfen, bei der die Wagen 1 und 2 in Endlage be- und entladen und danach durch die Winde zum Bunker bzw. Lager gezogen werden. Dieser Vorgang ist wiederholt auszuführen, solange ein Ein-Schalter geschlossen ist. Wird der nur in Endlagen wirksame Ein-Schalter ausgeschaltet, sollen die Wagen noch in eine Endlage fahren.

Zur Beschreibung des Problems wurden folgende Variablenbezeichnungen gewählt:

Eingangssteuersignalvektor		Ausgangssignalvektor	
x_0	Ein-Schalter	y_1	Lagerschieber
x_1	Wagen 1 über Waage	y_2	Kippe
x_2	Wagen 2 über Waage	y_3	Winde rechts
x_3	Wagen gefüllt	y_4	Winde links.
x_4	Wagen leer		

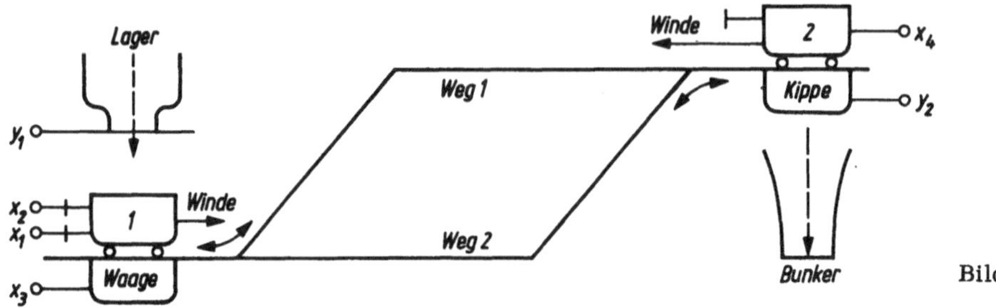

Bild 12.5

Aus der Aufgabenstellung lassen sich die Teilprozesse Füllen f, Entleeren e, Winde rechts wr und Winde links wl herauslösen. Mit diesen Prozeßkonstanten (deren Struktur z. Z. noch nicht interessiert) läßt sich die Gesamtsteuerung unter Verwendung des <u>while</u>-Makroelements wie folgt beschreiben:

$$p = \underline{\text{while}}\ x_0(x_1 \vee x_2)\ \underline{\text{do}}\ [f, e];\ \left\{(x_1 \longrightarrow wr),\ (x_2 \longrightarrow wl)\right\}\ \underline{\text{od}}.$$

Die Komponentenauswahl wurde dabei in der üblichen Indexschreibweise angegeben; entsprechend der Verarbeitungssprache wäre jeweils x(i) korrekt.

Jetzt soll aber auch die Struktur der Teilprozesse f, e, wr und wl betrachtet werden. Für den Füllprozeß entsteht folgendes Programm:

$$f:\ \underline{\text{while}}\sim(x_3)\ \underline{\text{do}}\ y_1 := 1;\ cx_3\ \underline{\text{od}};\ y_1 := 0,$$

wobei cx_3 eine Prozeßkonstante ist, die den Waagenkontakt x_3 auslöst, aber nur funktionell erklärt ist, also keine Beschreibung mittels Rahmen- und Verarbeitungssprache ermöglicht. Analog ergeben sich die weiteren Teilprogramme:

$$e:\quad \underline{\text{while}} \sim(x_4)\ \underline{\text{do}}\ y_2 := 1;\ cx_4\ \underline{\text{od}};\ y_2 := 0$$

$$wr:\quad \underline{\text{while}} \sim(x_2)\ do\ y_3 := 1;\ cx_2\ \underline{\text{od}};\ y_3 := 0$$

$$wl:\quad \underline{\text{while}} \sim(x_1)\ do\ y_4 := 1;\ cx_1\ \underline{\text{od}};\ y_4 := 0.$$

Insgesamt wird die gewünschte Steuerung beschrieben durch

$$p = (f\ :\ \underline{\text{while}} \sim(x_3)\ \underline{\text{do}}\ y_1 := 1;\ cx_3\ \underline{\text{od}};\ y_1 := 0)$$

$$(e\ :\ \underline{\text{while}} \sim(x_4)\ \underline{\text{do}}\ y_2 := 1;\ cx_4\ \underline{\text{od}};\ y_2 := 0)$$

$$(wr:\ \underline{\text{while}} \sim(x_2)\ \underline{\text{do}}\ y_3 := 1;\ cx_2\ \underline{\text{od}};\ y_3 := 0)$$

$$(wl:\ \underline{\text{while}} \sim(x_1)\ \underline{\text{do}}\ y_4 := 1;\ cx_1\ \underline{\text{od}};\ y_4 := 0)$$

$$\underline{\text{while}}\ x_0(x_1 \vee x_2)\ \underline{\text{do}}\ [f, e];\ \left\{(x_1 \longrightarrow wr),\ (x_2 \longrightarrow wl)\right\}\ \underline{\text{od}}.$$

Ausführlich wird dieses Problem in [2] behandelt. Dabei wurden äquivalente Umformungen
sowohl in Normalformdarstellungen als auch in Makrodarstellungen durchgeführt. Hier soll
nur noch eine formale Transformation in einen Programmablaufgraphen (PAG) [6] angegeben
werden. Dabei entsprechen den logischen Ausdrücken Testpunkte und den Anweisungen bzw.
Teilprogrammen Operationspunkte. Der zugehörige Programmablaufgraph ist im Bild 12.6
dargestellt.

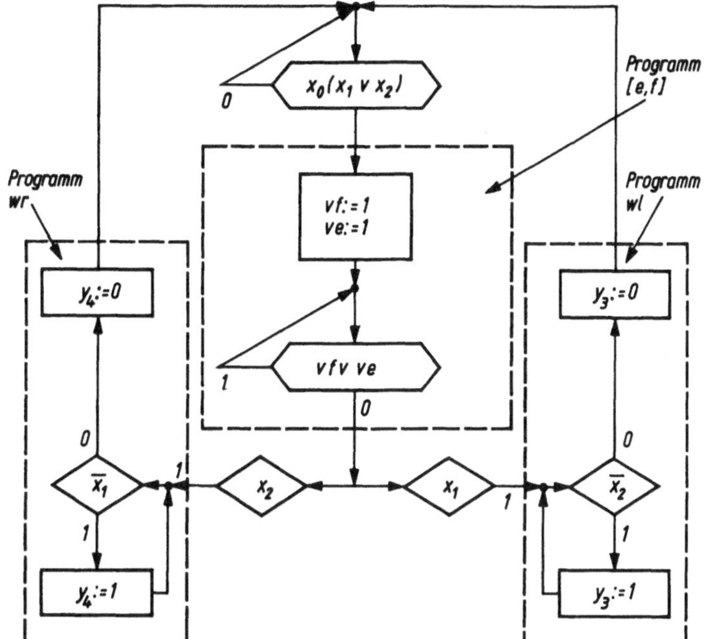

Bild 12.6

(Die PAG für e und f
können in analoger
Form angegeben werden;
ve und vf ersetzen hier
diese Programme)

13. Anwendung der Theorie Boolescher Funktionen auf den Entwurf von Algorithmen

A. Thayse

13.1. Einleitung

Mit Booleschen Funktionen und Gleichungen werden klassische Probleme der Schaltungstheorie und des logischen Entwurfs gelöst [16] [17]. Das Ziel dieser Arbeit besteht darin, zu zeigen, daß Boolesche Funktionen und Gleichungen auch bei Entwurfsverfahren für integrierte mikroprogrammierte und programmierte Strukturen nützlich sind. Sie hängen auf diese Weise mit der Implementierung von Algorithmen in VLSI-Schaltungen zusammen.

Zu diskreten Systemen rechnet man Programme, Steuerungssysteme und ganz allgemein beliebige Systeme, deren Verhalten algorithmisch beschrieben werden kann. Wir werden unser diskretes System so ansehen, als ob es eine Berechnung im algebraischen Sinne dieses Wortes ausführt (s. etwa Manna [14]).

Der Standpunkt, die Struktur eines digitalen Systems als durch einen Algorithmus gegeben anzusehen, kann in seiner expliziten Form auf die Arbeit von Gluškov [1] [2] zurückgeführt werden. Seit dieser Zeit wurde er von einer Vielzahl von Autoren benutzt und kann heute als eines der tragfähigsten Werkzeuge in der Ausbildungs- und Entwurfsmethodologie angesehen werden ([3] bis [7]).

Gluškovs wesentlicher Beitrag bestand darin, zu zeigen, daß unter geeigneten Bedingungen ein Algorithmus als synchrones sequentielles System (als Steuerautomat) realisiert werden kann. Der Steuerautomat arbeitet mit einem zweiten synchronen System (dem Operationsautomaten) zusammen, das die Datenverarbeitung durchführt. Für den Zweck dieser Arbeit genügt es, vorauszusetzen, daß der Operationsautomat aus kombinatorischen Schaltungen und Registern besteht und daß er in jedem algorithmischen Schritt entsprechend den Kommandos des Steuerautomaten gewisse funktionelle Übertragungen durchführt, wie z.B. den Ersatz des Inhalts von Register „R" durch eine Funktion „f" des Inhalts $\left[R_i\right]$ des Registers R_i.

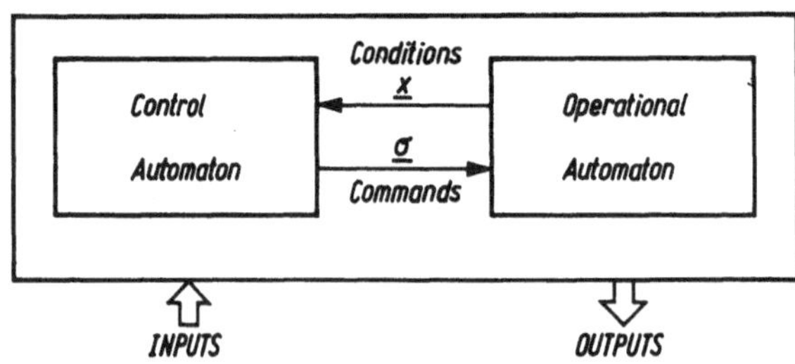

Bild 13.1. Automatenstruktur nach Gluškov

Die Eingänge und Ausgänge des Operationsautomaten sind die Kommandos vom Steuerautomaten (im weiteren dargestellt durch den Buchstaben s) und die binären Entscheidungsvariablen x, die jeweils die nächsten Operationen des Steuerautomaten steuern. Sein innerer Zustand ist zu einem bestimmten Zeitpunkt durch den Inhalt der verschiedenen Register gegeben.

Dem Steuerautomaten wird der Begriff des Programms zugeordnet, und der Rest der Arbeit ist der Untersuchung unterschiedlicher formaler Programmbeschreibungen, den Transformationen, über die sie zusammenhängen, und ihren Realisierungen gewidmet.

Gluškov benutzte einen Befehlstyp, der usprünglich von Miščenko [12] eingeführt wurde und formal durch (13.1) beschrieben werden kann. Dieser Befehlstyp versucht, simultan zwei Ziele zu erreichen:

1. die Überdeckung einer möglichst breiten Befehlsklasse, um das Modell mit einer Maximalzahl von Fähigkeiten auszustatten
2. die Konsistenz mit dem Automatenmodell beizubehalten und, genauer gesagt, die Identität der Befehle und der inneren Zustände beizubehalten. Dies erlaubt es uns, den Steuerautomaten mit Hilfe der für synchrone sequentielle Schaltnetzwerke benutzten Standardverfahren zu entwerfen.

Das im Steuerautomaten implementierte Programm ist per definitionem eine Befehlsfolge:

$$
\begin{array}{llll}
M_i & f_{1i}(\underline{x}) & s_{1i} & N_{1i} \\
& f_{2i}(\underline{x}) & s_{2i} & N_{2i} \\
& \vdots & \vdots & \vdots \\
& f_{ri}(\underline{x}) & s_{ri} & N_{ri} ;
\end{array}
\tag{13.1}
$$

M_i Befehlsnummer
$f_{ki}(\underline{x})$ eine Boolesche Funktion der Entscheidungsvariablen $x_1, x_2, \ldots, x_n$
s_{ki} ein Kommando, das in den Operationsteil zu übertragen ist
N_{ki} die Nummer des nächsten Befehls.

Der Befehl (13.1) besitzt folgende Interpretation:

(1) Beim Beginn der Ausführung von M_i berechnen wir zuerst die Werte aller Funktionen $f_{ki}(\underline{x})$. Dies ist die Entscheidungsphase; wir setzen darüber hinaus voraus, daß diese Funktionen orthogonal sind:

$$
\begin{aligned}
f_{ki} \wedge f_{ji} &= 0 \qquad \text{für alle } k \neq j \\
\bigvee_{1 \leq k \leq r} f_{ki} &\equiv 1 \qquad \text{für alle } i .
\end{aligned}
\tag{13.2}
$$

(2) Dann führen wir das Kommando s_{ki} aus, das der Funktion f_{ki} entspricht, die gleich 1 ist. Dies ist die Ausführungsphase.
(3) Als letztes wählen wir die Marke N_{ki} des nächsten Befehls aus, entsprechend der Funktion f_{ki}, die gleich 1 ist.

Der Hauptzweck der vorliegenden Arbeit besteht in der Entwicklung von Synthesemethoden für Algorithmen, die durch Befehle vom Typ (13.1) beschrieben sind, mit Hilfe von Grundbausteinen, die nachstehend erläutert werden.

Ein binäres Programm ist ein Programm, bei dem alle Befehle (mit Ausnahme des letzten) zu einem der zwei folgenden Typen gehören:

— der Ausführungsbefehl, der den Befehl s_j ausführt (t ist ein immer wahres Prädikat):

$$
M \quad t \quad s_j \quad N_k
\tag{13.3}
$$

— der Verzweigungsbefehl, der die Variable x_k testet ($\emptyset$ ist die leere Ausführung):

$$
\begin{array}{llll}
M & \bar{x}_k & \emptyset & N_j \\
& x_k & \emptyset & N_l .
\end{array}
\tag{13.4}
$$

Wir werden ein Berechnungsverfahren angeben, das ein Programm, das aus Befehlen vom Typ (13.1) besteht, in ein äquivalentes binäres Programm umwandelt. (Zwei Programme werden als äquivalent bezeichnet, wenn sie als Antwort auf identische Eingänge identische Ergebnisse liefern.)

Das Interesse an dieser Transformation beruht auf der Tatsache, daß sie es erlaubt, den Steuerteil des Prozesses mit Hilfe eines klassischen Flußdiagramms darzustellen, das nur zwei Symbole benutzt, ein Entscheidungs- und ein Ausführungssymbol (s. Bild 13.3. Flußbild im Sinne von Bohm und Jacopini [2]).

Diese Darstellung liefert uns eine Implementierung des Steuerautomaten

- entweder programmiert unter Verwendung der Befehle „if, then, else" und „do"
- oder mikroprogrammiert unter Verwendung von Adreßdekodern, ROM und PLA [15] (Bilder 13.4 und 13.6)
- oder als Hardware unter Verwendung von Multiplexern oder Demultiplexern mit ODER-Gattern ([3] bis [6]).

13.2. Transformation eines Programms in ein binäres Programm

Jedem Befehl von (13.1) ordnen wir das folgende System I(a) von Funktionenpaaren (bezeichnet als P-Funktionen) zu (den Index „i" wollen wir weglassen):

$$
\begin{array}{ll}
\text{(a)} & \text{(b)} \\[4pt]
\left.\begin{array}{l}
\langle f_1;\, s_1\, N_1 \rangle \\
\langle f_2;\, s_2\, N_2 \rangle \\
\quad\vdots \\
\langle f_r;\, s_r\, N_r \rangle
\end{array}\right\} \quad \text{SYSTEM I} \quad
\left\{\begin{array}{l}
\langle f_{11},\, f_{12},\, \dots,\, f_{1k};\, s_1\, N_1 \rangle \\
\langle f_{21},\, f_{22},\, \dots,\, f_{2k};\, s_2\, N_2 \rangle \\
\quad\vdots \\
\langle f_{r1},\, f_{r2},\, \dots,\, f_{rk};\, s_k\, N_k \rangle
\end{array}\right.
\end{array}
$$

Der linke Teil der P-Funktion ist die „Domain-Funktion" (Definitionsbereichsfunktion): $f = 1$ charakterisiert den Wertebereich der Booleschen Variablen $\underline{x}$, wo der Befehl s_j ausführt und zu N_j geht. Der rechte Teil der P-Funktion ist die „Codomain-Funktion" (Wertevorratsfunktion). Im System I(a) werden die Werte durch die Verkettung eines Kommandos s_j und des nächsten Befehls N_j gebildet.

In einem Programm fassen wir die k Befehle (13.1) $(1 \le i \le k)$ zusammen, falls sie die Beziehungen

$$s_{ji} = s_j, \qquad N_{ji} = N_j \qquad \text{für alle } i, j \tag{13.5}$$

erfüllen (es ist immer möglich, alle Befehle eines Programms in Teilmengen zusammenzufassen, die die Bedingungen (13.5) erfüllen [9]); dem Programm (13.1) ordnen wir das System I(b) von P-Funktionen zu; der Wertebereich der P-Funktion ist in diesem Fall ein Vektor Boolescher Funktionen; die Größe des Definitionsbereichs entspricht der Zahl der Befehle des Programms.

Wir wollen einen Formalismus entwickeln, der es uns erlaubt, die Befehle, die (13.5) erfüllen, simultan in ein binäres Programm zu transformieren. Dieser Formalismus beruht auf der Darstellung des Programms durch das System I(b) von P-Funktionen und einem Kompositionsgesetz T_k $(1 \le k \le n)$, das jedem Paar von P-Funktionen

$$\left\langle \{f_{1i}\};\, s_1\, N_1 \right\rangle, \quad \left\langle \{f_{ji}\},\, s_j\, N_j \right\rangle$$

eine neue P-Funktion zuordnet (bezeichnet die Disjunktion):

$$\left\langle \{f_{1i}\};\, s_1\, N_1 \right\rangle T_k \left\langle \{f_{ji}\};\, s_j\, N_j \right\rangle = \left\langle \{f_{1i}(x_k = 0)\, f_{ji}(x_k = 1)\};\, \overline{x}_k\, s_1\, N_1 \vee x_k\, s_j\, N_j \right\rangle . \tag{13.6}$$

Wir interpretieren die P-Funktion (13.6) auf folgende Weise: Im Definitionsbereich der Entscheidungsvariablen, charakterisiert durch die Boolesche Gleichung

$$f_{1i}(x_k = 0)\, f_{ji}(x_k = 1) = 1, \tag{13.7}$$

führt der i-te Befehl s_1 aus und geht zu N_1, falls $x_k = 0$ ist, oder er führt s_j aus und geht zu N_j, falls $x_k = 1$ ist.

Aus einem Paar von P-Funktionen $\langle \{g_{li}\}; h \rangle$ und $\langle \{g_{ji}\}; h \rangle$ leiten wir 2n neue P-Funktionen mit Hilfe der Gesetze T_k $(1 \leqq k \leqq n)$ ab:

$$\langle \{g_{li}\}; h_l \rangle \, T_k \, \langle \{g_{ji}\}; h_j \rangle = \langle \{g_{li}(x_k = 0) \, g_{ji}(x_k = 1)\}; \overline{x}_k h_l \vee x_k h_j \rangle \qquad (13.8\,a)$$

$$\langle \{g_{ji}\}; h_j \rangle \, T_k \, \langle \{g_{li}\}; h_l \rangle = \langle \{g_{ji}(x_k = 0) \, g_{li}(x_k = 1)\}; x_k h_j \vee x_k h_l \rangle \ . \qquad (13.8\,b)$$

Die algebraischen Eigenschaften dieser P-Funktionen wurden in [3] [5] [16] untersucht. Die Menge der einem Befehl (bzw. einem Programm) zugeordneten P-Funktionen ist die Menge, die man erhält, wenn man die Kompositionsgesetze T_k $(1 \leqq k \leqq n)$ iterativ auf jedes mögliche Paar von P-Funktionen der Ausgangsmenge I(a) (bzw. I(b)) anwendet.

<u>Satz</u>. Eine wiederholte Anwendung der Kompositionsgesetze T_k $(1 \leqq k \leqq n)$ auf die Elemente des Systems I(a) (bzw. des Systems I(b)) erzeugt die P-Funktion II(a) (bzw. das System von P-Funktionen II(b)):

SYSTEM II

(a)
$$\langle 1; \bigvee_j f_j \, s_j \, N_j \rangle$$

(b)
$$\left\{ \begin{array}{l} \langle 1, -, \ldots, -; \bigvee_j f_{j1} \, s_j \, N_j \rangle \\[2mm] \langle -, 1, \ldots, -; \bigvee_j f_{j2} \, s_j \, N_j \rangle \\[2mm] \ldots \\[2mm] \langle -, -, \ldots, 1; \bigvee_j f_{jk} \, s_j \, N_j \rangle \end{array} \right.$$

(„-" stellt eine Boolesche Unbestimmtheit dar).

<u>Beweis</u>. Da die Booleschen Funktionen $\{f_j(\underline{x})\}$ und $\{f_{ji}(\underline{x})\}$ die Booleschen Gleichungen

$$\bigvee_j f_j(\underline{x}) = 1 \quad \text{und} \quad \bigvee_j f_{ji}(\underline{x}) = 1$$

identisch erfüllen, erzeugt die wiederholte Anwendung der Gesetze T_k notwendigerweise eine Domain-Funktion, die gleich 1 ist. Irgendeine P-Funktion $\langle g; h \rangle$, die einem Befehl von (13.1) zugeordnet ist, wird auf folgende Art und Weise interpretiert: Der Bereich der Variablen $\underline{x}$, der die Boolesche Gleichung $g(\underline{x}) = 1$ erfüllt, charakterisiert den Bereich, wo der Befehl den Algorithmus h ausführt; dies ist tatsächlich erfüllt für die P-Funktionen des Systems I; wir verifizieren, daß das Kompositionsgesetz T_k diese Eigenschaft während der Komposition der P-Funktionen erhält. Folglich stellt die Codomain-Funktion, wenn die Domain-Funktion gleich 1 ist, den durch den Befehl (13.1) beschriebenen Algorithmus dar, d.h. $\bigvee_j f_j \, s_j \, N_j$.

Daher erhält man die P-Funktion II(a) (bzw. das System von P-Funktionen II(b)) aus dem System I(a) (bzw. I(b)) und den Kompositionsgesetzen T_k $(1 \leqq k \leqq n)$.

Wir wollen diesen Satz an der Transformation eines Programms interpretieren.

Der Transformation System I(a) $\longrightarrow$ System II(a) (bzw. System I(b) $\longrightarrow$ System II(b)) entspricht ein binäres Programm, das zum Befehl (13.1) (bzw. Programm (13.1): $1 \leqq i \leqq k$) äquivalent ist. Den Zusammenhang zwischen der Transformation und dem Programm erhält man in folgender Weise:

– Jeder der r P-Funktionen $\{\langle f_j; s_j \, N_j \rangle\}$ von I(a) (bzw. $\{\langle \{f_{ji}\}; s_j \, N_j \rangle\}$ von I(b)) ordnen wir entsprechend die r Ausführungsbefehle s_j zu.

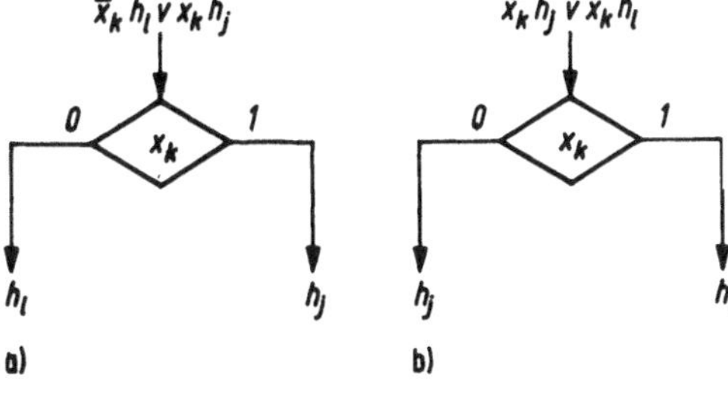

Bild 13.2. Verzweigungsbefehle

- Jeder Komposition (13.8a) oder (13.8b) von P-Funktionen ordnen wir einen Verzweigungsbefehl mit der Entscheidungsvariablen x_k, entsprechend den Darstellungen in Bild 13.2a
  bzw. 13.2b, zu.
- Der P-Funktion II(a) (bzw. den k P-Funktionen II(b)) ordnen wir den Startbefehl (bzw. die
  k Startbefehle) des binären Programms zu, das zum Befehl (13.1) (bzw. zu k Befehlen
  des Programms) äquivalent ist.

Beispiel 1. Ein Programm, das entweder die Summe oder die Differenz zweier Zahlen
berechnet, die durch ihre binären Komponenten gegeben sind:

$$N_0 \; t \; s_0 \; N_1$$
$$N_1 \; t \; s_1 \; N_2$$
$$N_2 \; \bar{y} \; \emptyset \; N_3$$
$$ \; y \; \emptyset \; N_4$$

$$N_3 \quad f_{23} = \bar{x}_1 \bar{x}_2 \bar{x}_3 \qquad\qquad s_2 \; N_5$$
$$ \quad f_{33} = x_1 \bar{x}_2 x_3 \vee x_1 x_2 \bar{x}_3 \vee \bar{x}_1 x_2 x_3 \quad - \quad s_3 \; N_5$$
$$ \quad f_{43} = \bar{x}_1 \bar{x}_2 x_3 \vee x_1 \bar{x}_2 \bar{x}_3 \vee \bar{x}_1 x_2 \bar{x}_3 \qquad s_4 \; N_5$$
$$ \quad f_{53} = x_1 x_2 x_3 \qquad\qquad s_5 \; N_5$$

$$N_4 \quad f_{24} = \bar{x}_1 x_2 \bar{x}_3 \qquad\qquad s_2 \; N_5$$
$$ \quad f_{34} = \bar{x}_1 \bar{x}_2 x_3 \vee x_1 \bar{x}_2 \bar{x}_3 \vee x_1 x_2 x_3 \qquad s_3 \; N_5$$
$$ \quad f_{44} = \bar{x}_1 \bar{x}_2 \bar{x}_3 \vee x_1 x_2 \bar{x}_3 \vee \bar{x}_1 x_2 x_3 \qquad s_4 \; N_5$$
$$ \quad f_{54} = x_1 \bar{x}_2 x_3 \qquad\qquad s_5 \; N_5$$

$$N_5 \quad t \; s_6 \; N_6$$

$$N_6 \quad \bar{z} \; \emptyset \; N_1$$
$$ \quad z \; \emptyset \; N_7$$

$$N_7 \quad \text{END}$$

Bedeutung der Symbole im Programm

s_0 Initialisierung der Register, der Zählervariablen ($i = 0$) und des Übertrags (carry $= 0$)

s_1: $x_1 = $ i-tes Bit der ersten Zahl, $x_2 = $ i-tes Bit der zweiten Zahl, $x_3 = $ carry

$y = 0$, falls die Summe der zwei Zahlen berechnet wird

$y = 1$, falls die Differenz der zwei Zahlen berechnet wird

s_2, s_3, s_4, s_5 bedeuten jeweils: (i-tes bit des Ergebnisses; i-tes Bit der Differenz) $= (0;0)$,
     $(0;1)$, $(1;0)$, $(1;1)$

s_6 Zählvariable wird um 1 erhöht, d.h. $i \longrightarrow i + 1$

$z = 0$, falls $i < I = $ maximale Zahl der Bits der zwei Zahlen

$z = 1$, falls $i > I$.

Transformation des Programms

Alle Programmbefehle sind Verzweigungs- oder Ausführungsbefehle außer N_3 und N_4; wir
werden N_3 und N_4 simultan in ein äquivalentes binäres Programm transformieren.

$$A_0 = \langle \bar{x}_1 \bar{x}_2 \bar{x}_3,\ \bar{x}_1 x_2 \bar{x}_3;\ s_2 \rangle$$

$$A_1 = \langle x_1 \bar{x}_2 x_3 \vee x_1 x_2 \bar{x}_3 \vee x_1 x_2 x_3,\ \bar{x}_1 \bar{x}_2 x_3 \vee x_1 \bar{x}_2 \bar{x}_3 \vee x_1 x_2 x_3;\ s_3 \rangle$$

$$A_2 = \langle \bar{x}_1 \bar{x}_2 x_3 \vee x_1 \bar{x}_2 \bar{x}_3 \vee \bar{x}_1 x_2 \bar{x}_3,\ \bar{x}_1 \bar{x}_2 \bar{x}_3 \vee x_1 x_2 \bar{x}_3 \vee \bar{x}_1 x_2 x_3;\ s_4 \rangle$$

$$A_3 = \langle x_1 x_2 x_3,\ x_1 \bar{x}_2 x_3;\ s_5 \rangle$$

(Anfangssystem I von vier P-Funktionen, die N_3, N_4 darstellen)

$$B_0 = A_2\, T_3\, A_1 = \langle x_1 \bar{x}_2 \vee \bar{x}_1 x_2,\ \bar{x}_1 \bar{x}_2 \vee x_1 x_2;\ \bar{x}_3 s_4 \vee x_3 s_3 \rangle$$

$$B_1 = A_0\, T_3\, A_2 = \langle \bar{x}_1 \bar{x}_2,\ \bar{x}_1 x_2;\ \bar{x}_3 s_2 \vee x_3 s_4 \rangle$$

$$B_2 = A_1\, T_3\, A_3 = \langle x_1 x_2,\ x_1 \bar{x}_2;\ \bar{x}_3 s_3 \vee x_3 s_5 \rangle$$

$$C_0 = B_0\, T_1\, B_2 = \langle x_2,\ \bar{x}_2;\ \bar{x}_1 \bar{x}_3 s_4 \vee (\bar{x}_1 x_3 \vee x_1 \bar{x}_3)\, s_3 \vee x_1 x_3 s_5 \rangle$$

$$C_1 = B_1\, T_1\, B_0 = \langle \bar{x}_2,\ x_2;\ \bar{x}_1 \bar{x}_3 s_2 \vee (\bar{x}_1 x_3 \vee x_1 \bar{x}_3)\, s_4 \vee x_1 x_3 s_3 \rangle$$

$$N_3 = C_1\, T_2\, C_0 = \langle 1,\ 0;\ \bigvee_j f_{j3}\, s_j \rangle$$

$$N_4 = C_0\, T_2\, C_1 = \langle 0,\ 1;\ \bigvee_j f_{j4}\, s_j \rangle$$

(abschließendes System von zwei P-Funktionen)

Der Transformation System I $\longrightarrow$ System II entspricht das binäre Programm von Bild 13.3, das zum Ausgangsprogramm äquivalent ist. Die verschiedenen P-Funktionen und ihre zugehörigen Befehle erhielten identische Kennzeichnungen.

Eine mikroprogrammierte Implementierung der Befehle N_3 und N_4 unter Benutzung eines ROM und einer Folgesteuerung (die aus Multiplexern besteht) wird im Bild 13.4 vorgeschlagen. Der im Adreßdekoder benutzte Kode ist für jeden Befehl im Bild 13.3 angegeben.

Wir können die verschiedenen Berechnungsschritte (Gewinnung der B_j und der C_k in unserem Beispiel) an einem Ausgangsprogramm interpretieren, das entsprechend den nachstehend angegebenen aufeinander folgenden Zuständen fortschreitend in ein binäres Programm transformiert wird:

<u>Anfangszustand:</u>   (Programm in den Variablen $\underline{x}$)
<u>Zwischenzustand:</u>   (Programm in $\underline{x}_0$) + (binäres Programm in $\underline{x}_1$),

$$\underline{x} = \underline{x}_0 \vee \underline{x}_1$$

<u>Endzustand:</u>   (binäres Programm in den Variablen $\underline{x}$).

Diese verschiedenen Zustände werden für das Beispiel im Bild 13.5 schematisch dargestellt.

Wir können auf formale Art und Weise einen beliebigen Befehl in den Entscheidungsvariablen $\underline{x}$ in einen Befehl in den Entscheidungsvariablen $\underline{x} \setminus x$, gefolgt von einem Verzweigungsbefehl in x, transformieren:

$$
\left.
\begin{array}{l}
N\ f_1(\underline{x})\ s_1\ N_1 \\
f_2(\underline{x})\ s_2\ N_2 \\
\ldots \\
f_r(\underline{x})\ s_r\ N_r
\end{array}
\right\}
\left\{
\begin{array}{ll}
N\ f_i(x=0)\ f_i(x=1)\ s_i\ N_i & (1 \leq i \leq r) \\
N\ f_k(x=0)\ f_1(x=1)\ \emptyset\ M_{kl} & (1 \leq k,\ 1 \leq r) \\
M\ \bar{x} & s_k\ N_k \\
x & s_1\ N_1\ .
\end{array}
\right.
\qquad (13.9)
$$

$$\text{(a)} \quad \longrightarrow \quad \text{(b)}$$

Die beiden Programme (13.9a) und (13.9b) sind äquivalent, da s_i in (13.8b) folgenden Koeffizienten besitzt:

$$f_i(0)\, f_i(1) \vee \bar{x}\, f_i(0) \left[\bigvee_{j \neq i} f_j(1) \right] \vee x\, f_i(1) \left[\bigvee_{j \neq i} f_j(0) \right]$$

$$\qquad (13.10)$$

$$= f_i(0)\, f_i(1) \vee \bar{x}\, f_i(0)\, \overline{f_i(1)} \vee x\, f_i(1)\, \overline{f_i(0)} = f_i(\underline{x})\ .$$

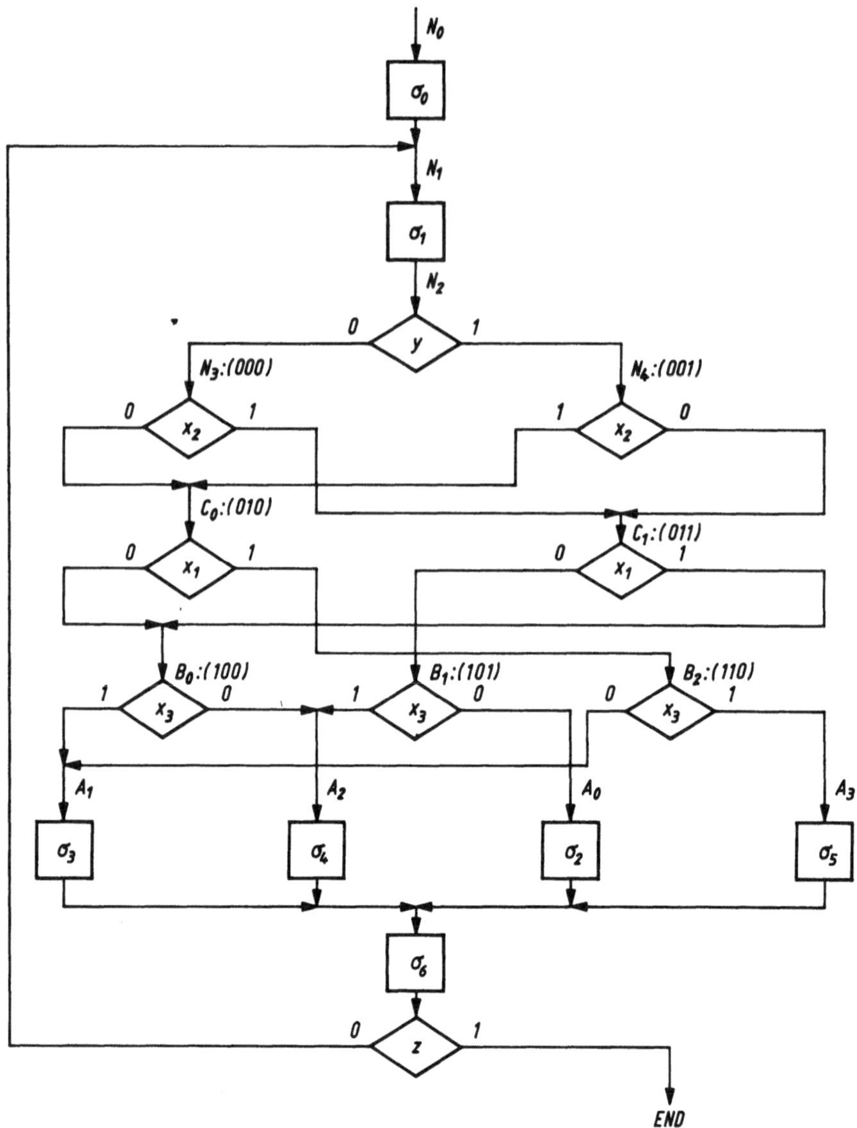

Bild 13.3. Flußbild nach Bohm und Jacopini

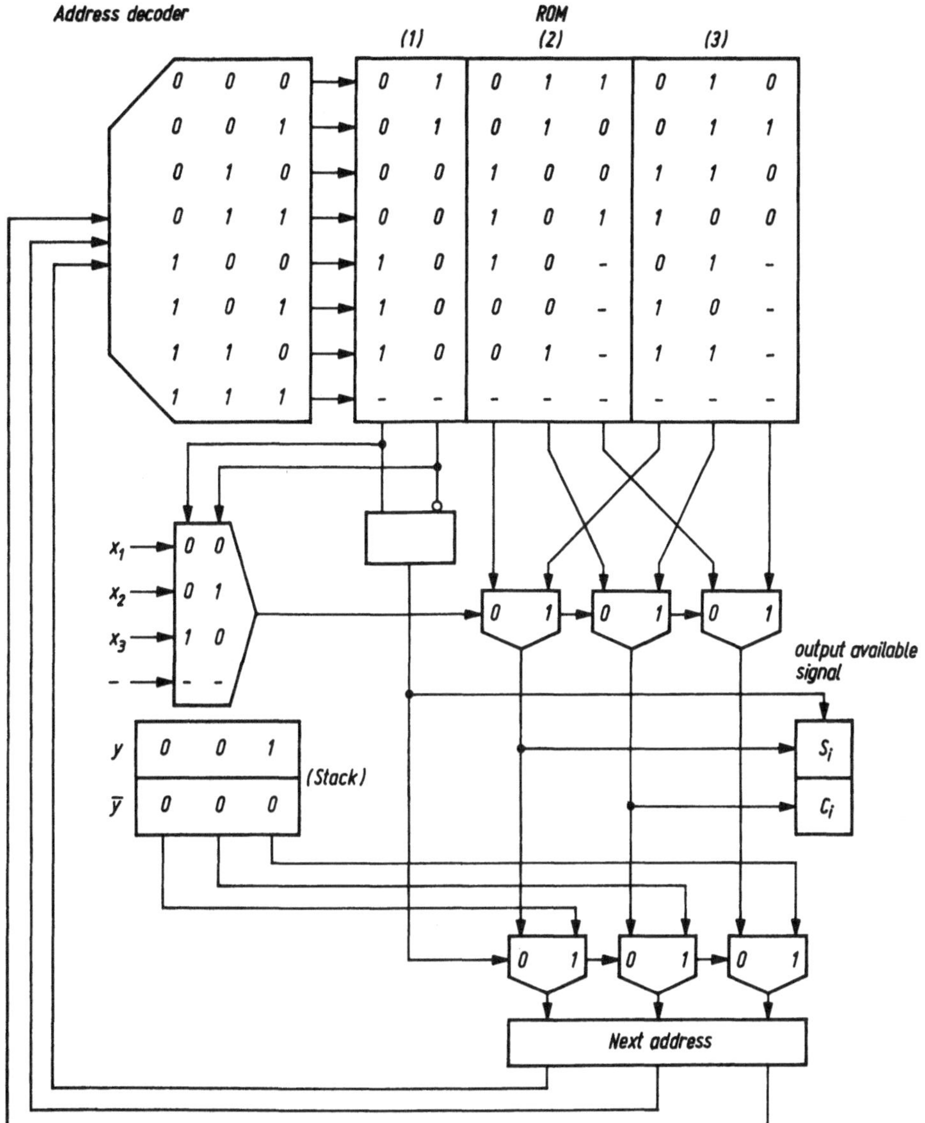

Bild 13.4. Beispiel einer Mikroprogrammsteuerung

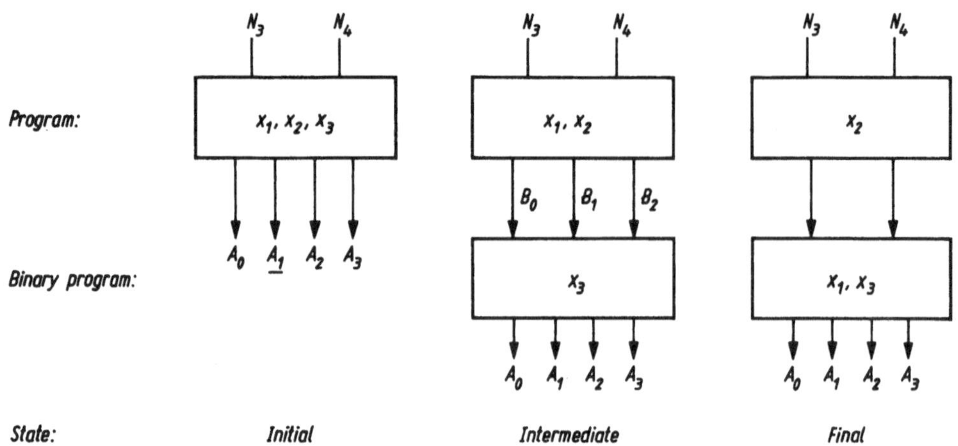

Bild 13.5. Übergang zum binären Programm

13.3. Optimierungen

Die Transformation eines Programms in ein äquivalentes binäres Programm hat ein Optimierungsproblem zur Folge. Die Reihenfolge der Operationen T_k beeinflußt die Anzahl der Zwischen-P-Funktionen in dem Transformationsschema und damit die Zahl der Verzweigungsbefehle in dem äquivalenten binären Programm. Die Zahl der Zwischen-P-Funktionen ist gleich der Zahl der Multiplexer in einer Hardwarestruktur, gleich der Zahl der Verzweigungsbefehle in einer programmierten Struktur und gleich der Zahl der Speicherzeilen in einer mikroprogrammierten Struktur (Bild 13.6).

Wir betrachten für die binären Programme zwei Optimierungskriterien:

- die Zahl der Befehle (Kostenkriterium)
- die maximale Zahl von Befehlen zwischen dem Programmeingang und dem Programmausgang (Berechnungszeitkriterium).

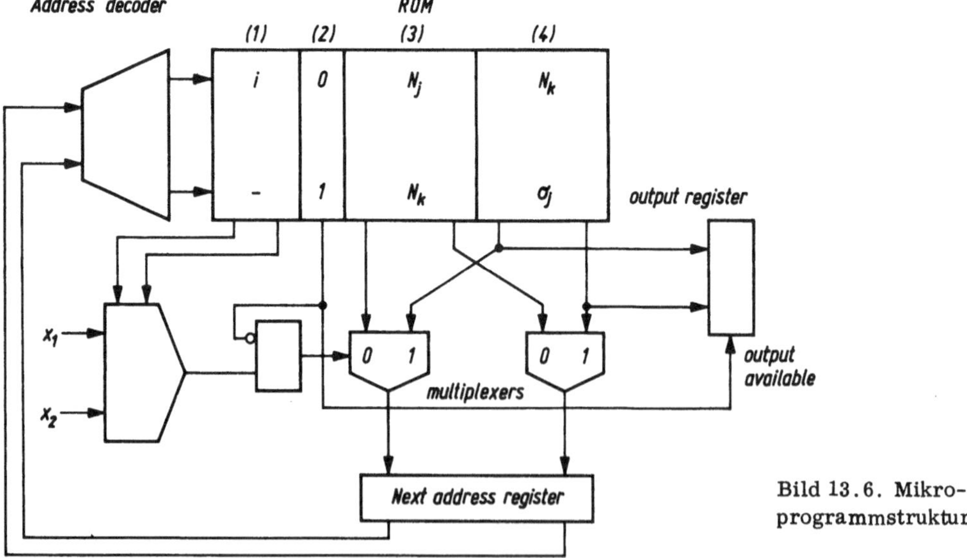

Bild 13.6. Mikroprogrammstruktur

Wir haben ein systematisches Verfahren entwickelt [3], das es uns erlaubt, ein Programm
in ein äquivalentes binäres Programm zu transformieren, das entweder kosten- oder berechnungszeitoptimal ist. Dieses Verfahren wurde am „Chaire des Systèmes Logiques" der
„Ecole Polytechnique Fédérale de Lausanne" implementiert [18], dort wurde ein Computer-
programm dafür entwickelt.

Es beruht auf folgenden Regeln:

- Wir stellen die Wertebereiche der Ausgangs-P-Funktionen als Disjunktion aller ihrer
  Primimplikanten dar.
- Ein Algorithmus (ähnlich dem klassischen Quine-McCluskey-Verfahren zur Primimpli-
  kantenbestimmung) erlaubt es uns, in jedem Schritt P-Funktionen zu generieren, die eine
  maximale Domain-Funktion g besitzen (derart, daß $g' < g$ gilt, falls $\langle g, h \rangle$ und $\langle g, h \rangle$
  zwei P-Funktionen sind, die einen identischen Wertebereich besitzen).
- Die maximalen Domain-Funktionen erlauben uns, alle möglichen rekonvergenten Befehle
  in einem binären Programm festzustellen und damit seine Kosten zu optimieren.

Wir verifizieren, daß das bedingte Programm, das die Befehle N_3, N_4 realisiert, sowohl
kosten- als auch berechnungszeitoptimal ist; die rekonvergenten Befehle sind C_0, C_1 und B_0,
da sie von wenigstens zwei vorhergehenden Befehlen erreicht werden können. Folglich besitzt die mikroprogrammierte Struktur von Bild 13.4 eine minimale Anzahl von Zeilen.

Die Organisation des Computerprogramms [18] beruht auf einigen algebraischen Eigenschaften der P-Funktionen, die in [3] entwickelt und im nächsten Abschnitt zusammengefaßt
werden.

13.4. Algorithmus zur Gewinnung optimaler binärer Programme

Wir haben im Abschn. 13.2. gesehen, wie die Synthese binärer Programme in der Sprache
der Erzeugung von P-Funktionen interpretiert werden kann.

Wir erinnern daran, daß eine P-Funktion von einer Domain-Funktion und einer Codomain-
Funktion gebildet wird. Die Synthese beruht auf einem Kompositionsgesetz, das auf die
Domain-Funktionen wirkt, während die Codomain-Funktionen für ein bestimmtes Verifika-
tionsziel benutzt werden.

Unter Berücksichtigung dessen werden wir die P-Funktionen nur durch ihre Domain-
Funktionen darstellen.

Das Ziel des vorliegenden Abschnitts besteht darin, eine Berechnungsmethode abzuleiten,
die es uns erlaubt, auf möglichst einfache Weise die Domain-Funktionen zu gewinnen, die
einem optimalen binären Programm zugeordnet sind. Diese Methode umfaßt insbesondere
folgende Punkte:

- Es werden a priori die Domain-Funktionen eliminiert, die kein optimales Programm erzeugen können.
- In den restlichen Domain-Funktionen werden gewisse Terme eliminiert, die kein optimales Programm erzeugen können.
- Es wird nur eine minimale Informationsmenge zurückbehalten, die für die Fortsetzung
  des Algorithmus notwendig ist.

Zum Zwecke der Klarheit wird im Verlaufe dieses Abschnitts ein Beispiel breit dargestellt.

Wir betrachten zwei Domain-Funktionen g_0 und g_1; wir wollen jede dieser Funktionen als
Disjunktion aller ihrer Primimplikanten darstellen und explizit eine der Variablen x_i von $\underline{x}$
betrachten:

$$g_j = \bar{x}_i\, g_j^0 \vee x_i\, g_j^1 \vee g_j^2 , \qquad j = 0, 1 . \tag{13.11}$$

g_j^2 stellt die Disjunktion der Primimplikanten von g_j dar, die unabhängig von x_i sind.

$x_i^{(k)}\, g_j^{(k)}$ stellt die Disjunktion der Primimplikanten von g_j dar, die von $x_i^{(k)}$ abhängen, $k = 0, 1$.
(Es sei daran erinnert, daß $x_i^{(0)} = \bar{x}_i$ und $x_i^{(1)} = x_i$ gilt.)

Wir wissen (s. [3]), daß die allgemeinste Domain-Funktion, die man durch Komposition von g_0 und g_1 gemäß einem Gesetz T_i und bezüglich der Variablen x_i erhält, folgende Form besitzt:

$$g = g_0 \, T_i \, g_1$$
$$= g_0(x_i = 0) \, g_1(x_i = 1) \tag{13.12a}$$
$$= g_0^0 \, g_1^2 \ \vee \ g_0^2 \, g_1^1 \ \vee \ g_0^2 \, g_1^2 \ \vee \ g_0^0 \, g_1^1 \,. \tag{13.12b}$$

Wir zeigen, daß die Einschränkung des Gesetzes T_i auf den Teil (b) von (13.12) alle optimalen binären Programme erzeugt.

Die Methode der P-Funktionen zur Erzeugung optimaler binärer Programme beruht auf dem Prinzip, in jedem Schritt des Algorithmus neue Kubusfunktionen (Kubus = Boolescher Unterraum, beschrieben durch einen Primimplikanten) zu erhalten. Diese neuen Kubusfunktionen sind alle im Teil (b) von (13.12) enthalten, die Kuben von g_0^2 und g_1^2 sind bereits in g_0 und in g_1 enthalten.

Die neuen Kubusfunktionen, die durch Komposition von g_0 und g_1 entsprechend dem Gesetz T_i erzeugt werden können, sind die Primimplikanten der Funktionen

$$g_0^0 \, g_1^1, \qquad \text{abgeleitet aus} \qquad g_0 \, T_i \, g_1$$

$$g_1^0 \, g_0^1, \qquad \text{abgeleitet aus} \qquad g_1 \, T_1 \, g_0 \,.$$

Die obige Regel wird in Tafel 13.1 systematisch benutzt, wo sukzessive jede der Variablen x_i von $\underline{x}$ betrachtet wird.

$\underline{\text{Beispiel 2}}$. Betrachte die Boolesche Funktion von vier Variablen:

$$f = x_0 \vee x_1 x_2 \vee x_2 \bar{x}_3 \,.$$

Wir möchten das binäre Programm in den Entscheidungsvariablen x_0, x_1, x_2, x_3 erhalten, das zum Befehl

$$N \, \bar{f} \, s_0 \, N_0$$
$$f \, s_1 \, N_1 \tag{13.13}$$

äquivalent ist.

<u>Schritt 1</u>

A_0 = Disjunktion der Primimplikanten von $\bar{f}$

$$= \bar{x}_0 \bar{x}_2 \vee \bar{x}_0 \bar{x}_1 \bar{x}_3$$

A_1 = Disjunktion der Primimplikanten von f

$$= x_0 \vee x_1 x_2 \vee x_2 \bar{x}_3$$

In Tafel 13.1 sind A_0 und A_1 nacheinander unter Berücksichtigung der Variablenpaare $\{\bar{x}_i, x_i\}$ für alle $i = 0, 1, 2, 3$ eingetragen. Im Eingang $\{A_j, \bar{x}_i\}$ von Tafel 13.1 tragen wir die Koeffizienten von $\bar{x}_i$ der Primimplikanten von A_j $(j = 0, 1)$ ein. Diese Funktionen entsprechen den Funktionen g_0^0 und g_1^1 von (13.12b).

Die nachfolgenden Domain-Funktionen werden auf folgende Art und Weise erzeugt:

Die Markierung B_1 in den Eingängen $\{A_0, \bar{x}_2\}$ und $\{A_1, x_2\}$ der Tafel 13.1 bedeutet, daß die Domain-Funktion B_1 das Produkt der Funktionen dieser beiden Eingänge ist. Diese Funktion B_1 entsteht aus der Verwendung der Entscheidungsvariablen x_2, angewandt auf A_0 und A_1.

Die Berechnung jedes der möglichen Produkte zwischen den Eingängen, die den Zeilen A_0 und A_1 entsprechen, erzeugt die Domain-Funktion B_i, $0 \le i \le 3$, von Tafel 13.1.

Tafel 13.1

	$\bar{x}_0$	x_0	$\bar{x}_1$	x_1	$\bar{x}_2$	x_2	$\bar{x}_3$	x_3
$A_0 = \bar{x}_0\bar{x}_2 \vee \bar{x}_0\bar{x}_1 x_3$	$\bar{x}_2 \vee \bar{x}_1 x_3, B_0$		$\bar{x}_0 x_3, B_2, C_5$		$\bar{x}_0, B_1, C_{1,5}, D_3$			$\bar{x}_0\bar{x}_1, B_3, C_1$
$A_1 = x_0 \vee x_1 x_2 \vee x_2\bar{x}_3$		$1, B_0, C_{0,2,4}, D_{0,1,2}, E$		$x_2, B_2, C_{2,3}, D_1$		$x_1 \vee \bar{x}_3, B_1, C_0$		$x_2, B_3, C_{3,4}, D_1$
$B_0 = \bar{x}_2 \vee \bar{x}_1 x_3$			x_3, C_2, D_0		$1, C_0, D_{0,2}, E$			$\bar{x}_1, C_4, D_2$
$B_1 = \bar{x}_0 x_1 \vee \bar{x}_0\bar{x}_3$	$x_1 \vee \bar{x}_3, C_0$			$\bar{x}_0, C_5, D_3$			$\bar{x}_0, C_1, D_3$	
$B_2 = \bar{x}_0 x_2 x_3$	$x_2 x_3, C_2$					$\bar{x}_0 x_3, C_5$		$\bar{x}_0 x_2, C_3$
$B_3 = \bar{x}_0 x_1 x_2$	$\bar{x}_1 x_2, C_4$		$\bar{x}_0 x_2, C_3$			$\bar{x}_0\bar{x}_1, C_1$		
$C_0 = x_1 \vee \bar{x}_3$				$1, D_0, E$			$1, D_2, E$	
$C_1 = \bar{x}_0\bar{x}_1$	$\bar{x}_1, D_2$		$\bar{x}_0, D_3$					
$C_2 = x_2 x_3$						x_3, D_0		x_2, D_1
$C_3 = \bar{x}_0 x_2$	x_2, D_1					$\bar{x}_0, D_3$		
$C_4 = \bar{x}_1 x_2$			x_2, D_1			$\bar{x}_1, D_2$		
$C_5 = \bar{x}_0 x_3$	x_3, D_0							$\bar{x}_0, D_3$
$D_0 = x_3$								$1, E$
$D_1 = x_2$						$1, E$		
$D_2 = \bar{x}_1$			$1, E$					
$D_3 = \bar{x}_0$	$1, E$							
$E = 1$								

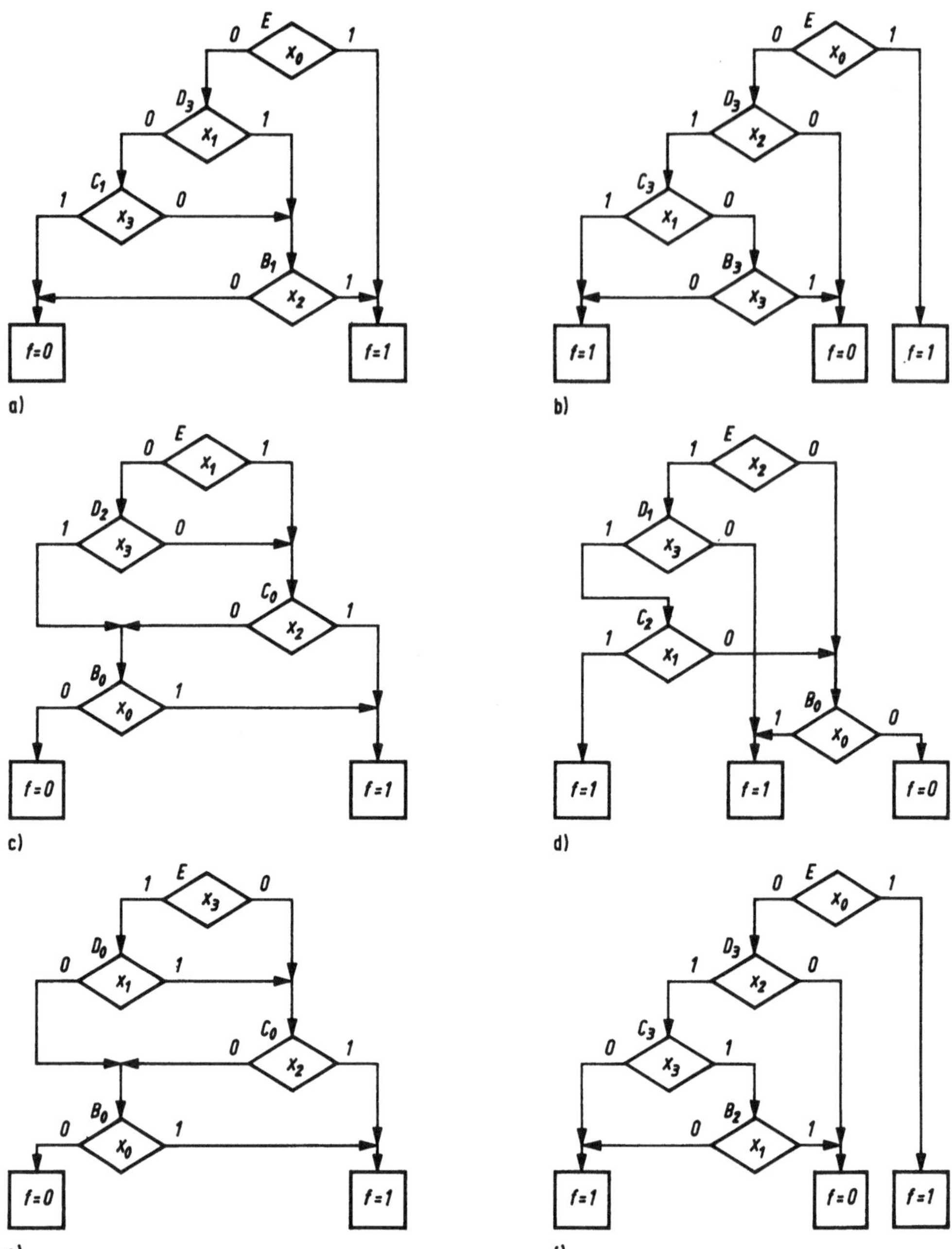

Bild 13.7. Optimale binäre Programme

<u>Schritt 2</u>

Berechne (wie in Schritt 1) alle möglichen Produkte, die den Zeilen A_0, A_1, B_0, ..., B_3 von Tafel 13.1 entsprechen; eliminiere die in anderen Produkten enthaltenen Produkte. Diese Produkte erzeugen die mit C_i, $0 \leqq i \leqq 5$, bezeichneten Domain-Funktionen.

<u>Schritt 3</u>

Berechne alle möglichen Produkte, die den Zeilen A_i, B_j, C_k entsprechen; diese Produkte sind die durch D_i, $0 \leqq i \leqq 5$, bezeichneten Domain-Funktionen.

<u>Schritt 4</u>

Der Algorithmus endet mit dem Entstehen der Funktion $E = 1$. Der Aufbau binärer Programme aus Tafel 13.1 ist ganz einfach. Die Kennzeichnung M_j in den Eingängen $\{G_k, \bar{x}_i\}$ und $\{F_1, x_i\}$ bedeutet, daß der Befehl M_j aus den Befehlen G_k und F_1 unter Verwendung der Entscheidungsvariablen x_i entsteht:

$$M_j = \bar{x}_i\, G_k \vee x_i\, F_1 \, ,$$

was nichts weiter als einen Verzweigungsbefehl in x_i darstellt. Die sechs optimalen binären Programme von Bild 13.7 sind aus Tafel 13.1 abgeleitet.

Diese binären Programme sind zum Befehl (13.13) äquivalent.

Wir wollen abschließend anmerken, daß der obige Algorithmus die beiden Optimierungskriterien Kosten und Zeit berücksichtigen kann.

13.5. Zusammenfassung

Ein digitales System oder ein Algorithmus wird durch das Zusammenwirken zweier Automaten beschrieben, eines Steuer- und eines Operationsautomaten. Anschließend wird eine Boolesche Methode für die Synthese von Algorithmen und Programmen auf der Grundlage von Hardware (unter Benutzung von Multiplexern), von Programmen (Benutzung von If-then-else-Instruktionen) und Mikroprogrammen (Verwendung von ROM oder PLA) untersucht. Es werden Optimierungsprobleme betrachtet, die mit der Implementierung von Algorithmen auf der Grundlage dieser Strukturen zusammenhängen.

14. Boolesche Gleichungen zur Programmierung von Steuerungen

L. Bachmann

14.1. Boolesche Gleichung

Steuerungen gehören zu den Systemen, deren Elemente im Prinzip nur Signale mit diskreten Zuständen verarbeiten. Die Elemente erfüllen dabei Funktionen des Schaltens und werden deshalb Schaltelemente genannt. Der gleichbedeutende Begriff „Logikelemente" hat seine Berechtigung durch die Tatsache, daß sich Schaltelemente mit der 1847 von G. Boole entwickelten Algebra der Aussagenlogik beschreiben lassen. In Umkehrung dieser Beziehung wird die Boolesche Algebra auch als Schaltalgebra bezeichnet.

Zur technischen Realisierung der Steuerungen verwendete man elektromechanische, elektronische, pneumatische oder mechanische Schaltelemente. Die Steuerlogik war fest „verdrahtet", d.h., jede Steuerungsaufgabe ergab ein spezielles Schaltsystem.

Um mit gleicher Hardware unterschiedliche Steuerungsaufgaben zu lösen, wurden programmierbare Steuerungen geschaffen, bei denen eine spezielle Steuerlogik in einem Speicher abgelegt und von da abgearbeitet wird. Änderungen der Steuerlogik sind in programmierbaren Steuerungen leichter zu bewerkstelligen als in einem Schaltnetzwerk.

Mit der Entwicklung der Halbleiterelektronik entstanden schließlich spezielle Bitprozessoren für speicherprogrammierbare Steuerungen. Analog zur Verwendung höherintegrierter Schaltkreise bei der Realisierung von Schaltsystemen geht gegenwärtig der Trend in der Programmierung von Steuerungsaufgaben zu komplexen Beschreibungselementen. Damit werden freiprogrammierbare Steuerungen mit Universalprozessoren notwendig. Diese wiederum ergeben neue Darstellungs- und Abarbeitungsmöglichkeiten für Steuerungsabläufe.

Unabhängig jedoch von allen Realisierungsmöglichkeiten ist die Boolesche Algebra das universelle Werkzeug zur Beschreibung, Optimierung, Verarbeitung und Dokumentation von Schaltsystemen. Die Eigenschaften der Kommutativität, der Assoziativität und der gegenseitigen Distributivität machen die Operationen UND und ODER besonders handlich.

Die Boolesche Algebra wird also vorteilhaft benutzt als Sprache zur Formulierung logischer Zusammenhänge. Stellen wir die Sprachelemente zusammen:

Sprachelement	Bedeutung
Variable	logische Variable, Signal, Schalter
Ergebnisvariable	logische Variable, der der Wert eines Booleschen Ausdrucks zugewiesen wird
•	UND, Konjunktion, Reihenschaltung
+	ODER, Disjunktion, Parallelschaltung
/	Negation
(	öffnende Klammer
)	schließende Klammer
=	Wertzuweisung
,	Ende einer Booleschen Gleichung

Die Spezifizierung von Ergebnisvariablen ist deshalb notwendig, weil nicht allen Variablen der Wert eines Booleschen Ausdrucks zugewiesen werden darf (z.B. Eingänge eines Schaltsystems, Zeitgliedausgänge usw.).

Es gilt die Beziehung

$$\{\text{Ergebnisvariable}\} \subseteq \{\text{Variable}\}.$$

Die Reihenfolge der Sprachelemente ist nicht beliebig. Die hier benutzte Syntax ist im Bild 14.1 in Form eines Graphen dargestellt. Ein Pfeil erlaubt die Aufeinanderfolge zweier

Sprachelemente. Zusätzlich zu den im Graphen getroffenen Festlegungen über erlaubte und
verbotene Folgen von Sprachelementen müssen zwei Nebenbedingungen eingehalten werden:

— Subtrahiert man von der Summe der öffnenden Klammern die Summe der schließenden
Klammen und nennt man diese Differenz K (Klammerstufe), so muß im gesamten Graphen
gelten

$$0 \leq K \leq K_{max} .$$

— Bei Erreichen des Sprachelements „ , ", also am Ende eines Booleschen Ausdrucks, wird

$$K = 0$$

gefordert.

Die maximal erlaubte Klammerstufe K_{max} hängt von den Gegebenheiten der späteren Realisierung ab und kann unter Umständen beliebig groß sein.

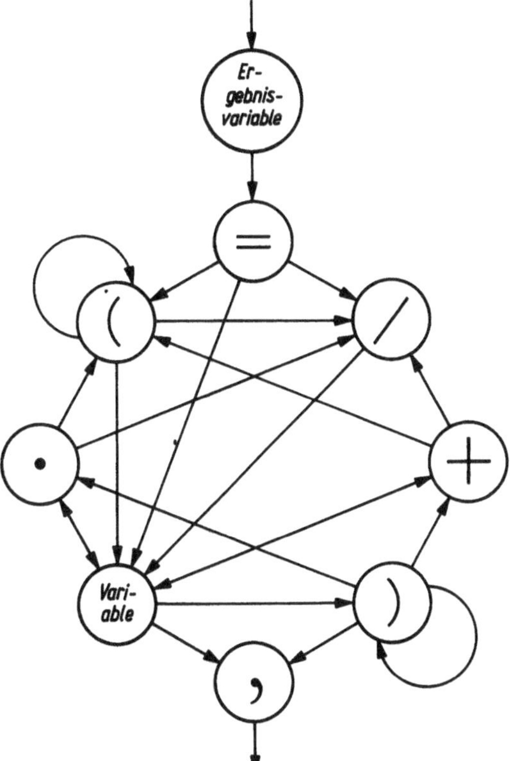

Bild 14.1. Syntaxgraph

Wie aus dem Graphen zu ersehen ist, sind negierte Klammerausdrücke nicht erlaubt.
Diese Bedingung bedeutet keine Einschränkung der Allgemeinheit, da negierte Ausdrücke
mit dem Shannonschen Theorem

$$/f(\bullet ;+;a;b;c; \ldots) = f(+; \bullet ; /a; /b; /c; \ldots)$$

in unnegierte Ausdrücke umgeschrieben werden können. Prinzipiell lassen sich die im folgenden vorgestellten Algorithmen auf die Behandlung Boolescher Gleichungen mit negierten
Klammerausdrücken erweitern, jedoch werden dadurch die Algorithmen wie auch die Booleschen Gleichungen weniger durchsichtig. Letztlich läuft die algorithmierte Behandlung negierter Boolescher Ausdrücke zumindest implizit auch auf die Anwendung des Shannonschen
Theorems hinaus.

Bild 14.2 zeigt in Form eines Programmablaufplans einen Algorithmus zur Syntaxprüfung einer Booleschen Gleichung, der die Einhaltung der Forderungen des Syntaxgraphen und der beiden Nebenbedingungen überwacht.

Die Programmverzweigungen erfolgen stets bei erfüllter Verzweigungsbedingung. Mit i ist eine laufende Nummer, mit S_i das i-te Sprachelement einer Booleschen Gleichung gemeint.

Beispielsweise entspricht die Boolesche Gleichung

$$A483 = E034 \cdot (/A470 + (M253 \cdot E047 + A581) \cdot /M131)$$

der vereinbarten Syntax.

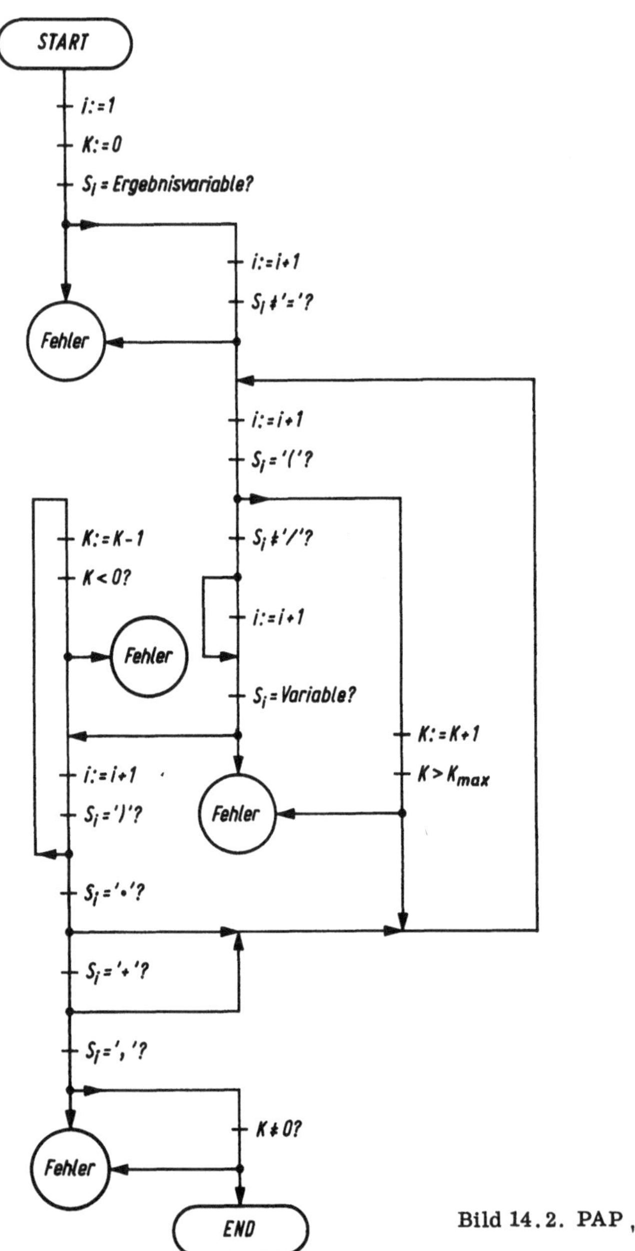

Bild 14.2. PAP „Syntaxprüfung"

14.2. Gewinnung Boolescher Gleichungen

Beim Entwurf der Logik für industrielle Steuerungen liegt die Aufgabenstellung meist in verbaler Form vor, beispielsweise in einem Pflichtenheft. Diese verbale Beschreibung kann durch Ablaufpläne, Schaltfolgediagramme o.ä. ergänzt sein. Der Elektrokonstrukteur legt die Schnittstelle zwischen Steuerung und zu steuerndem Prozeß einschließlich der auszutauschenden Signale fest. Wenn nötig, erfolgt eine funktionell und technologisch begründete Zerlegung des Gesamtsystems in überschaubare Teilsysteme. Unter Umständen ergibt sich ein rein kombinatorischer Zusammenhang zwischen Eingangs- und Ausgangssignalen der Steuerung. Die zugehörigen Booleschen Gleichungen lassen sich in diesem Fall mit Hilfe bekannter Methoden gewinnen und optimieren. Im allgemeinen aber wird sich die Steuerungsaufgabe durch Folgeschaltungen lösen lassen. In Abhängigkeit vom Umfang der Aufgabenstellung, den Möglichkeiten der zur Verfügung stehenden Steuerung und nicht zuletzt von den Fähigkeiten und der Meinung des Elektrokonstrukteurs gibt es verschiedene Wege zur Abbildung der Steuerungsaufgabe in eine Boolesche Logik.

Verzichtet man auf das unbedingte Erreichen des Aufwandsminimums, so sind auf diesen Wegen noch verschiedene Abkürzungen möglich.

14.2.1. Intuitive Methode

Für manche Steuerungsaufgaben lassen sich die Booleschen Gleichungen der zugehörigen Logik sofort aufschreiben. Ein erfahrener Entwerfer kann durch geschickte Zergliederung der Steuerlogik in Funktionsgruppen selbst umfangreiche Aufgabenstellungen intuitiv lösen. Oft besteht die Aufgabe auch darin, ältere, z.B. in Relaistechnik realisierte Steuerungen in Boolesche Logik umzuschreiben. Dabei notwendige funktionelle Erweiterungen lassen sich durch intuitive Logikänderungen vornehmen.

Intuitiv erarbeitete Steuerlogiken sind meist nicht optimal. Dieser Nachteil ist jedoch nicht schwerwiegend, zumal Optimallösungen zum Vergleich selten vorliegen. Ein nicht zu vernachlässigender Nachteil ist aber, daß intuitiv gefundene Lösungen von Steuerungsaufgaben oft nicht alle selten auftretenden Steuerungssituationen erfassen, so daß aufwendige nachträgliche Korrekturen nötig werden.

Trotzdem ist die intuitive Methode, die ihre historischen Wurzeln in der Entwurfstechnologie einfacher festverdrahteter Steuerungen hat, noch weit verbreitet. Die meisten Steuerungshersteller tragen diesem Umstand Rechnung, indem sie als Programmiersprache und zur Dokumentation für Boolesche Gleichungen die Relaissymbolik zulassen.

14.2.2. Automatentabellenmethode

Für den systematischen Entwurf von Folgeschaltungen liefert die Automatentheorie eine Vielzahl effektiver Verfahren, mit denen sich Steuerungsaufgaben vorteilhaft lösen lassen. Ursprünglich für den Entwurf festverdrahteter Schaltsysteme entwickelt, liefern diese Verfahren ebensogut vollständige und aufwandsminimale Steuerlogiken in Form von Booleschen Gleichungen. Da zur Automatentheorie umfangreiche Literatur vorliegt, soll die Verfahrensweise hier nur im Überblick dargestellt werden.

Ausgangspunkt des logischen Entwurfs bildet die Automatentabelle. In Form einer Matrix werden für jeden Logikkomplex alle denkbaren Steuerungszustände mit ihren Ausgangsbelegungen sowie alle durch die möglichen Eingangsbelegungen verursachten Zustandsübergänge aufgelistet. Anschließend erfolgt eine Zustandsreduktion. Durch die Ermittlung von verträglichen Zuständen und maximalen Verträglichkeitsklassen wird die Zeilenzahl der Matrix minimiert. Die verbleibenden Zustände werden nun aufwandsarm und wettlauffrei durch Kombinationen von Zwischenvariablen (Merkern) kodiert. Nach der Wahl der zu verwendenden Speichertypen lassen sich schließlich die kombinatorischen Schaltungen für die Setz- und Rücksetzbedingungen der Speicher sowie für die Ausgangslogik ermitteln.

Eine 1-aus-n-Kodierung der Zustände erfordert zwar eine größere Speicherzahl, macht aber die Schaltung durchsichtiger und ergibt im allgemeinen eine wesentlich einfachere Speicheransteuerung.

Die Berechnungs- und Optimierungsverfahren der Automatentheorie sind algorithmiert und liegen verschiedentlich als Rechnerprogramme vor.

Ein Nachteil der automatentheoretischen Methoden besteht darin, daß durch die Vielzahl der aufeinanderfolgenden Entwurfsschritte der Zusammenhang von Steuerungsaufgabe und gefundener Lösung an Transparenz verliert, wodurch geringfügige Änderungen der Aufgabenstellung einen Neuentwurf der Steuerlogik erforderlich machen können.

14.2.3. Ablaufgraphenmethode

Bei dieser Methode wird der Funktionsinhalt einer Steuerung durch einen Programmablaufgraphen abgebildet. Der Programmablaufgraph ist eine anschauliche Darstellung der Steuerungszustände, der möglichen Übergänge zwischen diesen Zuständen und der dazugehörigen Übergangsbedingungen. Da Korrekturen der Aufgabenstellung zumeist nur lokale Auswirkungen auf den Programmablaufgraphen haben, ist diese Methode sehr änderungsfreundlich. Die Booleschen Gleichungen der Steuerlogik erhält man durch Abschreiben der Setz-, Selbsthalte- und Rücksetzbedingungen für jeden Zustand. Die 1-aus-n-Kodierung der Zustände führt auch hier zu besonders einfachen Verhältnissen. Es kann günstig sein, statt der Übergangsbedingungen zum Folgezustand in der Rücksetzbedingung den Folgezustand selbst zu notieren.

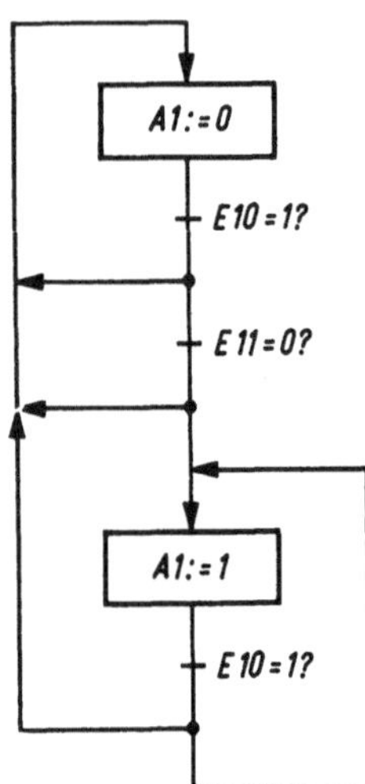

Bild 14.3. PAG „R-Flipflop"

Im Bild 14.3 ist der Programmablaufgraph eines dominierend rücksetzenden Speichers mit der Variablen E 11 als Setzeingang und der Variablen E 10 als Rücksetzeingang dargestellt. Der Zustand des Flipflops wird durch die Variable A 1 ausgedrückt. Die äquivalente Boolesche Gleichung lautet:

$$A1 = (A1 + E11) \cdot /E10, .$$

Die Methoden zum Entwurf von Schaltsystemen sind vorwiegend auf eine Hardwarerealisierung orientiert. Parallel dazu verstehen sich die meisten programmierbaren Steuerungen als Geräte zur Simulation festverdrahteter Steuerlogiken. Dieser Umweg kann bei Anwendung der Programmablaufgraphenmethode vermieden werden. Statt die Setz-, Rücksetz- und Selbsthaltebedingungen fiktiver Speicherschaltungen zu konstruieren, kann man in Form von Booleschen Ausdrücken die Zustandsübergangsbedingungen notieren. Voraussetzung hierfür ist allerdings, daß der Befehlssatz der programmierbaren Steuerung geeignete Sprungbefehle enthält. Wird außerdem das Halten des jeweils aktuellen Zustandes von der Steuerung organisiert, so werden bei Graphenabarbeitung weniger Speicherplatz und Rechenzeit benötigt als bei der üblichen Schaltungssimulation.

14.3. Abarbeitung der Booleschen Gleichungen

Bei der Abarbeitung der Steuerlogik auf programmierbaren Steuerungen sind einige Prämissen zu beachten:

- Die Abarbeitung geschieht im Echtzeitbetrieb, d.h., sie ist durch die maximal zulässige Reaktionszeit der Steuerung begrenzt.
- Die Zahl der in der Logik zu verarbeitenden Variablen beträgt bei großen Steuerungen bis zu 2^{12}.
- Auf Grund des nicht unbegrenzt zur Verfügung stehenden Speicherplatzes sollte die abarbeitbare Darstellung einer Variablen möglichst redundanzarm sein.

Es gibt eine Reihe von sehr eleganten tabellarischen Abarbeitungsmethoden, die aber wegen der bei ihnen auftretenden exponentiellen Abhängigkeit des Rechenzeit- und Speicherplatzbedarfs von der Anzahl der zu verarbeitenden Variablen bereits bei etwa 2^6 Variablen an die Grenzen der derzeitigen rechentechnischen Möglichkeiten stoßen und deshalb für die Steuerungstechnik kaum in Betracht kommen. Aus diesem Grunde werden bei allen bekannten größeren programmierbaren Steuerungen Boolesche Gleichungen zur Darstellung der Steuerlogik verwendet. Dabei variieren die Notierungsformen von der Relaissymbolik bis zur Prozessorbefehlsfolge.

14.3.1. Steuerungen mit Bitprozessor

Bei programmierbaren Steuerungen, die mit Bitprozessoren arbeiten, basieren die Befehlssätze auf den logischen Grundfunktionen. Ein für solche Steuerungen repräsentativer Basisoperationssatz enthält folgende Befehle:

Befehl	Bedeutung
AND	UND-Verknüpfung mit einer Variablen
ANDN	UND-Verknüpfung mit einer negierten Variablen
OR	ODER-Verknüpfung mit einer Variablen
ORN	ODER-Verknüpfung mit einer negierten Variablen
SETB	Setzen einer Ergebnisvariablen auf den Wert der vorangegangenen Verknüpfung (bedingtes Setzen)

Zu den Variablen gehören Eingangssignale, Ausgangssignale und Merker; als Ergebnisvariablen sind nur die beiden letzteren zugelassen. Geklammerte logische Ausdrücke können mit Bitprozessoren nicht verarbeitet werden ($K_{max} = 0$). Um Boolesche Gleichungen in disjunktiver Normalform programmieren zu können, ist eine UND-vor-ODER-Verarbeitung vorgesehen. Die Anzahl der Variablen in einer Gleichung ist unbegrenzt. Von verschiedenen Steuerungsherstellern wurde der Basisoperationssatz durch organisatorische Befehle erweitert, z.B. durch Sprungbefehle, Unterprogrammaufrufe, Nulloperation, Negation, Setzen von Ergebnisvariablen auf 1 oder 0 u.a. Die Art und Weise der Programmierung Boolescher Gleichungen ist aber im Prinzip bei allen Steuerungen mit Bitprozessoren gleich und soll mit einigen Beispielen illustriert werden.

Beispiel 1. Konjunktion
Die Boolesche Gleichung $A1 = E1 \cdot E2 \cdot /E3$, wird umgesetzt in die Befehlsfolge

```
AND  E1  ⎫
AND  E2  ⎬ Konjunktion
ANDN E3  ⎭
SETB A1     Setzen des Ausgangs A1 auf den Wert der Konjunktion.
```

Beispiel 2. Disjunktion
Die Gleichung M5 = /A1 + E10, ergibt das Programmstück

```
ORN   A1  ⎱
OR    E10 ⎰  Disjunktion
SETB  M5      Setzen des Merkers M5 auf den Wert der Disjunktion.
```

Beispiel 3. Disjunktive Normalform
Die disjunktive Normalform

$$A3 = /M1 \cdot M2 \cdot M3 + M1 \cdot /M2 \cdot M3 + M1 \cdot M2 \cdot /M3 + /M1 \cdot /M2 \cdot /M3,$$

läßt sich auf Grund der UND-vor-ODER-Verarbeitung auf folgende Befehlsfolge abbilden:

```
ANDN M1  ⎫
AND  M2  ⎬  1. Konjunktion
AND  M3  ⎭

OR   M1  ⎫
ANDN M2  ⎬  2. Konjunktion
AND  M3  ⎭

OR   M1  ⎫
AND  M2  ⎬  3. Konjunktion
ANDN M3  ⎭

ORN  M1  ⎫
ANDN M2  ⎬  4. Konjunktion
ANDN M3  ⎭

SETB A3      Setzen des Ausgangs A3 auf den Wert der disjunktiven Verknüpfung
             der vier Konjunktionen.
```

Beispiel 4. Auflösung eines geklammerten logischen Ausdrucks durch „Ausmultiplizieren"
Die Boolesche Gleichung

$$A15 = (/E7 + M7) \cdot (E7 + /M7),$$

läßt sich wegen der Klammerausdrücke nicht direkt in eine Befehlsfolge umsetzen. Durch
„Ausmultiplizieren" erhält man die klammerfreie logisch äquivalente Darstellung

$$A15 = /E7 \cdot /M7 + E7 \cdot M7,$$

die das folgende Programmstück ergibt:

```
ANDN E7  ⎫
ANDN M7  ⎬  Äquivalenzfunktion
OR   E7  ⎪
AND  M7  ⎭
SETB A15     bedingtes Setzen der Ergebnisvariablen.
```

Beispiel 5. Auflösung eines geklammerten logischen Ausdrucks durch Aufspaltung
Die Speichergleichung eines dominierend rücksetzenden Flipflops mit E11 als Setzeingang
und E10 als Rücksetzeingang

$$A1 = (A1 + E11) \cdot /E10,$$

läßt sich in zwei klammerfreie Ausdrücke zerlegen:

$$M1 = A1 + E11,$$
$$A1 = M1 \cdot /E10, \; .$$

Das gleichbedeutende Programmstück lautet damit:

OR	A1	Selbsthaltung
OR	E11	Setzeingang
SETB	M1	} Merker mit dem Wert des Klammerausdrucks
AND	M1	
ANDN	E10	Rücksetzeingang
SETB	A1	bedingtes Setzen der Speichervariablen.

Die Vorteile des Bitprozessors bei der Darstellung und Abarbeitung von Steuerlogik sind

- hohe Verarbeitungsgeschwindigkeit wegen des geringen Befehlsdekodieraufwands und
- geringer Speicherplatzbedarf durch den auf redundanzarme Variablen- und Operations-
  kodierung zugeschnittenen Prozessor.

Dem stehen als Nachteile gegenüber:

- umständliche Programmierung komplexer Boolescher Ausdrücke und
- erheblicher Programmieraufwand für die Realisierung von Vergleichen, arithmetischen
  Funktionen, Datentransporten usw. in komplizierten Steuerungsaufgaben.

14.3.2. Steuerungen mit Wortprozessor

Zur Lösung der immer komplizierter werdenden Steuerungsaufgaben werden in zunehmen-
dem Maße Wortprozessoren eingesetzt. Wortprozessoren sind Universalprozessoren mit
umfangreichem Befehlssatz, die Verarbeitungsbreiten von 4, 8, 16 bit oder mehr besitzen.
Der Vorteil der Universalität gegenüber den speziellen Bitprozessoren bringt allerdings den
Nachteil geringerer Abarbeitungsgeschwindigkeit mit sich. Auch wird die abarbeitbare Darstellung eines speziellen Problems mit Rücksicht auf die Arbeitsweise eines Universalpro-
zessors im allgemeinen mit Redundanz behaftet sein. Diese Nachteile verlieren aber an Gewicht durch die steigende Operationsgeschwindigkeit der Prozessoren und die sinkenden
Speicherkosten.

Sollen Boolesche Gleichungen auf Wortprozessoren abgearbeitet werden, so ist es nahe-
liegend, die von den Bitprozessoren her gewohnte Verfahrensweise auch hier anzuwenden.
Alle Wortprozessoren führen die logischen Grundoperationen AND, OR und NEG (Negation)
aus; die SETB-Operation läßt sich mit einem Ladebefehl realisieren. Die Operationen ANDN
und ORN (logische Verknüpfung mit dem negierten Wert einer Variablen) sind bei den bekannten Wortprozessoren nicht vorgesehen. Boolesche Gleichungen, die negierte Variablen
enthalten, müssen durch geeignete Variablenvertauschung oder durch Anwendung des
Shannonschen Theorems in eine programmierbare Form umgeschrieben werden.

Die Konjunktion $A6 = E10 \cdot /E11 \cdot E12 \cdot /E13$, beispielsweise wird zur Befehlsfolge

AND	E10
AND	E12
NEG	
OR	E11
OR	E13
NEG	
SETB	A6,

der man die ursprüngliche Gestalt nicht mehr ohne weiteres ansieht.

Da ein Wortprozessor eine Verarbeitungsbreite von mehr als einem Bit besitzt, repräsentiert ein Wort des Abbildspeichers, d.h. des logischen Abbilds des Steuerungszustands,
die logischen Werte von mehreren Variablen. Im obigen Beispiel wurde stillschweigend angenommen, daß alle Variablen auf die gleiche Bitposition der behandelten Wörter abgebildet
wurden. Das ist aber im allgemeinen nicht der Fall. Vor allen logischen Operationen müssen
deshalb die in Frage kommenden Bit durch Verschiebebefehle an eine übereinstimmende
Position gebracht werden, was aber zu Lasten der Verarbeitungsgeschwindigkeit geht. Eine
schnellere, dafür speicheraufwendige Möglichkeit besteht darin, in jedem Wort des Abbildspeichers nur eine Bitposition zu besetzen.

Die aufgezeigten Schwierigkeiten geben Veranlassung, nach einem anderen Verfahren zur Abarbeitung Boolescher Gleichungen auf Wortprozessoren zu suchen. Dabei soll die Tatsache genutzt werden, daß der Wert einer Booleschen Funktion bei vorgegebener Eingangsbelegung im allgemeinen bereits von einem Teil der Variablen eindeutig festgelegt wird. Diese Variablen sollen wesentliche Variablen genannt werden. So bestimmt z.B. eine Variable mit dem Wert 0 den Wert einer Konjunktion sofort zu 0. Bei der sequentiellen Abarbeitung einer Konjunktion sind also nur die Variablen bis zur ersten mit dem Wert 0 wesentlich; alle übrigen können übersprungen werden. Das gilt natürlich mutatis mutandis auch bei einer Disjunktion oder beim Auftreten negierter Variablen. Eine Variable in einer Konjunktion oder Disjunktion kann also durch einen Bittest- und einen bedingten Sprungbefehl ersetzt werden. Bedingte Sprungbefehle gibt es bei allen Wortprozessoren, Bittestbefehle bei den meisten. Anderenfalls läßt sich ein Bittestbefehl durch einen AND-Befehl nachbilden. Die Verwendung von Bittest- und bedingten Sprungbefehlen, d.h. die Beschränkung auf die jeweils wesentlichen Variablen, führt zu einer Beschleunigung der Abarbeitung. Unter der Voraussetzung, daß die Variablen die Werte 0 und 1 mit gleicher Wahrscheinlichkeit annehmen, erhält man als Mittelwert $\bar{N}$ für die Anzahl der wesentlichen Variablen in einer Konjunktion oder Disjunktion von n Variablen

$$\bar{N} = \sum_{i=0}^{n-1} 2^{-i} \quad \text{und damit} \quad \lim_{n \to \infty} \bar{N} = 2 \; .$$

Dieses Prinzip läßt sich auf eine beliebige Boolesche Funktion anwenden, da diese letztlich auch nur aus (wenn auch unter Umständen unter Verwendung von Klammern verschachtelten) Konjunktionen und Disjunktionen besteht. Man erhält statt der gewohnten Operatoren- und Klammerschreibweise eine Sprungstruktur der Booleschen Gleichung; die Operatoren (UND, ODER, Negation) werden zu einer Sprungbedingung komprimiert, während sich die Sprungweite (Anzahl der zu überspringenden unwesentlichen Variablen) aus der Klammerstruktur ergibt. Der manuelle Aufbau der Sprungstruktur ist zeitaufwendig und fehleranfällig. Die Übersetzung wird deshalb von der Steuerung selbst, von einem Programmiergerät oder von einem Universalrechner ausgeführt.

Die dazu notwendigen Algorithmen sollen im folgenden dargestellt werden.

14.3.2.1. Formatieren der Booleschen Gleichung

Zur Erleichterung der rechentechnischen Behandlung werden die Booleschen Gleichungen zunächst formatiert. Dabei wird für jede Boolesche Gleichung gefordert, daß sie die Syntaxprüfung fehlerfrei bestanden hat. Bei der Formatierung werden die Booleschen Gleichungen aus der Operatoren- und Klammerschreibweise in eine Folge von Quadrupeln (V, N, O, K) umgesetzt. Es bedeuten V Variable, N Negation, O nachfolgende Operation, K Klammerstufe der Operation. Gleichzeitig wird die Verknüpfungsseite der Booleschen Gleichung erweitert durch die Beziehung Verknüpfungsseite $\Rightarrow$ (Verknüpfungsseite) $\cdot$ 1 + 0. Diese zunächst belanglos aussehende Erweiterung hat folgenden Sinn: Gelangt man bei der späteren Abarbeitung der Sprungstruktur an die Stelle $\cdot$ 1, so bedeutet das, daß der logische Wert der Verknüpfung sich zu 1 ergeben hat. Beim Erreichen der Stelle +0 hat die Verknüpfungsseite den logischen Wert 0. Statt der 1 schreibt man die Ergebnisvariable mit dem Kennzeichen N = 1 und sorgt bei der späteren Abarbeitung dafür, daß das folgende Quadrupel übersprungen wird. Die 0 ersetzt man durch die Ergebnisvariable mit dem Kennzeichen N = 0. Durch diesen einfachen Trick lassen sich die nachfolgenden Algorithmen zwanglos auf die ganze Boolesche Gleichung (samt Ergebnisseite) anwenden. Die Ergebnisvariable ist in der formatierten Schreibweise an den Elementen 0 = + und K = 0 erkennbar.

Bild 14.4 zeigt den Formatierungsalgorithmus. K bedeutet wiederum die Klammerstufe. i und j sind laufende Nummern in der Quellform bzw. in der formatierten Darstellung der Booleschen Gleichung. S_i ist das i-te Sprachelement, V_j, N_j, O_j und K_j sind die Elemente des j-ten Quadrupels.

Die Boolesche Gleichung

$$A483 = E034 \cdot (/A470 + (M253 \cdot E047 + A581) \cdot /M131),$$

erhält nach Anwendung des Formatierungsalgorithmus die Gestalt

(E 034, 1, ·, 1) (A470, 0, +, 2) (M253, 1, ·, 3) (E 047, 1, +, 3)
(A 581, 1, ·, 2) (M131, 0, ·, 0) (A483, 1, +, 0) (A483, 0, ·, 0).

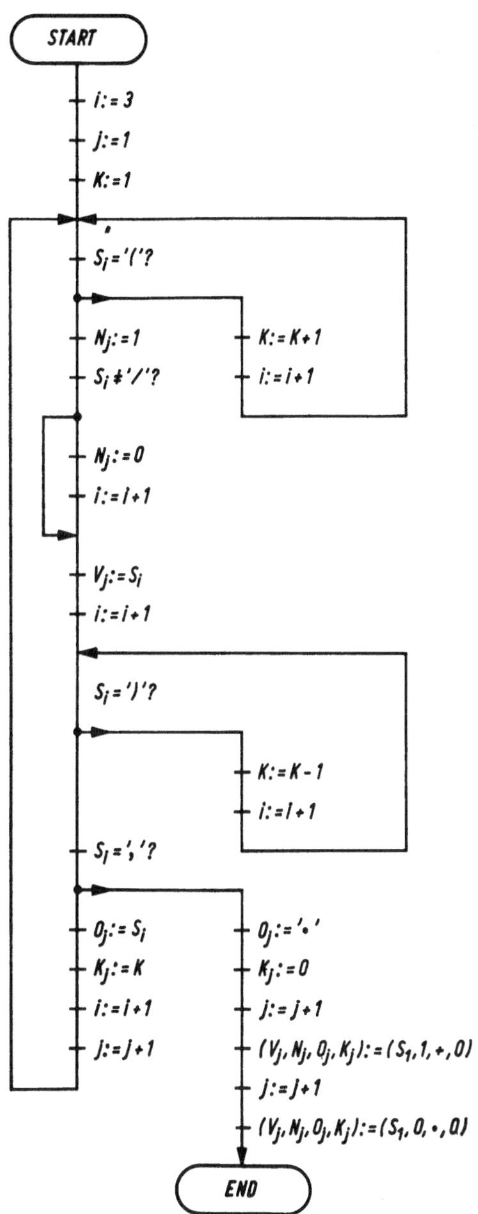

Bild 14.4. PAP „Formatieren"

14.3.2.2. Übersetzung in die Sprungstruktur

Die Vorschriften für die Abarbeitung eines Booleschen Ausdrucks mit Bittest- und Sprungbefehlen lauten:

— Springe beim Wert 0 einer Variablen vor einem UND der Klammerstufe K zur Variablen
  nach dem nächsten ODER der Klammerstufe $K' \leqq K$!

— Springe beim Wert 1 einer Variablen vor einem ODER der Klammerstufe K zur Variablen
nach dem nächsten UND der Klammerstufe $K' < K$!
— Negiere die Sprungbedingung bei negierten Variablen!

Diese Abarbeitungsvorschriften ergeben den Algorithmus von Bild 14.5 zur Übersetzung
Boolescher Gleichungen aus der formatierten Darstellung in eine Sprungstruktur. Aus den
Quadrupeln (V, N, O, K) werden damit die Quadrupel $[V, S, B, W]$ mit der Bedeutung

S   Stellung der Variablen in der Gleichung:
      S = 0 verknüpfte Variable
      S = 1 Ergebnisvariable

B   Sprungbedingung bei verknüpften Variablen,
      Ergebniswert bei Ergebnisvariablen

W   Sprungweite (Anzahl der zu überspringenden unwesentlichen Variablen).

i und j sind wiederum laufende Nummern, wobei j zum Suchen der anzuspringenden Variablen benutzt wird. Wie man sieht, werden Klammern, Verknüpfungs- und Negationsoperatoren aus der Booleschen Gleichung eliminiert.

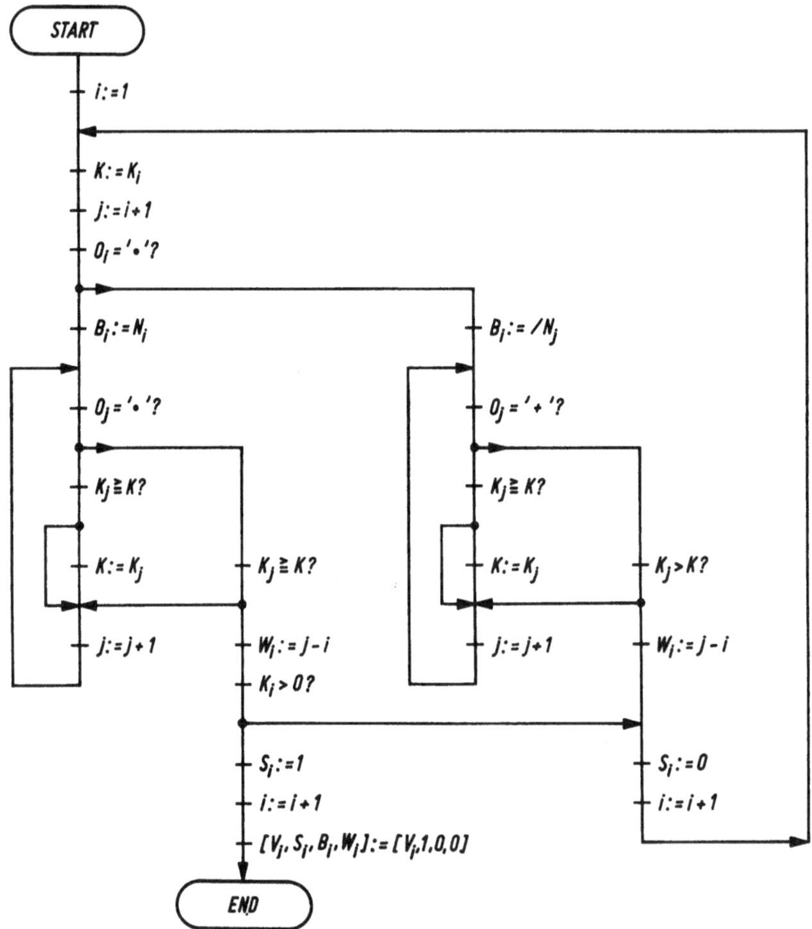

Bild 14.5. PAP „Übersetzen"

Die Beispielgleichung des vorhergehenden Abschnitts wird durch den Übersetzungsalgorithmus zur Sprungstruktur

$$[E\,034, 0, 0, 6]\;[A470, 0, 0, 4]\;[M253, 0, 0, 1]\;[E\,047, 0, 1, 1]$$
$$[A581, 0, 0, 2]\;[M131, 0, 1, 1]\;[A483, 1, 1, 1]\;[A483, 1, 0, 0]\;.$$

Für die Abarbeitung der Sprungstruktur stehen zwei Möglichkeiten zur Verfügung: die interpretierende und die direkte. Einen Interpreteralgorithmus für die Tabellenform $[V,\,S,\,B,\,W]$ zeigt Bild 14.6. Auf Kosten der Abarbeitungsgeschwindigkeit ermöglicht die interpretierende Variante eine redundanzarme Logikdarstellung. Dagegen bietet die direkte Abarbeitung bei höherem Speicherplatzbedarf die maximale Geschwindigkeit. Die tabellarische Sprungstruktur wird dabei zu einer Maschinenbefehlsfolge compiliert.

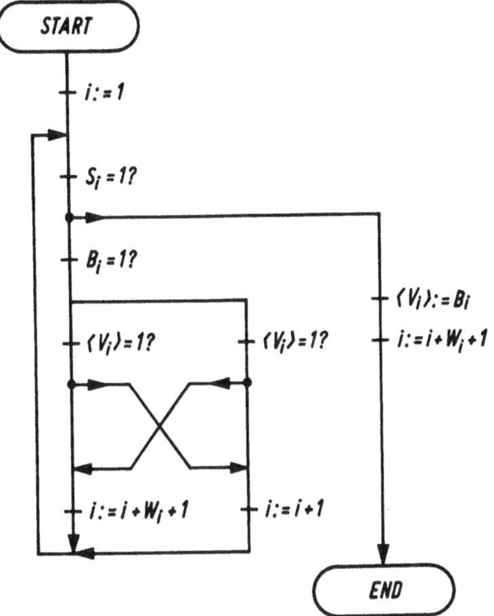

Bild 14.6. PAP „Interpreter"

Folgende Wortprozessorbefehle werden benötigt:

Befehl		Bedeutung
BIT	variable	Bittestbefehl
JR*	n	unbedingter relativer Sprung über n Befehle
JRZ	n	relativer Sprung, wenn die vorher getestete Variable den logischen Wert 0 hat
JRNZ	n	relativer Sprung, wenn die vorher getestete Variable den logischen Wert 1 hat
SET	variable	Setzen einer Ergebnisvariablen auf den logischen Wert 1
RES	variable	Rücksetzen einer Ergebnisvariablen auf den logischen Wert 0

Das obige Beispiel ergibt unter Verwendung dieser Befehle das Programmstück

```
BIT    E 034
JRZ    12
BIT    A470
JRZ    8
BIT    M253
JRZ    2
BIT    E 047
JRNZ   2
BIT    A581
JRZ    4
BIT    M131
JRNZ   2
SET    A483
JR     1
RES    A483 .
```

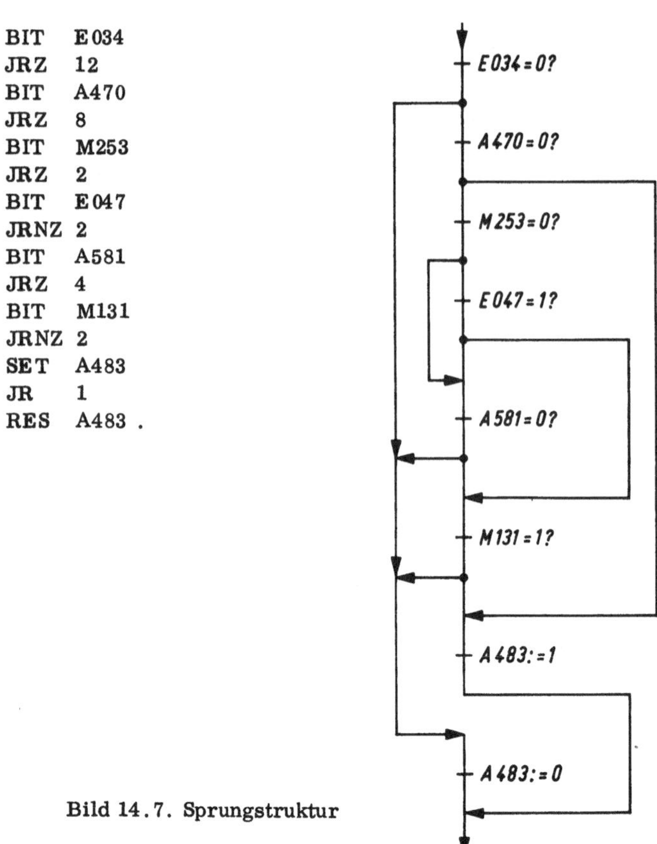

Bild 14.7. Sprungstruktur

Im Bild 14.7 ist diese Befehlsfolge als Programmablaufplan dargestellt. Unter der Annahme der Gleichverteilung aller möglichen Eingangsbelegungen der sechs verknüpften Variablen erhält man als mittlere Anzahl der wesentlichen Variablen für dieses Beispiel

$$\bar{N} \approx 2,234 .$$

Ganz allgemein lassen sich mit n Variablen n! verschiedene Sprungstrukturen konstruieren. Im folgenden sind die 24 möglichen Sprungstrukturen aufgelistet, die sich mit vier Variablen aufspannen lassen. Die beiden Spalten sind zueinander dual. Zu jeder Zeile ist die mittlere Anzahl der wesentlichen Variablen angeschrieben.

1. $((\overline{E1}+\overline{E2}).\overline{E3}+\overline{E4}).A+/A$ 13. $((\overline{E1}.E2+\overline{E3}).\overline{E4}).A+/A$ 2,875

2. $(\overline{E1}.\overline{E2}+\overline{E3}+\overline{E4}).A+/A$ 14. $((\overline{E1}+\overline{E2}).\overline{E3}.\overline{E4}).A+/A$ 2,625

3. $(\overline{E1}.\overline{E2}+\overline{E3}.\overline{E4}).A+/A$ 15. $((\overline{E1}+\overline{E2}).(\overline{E3}+\overline{E4}).A+/A$ 2,625

4. $(\overline{E1}.\overline{E2}.\overline{E3}+\overline{E4}).A+/A$ 16. $((\overline{E1}+\overline{E2}+\overline{E3}).\overline{E4}).A+/A$ 2,625

5. $(\overline{E1}.(\overline{E2}+\overline{E3})+\overline{E4}).A+/A$ 17. $(\overline{E1}+\overline{E2}.\overline{E3}+\overline{E4}).A+/A$ 2,375

6. $(\overline{E1}?\overline{E2}?\overline{E3}?\overline{E4}).A+/A$ 18. $(\overline{E1}?\overline{E2}?\overline{E3}?\overline{E4}).A+/A$ 2,375

7. $(E1+E2.E3+E4).A+/A$

8. $(E1+(E2+E3).E4).A+/A$

9. $(E1+E2+E3.E4).A+/A$

10. $(E1.(E2+E3+E4)).A+/A$

11. $(E1+E2.(E3+E4)).A+/A$

12. $(E1+E2+E3+E4).A+/A$

19. $(E1.(E2+E3).E4).A+/A$ 2,125

20. $(E1.(E2.E3+E4)).A+/A$ 2,125

21. $(E1.E2.(E3+E4)).A+/A$ 1,875

22. $(E1+E2.E3.E4).A+/A$ 1,875

23. $(E1.(E2+E3.E4)).A+/A$ 1,875

24. $(E1.E2.E3.E4).A+/A$ 1,875 .

Die mittlere Anzahl wesentlicher Variablen und damit die mittlere Abarbeitungszeit logisch ähnlicher Strukturen (z.B. der ersten und elften Sprungstruktur) kann recht unterschiedlich sein. Durch geschicktes Umordnen der Variablen läßt sich eine weitere Beschleunigung der Abarbeitung erreichen.

14.3.2.3. Rückübersetzung

Zu Wartungszwecken ist es erforderlich, die Operatoren- und Klammerschreibweise der Booleschen Gleichungen aus den Sprungstrukturen zurückzugewinnen. Das ist prinzipiell möglich, da die Sprungstruktur die vollständige Information über die logische Aussage einer Booleschen Gleichung beinhaltet. Die Rückübersetzung läßt sich allerdings in Analogie zu den Verhältnissen bei den Umkehroperationen der Zahlenalgebra nur mit einem aufwendigen iterativen Probieralgorithmus bewerkstelligen. Der Algorithmus sei hier nur grob skizziert. Im ersten Rückübersetzungsschritt lassen sich, von der Ergebnisseite her beginnend, die Operatoren UND oder ODER rekonstruieren. Man erinnert sich an die Übersetzungsvorschrift, wonach von einer Variablen vor einem UND zu einer Variablen nach einem ODER gesprungen wird und umgekehrt. Aus dieser Vorschrift rückschließend, lassen sich in einem Durchlauf alle UND- und ODER-Operatoren der Booleschen Gleichung ermitteln.

In einem zweiten Schritt lassen sich aus den ermittelten Operatoren und den Sprungbedingungen die Negationsoperatoren zurückgewinnen. Mit den weiteren Schritten schließlich rekonstruiert man unter Berücksichtigung der bei der Übersetzung verwendeten Klammerstufenverhältnisse iterativ die Klammerstruktur der Booleschen Gleichung. Die Anzahl der notwendigen Iterationsschritte ist gleich der maximalen Klammerstufenzahl.

Interessant ist hierbei die Tatsache, daß sich nicht alle denkbaren Sprungstrukturen in eine Klammerstruktur mit gleicher Variablenzahl überführen lassen. Unter den im vorhergehenden Abschnitt aufgelisteten möglichen Sprungstrukturen aus vier Variablen sind beispielsweise die sechste und achtzehnte Sprungstruktur nicht so wie die übrigen rückübersetzbar. Ihr logisches Äquivalent in Operatoren- und Klammerschreibweise läßt sich erst mit fünf Variablen (durch doppelte Notierung einer der vier Variablen) konstruieren. Der sechsten Sprungstruktur entspräche die Boolesche Gleichung

$$A=/E1.E2+(E1+E3).E4, \ .$$

Der Anteil der nicht rückübersetzbaren Sprungstrukturen an den theoretisch möglichen nimmt mit steigender Variablenzahl zu. Das hat jedoch keine praktischen Konsequenzen, da die in einer Wortprozessorsteuerung vorkommenden Sprungstrukturen erst aus Booleschen Gleichungen in Operatoren- und Klammerschreibweise gewonnen wurden und damit mit Sicherheit rückübersetzbar sind.

14.4. Zusammenfassung

Die Boolesche Algebra ist ein ideales Werkzeug zur Beschreibung und Optimierung logischer Zusammenhänge. Sie wird deshalb auch als Programmiersprache für industrielle Steuerungen verwendet. Es werden repräsentative Verfahren zum Entwurf von Schaltsystemen angegeben. Beim verknüpfungsorientierten Entwurf erhält man Schaltnetzwerke in Form von

Booleschen Gleichungen. Bei ablauforientierter Betrachtungsweise werden die Schaltfolge-
bedingungen mit Booleschen Ausdrücken beschrieben.

Die Methoden der Abarbeitung Boolescher Gleichungen in programmierbaren Steuerungen
hängen von den zur Verfügung stehenden Prozessorbefehlen ab. Es werden Beispiele für die
Programmierung von Bitprozessoren unter Verwendung der logischen Grundoperationen angegeben. Bei der Abarbeitung Boolescher Gleichungen auf Wortprozessoren verwendet man
vorteilhaft Bittest- und Sprungbefehle. Algorithmen für die rechnerunterstützte Umwandlung
der Operatoren- und Klammerschreibweise Boolescher Gleichungen in eine Sprungstruktur
werden vorgestellt.

Literaturverzeichnis

Zu 1. Boolesche Gleichungen - mathematische Grundbegriffe

[1]   Boole, G.: The Mathematical Analysis of Logic. Cambridge - London 1847
[2]   Vladimirov, D.A.: Boolesche Algebren. Berlin: Akademie-Verlag 1972
[3]   Rudeanu, S.: Boolean Functions and Equations. Amsterdam, London: North-Holland Publishing Company 1974

Zu 2. Boolesche Differentialgleichungen

[1]   Bochmann, D.; Posthoff, Ch.: Binäre dynamische Systeme. Berlin: Akademie-Verlag 1981
[2]   Posthoff, Ch.; Steinbach, B.: Binäre dynamische Systeme - Algorithmen und Programme. Wissenschaftliche Schriftenreihe der Technischen Hochschule Karl-Marx-Stadt 8/1979
[3]   Fehmel, J.; Posthoff, Ch.; Steinbach, B.: Binäre Systeme - Rechnergestützter Schaltungsentwurf. Wissenschaftliche Schriftenreihe der Technischen Hochschule Karl-Marx-Stadt 7/1982
[4]   Steinbach, B.: Lösung binärer Differentialgleichungen und ihre Anwendung auf binäre Systeme. Dissertation A, Technische Hochschule Karl-Marx-Stadt, Sektion Informationstechnik 1981
[5]   Steinbach, B.; Voigt, E.; Reiß, J.; Fehmel, J.: Rechentechnische Erfahrungen mit Booleschen Gleichungen. Vorliegender Sammelband „Boolesche Gleichungen - Theorie, Anwendungen, Algorithmen"

Zu 3. Logische Matrixgleichungen - Theorie und Praxis

[1]   Zakrevskij, A.D.: Algoritmy sinteza diskretnych avtomatov (Algorithmen zur Sythese diskreter Automaten). Moskva: Nauka 1971
[2]   Utkin, A.A.: Analiz logičeskich setej i technika bulevych vyčislenij (Die Analyse logischer Netze und die Technik Boolescher Berechnungen). Minsk: Nauka i Technika 1979
[3]   Posthoff, Ch.; Steinbach, B.: Binäre Gleichungen, Algorithmen und Programme. Karl-Marx-Stadt 1979
[4]   Reingold, E.; Nievergelt, J.; Deo, H.: Kombinatornye algoritmy. Teorija i Praktika (Kombinatorische Algorithmen. Theorie und Praxis). Moskva: Mir 1980
[5]   Bochmann, D.; Posthoff, Ch.: Binäre dynamische Systeme. Berlin: Akademie-Verlag 1981
[6]   Rubzov, V.P.; Zacharov, V.P.; Zizko, V.A.: Avtomatizacija proektirovanija bolšich integralnych schem (Entwurfsautomatisierung hochintegrierter Schaltungen). Kiev: Technika 1980
[7]   Rvačev, V.L.: Metody algebry logiki v matematičeskoj fizike (Methoden der Algebra der Logik in der mathematischen Physik). Kiev: Naukova dumka 1974
[8]   Zakrevskij, A.D.: Logičeskie uravnenija (Logische Gleichungen). Minsk: Nauka i Technika 1975
[9]   Zakrevskij, A.D.: Logičeskij sintez kaskadnych schem (Logische Synthese von Kaskadenschaltungen). Moskva: Nauka 1981

Zu 4. Boolesche Berechnungen und die Lösung logischer Gleichungen

[1] Zakrevskij, A.D.: Logičeskie uravnenija (Logische Gleichungen). Minsk: Nauka i
     Technika 1975
[2] Posthoff, Ch.; Steinbach, B.: Binäre Gleichungen, Algorithmen und Programme.
     Karl-Marx-Stadt 1979
[3] Posthoff, Ch.; Steinbach, B.: Binäre dynamische Systeme, Algorithmen und Pro-
     gramme. Karl-Marx-Stadt 1979
[4] Utkin, A.A.: Analiz logičeskich setej i technika bulevych vyčislenij (Analyse logi-
     scher Netze und die Technik Boolescher Berechnungen). Minsk: Nauka i Technika
     1979
[5] Utkin, A.A.: Metod nachoždenija testov dlja kombinacionnych schem, osnovannyj
     na primenenii raznostnoj normalnoj formy (Eine Methode zum Finden von Tests für
     kombinatorische Schaltungen, die auf der Anwendung der antivalenten Normalform
     beruht). Trudy meždunarodnogo simpoziuma „Diskretnye sistemy". Riga 1974
[6] Zakrevskij, A.D.; Utkin, A.A.: O rešenii raznostnych logičeskich uravnenij (Über
     die Lösung antivalenter logischer Gleichungen). DAN BSSR, XIX, Nr. 1, 1975
[7] Zakresvkij, A.D.; Toropov, N.R.: Sistema programmirovanija LJAPAS-M (Das
     Programmiersystem LJAPAS-M). Minsk: Nauka i Technika 1978
[8] Pogarcev, A.G.; Utkin, A.A.: Eksperimentalnaja dialogovaja sistema EDA (Expe-
     rimental-Dialogsystem EDA). „Avtomatizazija analiza i modellirovanija logičeskich
     setej" (sbornik naučnych trudov) ITK AN BSSR, Minsk 1981
[9] Zakrevskij, A.D.: Logičeskij sintez kaskadnych schem (Logische Synthese von Kas-
     kadenschaltungen). Moskva: Nauka 1981
[10] Agarwal, V.K.: Multiple fault detection in PLA's (Erkennung von Mehrfachfehlern
     in PLA's). IEEE Transact. on Comput., v. 29, N. 6, 1980

Zu 5. Rechentechnische Erfahrungen mit Booleschen Gleichungen

[1] Bochmann, D.; Posthoff, Ch.: Boolesche Gleichungen - mathematische Grundbegriffe.
     Vorliegender Sammelband „Boolesche Gleichungen - Theorie, Anwendungen, Algo-
     rithmen"
[2] Zakrevskij, A.D.: Logičeskie uravnenija (Logische Gleichungen). Minsk 1975
[3] Kühnrich, M.: Ternärvektorlisten und deren Anwendung auf binäre Schaltnetzwerke.
     Dissertation, TH Karl-Marx-Stadt 1978
[4] Mitew, W.: Lösung Boolescher Gleichungen. Diplomarbeit, TH Karl-Marx-Stadt 1973
[5] Mitew, W.; Posthoff, Ch.: Ein Verfahren zur Lösung Boolescher Gleichungen. Nach-
     richtentechnik - Elektronik 25 (1975) 6 S. 222-224
[6] Steinbach, B.: Programmsystem zur Behandlung binärer Gleichungen. Diplomarbeit,
     TH Karl-Marx-Stadt 1977
[7] Posthoff, Ch.; Steinbach B.: Binäre Gleichungen - Algorithmen und Programme.
     Wissenschaftliche Schriftenreihe der Technischen Hochschule Karl-Marx-Stadt,
     1979, H. 1
[8] Posthoff, Ch.; Steinbach, B.: Algorithmen und Programme zur Behandlung binärer
     Gleichungen. Nachrichtentechnik - Elektronik 30 (1980) 3, S. 92-96
[9] Fehmel, J.; Posthoff, Ch.; Steinbach, B.: Binäre Systeme - Rechnergestützter
     Schaltungsentwurf. Wissenschaftliche Schriftenreihe der TH Karl-Marx-Stadt, 1982,
     H. 7
[10] Posthoff, Ch.; Steinbach, B.: Binäre dynamische Systeme - Algorithmen und Pro-
     gramme. Wissenschaftliche Schriftenreihe der TH Karl-Marx-Stadt, 1979, H. 8
[11] Posthoff, Ch.; Steinbach, B.: Algorithmen und Programme zur Behandlung binärer
     dynamischer Systeme. Nachrichtentechnik - Elektronik 31 (1981) 3, S. 122-125
[12] Steinbach, B.: Lösung binärer Differentialgleichungen und ihre Anwendung auf binäre
     Systeme. Dissertation, TH Karl-Marx-Stadt 1981
[13] Oertel, U.: Erarbeitung von Algorithmen und Programmen für die Untersuchung von
     Graphen auf verschiedene Eigenschaften. Diplomarbeit, TH Karl-Marx-Stadt 1981
[14] Schütz, L.: Mitarbeit bei der Implementierung und Testung von Programmen der
     TH Karl-Marx-Stadt zur Lösung Boolescher Gleichungen. Praktikumsarbeit, TH Karl-
     Marx-Stadt 1982

[15]   Fehmel, J.: Sprachkonzept zur Behandlung binärer Schaltsysteme. Diplomarbeit,
       TH Karl-Marx-Stadt 1981

[16]   Gruner, T.: Programmsystem zur Softwarerealisierung von Schaltnetzwerken.
       Diplomarbeit, TH Karl-Marx-Stadt 1981

[17]   Voigt, E.: Die Verarbeitung binärer Funktionen mit Mikrorechnern. Diplomarbeit,
       TH Karl-Marx-Stadt 1981

[18]   Nötzold, L.: Die Realisierung von Schaltnetzwerken durch Mikrorechner und kom-
       plexe Strukturen. Diplomarbeit, TH Karl-Marx-Stadt 1981

[19]   Bochmann, D.; Posthoff, Ch.: Binäre dynamische Systeme. Berlin: Akademie-Ver-
       lag 1981

[20]   Posthoff, Ch.: Die Lösung und Auflösung binärer Gleichungen mit Hilfe des Boole-
       schen Differentialkalküls. Elektronische Informationsverarbeitung und Kybernetik
       EIK 14 (1978) 1/2, S. 53-80

[21]   Thayse, A.: Anwendung der Theorie Boolescher Funktionen auf den Entwurf von
       Algorithmen. Vorliegender Sammelband „Boolesche Gleichungen - Theorie, Anwen-
       dungen, Algorithmen"

Zu 6. Vergröberung von Graphen

[1]   Bochmann, D.; Simon, F.U.: Automatengraphen und ihre analytische Behandlung.
       Wiss. Z. der TH Karl-Marx-Stadt (1979) 6, S. 675-684

[2]   Bochmann, D.; Posthoff, Ch.: Binäre dynamische Systeme. Berlin: Akademie-Ver-
       lag 1981. München, Wien: Oldenbourg-Verlag 1981

[3]   Posthoff, Ch.; Steinbach, B.: Binäre Gleichungen - Algorithmen und Programme.
       Wiss. Schriftenreihe der TH Karl-Marx-Stadt (1979) 1

[4]   Posthoff, Ch.; Steinbach B.: Binäre dynamische Systeme - Algorithmen und Pro-
       gramme. Wiss. Schriftenreihe der TH Karl-Marx-Stadt (1979) 8

[5]   Simon, F.U.: Beitrag zur Anwendung von Graphenmodellen bei der Verhaltensbe-
       schreibung und Analyse von Schaltsystemen. Dissertation (A), TH Karl-Marx-Stadt
       1981

[6]   Posthoff, Ch.: Die Lösung und Auflösung binärer Gleichungen mit Hilfe des Booleschen
       Differentialkalküls. EIK 14 (1978) 1/2, S. 53-80

[7]   Posthoff, Ch.; Fügert, E.: Beschreibung dynamischer Vorgänge in Schaltnetzwerken
       mit dem Booleschen Differentialkalkül. In: Dynamische Prozesse in Automaten,
       Berlin: VEB Verlag Technik 1977, S. 57-71

[8]   Steinbach, B.; Voigt, E.; Fehmel, J.; Reiß, J.: Rechentechnische Erfahrungen bei
       der Lösung Boolescher Gleichungen (im vorliegenden Sammelband)

[9]   Fehmel, J.; Posthoff, Ch.; Steinbach, B.: Binäre Systeme - Rechnergestützter
       Schaltungsentwurf. Wiss. Schriftenreihe der TH Karl-Marx-Stadt (1982) 7

[10]   Bochmann, D.: Automatengraphen. Berlin: Akademie-Verlag 1982

Zu 7. Logische Gleichungen und Dekomposition diskreter Automaten

[1]   Ashenhurst, R.L.: The decomposition of switching functions (Die Dekomposition von
       Schaltfunktionen). Proceedings of an International Symposium on the Theory of Switch-
       ing, April 2-5 1957, vol. 29 of Annals of Computation Laboratory of Harvard Univer-
       sity, 1959, pp. 74-116

[2]   Povarov, G.N.: Matematiko-logičeskoe issledovanie sinteza kontaktnich schem s
       odnim vchodom i k vychodami (Die mathematisch-logische Untersuchung der Synthese
       von Kontaktschaltungen mit einem Eingang und k Ausgängen). Im Sammelband „Logi-
       českie issledovanija", Moskva: 1959

[3]   Roth, J.P.; Karp, R.M.: Minimazation over Boolean graphs (Minimierung über
       Boolesche Graphen). IBM Journal of Research and Development, Vol. 6, Nr. 2,
       S. 227-238, April 1962

[4]   Curtis, H.A.: A new approach to the design of switching circuits (Ein neuer Zugang
       zum Entwurf von Schaltnetzwerken). Princeton, New Jersey: D. Van Nostrand Co.
       1962

[5]   Hartmanis, I.; Stearns, R.E.: Algebraic structure theory of sequential machines (Algebraische Strukturtheorie sequentieller Automaten). Englewood-Cliffs, N.Y., Prentice-Hall Inc. 1966, S. 209

[6]   Pu, A.: Generalized decomposition of incomplete finite automata (Verallgemeinerte Dekomposition unvollständiger endlicher Automaten). Information and Control, Vol. 13, Nr. 1, S. 1-19, 1968

[7]   Yoeli, M.: The cascade decomposition of sequential machines (Die Kaskadendekomposition sequentieller Automaten). IRE Transactions on Electronic Computers. Vol. EC-IO, Nr. 4, S. 587-592, 1961

[8]   Curtis, A.H.: Generalized decomposition theory of finite sequential machines. NASA Technical note, D-41 08, Oktober 1967, 48

[9]   Šestakov, E.A.: Ob odnom metode rešenija zadač dekompozicii diskretnich avtomatov (Über eine Methode der Lösung von Dekompositionsaufgaben diskreter Automaten). Avtomatika i vyčislitelnaja technika (1979) 5

[10]   Zakrevskij, A.D.: Logičeskie uravnenija (Logische Gleichungen). Minsk: Nauka i Technika 1975

[11]   Bibilo, P.N.; Enin, S.V.: Sovmestnaja dekompozicija sistemy bulevych funkcii (Simultane Dekomposition eines Systems Boolescher Funktionen). Izvestija AN SSSR, Serie Techničeskaja Kibernetika (1980) 2

[12]   Bibilo, P.N.; Enin, S.V.: Dekompozicija bulevoi funkcii s minimal'nym čislom suščestvennych argumentov podfunkcii (Dekomposition einer Booleschen Funktion mit minimaler Zahl wesentlicher Argumente der Subfunktionen). Izvestija AN SSSR, Serie Techničeskaja Kibernetika (1980) 3

Zu 8. Hazardanalyse in asynchronen logischen Schaltungen

[1]   Čebotarev, A.N.: Risk v asinchronnych logičeskich schemach (Hasards in asynchronen logischen Schaltungen). Kibernetika (1976) 4, S. 8-11

[2]   Čebotarev, A.N.: Analiz asinchronnych logičeskich schem (Analyse asynchroner logischer Schaltungen). Kibernetika (1980) 6, S. 14-23

[3]   Nikolenko, V.N.: Realizacija avtomata asinchronnoj logičeskoj schemoj (Die Realisierung eines Automaten durch eine asynchrone logische Schaltung). Kibernetika (1979) 5, S. 21-27

[4]   Zakrevskij, A.D.: Logičeskie uravnenija (Logische Gleichungen). Minsk: Nauka i Technika 1975, 96 S.

Zu 9. Kompliziertheitsprobleme Boolescher Funktionen und Gleichungen

[1]   Aho/Hopcroft/Ullman: The Design and Analysis of Computer Algorithms. Addison-Wesley, 1976

[2]   Cook, S.A.: The Complexity of Theorem Proving Procedures. Proc. of the 3rd ACM Symp. on Theory of Computing, 1971, 151-158

[3]   Garey/Johnson: Computers and Intractability: A Guide to the Theory of NP-Completeness. Freeman and Comp., 1979

[4]   Ibarra/Sahni: Polynomially Complete Fault Detection Problems. IEEE Trans. on Comp. C-24 (1975) 3, S. 242-249

[5]   Lupanov, O.B.: Ob odnom metode sinteza schem. Izv VUZ, Radiofizika 1 (1958) 1, S. 120-140

[6]   Mead/Conway: Introduction to VLSI Systems. Reading, Mass., 1980

[7]   Schnorr, C.: The Network Complexity and the Turing Machine Complexity of Finite Functions. Acta Informatica 7 (1976), S. 95-107

[8]   Schnorr, C.P.: A 3n-Lower Bound on the Network Complexity of Boolean Functions. Theoretical Computer Science 10 (1980) S. 83-92

[9]   Šomolov, L.A.: Osnovy teorii dikretnych logičeskich i vyčislitel'nych ustrojstv. Moskva: Nauka 1980

[10]   Shannon, C.E.: The Synthesis of two-terminal Switching Circuits. Bell System. Techn. J. 28 (1949) 1, S. 59-98

[11]   Jablonskij, S.V.: Ob algoritmičeskich trudnostjach sinteza minimal'nych kontaktnych schem. Probl. Kibernetiki, vyp. 2 (1959) S. 75-121

Zu 10. Lösung von Kodierungs- und Dekodierungsaufgaben mittels logischer Gleichungen

[1] Piterson, U.; Ueldon, E.: Kody, ispravljajuščie ošibki (Fehlerkorrigierende Kodes). Moskva: Mir 1976, 594 S.

[2] Sagalovič, J. L.: Method povyšenija nadežnosti konečnogo avtomata (Eine Methode zur Erhöhung der Zuverlässigkeit eines endlichen Automaten). Problemy peredači informacii, vyp. 2, 27-35, 1965

[3] Sagalovič, J. L.: Kodirovanie sostojanij i nadežnost avtomatov (Die Kodierung der Zustände und die Zuverlässigkeit von Automaten). Moskva: Svjaz' 1975

[4] Sagalovič, J. L.: Kaskadnye kody sostojanij avtomata (Kaskadenkodes von Automaten- zuständen). Problemy peredači informačii, 14, vyp. 2, 77-86, 1978

[5] Sagalovič, J. L.: Der Zusammenhang von störungssicherer und wettlauffreier Kodie- rung der Zustände eines Automaten. In Bochmann, Roginskij: Dynamische Prozesse in Automaten. Berlin: VEB Verlag Technik 1977, S. 95-108

[6] Jakubaitis, E.A.: Obobščennaja asinchronnaja model' konečnogo avtomata (Ein ver- allgemeinertes asynchrones Modell eines endlichen Automaten). Avtomatika i vyčis- litel'naja technika, 1969, 3

[7] Jakubaitis, E.A.; Gobzemis, A.J.: Kodirovanie vnutrennich sostojanij asinchron- nych konečnych avtomatov s dvuchstupenčatoi pamjat'ju (Die Kodierung der inneren Zustände von asynchronen endlichen Automaten mit zweistufigem Speicher). Avto- matika i vyčislitel'naja technika 1970, 6, S. 1-4

[8] Mago, G.: Asynchronous sequential circuits with (2, 1)type state assignments (Asyn- chrone sequentielle Schaltnetzwerke mit Zustandszuordnungen vom (2, 1)-Typ). IEEE Conf. Pec. 11th Annual Symp. Swith and Automata Theory. Santa Monica, Calif., 1970, New York, 109-113, 1970

[9] Mago, G.: Realization methods for asynchronous sequential circuits (Realisierungs- methoden für asynchrone sequentielle Schaltnetzwerke). IEEE. Trans. Comput, 20, N 3, 290-297, 1971

[10] Friedman, A.D.; Graham, R.L.; Ullman, J.D.: Universal Single Transition Time Asynchronous State Assignments (Universelle zeitasynchrone Zustandsordnungen bei Einzelübergängen). IEEE Trans. Comput, C-18, N 6, 541-548, 1969

[11] Pradhan, D.K.; Deddy, S.M.: Techniques to Construct (2, 1) Separating Systems from linear Error Correcting Codes (Techniken zur Konstruktion von (2, 1)-trennen- den Systemen von linearen fehlerkorrigierenden Kodes). IEEE Trans. Comp., 25, 9, 945-949, 1976

[12] Pradhan, D.K.: Fault-Tolerant Asynchronous Networks Using Read-Only-Memories (Fehlertolerante asynchrone Schaltnetzwerke unter Verwendung von ROM's). IEEE Trans. Comp. Vol. c 27, pp 674-679, July, 1978

[13] Glebskij, J.V.: Ob ustoičivosti asinchronnych avtomatov (Über die Stabilität von asynchronen Automaten). Avtomatika i telemechanika (1976), 12, 114-119

[14] Pinsker, M.S.; Sagalovič, J.L.: Nižnaja granica moščnosti koda sostojanij avto- mata (Die untere Grenze der Mächtigkeit eines Kodes von Automatenzuständen). Problema peredači informacii, 8, vyp. 3, 59-66, 1972

[15] Sagalovič, J.L.: Information theoretical methods in the theory of reliability for dis- crete automata (Informationstheoretische Methoden in der Zuverlässigkeitstheorie für diskrete Automaten). Proceedings of the 1975 IEEE-USSR Joint Workshop of Inf. Theory. December 15-19, 1975, Moskau, USSR (Printed in USA)

[16] Gallager, R.: Kody s maloi plotnost'ju proverok na četnost' (Kodes mit kleiner Prüf- dichte auf Paarigkeit). Moskva: Mir 1966

[17] Sagalovič, J.L.: Posledovatel'nosti maksimal'noi dliny kak kody sostojanij avtomata (Folgen maximaler Länge als Kodes von Automatenzuständen). Problemy peredači informacii 12, vyp. 4, 70-73, 1976

[18] Forni: Kaskadnye kody (Kaskadenkodes). Moskva: Mir 1976

[19] Zjablov, V.V.: Analiz korrektirujuščich svoistv iterirovannych i kaskadnych kodov (Analyse der Korrektureigenschaften von iterativen und Kaskadenkodes). Sb. „Pere- dača cifrovoi informacii po kanalam s pamjat'ju", Moskva: Nauka 1970 S. 76-85

[20]   Ujablov, V.V.: Ozenka složnosti postroenija dvoičnych kaskadnych kodov (Die Be-
        wertung der Komplexität des Aufbaues binärer, linearer Kaskadenkodes). Problemy
        peredači informacii 7,1, 5-13, 1971
[21]   Sagalovič, J.L.: Linejnye kody dlja avtomatov (Lineare Kodes für Automaten).
        Tr. 7-go Vsesojuzn. simp. po probleme izbytočnosti v informacionnych sistemach,
        1. tezisy dokl. L, 1977, 132-134

Zu 11. Analyse und Synthese stabiler binärer Automaten mit Hilfe logischer Gleichungen

[1]   Eichelberger, E.B.: Hazard detection in combinational an sequential switching cir-
        cuits (Hasard-Erkennung in kombinatorischen und sequentiellen Schaltnetzwerken).
        IBM journal of Research and Development, v. 9 (1965) 2, pp. 90-99
[2]   Kobrinskij, N.E.; Trachtenbrot, B.A.: Vvedenie v teoriju konečnych avtomatov
        (Einführung in die Theorie endlicher Automaten). Moskva: FM 1962, 404 S.
[3]   Zakrevskij, A.D.: Algoritmy sinteza diskretnych avtomatov (Algorithmen zur Syn-
        these diskreter Automaten). Moskva: Nauka 1971, 512 S.
[4]   Agibalov, G.P.; Beljajev, V.A.: Technologija rešenija kombinatorno-logičeskich
        zadač (Die Technologie der Lösung kombinatorisch-logischer Aufgaben). Tomsk:
        Izd. Tomskogo universiteta 1981, 128 S.
[5]   Gluškov, V.M.: Sintez cifrovych avtomatov (Die Synthese von digitalen Automaten).
        Moskva: FM 1962, 476 S.
[6]   Agibalov, G.P.; Komarov, J.M.; Lipskij, V.B.: Sintez kombinacionnych schem,
        svobodnych ot statičeskich sostjazanij (Die Synthese von kombinatorischen Netz-
        werken, die frei von statischen Wettläufen sind). Avtomatika i vyčislitel'naja tech-
        nika 1979, 3, S. 1-6

Zu 12. Algorithmische Strukturbeschreibung von Kommunikationsprozessen

[1]   Bachmann, K.-J.: Die Programmiersprachen Pascal und ALGOL-68. Berlin: Aka-
        demie-Verlag 1976
[2]   Gerber, S.: Formalisierte Strukturbeschreibung und Strukturtransformation nicht-
        sequentieller Prozesse. Dissertation Karl-Marx-Universität, Leipzig 1980
[3]   Gluškov, W.M.: Teorija avtomatov i voprosy projektirovanija struktur civrovych
        mašin (Theorie der Automaten und Fragen der Projektierung der Struktur von Zif-
        fernrechnern). Kibernetika 1 (1965)
[4]   Haubold, K.: Zur strukturellen Beschreibung von Algorithmen über Zeichenreihen.
        Dissertation A Karl-Marx-Universität, Leipzig 1978
[5]   Hofmann, F.: Prozeßmodelle aus der Sicht des Betriebssystementwurfs, IMMD,
        1976, Erlangen, Parallelität in der Informatik, Band 9 (1976) 8, S. 233-246
[6]   Killenberg, H.: Verhaltensbeschreibung von Schaltsystemen mit Hilfe von Programm-
        ablaufgraphen. msr 19 (1976) 6
[7]   Kotov, V.E.: Towards automatical construction of parallel programms (Zur automa-
        tischen Konstruktion paralleler Programme). Int. Symp. Theoret. Progr., Novosibirsk
        1972
[8]   Kotov, V.E.: Theory of parallel programming (Theorie der Parallelprogrammierung).
        Kiev: Kibernetika 1 (1-16), 2 (1-18), 1978
[9]   Krayl, H.; Neuhold, E.J.; Unger, C.: Grundlagen der Betriebssysteme. Berlin:
        de Gruyter 1975
[10]   Ledanoni, u.a.: Multilevel description and simulation of parallel cooperating pro-
        cessors (Mehrstufige Beschreibung und Simulation parallel kooperierender Prozes-
        soreh). IMMD, 1976, Erlangen, Parallelität in der Informatik, Band 9 (1976) 8,
        S. 247-276
[11]   Oberst, E., u.a.: Beschreibung binärer Steuerungen durch Steuergraphen. msr 21
        (1977) 10
[12]   Petri, F.: Nichtsequentielle Prozesse, IMMD, 1976, Erlangen, Parallelität in der
        Informatik, Band 9, (1976) 8, S. 57-80

Zu 13. Anwendung der Theorie Boolescher Funktionen auf den Entwurf von Algorithmen

[1] Gluškov, V.: Automaton theory and formal microprogram transformation. Kibernetika, vol. 1, pp. 1-9, 1965; also in Cybernetics, pp. 1-8, 1968

[2] Gluškov, V.: Some problems in the theories of automata and artificial intelligence. Kibernetika, vol. 6, 1970; also in Cybernetics, pp. 17-27, Jan. 1977

[3] Davio, M.; Sanchez, E.; Thayse, A.: Implementation and transformation of algorithmus
Davio, M.; Thayse, A.: Part 1: Introduction and elementary optimization problems. Philips Journal of Research, vol. 35, 1980; pp. 122-144
Thayse, A.: Part 2: Synthesis of evaluation programs. Philips Journal of Research, vol. 35, 1980, 3, pp. 190-216
Sanchez, E.; Thayse, A.: Part 3: Optimization of evaluation programs. Philips Journal of Research, vol. 36, 1981, pp. 159-172

[4] Thayse, A.: P-functions: A new tool for the analysis and synthesis of binary programs. IEEE Trans. on Computers, vol. c-30, pp. 126-134, Febr. 1981

[5] Thayse, A.: Synthesis and optimization of programs by means of P-function. IEEE Transactions on Computers, vol. C-31, pp. 34-40, Jan. 1982

[6] Cerny, E.; Mange, D.; Sanchez, E.: Synthesis of minimal binary decision trees. IEEE Trans. on Computers, vol. C-28, pp. 472-482, July 1979

[7] Akers, S.: Binary decision diagrams. IEEE Trans. on Computers, vol. C-27, pp. 509-516, June 1978

[8] Wilkes, M.: The best way to design an automatic calculating machine. Proc. inaugural conference, Manchester university, pp. 16-18, 1951

[9] Baranov, S.; Keevallik, V.: Transformations of graph schemes of algorithms. Digital Processes, vol. 6, pp. 127-147, 1980

[10] Gluškov, V.; Letičevskii, A.: Theory of algorithms and discrete processors, in: Advances in information sciences, Edited by J. Tou, 1964

[11] Thayse, A.: Programmable and hardwired synthesis of discrete functions. Part 1: One level addressing mode networks. Philips Journal of Research, vol. 36, pp. 40-73, 1981; Part 2: Two level addressing mode networks. Philips Journal of Research, vol. 36, pp. 140-178, 1981

[12] Miščenko, A.: Transformations of microprograms. Kibernetika, vol. 3, pp. 7-13, 1977

[13] Clare, C.: Designing logic systems using state machines. New York: McGraw-Hill 1973

[14] Manna, Z.: Mathematical theory of computation. New York: McGraw-Hill 1974

[15] Davio, M.; Deschamps, J.P.; Thayse, A.: Discrete systems and algorithm implementation. New York: J. Wiley 1983

[16] Bochmann, D.; Posthoff, Ch.: Binäre dynamische Systeme. Berlin: Akademie-Verlag 1981; München, Wien: Oldenbourg-Verlag 1981

[17] Thayse, A.: Boolean differential calculus. Heidelberg: Springer-Verlag 1981

[18] Igold, R.; Sanchez, E.: Algmin: A Program for minimal algorithm implementation, Chaire des systemes logiques. Ecole Polytechnique Federale de Lausanne.

Zu 14. Boolesche Gleichungen zur Programmierung von Steuerungen

[1] Bochmann, D.: Einführung in die strukturelle Automatentheorie. Berlin: VEB Verlag Technik 1975

[2] Caldwell. S.H.: Der logische Entwurf von Schaltkreisen. München - Wien: R. Oldenbourg Verlag 1964

[3] Despang, G.: Rechenzeitgünstige Bearbeitung Boolescher Ausdrücke mit dem Prozeßrechner. Vortrag auf der 6. Arbeitstagung „Entwurf von Schaltsystemen". ZKI-Information (1976) 2, S. 106-111

[4] Killenberg, H.; Krapp, M.; Flurschütz, K.: Struktureller Entwurf industrieller Steuerungen mit Hilfe von Programmablaufgraphen. VEB Werkzeugmaschinenkombinat „7. Oktober", Berlin 1976

[5]   Oberst, E.: Entwurf von Kombinationsschaltungen. Reihe Automatisierungstechnik,
        Bd. 123. Berlin: VEB Verlag Technik 1972
[6]   Oberst, E.; Koegst, M.; Franke, G.; Haufe, J.: Darstellung industrieller binärer
        Steuerungen mit Hilfe von Steuergraphen. ZKI-Informationen (1977) 2
[7]   Schubert, W.; Krumbiegel, B.: Notierungsverfahren von Booleschen Gleichungen
        auf der Basis von Programmablaufgraphen (PAG). Forschungszentrum des Werk-
        zeugmaschinenbaues Karl-Marx-Stadt, Jan. 1979
[8]   Stahl, K.: Industrielle Steuerungstechnik in schaltalgebraischer Behandlung.
        München - Wien: R. Oldenbourg Verlag 1965
[9]   Weck, M.: Werkzeugmaschinen. Bd. 3: Automatisierung und Steuerungstechnik.
        Düsseldorf: VDI-Verlag GmbH 1978
[10]   Zander, H.-J.: Entwurf von Folgeschaltungen. Reihe Automatisierungstechnik,
        Bd. 158. Berlin: VEB Verlag Technik 1974
[11]   Zander, H.-J.; Oberst, E.; Hummitzsch, P.: RENDIS - ein universelles Programm-
        system zum rechnergestützten Entwurf digitaler Steuerungen. msr 16 (1973) 4,
        S. 142-144